W0260919

TEUBNERS
TECHNISCHE LEITFÄDEN

Die Leitfäden wollen zunächst dem Studierenden, dann aber auch dem Praktiker in knapper, wissenschaftlich einwandfreier und zugleich übersichtlicher Form das Wesentliche des Tatsachenmaterials an die Hand geben, das die Grundlage seiner theoretischen Ausbildung und praktischen Tätigkeit bildet. Sie wollen ihm diese erleichtern und ihm die Anschaffung umfänglicher und kostspieliger Handbücher ersparen. Auf klare Gliederung des Stoffes auch in der äußeren Form der Anordnung wie auf seine Veranschaulichung durch einwandfrei ausgeführte Zeichnungen wird besonderer Wert gelegt. — Die einzelnen Bände der Sammlung, für die vom Verlag die ersten Vertreter der verschiedenen Fachgebiete gewonnen werden konnten, erscheinen in rascher Folge.

Bisher sind erschienen bzw. unter der Presse:

Analytische Geometrie. Von Geh. Hofrat Dr. R. Fricke, Prof. a. d. Techn. Hochschule zu Braunschweig. 2. Aufl. Mit 96 Figuren. [VI u. 135 S.] M. 3.60. (Bd. 1.)

Darstellende Geometrie. Von Dr. M. Großmann, Professor an der Eidgenössischen Technischen Hochschule zu Zürich. Band I. 3., durchges. Aufl. [U. d. Pr. 1923.] (Bd. 2.). Band II. 2., umg. Aufl. Mit 144 Figuren. [VI u. 154 S.] 1921. Kart. M. 4.—. (Bd. 3.)

Differential- und Integralrechnung. Von Dr. L. Bieberbach, Professor an der Universität Berlin. I. Differentialrechnung. 2., verb. Aufl. [IV u. 131 S.] Mit 34 Figuren. Steif geh. M. 4.40. II. Integralrechnung. Mit 25 Figuren. [VI u. 142 S.] 1918. Steif geh. M. 4.—. (Bd. 4/5.)

Funktionentheorie. Von Dr. L. Bieberbach, Professor an der Universität Berlin. Mit 34 Fig. [118 S.] 1922. Kart. M. 3.20. (Bd. 14.)

Einführung in die Vektoranalysis mit Anwendung auf die mathematische Physik. Von Prof. Dr. R. Gans, Direktor des physikalischen Instituts in La Plata. 5. Aufl. (Bd. 16.)

Praktische Astronomie. Geographische Orts- und Zeitbestimmung. Von V. Theimer, Adjunkt an der Montanistischen Hochschule zu Leoben. Mit 62 Fig. [IV u. 127 S.] 1921. Kart. M. 3.40. (Bd. 13.)

Feldbuch für geodätische Praktika. Nebst Zusammenstellung der wichtigsten Methoden und Regeln sowie ausgeführten Musterbeispielen. Von Dr.-Ing. O. Israel, Prof. an der Techn. Hochschule in Dresden. Mit 46 Fig. [IV u. 160 S.] 1920. Kart. M. 4.20. (Bd. 11.)

Ausgleichsrechnung nach der Methode der kleinsten Quadrate in ihrer Anwendung auf Physik, Maschinenbau, Elektrotechnik und Geodäsie. Von Ingenieur V. Happach, Charlottenburg. [U. d. Pr. 1923.]

Grundzüge der Festigkeitslehre. Von Geh. Hofrat Dr. Dr.-Ing. A. Föppl, Prof. a. d. Techn. Hochschule in München u. Dr.-Ing. O. Föppl, Prof. a. d. Techn. Hochschule zu Braunschweig. Mit 141 Abb. im Text u. a. 1 Tafel.

Erdbau, Stollen- und Tunnelbau. Von Dipl.-Ing. A. Birk, Prof. a. d. Techn. Hochschule zu Prag. Mit 110 Abb. [V u. 117 S.] 1920. Kart. M. 3.20. (Bd. 7.)

Landstraßenbau einschließlich Trassieren. Von Oberbaurat W. Euting, Stuttgart. Mit 54 Abb. i. Text u. a. 2 Taf. [IV u. 100 S.] 1920. Kart. M. 3.20. (Bd. 9.)

SPRINGER FACHMEDIEN WIESBADEN GMBH

TEUBNERS TECHNISCHE LEITFÄDEN

Dampfturbinen und Turbokompressoren. Von Dr.-Ing. H. Baer, Professor an der Technischen Hochschule in Breslau. [U. d. Pr. 1923.]

Eisenbetonbau. Von H. Kayser, Professor an der Technischen Hochschule zu Darmstadt. [U. d. Pr. 1923.]

Hochbau in Stein. Von Geh. Baurat H. Walbe, Prof. an der Tech. Hochsch. zu Darmstadt. Mit 302 Fig. i. Text. [VI u. 110 S.] 1920. Kart. M. 3.50. (Bd. 10.)

Veranschlagen, Bauleitung, Baupolizei, Heimatschutzgesetze. Von Stadtbaurat Fr. Schultz, Bielefeld. Mit 3 Taf. [IV u. 150 S.] 1921. Kart. M. 4.20. (Bd. 12.)

Leitfaden der Baustoffkunde. Von Geh. Hofrat Dr. M. Foerster, Professor an der Technischen Hochschule Dresden. Mit 57 Abb. im Text. [V u. 220 S.] 1922. M. 5.80. (Bd. 15.)

Mechanische Technologie. Von Dr. R. Escher, weil. Professor a. d. Eidgenössischen Technischen Hochschule zu Zürich. 2. Aufl. Mit 418 Abb. [VI u. 164 S.] 1921. Kart. M. 4.40. (Bd. 6.)

Grundriß der Hydraulik. Von Hofrat Dr. Ph. Forchheimer, Professor an der Technischen Hochschule in Wien. Mit 114 Fig. i. Text. [V u. 118 S.] 1920. Kart. M. 3.40. (Bd. 8.)

In Vorbereitung befinden sich:

Höhere Mathematik. 2 Bände. Von Dr. R. Rothe, Professor an der Technischen Hochschule Berlin.

Mechanik. 2 Bände. Von Dr.-Ing. A. Pröll, Prof. a. d. Techn. Hochschule in Hannover. Bd. I: Dynamik. Bd. II: Technische Statik

Maschinenelemente. 2 Bde. V. K. Kutzbach, Prof. a. d. Techn. Hochsch. Dresden.

Thermodynamik. 2 Bände. Von Geh. Hofrat Dr. R. Mollier, Professor an der Technischen Hochschule Dresden.

Kolbenkraftmaschinen. V. Dr.-Ing. A. Nägel, Prof. a. d. Techn. Hochsch. Dresden.

Wasserkraftmaschinen und Kreiselpumpen. Von Oberingenieur Dr.-Ing. F. Lawaczeck, Halle.

Grundlagen der Elektrotechnik. 2 Bände. Von Dr. E. Orlich, Professor an der Technischen Hochschule Berlin.

Elektrische Maschinen. 4 Bände. Von Dr.-Ing. M. Kloß, Prof. an der Techn. Hochschule Berlin.

   I: Transformatoren und asynchrone Motoren.

   II: Drehstrom-Maschinen (Synchronmaschinen).

   III: Gleichstrommaschinen.

   IV: Wechselstrom-Kommotaturmaschinen.

Eisenbau. Von Dr. A. Hertwig, Prof. an der Techn. Hochschule Aachen.

Hydrographie. Von Dr. H. Gravelius, Prof. a. d. Techn. Hochschule Dresden.

Hochbau in Holz. Von Geh. Baurat H. Walbe, Professor an der Technischen Hochschule Darmstadt.

SPRINGER FACHMEDIEN WIESBADEN GMBH

Als Ergänzung zu dem vorliegenden Band erscheint in derselben Sammlung:

DYNAMIK · TECHNISCHE STATIK
Von Prof. Dr.-Ing. *A. Pröll*

Vorlesungen über technische Mechanik. In 6 Bdn. Von Geh. Hofrat Dr. *A. Föppl*, Prof. an der Technischen Hochschule München.
I. Bd. **Einführung in die Mechanik.** 7. Aufl. Mit 104 Fig. im Text. [XVI u. 414 S.] gr. 8. 1921. Geh. M. 12.—, geb. M. 17.—
II. Bd. **Graphische Statik.** 6. Aufl. Mit 209 Abb. im Text. [XII u. 404 S.] gr. 8. 1922. Geh. M. 11.—, geb. M. 16.—
III. Bd. **Festigkeitslehre.** 9. Aufl. Mit 114 Abb. im Text. [XVIII u. 446 S.] gr. 8. 1922. Geh. M. 13.—, geb. M. 18.—
IV. Bd. **Dynamik.** 7. Aufl. Mit 86 Fig. im Text. [X u. 417 S.] gr. 8. 1923. Geh. M. 10.—, geb. M. 14.40
V. Bd. **Die wichtigsten Lehren der höheren Elastizitätstheorie.** 4. Aufl. Mit 44 Abb. im Text. [XII u. 372 S.] gr. 8. 1922. Geh. M. 10.—, geb. M. 15.—
VI. Bd. **Die wichtigsten Lehren der höheren Dynamik.** 4. Aufl. Mit 33 Abb. im Text. [XII u. 456 S.] gr. 8. 1922. Geh. M. 13.—, geb. M. 18.—

Elementare Mechanik. Ein Lehrbuch. Enthaltend: Eine Begründung der allgemeinen Mechanik; die Mechanik der Systeme starrer Körper: die synthetischen und die Elemente der analytischen Methoden sowie eine Einführung in die Prinzipien der mechanischen deformierbaren Systeme. Von Dr. *G. Hamel*, Prof. an d. Techn. Hochschule Charlottenburg 2. Aufl. Mit 265 Fig. i. Text. [XVIII u. 634 S.] gr. 8. 1922. Geh. M. 15.—, geb. M. 20.—

Statik. Von Gewerbeschulrat Reg.-Baumeister *A. Schau.*
Teil I: **Grundgesetze.** Anwendungen der statischen Gesetze auf Trägeranordnungen, einfache Stabkonstruktionen und ebene Fachwerkträger. 3. Aufl. Mit 185 Abb. im Text. [VIII u. 105 S.] gr. 8. 1921. *M. 4.—
Teil II: **Festigkeitslehre.** Zug- und Druckfestigkeit, Schubfestigkeit, Biegungsfestigkeit und Knickfestigkeit. 3. Aufl. Mit 209 Abb. im Text. [VI u. 154 S.] gr. 8. 1921. *M. 5.80
Teil IIIa: **Für die Hochbauabteilungen.** Mit 238 Abb. im Text. [VI u. 108 S.] gr. 8. 1921. *M. 4.20
Teil IIIb: **Für die Tiefbauabteilungen.** Genietete Träger, Krag- und durchlaufende Gelenkträger, Eingespannte Träger, Zusammengesetzte Festigkeit, Exzentrischer Druck und Zug, Druckverteilung im Mauerwerk, Treppen, Dachbinder, Erddruck, Wasserdruck, Stützmauern, Gewölbe, Widerlager und Pfeiler, Die statisch unbestimmten durchlaufenden Balkenträger. Mit 379 Abb. im Text. [VI u. 215 S.] gr. 8. 1922. *M. 7.40
Teil IVa: **Die Statik der Eisenbetonbauten.** Mit 113 Abb. i. Text. [IV u. 135 S.] gr. 8 1921. *M. 5.—

Statik. Von Gewerbeschulrat Reg.-Baumeister *A. Schau.* 2. Aufl. Mit 112 Fig. im Text. [110 S.] 8. 1921. (ANuG Bd. 828.) Kart. M. 2.—, geb. M. 3.—

Festigkeitslehre. Von Gewerbeschulrat Reg.-Baumeister *A. Schau.* 2. Aufl. Mit 119 Fig. im Text. [112 S.] 8. 1921. (ANuG Bd. 829.) Kart. M. 2.—, geb. M. 3.—

Die Grundgleichungen der Mechanik insbesondere starrer Körper. Neu entwickelt mit Graßmanns Punktrechnung von Dr. *A. Lotze*, Studiendirektor an der Mädschenrealschule in Stuttgart. [VI u. 50 S.] gr. 8. 1922. (Abh. u. Vortr. a. d. Geb. d. Mathem., Naturw. u. Technik, Heft 7.) Geh. M. 1.80

Zeitgemäße Betriebswirtschaft. Von Dir. Dr.-Ing. *G. Peiseler*, Leipzig. Teil I.: Grundlagen. M. 30 Abb. [VI u. 182 S.] gr. 8. 1921. M. 5.20, geb. M. 7.20

Maschinenbau. Von Ing. *O. Stolzenberg.* I: Werkstoffe d. Maschinenbaues u. ihre Bearbeit. a. warm. Wege. Mit 225 Abb. i. Text. [IV u. 177 S.] gr. 8. 1920. Geb. M. 4.60 II: Arbeitsverfahren. Mit 750 Abb. i. T. [IV u. 315 S.] gr. 8. 1921. Geb. M. 8.40. III: Methodik der Fachkunde u. Fachrechnen. Mit 35 Abb. i. Text. [IV u. 99 S.] gr. 8. 1921. Kart. M. 2.60.

VERLAG VON B. G. TEUBNER · LEIPZIG UND BERLIN

TEUBNERS TECHNISCHE LEITFÄDEN
BAND 17

GRUNDZÜGE DER FESTIGKEITSLEHRE

VON

Dr. Dr.-Ing. AUG. FÖPPL
PROFESSOR DER TECHNISCHEN HOCHSCHULE
IN MÜNCHEN, GEH. HOFRAT

UND

Dr.-Ing. OTTO FÖPPL
A O PROFESSOR U. VORSTAND D. FESTIGKEITS-
LABORATORIUMS DER TECHN. HOCHSCHULE
IN BRAUNSCHWEIG

MIT 141 ABBILDUNGEN IM TEXT
UND AUF EINER TAFEL

SPRINGER FACHMEDIEN WIESBADEN GMBH 1923

Vorwort.

Die Festigkeitslehre kann in sehr verschiedener Weise behandelt werden. Wir hatten bei der Abfassung dieses Buches die Absicht, ein Hilfsmittel für strebsame Ingenieure zu schaffen, die über eigene praktische Erfahrungen verfügen und das Bedürfnis empfinden, ihre theoretischen Kenntnisse zu erweitern und zu vertiefen. Dabei haben wir die einfachsten Lehren der Differentialrechnung vorausgesetzt. Dagegen sind alle Gedankengänge, die der Festigkeitslehre selbst eigentümlich sind, von Grund aus neu entwickelt. Als Ziel des ganzen Lehrgangs hat uns gegolten, den Leser mit der neueren Festigkeitslehre soweit vertraut zu machen, daß er die in der Praxis häufiger vorkommenden Aufgaben zu lösen vermag und daß er auch verwickelteren Problemen nicht ganz hilflos gegenübersteht.

Eine besondere Eigentümlichkeit des Buches ist die gegenüber anderen Werken von ähnlicher Art viel ausführlichere Behandlung der Verdrehungslehre. Eine vom älteren Verfasser aufgestellte neue Theorie eines krummen Stabes, der zugleich auf Biegen und auf Verdrehen beansprucht ist, wird bei dieser Gelegenheit zum ersten Male veröffentlicht.

Nachdem das praktische Ziel der Festigkeitsberechnungen die „Rißvermeidung" ist, verdient die Lehre von der „Rißbildung" im Anschluß an Festigkeitsuntersuchungen besondere Aufmerksamkeit. Dieser Frage ist deshalb ein besonderer Abschnitt (VIII) gewidmet worden, in dem unter Bezugnahme auf neuere Versuche des jüngeren Verfassers auf die Frage nach den Ursachen für Rißbildung bei Schwingungsbeanspruchung und nach der Fortschreitungsgeschwindigkeit von Rissen eingegangen wird.

München und Braunschweig
im Oktober 1922.

A. und O. Föppl.

ISBN 978-3-663-15372-6   ISBN 978-3-663-15943-8 (eBook)
DOI 10.1007/978-3-663-15943-8

Inhaltsangabe.

Einleitung.

§ 1. Äußere und innere Kräfte. Das Wechselwirkungsgesetz lehrt, daß alle Kräfte paarweise auftreten, entweder zwischen zwei verschiedenen Körpern oder auch zwischen zwei verschiedenen Teilen desselben Körpers. Im ersten Falle bezeichnet man sie als äußere, im zweiten Falle als innere Kräfte des betrachteten Körpers.

Die Festigkeitslehre untersucht den Zustand eines festen Körpers, der sich unter der Einwirkung der an ihm angreifenden äußeren Kräfte im Gleichgewicht und in Ruhe befindet. Solange dieser Zustand dauert, kann man den Körper auch als starr betrachten. Daher müssen zwischen den äußeren Kräften die allgemeinen Gleichgewichtsbedingungen der Statik starrer Körper erfüllt sein. Es muß nämlich 1. die graphische Summe aller äußeren Kräfte gleich Null sein, 2. muß auch die Summe der statischen Momente für jeden Momentenpunkt und für jede Momentenachse zu Null werden und 3. muß für jede virtuelle Verschiebung, die man mit dem Körper ohne Gestaltsänderung vornehmen kann, die algebraische Summe der Arbeiten aller äußeren Kräfte Null ergeben. In diesen allgemeinen Gleichgewichtsbedingungen kommen die inneren Kräfte überhaupt nicht vor; selbst wenn man sie darin berücksichtigen wollte, würden sie sich nach dem Wechselwirkungsgesetz wieder daraus hinwegheben.

Was von dem ganzen Körper gesagt war, gilt ebenso auch von jedem Teilstücke, das man sich in beliebiger Weise davon abgegrenzt denken mag. Man muß nur beachten, daß die zwischen dem Stück und dem Rest des Körpers übertragenen Kräfte für das Stück (oder auch für den Rest) zu den äußeren Kräften zu rechnen sind, während sie bei der Betrachtung des ganzen Körpers zu den inneren Kräften gehören. *Der hiermit ausgesprochene Satz, daß es zulässig ist, jedes beliebig abgegrenzte Körperstück als einen selbständigen Körper zu betrachten* und die allgemeinen Gleichgewichtsbedingungen auf die daran angreifenden äußeren Kräfte (mit Einfluß der in den Schnittflächen übertragenen) anzuwenden, bildet die Grundlage der ganzen Festigkeitslehre.

In der Festigkeitslehre bezeichnet man die in den Schnittflächen übertragenen Kräfte, die für den ganzen Körper innere, für das Teilstück aber äußere Kräfte sind, als „Spannungen".

Diese Spannungen sind „Nahkräfte" und setzen daher eine unmittelbare Berührung der Teile voraus, zwischen denen sie wirken. Außerdem können unter Umständen (wenn der Körper z. B. ein Magnet ist) zwischen dem Teilstück und dem Rest des Körpers auch noch „Fernkräfte" (etwa magnetische Kräfte) übertragen werden. Bei den praktischen Anwendungen der Festigkeitslehre kommt aber der Fall, daß man auch Fernkräfte von merklicher Größe zwischen zwei Teilen desselben Körpers berücksichtigen müßte, kaum einmal vor, und er soll daher weiterhin als ausgeschlossen betrachtet werden. Dann bestehen alle inneren Kräfte des betrachteten Körpers aus Spannungen.

Die Festigkeitslehre hat zwei Grundaufgaben zu lösen. Die erste Aufgabe besteht darin, die Spannungen zu berechnen, die in beliebig durch den Körper gelegten Schnittflächen übertragen werden, wenn die am ganzen Körper angreifenden äußeren Kräfte gegeben sind. Die zweite Aufgabe betrifft die Feststellung der Gestaltänderung, die der vorher unbelastete Körper erfahren haben muß, während man diese äußeren Kräfte an ihm anbrachte, ehe er wieder zur Ruhe kam. Beide Aufgaben können nicht getrennt, sondern sie müssen zusammen in Angriff genommen werden, selbst wenn man zunächst nur eine von ihnen zu lösen beabsichtigt.

Die Spannungsberechnung ist an sich die einfachere der beiden Aufgaben, und sie wird gelöst, indem man die allgemeinen Gleichgewichtsbedingungen zwischen den Spannungen und den übrigen äußeren Kräfte an einem Teile des Körpers ins Auge faßt. Aber diese Bedingungen allein genügen noch nicht, um die in der Schnittfläche übertragenen Spannungen zu berechnen, solange man noch nicht weiß, wie sich die Spannungen im einzelnen über die Schnittfläche verteilen. Über diese Schwierigkeit hilft man sich häufig durch mehr oder weniger willkürliche Annahmen hinweg Das führt dann oft zu erheblichen Fehlern oder auch zu ganz falschen Ergebnissen. Zu einem zuverlässigen Urteile über die Art der Spannungsverteilung kann nur ein näheres Eingehen auf die bei der Belastung des Körpers entstehenden elastischen (oder auch unelastischen) Formänderungen verhelfen. Um diesen beiden Seiten der Festigkeitslehre einen sinnfälligen Ausdruck zu geben, kann man sie als die Lehre von „Drang" und „Zwang" bezeichnen, wobei das Wort „Drang" auf die Spannungen und das Wort „Zwang" auf die damit verbundene Gestaltänderung hinweisen soll.

In gewissen einfachen Fällen kann der Zusammenhang zwischen Spannungen und Formänderungen oder zwischen Drang und Zwang durch unmittelbare Messungen auf dem Wege eines zweckmäßig durchgeführten Versuches zuverlässig genug festgestellt werden. Die Erfahrungen, die man dabei gewinnt, bilden die Grundlage für alle weiteren Schlüsse Durch bloße Häufung von sehr zahlreichen Beobachtungsergebnissen allein kann man aber nicht allzuviel erreichen. Erst durch die verstandesmäßige Verknüpfung und Prüfung der verschiedenen Erfahrungstatsachen, durch die Hervorhebung und Zusammenfassung des Wesentlichen und die Ausscheidung des Nebensächlichen kann man zu einem Lehrgebäude gelangen, das seinem Zweck so weit entspricht, als dies zur Zeit möglich ist.

Diese theoretische Verarbeitung, nämlich die Begriffsbildung und die sich daran knüpfende Schlußfolgerung nach dem Vorbilde der mathematischen Wissenschaften nehmen mehr Raum und Zeit in Anspruch als ein Bericht über die grundlegenden Erfahrungen, der sich auf das Wichtige und Wesentliche beschränkt. Aber man darf bei dem Überwiegen der mathematischen Ableitungen in der Festigkeitslehre niemals aus den Augen verlieren, daß ein zweckmäßig angelegter Versuch, sofern ein solcher eine bestimmte Frage unmittelbar zu entscheiden gestattet, immer die höhere Beweiskraft hat, gegenüber einer ihm etwa widersprechenden theoretisch hergeleiteten Formel. Die Theorie muß sich den Tatsachen anbequemen und wo sie ihnen noch widerspricht, muß sie verbessert werden.

I. Der einachsige Spannungszustand.

§ 2. Der Zugversuch. Wie sich ein Körper verhält, wenn man ihn durch Anbringen von äußeren Kräften belastet, hängt einerseits von dem Stoffe ab, aus dem er besteht, und andererseits von der Gestalt des Körpers und von der Art der Belastung, die er aufzunehmen hat. Vor allem ist es wichtig, die Abhängigkeit von dem Stoffe festzustellen. Das kann nur auf dem Versuchswege geschehen. Zu diesem Zwecke stellt man aus dem betreffenden Stoffe einen Körper von möglichst einfacher Gestalt her und belastet ihn in einer dazu eingerichteten Festigkeitsmaschine auf möglichst einfache Weise. In den meisten Fällen genügt schon die Ausführung eines Zugversuches, um sich ein hinreichend zuverlässiges Urteil über die Festigkeitseigenschaften eines bestimmten Werkstoffes zu verschaffen. Wenigstens gilt dies für die Metalle, aus denen die meisten Körper hergestellt werden, für die man genauere Festigkeitsberechnungen durchzuführen hat.

Um ein bestimmtes Metall auf seine Widerstandsfähigkeit gegen eine Zugbelastung zu prüfen, fertigt man entweder einen Rundstab oder auch einen Flachstab daraus an, den man an beiden Enden mit geeigneten Köpfen versieht, um ihn daran fassen und in die Festigkeitsmaschine einspannen zu können. Am Lastzeiger der Festigkeitsmaschine liest man ab, wie groß die Zuglast ist, die der Probestab während des Steigerns der Belastung in einem bestimmten Augenblick zu übertragen hat. Die Gestaltänderung, die der Probestab unter dieser Zuglast erfahren hat, kann man. soweit es nötig erscheint, durch geeignete Feinmeßvorrichtungen feststellen.

Auf die besondere Form der Köpfe an den Stabenden kommt sonst nicht viel an, sofern man nur sicher sein kann, daß sie widerstandsfähig genug sind, um zu verhüten, daß der Bruch des Stabes bei ihnen oder in ihrer Nähe stattfindet. Als brauchbar gilt der Versuch nur dann, wenn der Stab in seinem mittleren Teile nicht gebrochen ist. Bei Gußeisen, das nur ganz geringe Dehnungen verträgt, ehe es bricht, bedarf es einer etwas sorgfältigeren Formgebung der Köpfe, um einen Bruch in der Nähe der Stabenden zu verhüten. Hauptsächlich kommt es dabei darauf an, alle schroffen Übergänge aus dem dickeren Kopf in den dünneren mittleren Teil des Stabes zu vermeiden. (Vgl. hierzu

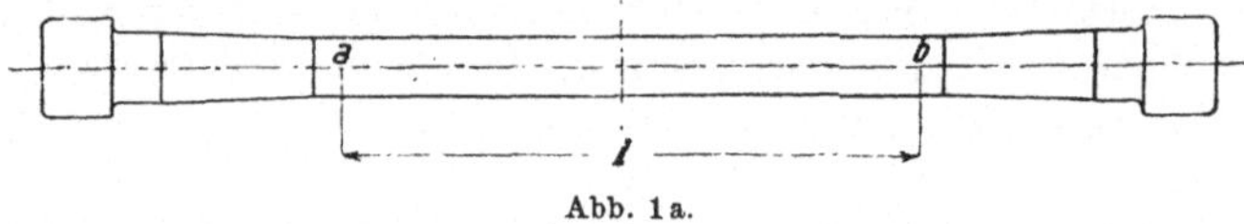

Abb. 1a.

auch § 7.) In Abb. 1a ist ein Probestab mit kreisförmigem Querschnitt in der gewöhnlich verwendeten Ausführungsform dargestellt. Die Messung am Stab beschränkt sich auf das zylindrische Stück von a bis b.

Zur Beurteilung der Güte eines metallischen Baustoffes hinsichtlich seiner Festigkeitseigenschaften begnügt man sich in den meisten praktisch vorkommenden Fällen damit, außer der Bruchlast nur noch die bleibende Dehnung festzustellen, die eine durch geeignete Marken bezeichnete Länge l, die sich über den mittleren Teil des Stabes erstreckt, beim Bruche erfahren hat. Die „Bruchdehnung" ist ein Maß für die *Formänderungsfähigkeit des Stoffes*, und für viele Verwendungszwecke ist sie ebenso wichtig wie die Festigkeit. Von einem weichen Flußeisen verlangt man z. B. gewönlich, daß bei einem daraus gefertigten Rundstab für eine Meßstrecke, die die Bruchstellen enthält und die gleich dem 10fachen des Querschnittsdurchmessers ist, die Bruchdehnung mindestens 20% der ursprünglichen Länge betragen soll. Dagegen ist beim Gußeißen die Bruchdehnung so gering, daß sie nur mit besonderen Feinmeßvorrichtungen festgestellt werden könnte. Man begnügt sich daher bei der Güteprüfung einer Gußeisensorte mit der Angabe der Zugfestigkeit, darf aber niemals vergessen, daß sich dieser Baustoff nur zu solchen Zwecken eignet, bei denen es auf die Formänderungsfähigkeit nicht wesentlich ankommt. Unter „Zugfestigkeit" ist in diesem Zusammenhang der auf die Flächeneinheit bezogene Wert der Spannung

$$\sigma = \frac{P}{F} \tag{1}$$

zu verstehen, wenn man darin P gleich der Bruchlast in kg setzt, während F die Querschnittsfläche in qcm bedeutet.

Dieser Art der Berechnung der „*Zugfestigkeit*" oder „*Bruchspannung*" liegt die stillschweigende Voraussetzung zugrunde, daß sich die Belastung gleichmäßig über den Querschnitt verteile und es daher für die Beanspruchung, die der Stoff an sich aushalten vermag, nur auf die Belastung ankomme, die durchschnittlich auf die Flächeneinheit des Querschnitts entfällt. Aus den Beobachtungen über die dem Bruche vorausgehenden Gestaltänderungen des Stabes, die man mit geeigneten Feinmeßvorrichtungen leicht vornehmen kann, darf man aber in der Tat schließen, daß sich in allen hinreichend weit von den Stabenden entfernten Querschnitten die Spannungen zum mindesten annähernd gleichförmig über den Querschnitt verteilen müssen.

Läßt man nämlich aus demselben Stoffe verschiedene Stäbe herstellen, dicke und dünne, Rundstäbe und Flachstäbe, und beobachtet man die kleine Längenänderung Δl, die eine dem mittleren Stabteile angehörige und bei allen Stäben gleich groß gewählte Meßlänge l während des Ansteigens der Belastung beim Zugversuche erfährt, so zeigt sich, daß bei allen Stäben zu der gleichen nach Gl. (1) berechneten Spannung σ auch die gleiche Längenänderung Δl gehört. Dabei ist es auch gleichgültig, ob die Meßlänge auf der Vorderseite oder Rückseite des Stabes oder wie sonst abgesteckt war, wenn sie nur zwischen denselben Querschnitten liegt. Wählt man l größer, so wird auch Δl unter der gleichen Belastung in demselben Maße größer gefunden, jedoch immer unter der Voraussetzung, daß die Meßstrecke nicht zu nahe an die Stabknöpfe heranreichen darf, weil dort ganz andere Bedingungen vorliegen. Als *bezogene Längenänderung* ε bezeichnen wir das Verhältnis

$$\varepsilon = \frac{\Delta l}{l} \tag{2}$$

und aus den soeben besprochenen Beobachtungen schließen wir, daß im mittleren Teil des Stabes ε überall gleich groß ist und bei einem gegebenen Stoff nur von der nach Gl. (1) berechneten *bezogenen Spannung* abhängt.

Für verschiedene Stoffe ist der naturgesetzliche Zusammenhang zwischen ε und σ verschieden. Analytisch läßt er sich ausdrücken, indem man setzt

$$\varepsilon = f(\sigma) \quad \text{oder umgekehrt} \quad \sigma = \varphi(\varepsilon) \tag{3}$$

worin f eine aus den Beobachtungsergebnissen abzuleitende Funktion und φ deren Umkehrung bedeutet. Anstatt dessen kann man die Beobachtungen auch durch eine bildliche Darstellung wiedergeben, indem man die Dehnungen ε in einem passenden Maßstab als Abszissen und die zugehörigen Spannungen als Ordinaten abträgt, wie Abb. 1 zeigt.

Eine solche Darstellung wird gewöhnlich als ein *Dehnungs-diagramm* bezeichnet.

Von der Art, wie es in Abb. 1 angenommen wurde, ist das Dehnungsdiagramm ungefähr bei einem Flußeisenstab. Von O bis A ist die Diagrammlinie gradlinig, von A ab gekrümmt und von einem nur seiner ungefähren Lage nach einzuschätzenden Punkt B aus nur noch schwach gekrümmt und nahezu wagrecht. Nach rechts hin ist die Diagrammlinie in der Zeichnung abgebrochen, sie geht aber in Wirklichkeit noch viel weiter, hebt sich dabei noch etwas, senkt sich dann allmählich wieder und bricht dann plötzlich ab an der Stelle, die dem Zerreißen des Stabes entspricht.

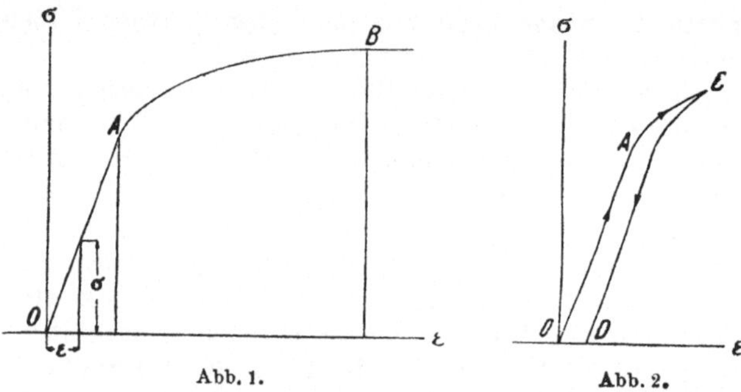

Abb. 1.   Abb. 2.

Im einzelnen können noch mancherlei Abweichungen vorkommen, die für die Beurteilung der Eigenschaften einer bestimmten Eisensorte von Wichtigkeit sind. Bei den allgemeinen Betrachtungen, die wir hier anzustellen haben, kommt es aber auf die Besonderheiten nicht an. Am wichtigsten ist für uns die Lage des Punktes A, bis zu dem hin der erste gradlinige Teil des Diagramms reicht. Man nennt diese Stelle die *Proportionalitätsgrenze,* weil bis dahin σ und ε proportional miteinander wachsen. Für das Stück OA des Diagramms läßt sich an Stelle von Gl. (3)

$$\varepsilon = \alpha\sigma = \frac{\sigma}{E} \quad \text{oder auch} \quad \sigma = E\varepsilon \tag{4}$$

setzen. Die Größe α ist ein nur von dem betreffenden Stoffe abhängiger Festwert, den man den *Dehnungskoeffizienten* nennt, während der reziproke Wert E des Dehnungskoeffizienten als *Elastizitätsmodul* bezeichnet wird.

Bisher wurde vorausgesetzt, daß der Zugversuch ohne Unterbrechung bis zum Bruche des Stabes hin durchgeführt werden sollte. Man kann aber den Versuch auch dahin abändern, daß man von einem Zustande ab, der irgendeinem bestimmten Punkt des aufsteigenden Teiles des Dehnungsdiagramms in Abb. 1 entspricht, die Last nicht weiter steigert, sondern sie allmählich wieder bis auf Null hin abnehmen läßt. Mißt man auch hiefür die zusammengehörigen Werte von ε und σ und trägt sie in derselben Weise wie vorher ab, so erhält man einen zweiten Ast des Dehnungsdiagramms, wie er in Abb. 2 durch die Linie CD angegeben ist, während der erste Ast OAC einen Teil des ganzen durch Abb. 1 wiedergegebenen Dehnungsdiagramms bildet. Die Erfahrung lehrt, daß der absteigende Ast CD mit dem aufsteigenden Aste OC zusammenfällt, falls der Umkehrpunkt C dem gradlinigen Teil OA angehört. Bei anderen Stoffen als den zähen Metallen kann es übrigens auch vorkommen, daß der aufsteigende Ast des Dehnungsdiagramms von Anfang schon etwas gekrümmt ist und daß trotzdem von einem nicht allzu weit von O entfernten Umkehrpunkt C ab der dem Entlastungsvorgange entsprechende absteigende Ast, so genau als es die Messungen erkennen lassen, mit dem aufsteigenden Aste zusammenfällt. Jedem Wert von ε entspricht dann ein bestimmter Wert von σ, gleichgültig ob man zu diesem Zustande bei der Belastung oder bei der Entlastung gelangt ist. Immer wenn dies zutrifft, sagt man, daß sich der betreffende Stoff bis zum Punkte C hin *vollkommen elastisch* verhält.

Trifft es nicht zu, so wird durch die beiden Äste OC und CD und durch die Abszissenachse eine Fläche abgegrenzt, von der sich späterhin zeigen wird, daß sie proportional ist mit dem *Arbeitsverluste*, der durch die unvollkommen elastische Formänderung eines Körpers bei Belastung und Entlastung hervorgerufen wird. Die Strecke OD gibt die *bleibende Dehnung* an, die als eine dauernde Beschädigung des Körpers anzusehen ist. Da der Zweck der technischen Festigkeitsberechnungen hauptsächlich darauf hinausläuft, solche Beschädigungen zu vermeiden, haben wir es in der Folge mit solchen Fällen, wie sie der Abb. 2 entsprechen, in der Regel nicht zu tun, sondern wir haben vorauszusetzen, daß die Belastung nicht weiter gesteigert wird, als bis zur *Elastizitätsgrenze* d. h. bis zur Grenze des vollkommen elastischen Verhaltens des Körpers. Bei den schmiedbaren Metallen fällt die Elastizitätsgrenze mit der Proportionalitätsgrenze zusammen.

Die Gleichungen (1) bis (4) kann man schließlich auch noch zu einer einzigen Gleichung zusammenfassen, die den unmittelbaren Zusammenhang zwischen der Längenänderung einer bestimmten Meßstrecke l und der Belastung P ausspricht, durch die sie hervorgebracht wird. Unter der Voraussetzung, daß P die Proportionalitätsgrenze nicht überschreitet, erhält man

$$\Delta l = \varepsilon l = l\,\frac{\sigma}{E} = \frac{l}{EF}\,P \tag{5}$$

indem man sich der Reihe nach auf die Gleichungen (2), (4) und (1) stützt. Kürzer kann man dafür auch schreiben

$$\Delta l = r P. \tag{5a}$$

Die damit eingeführte Größe

$$r = \frac{l}{EF} \qquad (5\,\mathrm{b})$$

wird als die *Stabkonstante* bezeichnet.

Gleichung (4) oder (5) wurde im 17. Jahrhundert von dem englischen Physiker Hooke aufgestellt. Hooke nahm an, daß Gl. (4) für alle festen Körper zutreffe; das hat sich aber nicht als richtig bewährt. In den meisten Fällen, für die man Festigkeitsberechnungen durchzuführen hat, darf man jedoch bis zu einer gewissen Grenze A hin annehmen, daß Gl. (4) entweder genau oder mindestens näherungsweise zutreffe, und man sagt dann, daß der Körper bis dahin dem *Hookeschen Gesetze* gehorche.

Den Begriff und die Bezeichnung „Elastizitätsmodul" hat im Anfange des 19. Jahrhunderts der englische Physiker Young eingeführt, und zum Unterschiede von einem anderen Elastizitätsmodul, den wir später noch zu besprechen haben werden, nennt man E auch den *Youngschen Modul,* während die Sprachreiniger vorziehen, dafür die Bezeichnung „*Elastizitätszahl*" zu gebrauchen.

Diese Elastizitätszahl ist übrigens keine reine oder unbenannte, sondern eine benannte Zahl und zwar von der gleichen Benennung oder Dimension wie die bezogene Spannung. Die in Gl. (4) vorkommende bezogene Dehnung ε ist nämlich nach Gl. (2) als Verhältnis zweier Längen eine reine Zahl und sie hat daher, wie man in der Lehre von den Dimensionen der physikalischen Größen sagt, die Dimension Null. Die Dimension einer bezogenen Spannung und daher auch des Elastizitätsmoduls E ergibt sich nach Gl. (1) im technischen Maßsystem zu $\dfrac{1\,\mathrm{kg}}{1\,cm^2}$, und diese Einheit, die dem mittleren Werte des Luftdruckes etwas oberhalb des Meeresspiegels entspricht, wird häufig auch als eine Atmosphäre (abgekürzt atm oder at geschrieben) bezeichnet. Der Elastizitätsmodul der schmiedbaren Eisensorten liegt gewöhnlich zwischen 2 000 000 und 2 200 000 atm, bei Wolframdraht ist er ungefähr doppelt, bei Gußeisen (für kleinere Lasten) ungefähr halb so hoch.

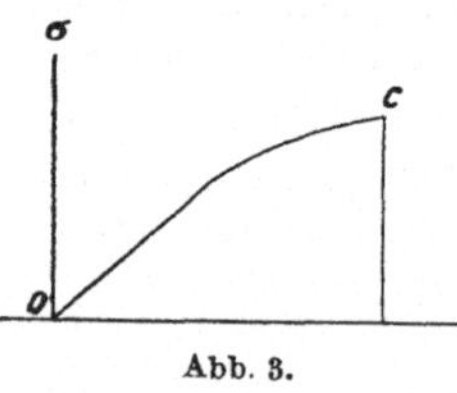

Abb. 3.

Das Gußeisen liefert wie alle steinartigen Massen, die ihm in dieser Beziehung gleichen, ein Dehnungsdiagramm, bei dem das gradlinige Stück OA in Abb. 1 fehlt und das ungefähr so wie in Abb. 3 aussieht. Bei C bricht es ab, da der Stab zerreißt Die Linie OC ist übrigens nicht allzu stark gekrümmt und wenn man dafür sorgt, daß ein Gußeisenstab nur Lasten aufzunehmen hat, die etwa $\frac{1}{10}$ oder $\frac{1}{6}$ der Bruchlast nicht überschreiten, kann man das bis dahin reichende Anfangsstück des Diagramms ohne merklichen Fehler genau genug als gradlinig ansehen. In diesem Sinne war auch vorher schon von dem Elastizitätsmodul des Gußeisens gesprochen worden, denn die Angabe eines solchen Moduls setzt von vornhein ein die mindestens näherungsweise zutreffende Gültigkeit des Hookeschen Gesetzes voraus.

Um möglichst genauen Aufschluß über alle elastischen Eigenschaften eines bestimmten Werkstoffes zu erhalten, die sich bei einem Zugversuche feststellen lassen, darf man sich jedoch nicht damit begnügen, nur die Dehnungen in der Längsrichtung zu messen. Während sich der Stab in der Längsrichtung streckt, zieht er sich nämlich zugleich in jeder Querrichtung zusammen und durch hinreichend genaue Meßvorrichtungen läßt sich feststellen, um wieviel. Freilich sind diese Messungen der Querverkürzung viel schwieriger anzustellen, und sie werden daher nur selten vorgenommen. Ungefähr weiß man aber, welchem Gesetze die Querverkürzungen folgen.

Handelt es sich etwa um einen Rundstab vom Querschnittsdurchmesser d und vermindert sich d um ein kleines Stück Δd, so kommt es auch hier darauf an, welchen Bruchteil Δd von d ausmacht. Das Verhältnis beider bildet die *bezogene Querverkürzung*, nämlich

$$\varepsilon_d = \frac{\Delta d}{d}, \tag{6}$$

wobei zum Unterschiede von der durch Gl. (2) eingeführten bezogenen Änderung in der Längsrichtung, die jetzt mit ε_l bezeichnet werden mag, der Zeiger d an den Buchstaben ε gehängt wurde. Genaue Messungen haben nun gelehrt, daß bei einem Zugversuche mit einem Metallstab, solange dabei die Proportionalitätsgrenze nicht überschritten wird, auch ε_d proportional mit der Zuglast P anwächst. Dabei bleibt ε_d stets kleiner als ε_l, und zwar macht es immer denselben Bruchteil davon aus. Wir können also

$$\varepsilon_d = -\frac{1}{m}\varepsilon_l \tag{7}$$

setzen, wobei das Minuszeichen darauf hinweist daß in der Querrichtung eine Verkürzung entsteht, wenn sich der Stab in der Längsrichtung streckt.

Die Verhältniszahl $\frac{1}{m}$ wird gewöhnlich die Poissonsche Konstante genannt, sie dient neben dem Elastizitätsmodul E dazu, die elastischen Eigenschaften eines bestimmten Werkstoffes zahlenmäßig zu beschreiben. Bei den meisten Stoffen schwankt sie um den Wert $\frac{1}{4}$ herum, für die schmiedbaren Eisensorten kann man im Mittel m zu $3\frac{1}{3}$, also $\frac{1}{m}$ gleich 0,3 annehmen. Bei Gußeisen und den meisten steinartigen Massen ist m größer (von 5 bis 9 hin oder auch noch darüber.)

Setzt man den Wert von ε_l aus Gl. (4) in Gl. (7) ein, so kann man dafür auch

$$\varepsilon_d = -\frac{1}{m}\frac{\sigma}{\varepsilon} \qquad (8)$$

schreiben.

Bei den vorhergehenden Erörterungen wurde stillschweigend ein *isotroper Werkstoff* vorausgesetzt. Damit ist nämlich gemeint, daß der betreffende Stoff an sich nach allen Richtungen hin die gleichen elastischen Eigenschaften hat. Entnimmt man also einem größeren Körper Probestücke zur Ausführung des Zugversuches in verschiedenen Richtungen, einen etwa in wagrechter — einen anderen in lotrechter und einen dritten in beliebig schief gestellter Richtung, so wird der Körper isotrop genannt, wenn alle diese Probestäbe unabhängig von der Lage, die sie im ganzen Körper einnehmen, dieselben elastischen Eigenschaften zeigen, so daß also E und m bei allen gleich groß gefunden werden. Bei Gußeisen und überhaupt bei allen Körpern, die auf flüssigem Wege hergestellt und nachher keiner weiteren stark eingreifenden Bearbeitung mehr unterzogen wurden, darf man in der Regel von vorneherein voraussetzen, daß sie isotrop sind, es sei denn, daß sich bei der Erhärtung größere Kristalle ausbildeten, die bestimmte Richtungen bevorzugten.

Alle Kristalle freilich sind gerade dadurch gekennzeichnet, daß sie sich nach verschiedenen Richtungen hin und zwar in gesetzmäßiger Weise verschieden verhalten, sie sind, wie man sagt, *anisotrope* oder *äolotrope* Körper. Je nach der Richtung, in der man ein kleines Probestäbchen aus einem größeren einheitlichen Kristalle entnimmt, findet man ganz verschiedene Werte für die Elastizitätskonstanten E und m. Auch bei einem Kesselblech findet man E und m, sowie die Zugfestigkeit und Proportionalitätsgrenze etwas verschieden, je nachdem man die Probestäbe, die man dem Versuche unterwirft, in der Walzrichtung oder senkrecht dazu aus der Blechtafel entnimmt. Das anisotrope Verhalten wird in diesem Falle durch den Walzvorgang herbeigeführt. Ein sehr ausgesprochen anisotropes Verhalten zeigt besonders das Holz. Ein Probestab, der aus einem Baumstamm in der Längsrichtung (in der Richtung der Fasern) entnommen wurde, zeigt ganz andere Festigkeitseigenschaften als einer, der quer dazu herausgeschnitten wird.

In der technischen Festigkeitslehre kann und muß man sich aber meistens damit begnügen, alle Betrachtungen unter der Voraussetzung eines isotropen Verhaltens des Werkstoffes durchzuführen. In der Folge wird daher von anisotropen Körpern hier nicht weiter die Rede sein. Bei den Anwendungen der für isotrope Körper abgeleiteten Berechnungsvorschriften darf man aber niemals ganz aus den Augen verlieren, daß sich im einzelnen Falle durch Abweichungen des betreffenden Werkstoffes von der Isotropie unter Umständen erhebliche Fehler ergeben können.

§ 3. **Der Druckversuch.** Während die Güte eines metallischen Werkstoffes hauptsächlich nach dem Ergebnisse eines Zugversuches beurteilt wird, steht bei den natürlichen und künstlichen Bausteinen der Druckversuch im Vordergrunde. Bei der Art, wie er gewöhnlich zu praktischen Zwecken ausgeführt wird, erfährt man durch ihn freilich nichts über die elastischen Eigenschaften der Versuchskörper. Man benutzt dazu nämlich möglichst genau würfelförmige Probekörper aus der zu prüfenden Steinsorte, die z. B. bei Hartsteinen mit einer Diamantsäge herausgeschnitten und dann noch auf den Druckflächen sorgfältig geschliffen oder sonst abgeglichen werden, und zerdrückt diese Würfel zwischen zwei stählernen Druckplatten einer Festigkeitsmaschine. Dabei wird nur die Bruchlast P beobachtet und daraus durch Division mit der Fläche der Würfelseite die „*Druckfestigkeit*" in derselben Weise wie nach Gl. (1) die Zugfestigkeit beim Zugversuche berechnet.

Als Güteprüfung, also zum Vergleiche verschiedener Steinarten, die alle in der gleichen Weise behandelt wurden, untereinander ist dieses Verfahren ganz angebracht und zweckmäßig. Man darf nur nicht außer acht lassen, daß die Annahme eines einachsigen Spannungszustandes und einer gleichförmigen Spannungsverteilung, die bei der Division der Bruchlast durch die Druckfläche zur Berechnung der Druckfestigkeit als Voraussetzung zugrunde liegt, bei dem Würfelversuch viel weniger begründet ist und zu weit größeren Fehlern führt, als bei dem in § 1 besprochenen Zugversuche. Beim Zugversuche ist der Stab lang im Vergleiche zu den Querschnittsabmessungen und am Ende mit Köpfen versehen, von denen ein allmählicher Übergang in den kleinen Querschnitt des mittleren Stabteiles stattfindet. Wenn man sich auf die Beobachtung dieses mittleren Stabteiles beschränkt, für den überall gleiche Verhältnisse vorliegen, darf man sicher sein, daß dort in der Tat überall nahezu ein einachsiger und überall gleichförmiger Formänderungs- und Spannungszustand herrscht.

Beim Druckversuche braucht man keine Köpfe, um die Drucklast auf den Probekörper zu übertragen, und insofern ist der Druckversuch einfacher als der Zugversuch. Man läßt sich aber dadurch leicht verleiten, die beim Zugversuch ganz selbstverständliche Vorsicht, zwischen den Köpfen einen längeren Stabteil anzuordnen, innerhalb dessen sich die unvermeidliche Unregelmäßigkeit in der Kraftübertragung an den Köpfen bereits hinreichend ausgleichen konnte, beim Druckversuche ganz außer acht zu lassen. Um allgemein verwertbare Ergebnisse zu erhalten, ist aber diese Vorsicht auch beim Druckversuche erforderlich. Man muß dazu die Höhe des Probekörpers erheblich größer wählen als die Querschnittsabmessungen und sich auch hier auf die Beobachtung des mittleren Stabteiles beschränken. Nur auf diese Weise ist es möglich, das elastische Verhalten des Werkstoffes bei einer einachsigen Druckbeanspruchung genau genug festzustellen.

Wenn dies geschieht, zeigt sich, daß die Verkürzungen, die ein Druck hervorbringt, mit der Größe der Drucklast in einem ganz ähnlichen Zusammenhange stehen, wie die Dehnungen beim Zugversuche. Die Metalle, die dem Hookeschen Gesetze bis zu einer gewissen Grenze hin gehorchen, erfahren auch beim Druckversuch Verkürzungen, die den Lasten proportional sind, solange eine entsprechende Grenze nicht überschritten wird. Außerdem lehrt auch der Versuch, daß der durch Gl. (4) eingeführte Elastizitätsmodul E bei solchen Stoffen für Druck den gleichen Wert hat wie bei Zug, sowie ferner, daß auch die Verhältniszahl m zwischen der Längsverkürzung und der Querdehnung, die durch eine Druckbelastung hervorgerufen werden, ebenso groß ist, wie sie beim Zugversuche gefunden wurde. Mit anderen Worten heißt dies, daß unter der Voraussetzung eines möglichst einfachen elastischen Verhaltens eines Baustoffes, wie es bei den theoretischen Ableitungen der Festigkeitslehre als normal angesehen und ihnen zugrunde gelegt wird, *alle Formeln des vorigen Paragraphen mit den gleichen Werten von E und m ohne weiteres auch auf die einachsige Druckbeanspruchung übertragen werden können,* indem man darin auf die Vorzeichen achtet und einer Druckspannung σ ebenso wie einer Verkürzung ε das negative Vorzeichen beilegt.

Bei den Stoffen, die dem Hookeschen Gesetze von vorneherein nicht gehorchen, trifft dies freilich nicht zu. Insbesondere besteht bei den *steinartigen Massen* zwischen Druck und Verkürzung ein anderer Zusammenhang als zwischen Zug und Dehnung. Das in Abb. 3 für den Zugversuch mit Gußeisen oder auch mit Steinen

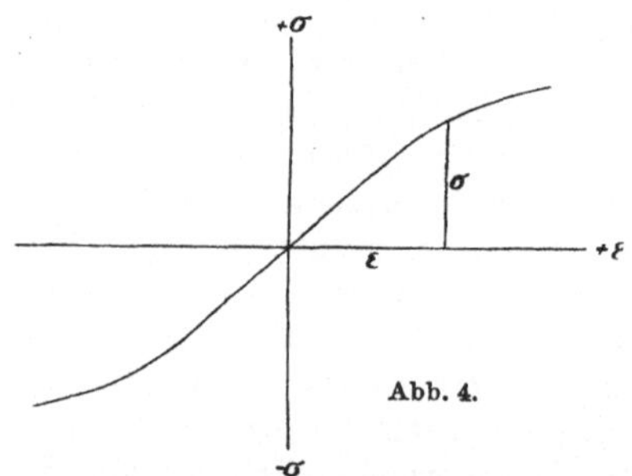

angedeutete Dehnungsdiagramm läßt sich durch Hinzufügen eines zweiten Astes ergänzen, so daß es auch das elastische Verhalten gegenüber einer Druckbeanspruchung wiedergibt, indem man die Druckspannung und die ihr entsprechende Verkürzung in den Richtungen der negativen Koordinatenachsen aufträgt. Man erhält dann eine ungefähr S-förmige Kurve, mit einem Wendepunkt im Ursprunge, wie sie in Abb. 4 angegeben ist.

Bei den Festigkeitsberechnungen für *Eisenbetonkonstruktionen* ist man genötigt, einerseits auf den für Eisen und für Beton sehr ver-

schiedenen Wert des Elastizitätsmoduls und andererseits auch auf
das verschiedene elastische Verhalten des Betons gegenüber Zug- und
Druckbeanspruchung zu achten. Dabei ist es üblich geworden, so
zu rechnen, als wenn der Beton sowohl bei Zug als bei Druck dem
Hookeschen Gesetze gehorchte, dabei aber den Elastizitätsmodul für
Druck weit höher anzunehmen als den für Zug. Diese Annahme
kommt darauf hinaus, daß sich das Dehnungsdiagramm der Abb. 4
für Beton aus zwei geraden Linien zusammensetzen ließe, die im Ursprunge unter sehr verschiedenen Richtungen zusammenstießen. Man
kann aber keine Elastizitätsmessungen anführen, die einer solchen
Annahme zur Stütze dienen könnten, sie ist vielmehr ganz willkürlich zum Zwecke einer bequemen Rechnungsgrundlage gewählt und
nur deshalb unschädlich, weil die auf dieser Grundlage abgeleiteten
Formeln für die Tragfähigkeit von Eisenbetonkonstruktionen durch
sehr zahlreiche Versuche fortlaufend geprüft und mit entsprechenden
Koeffizienten versehen wurden, wodurch eine hinreichende Übereinstimmung zwischen Formeln und Prüfungsergebnissen herbeigeführt
wurde.

Wir sahen vorher, daß beim Druckversuche mit einem Steinprisma, dessen Höhe vielleicht das 4—8-fache der Querschnittsseite ausmacht, im mittleren Teile eine ringsum gleichförmige
Verkürzung in der Längsrichtung und zugleich eine Dehnung in
jeder Querrichtung stattfindet. In der Nähe der Druckflächen
kann sich dagegen diese Querdehnung nicht ungehindert ausbilden.
Steigert man nämlich die Lasten, so müßte auch die Querdehnung
zunnehmen, und dabei müßten sich die Flächenteilchen der Druckfläche gegen die stählerne Druckplatte, die man als nahezu starr
betrachten kann, nach außen hin verschieben. Dem widersetzt
sich jedoch die Reibung zwischen den bereits stark aufeinander
gedrückten Körpern. Es treten daher auch beim Druckversuche
in der Nähe der Lastübertragungsstellen wesentlich abweichende
Bedingungen gegenüber den im mittleren Stabteil herrschenden
ein, in ganz ähnlicher Weise wie beim Zugversuche, wenn auch
die Abweichungen nicht so stark sind wie bei diesem.

Eine Folge davon ist, daß die Bruchlast für ein Steinprisma
bei gegebenem Querschnitt um so größer gefunden wird, je geringer
seine Höhe ist. Die bei würfelförmigen Probekörpern gefundene
Bruchlast entspricht daher nicht der Druckfestigkeit im eigentlichen Sinne des Wortes, das einen einachsigen und gleichförmigen
Spannungszustand zur Voraussetzung hat, sondern sie ist größer.
Um diesen Unterschied hervorzuheben, spricht man bei ihr von
einer *Würfelfestigkeit*.

*Bei Steinen ist die Zugfestigkeit weit kleiner als die Druckfestig-
keit.* Wie groß sie im einzelnen Falle tatsächlich ist, läßt sich
mit Hilfe eines Zugversuchs nicht zuverlässig genug feststellen,
weil es kaum gelingt, einen Probekörper herzustellen und ihn so
zu belasten, daß man auf eine gleichförmige Verteilung der Zugspannungen über den Bruchquerschnitt rechnen dürfte. Für die
Beurteilung der *Zugfestigkeit eines Zementmörtels* stellt man kurze

geigenförmige Probekörper (Abb. 4 a) mit einer starken Einschnürung in der Mitte her, reißt sie durch eine Zugbelastung ab und sieht die aus der Division der Bruchlast durch die Bruchfläche erhaltene mittlere Spannung im Bruchquerschnitt als die Zugfestigkeit an. In Wirklichkeit aber verteilen sich die Spannungen ungleichförmig über den Bruchquerschnitt, und dort wo der Bruch beginnt, wo sie also am größten sind, übertreffen sie erheblich den Mittelwert, der als Maß für die Zugfestigkeit benützt wird.

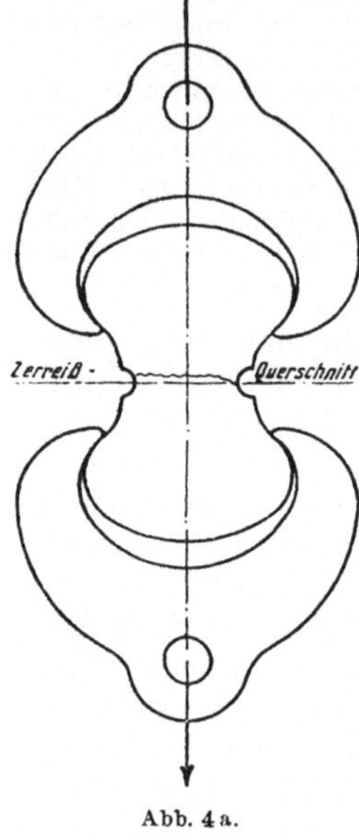

Abb. 4 a.

Für den Zweck der Zementprüfung schadet dies nichts, weil alle Zemente in der gleichen Weise geprüft werden, so daß auch der Mittelwert der Spannungen im Bruchquerschnitt, der zum Bruche führt, ein geeignetes Gütemaß für eine bestimmte Zementsorte bildet. Braucht man aber zu anderen Zwecken einen zuverlässigen Wert der Zugfestigkeit, also jener Spannung, die bei gleichförmiger Verteilung und einachsigem Spannungszustande zum Bruche führt, so ist es am besten, ganz darauf zu verzichten, sie aus einem Zugversuche zu ermitteln, sondern sie aus einem Biegungsversuche rechnungsmäßig abzuleiten, indem man die zur Bruchlast gehörige größte Kantenspannung des Probekörpers nach den später in der Lehre von der Biegung aufzustellenden Formeln ausrechnet.

Vorher war wiederholt die Rede davon, daß man die Höhe des Probekörpers beim Druckversuche erheblich größer, etwa gleich dem 4—8-fachen der Querschnittsabmessungen machen müsse, um den Einfluß der abweichenden Bedingungen an den Enden, nämlich der Reibungen in der Druckfläche auf den mittleren Teil des Stabes hinreichend auszuschalten. Wie weit man damit gehen muß, läßt sich dadurch entscheiden, daß man verschieden hohe Probekörper miteinander vergleicht. Zu weit darf man aber mit der Vergrößerung der Höhe jedenfalls nicht gehen, weil sonst die Gefahr eines Ausknickens in Frage käme, von der späterhin die Rede sein wird. Wenn die Höhe nicht größer als etwa gleich dem 8-fachen der Querschnittsseite g wählt wird, wie es gewöhnlich geschieht, ist diese Gefahr aber jedenfalls noch nicht zu befürchten.

Endlich muß noch erwähnt werden, daß sich auch bei den natürlichen Bausteinen häufig ein Mangel an Isotropie zeigt, und zwar bei Sandsteinen, Kalksteinen u. dgl., die ein natürliches „Lager" erkennen lassen. Gewöhnlich ist dann die Druckfestigkeit senkrecht zum Lager etwas größer als die in der Richtung parallel zum Lager. Genaue Elastizitätsmessungen für die verschiedenen Richtungen sind an solchen Baustoffen bisher wohl noch kaum ausgeführt worden.

§ 4. Fließfiguren, Spannungen für schiefe Schnittrichtungen. Zur Prüfung des Werkstoffes, aus dem die Platten, Winkel und sonstigen Profileisen bestehen, die zum Aufbau einer größeren Tragkonstruktion dienen sollen, läßt man gewöhnlich Probestäbe von der in Abb. 5 angegebenen Gestalt herstellen. Der Querschnitt ist rechteckig und von 3 cm Breite, während sich die aus der Abbildung nicht ersichtliche Dicke nach der Dicke des Bleches oder der Flanschdicke des Profileisens richtet, aus dem der Stab entnommen wurde. Als Mittelwert kann man etwa eine Dicke von 1 cm oder etwas darüber annehmen.

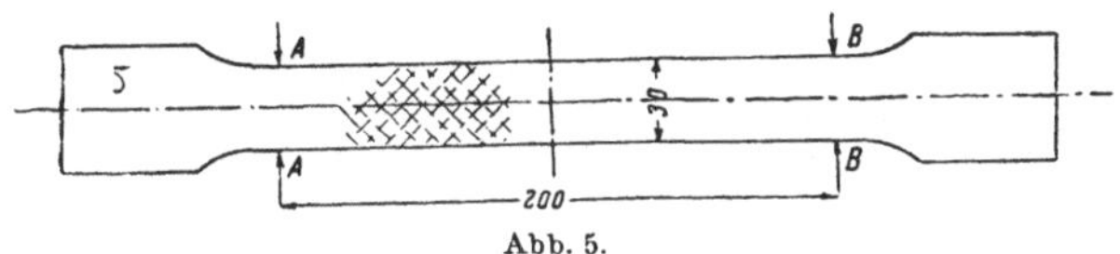

Abb. 5.

An den Enden versieht man den Stab in der aus der Zeichnung ersichtlichen Weise mit Köpfen. Auf den Ansichtsflächen der Köpfe läßt man durch eine Fräsmaschine einige seichte Rinnen oder Furchen einschneiden, an denen die „Beißkeile" eingreifen können, mit denen der Stabkopf von beiden Seiten her gefaßt und durch deren Vermittlung er in die Festigkeitsmaschine eingespannt wird.

In einigen Abständen von den Köpfen läßt man die in Abb. 5 mit A und B bezeichneten Marken anbringen, zwischen denen gewöhnlich eine Meßlänge von 20 cm abgegrenzt wird. Erfolgt der Bruch außerhalb der Meßstrecke AB, so wird der Versuch verworfen, und häufig verlangt man auch, daß er im mittleren Drittel der Meßlänge AB erfolgt sein muß, um einen einwandfreien Wert für die Bruchdehnung daraus ableiten zu können.

Gewöhnlich wird der Stab auf den Ansichtsflächen nicht bearbeitet, sondern er behält dort die Walzhaut, die vom Herstellungsvorgange des Profileisens herrührt. Entfernt man aber die Walzhaut vor dem Zugversuche und poliert man die Ansichtsflächen des Stabes, so kann man bald nach Überschreitung der Proportionalitätsgrenze das Auftreten von sogenannten „*Fließfiguren*" bemerken, durch die sich die bleibende Formänderung im Innern des Stabes nach außen hin verrät. Gewöhnlich bestehen diese „Fließfiguren" aus einer Anzahl feiner Linien, die von beiden Seiten her unter einem Winkel von 45^0 gegen die Längsrichtung des Stabes geneigt sind und sich gegenseitig durchschneiden (vgl. die gestrichelten Linien in Abb. 5). Zuerst treten sie nur vereinzelt auf, dann mehren sie sich bei weiterer Steigerung der Belastung und späterhin, wenn die Formänderung noch weiter fortgeschritten ist, verschwinden sie wieder, wogegen die vorher glatt polierte Fläche rauh wird, so daß sich feinere Linien darauf ohnehin nicht mehr unterscheiden ließen. Häufig beschränkt sich das Auftreten dieser Fließfiguren zunächst überhaupt nur auf ein kürzeres Stück der Ansichtsfläche, wie auch in Abb. 4 angenommen wurde, und dies ist dann ein Zeichen dafür, daß sich vorläufig der Stab nur in diesen Teilen merklicher streckt, während er an anderen Stellen noch weniger nachgibt.

Gegen das Ende des Bruchversuches hin bildet sich an irgendeiner Stelle der Stablänge eine etwas stärkere Zusammenziehung der Quere nach aus als an den übrigen Stellen, und zugleich bemerkt man an dem Lastzeiger der Festigkeitsmaschine, daß hiermit die größte Last erreicht ist, die der Stab überhaupt aufzunehmen vermag. Von da ab sinkt die Last wieder, die erforderlich ist, um den völligen Bruch herbeizuführen, und dabei beschränkt sich die weitere Formänderung in der Regel auf die Nachbarschaft der Stelle, an der sich die erste Einschnürung gebildet hatte. Hier dehnt sich der Stab und er zieht sich dabei der Quere nach weiter zusammen, bis er zerbricht. *Die Einschnürung des Bruchquerschnittes wird ebenfalls als ein Gütemaß zur Beurteilung der Zähigkeitseigenschaften des Werkstoffes benutzt.*

Die mikroskopische Betrachtung einer fein geschliffenen Fläche eines Metallstückes läßt bei geeigneter Ätzung unter starker Vergrößerung erkennen, daß die Metalle aus feinen Körnern von verschiedener chemischer Zusammensetzung (je nach dem Kohlenstoffgehalt bei Eisen) und daher auch verschiedenen mechanischen Eigenschaften aufgebaut sind. Bei starken Spannungen beginnen sich einzelne dieser Kristallkörner längs ihrer Berührungsflächen gegeneinander zu verschieben, und dieser Vorgang ist es, der sich nach außen hin durch das Auftreten der Fließfiguren kenntlich macht. Es ist auch leicht verständlich, daß ein Gleiten, das einmal an einer bestimmten Stelle eingetreten ist, sich nachher um so leichter in derselben Richtung weiterhin fortsetzt, wodurch sich erklärt, daß die Fließfiguren meistens aus ungefähr geradlinig verlaufenden Linien bestehen.

Das Auftreten von Fließfiguren an einer polierten Stelle eines metallischen Körpers ist ein sicheres Zeichen dafür, daß bereits eine dauernde Beschädigung des Körpers an dieser Stelle hervorgebracht wurde. Von den Beobachtungen über das Auftreten von Fließfiguren muß man sich daher vielfach leiten lassen, um ein Urteil über den in einem gegebenen Falle auftretenden Spannungszustand zu erhalten oder um die Gefahr zu beurteilen, die mit einer bestimmten Belastungsweise des Körpers verbunden ist.[1]

---

1) Bei den Prüfungen, die in der Praxis von Behörden und Fabriken zur Qualifikation des Materials angestellt werden, wird gewöhnlich

Insbesondere gilt dies auch von der Beobachtung, daß die Fließ-
linien beim Zugversuche nicht etwa in der Richtung verlaufen,
in der der Stab gespannt wird, und auch nicht senkrecht zu dieser
Richtung, sondern ungefähr unter 45⁰ dazu. Man kann noch hinzufügen, daß sich unter entsprechenden Bedingungen auch beim
Druckversuche die gleiche Erscheinung zeigt. Der Richtung von
45⁰, in der sich die Fließfiguren vorzugsweise ausbreiten, muß
daher eine besondere Bedeutung zukommen. Wir werden dadurch
zu der Frage geführt, was für Spannungen beim einachsigen
Spannungszustande in einer Schnittfläche übertragen werden, die
zunächst einen beliebigen Winkel φ mit der
Hauptrichtung einschließen möge.

In Abb. 6 ist ein Stück der Ansichtsfläche des
schon in Abb. 5 dargestellten Stabes in größerem
Maßstabe herausgezeichnet. Die Stabachse und
hiermit die Achse des einachsigen Spannungszustandes überhaupt, wählen wir zur X-Achse
und bezeichnen die in einem Querschnitt CD übertragenen Spannungen mit σ. Diese sind jedenfalls
gleichförmig über den ganzen Querschnitt verteilt, da nach Voraussetzung der Breite nach

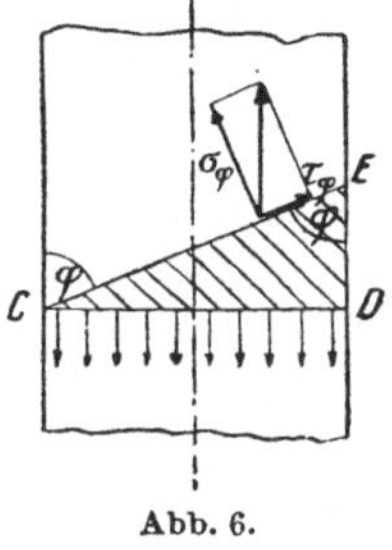

Abb. 6.

alle Teile des Stabes unter den gleichen Bedingungen stehen.
Daraus folgt

$$\sigma_x = \frac{P}{F},\qquad(9)$$

wenn F die Querschnittsfläche des Stabes bedeutet. Dann legen
wir noch einen zweiten Schnitt CE, der mit der Stabachse einen
beliebigen Winkel φ bildet, so daß zwischen CD und CE ein
dreiseitiges Prisma abgegrenzt wird, das wir als einen selbständigen Körper auffassen können und dessen Gleichgewicht wir
jetzt untersuchen wollen.

---

nicht auf die Fließfiguren geachtet, da sich diese Beobachtung nicht
in Zahlen ausdrücken lassen würde. In der Regel werden deshalb nur
die Bruchfestigkeit und die Bruchdehnung und mitunter auch die Last,
bei der Fließen eintritt, bestimmt. Die letztere Feststellung wird so vorgenommen, daß der Kraftanzeiger bei etwa gleichmäßig steigender
Längung des Stabes beobachtet wird. Zuerst rückt der Kraftanzeiger
auf immer höhere Werte hinauf. Plötzlich aber bleibt er stehen oder
geht sogar trotz fortschreitender Längung des Stabes zurück. Dieser
Punkt wird bei Messungen in der Praxis als Fließgrenze vermerkt.
Die Abmessungen des Probestabes, die auf das Ergebnis erheblichen Einfluß haben, werden besonders bei Abnahmeversuchen für
Behörden nach genauen Vorschriften festgestellt. In der Regel werden
für Zerreißversuche Rundstäbe von 10 oder 20 mm Durchmesser und
einer Meßlänge gleich dem Zehnfachen des Durchmessers vorgesehen.
Die in Deutschland am meisten zugrunde gelegten Versuchsvorschriften
sind die der Reichsmarine und die der preußischen Eisenbahnverwal-
tung, die beide im Buchhandel erschienen sind.

Auch über die Schnittfläche CE müssen sich die Spannungen gleichförmig verteilen. Wir schließen dies daraus, daß sich die elastische Formänderung an allen Stellen der Ansichtsfläche des Stabes, die von den Stabköpfen genügend weit entfernt sind, wie die Beobachtung lehrt, überall in der gleichen Weise vollzieht. Dasselbe muß daher auch von dem Spannungszustand gelten, der durch den an der gleichen Stelle bestehenden Formänderungszustand naturgesetzlich bedingt ist.

Gegenüber den großen Lasten, die der Stab beim Zugversuche zu übertragen hat, ist das Eigengewicht des Prismas CDE so unbedeutend, daß wir es von vornherein vernachlässigen können. Um Gleichgewicht am Prisma herzustellen, muß alsdann die Resultierende aller in der Schnittfläche CD übertragenen Spannungen ebenso groß und entgegengesetzt gerichtet sein wie die Resultierende P der im Schnitte CD übertragenen Spannungen. Auch beim schiefen Schnitt gehen daher die Spannungen parallel zur Stabachse, und sie sind um den Winkel φ gegen die Schnittfläche geneigt.

In der Festigkeitslehre hat es sich als zweckmäßig herausgestellt, eine Spannung, die einen schiefen Winkel mit der zugehörigen Schnittfläche einschließt, stets in zwei Komponenten zu zerlegen, von denen die eine senkrecht zur Schnittfläche steht, während die andere in die Schnittfläche selbst fällt. Bei der *Normalspannung* unterscheidet man dann noch je nach dem Pfeile zwischen Zug oder Druck. Die andere Komponente dagegen wird als die *Schubspannung* bezeichnet. Bei ihr kommt es nicht nur auf die Größe, sondern auch auf die Richtung an, die ihr innerhalb der Schnittfläche zukommt. Ein ähnlicher Gegensatz wie zwischen Zug und Druck ist dagegen bei der Schubspannung nicht zu machen. Für die auf die Flächeneinheit bezogene Schubspannung wird in der technischen Festigkeitslehre stets der Buchstabe τ gebraucht. Zur näheren Angabe der Schnittfläche, auf die sich τ beziehen soll, oder der Richtung innerhalb der Schnittfläche kann man je nach Bedarf an τ noch einen oder zwei Zeiger anhängen.

Im Falle von Abb. 6 wollen wir die im Schnitte CE übertragene und auf die Flächeneinheit dieses Schnittes bezogene Normalspannung mit σ_φ und die Schubspannung mit τ_φ bezeichnen. Wir finden diese beiden Komponenten, indem wir zuerst die ganze vom Stabe übertragene Belastung P durch die Fläche $\dfrac{F}{\sin \varphi}$ der Schnittfläche dividieren und hierauf mit $\sin \varphi$ multiplizieren, um σ_φ, oder mit $\cos \varphi$ multiplizieren, um τ_φ zu erhalten. So ergibt sich

$$\sigma_\varphi = \frac{P}{F}\sin^2\varphi \quad \text{und} \quad \tau_\varphi = \frac{P}{F}\sin\varphi\cos\varphi,$$

wofür man auch mit Rücksicht auf Gl. (9)

$$\sigma_\varphi = \sigma_x \sin^2 \varphi = \tfrac{1}{2}\,\sigma_x\,(1 - \cos 2\varphi) \quad \text{und} \quad \tau_\varphi = \tfrac{1}{2}\,\sigma_x \sin 2\varphi \qquad (10)$$

schreiben kann.

Die Schnittrichtung CE in Abb. 6 dürfen wir zwar nicht so weit schief stellen, daß wir mit C oder E in die Nähe der Stabköpfe kämen. Trotzdem dürfen wir die Gleichungen (10) unbedenklich für alle Winkel φ von Null an bis zu einem Rechten anwenden, indem wir uns bei den kleineren Winkeln den Stab entsprechend verlängert denken. Für den Zusammenhang zwischen den Spannungskomponenten σ_φ und τ_φ und der Schnittrichtung φ kann es nämlich nicht darauf ankommen, wie lang der Stab ist, falls darin nur überall innerhalb der Schnittfläche der gleiche Spannungszustand vorausgesetzt werden darf.

Die Schubspannung τ_φ nimmt nach Gl (10) ihren größten Wert an für $\sin 2\varphi = 1$, *also für eine Schnittrichtung, die mit der Stabachse einen Winkel von 45^0 bildet.* Der größte Wert von τ ist jedoch nur halb so groß als die größte Normalspannung σ_φ, die im Schnitte $\varphi = \dfrac{\pi}{2}$ also im Querschnitt des Stabes übertragen wird und vorher mit σ_x bezeichnet wurde.

Das Rechenergebnis, zu dem wir soeben gelangten, fordert zu einem Vergleiche mit den vorher mitgeteilten Beobachtungen über das Auftreten der Fließfiguren heraus. *Man wird dadurch zu der Vermutung geführt, daß bei einem Metallstabe, der diese Erscheinungen zeigt, die Überschreitung der Elastizitätsgrenze dadurch herbeigeführt wird, daß die Schubspannung τ einen Grenzwert überschritten hat, über den hinaus der Stoff einer Verschiebung der einzelnen Kristallkörner gegeneinander keinen Widerstand mehr zu leisten vermag.*

Nach dieser Auffassung, der man bei allen Stoffen, die Fließfiguren von den vorher beschriebenen Eigenschaften erkennen lassen, die Berechtigung kaum abstreiten kann, ist es daher nicht die größte Normalspannung oder die Hauptspannung, die selbst unmittelbar eine Beschädigung oder den Bruch herbeiführt. Sondern die bleibende Formänderung wird durch die mit der Hauptspannung verbundene, wenn auch nur halb so große Schubspannung in jenen Schnittrichtungen herbeigeführt, nach denen die Fließfiguren verlaufen. Diese Bemerkung ist hauptsächlich von Wichtigkeit, wenn es sich darum handelt, Spannungszustände von verschiedener Art auf die mit ihnen verbundene Bruchgefahr hin untereinander zu vergleichen, wie dies später geschehen wird.

Zur Veranschaulichung der durch die Gleichungen (10) ausgesprochenen Gesetzmäßigkeiten kann man sich nach dem Vorgange von Mohr eines *Spannungskreises* bedienen, wie er in Abb. 7 gezeichnet ist.

Man trägt nämlich zwei senkrecht zu einander stehende Achsen auf, bezeichnet die eine als σ-, die andere als τ-Achse und zieht hierauf einen Kreis, dessen Durchmesser in einem passenden Maßstabe die Hauptspannung σ_x angibt und der durch den Koordinatenursprung O geht, während der Mittelpunkt M auf der σ-Achse liegt. Jeder Schnittrichtung, die in Abb. 6 den Winkel φ mit der Stabachse einschließt, läßt sich dann ein Radius in Abb. 7 zuordnen, der einen Winkel 2φ mit der Horizontalen bildet, so wie es aus der Abbildung zu ersehen ist. Die Koordinaten des Endpunktes dieses Halbmessers geben dann, wie aus den Gleichungen (10) hervorgeht, die Spannungskomponenten σ_φ und τ_φ für die dem Winkel φ entsprechende Schnittrichtung an.

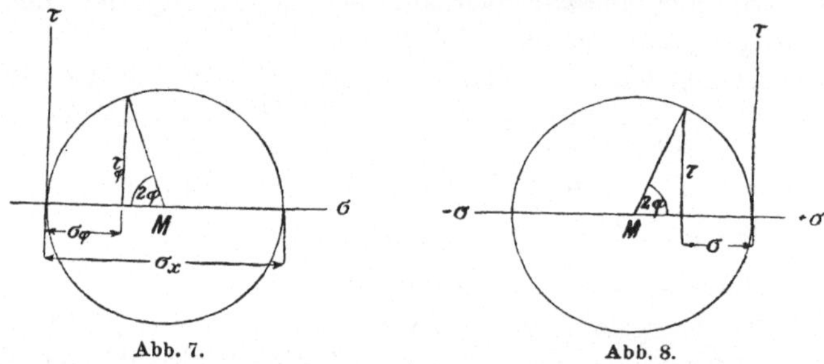

Abb. 7.Abb. 8.

Zur anschaulichen Wiedergabe des Inhaltes der Gleichungen (10) würde es schon genügen, nur den oberen Halbkreis in Abb. 7 zu benützen. Man zieht aber gewöhnlich vor, den ganzen Kreis zu zeichnen und hiermit Zentriwinkel 2φ zuzulassen, die im 3. oder 4. Quadranten liegen. In Abb. 6 entsprechen ihnen stumpfe Winkel φ, also solche Schnittrichtungen, die nicht mehr von links nach rechts, sondern umgekehrt von rechts nach links hin ansteigen. Man sieht ohne weiteres ein, daß für diese dieselben Beziehungen wiederkehren müssen, die wir für jene gefunden hatten und dem entspricht es, daß auch in Abb. 7 im unteren Halbkreise alle Werte von σ und τ, bei letzteren wenigstens der Größe nach, ebenso wiederkehren wie im oberen. Auf das Vorzeichen von τ braucht nämlich hierbei nicht geachtet zu werden, da es für die Schubspannungen im Gegensatz zu den Normalspannungen nicht von vornherein wesentlich ist. Wir haben auch bisher noch keine Verabredung darüber getroffen, wie das Vorzeichen von τ im einzelnen Falle gewählt werden soll, und behalten uns dies für später vor.

Die vorhergehenden Betrachtungen und besonders die Gleichungen (10) lassen sich ohne weiteres auch auf den Fall übertragen, daß die Hauptspannung σ_x keine Zug-, sondern eine Druckspannung ist. In Abb. 6 kehren sich dann alle Pfeile um, und in den Gleichungen (10) hat man σ_x negativ zu rechnen.

Damit werden dann auch alle Normalspannungen σ_φ negativ, während dem Vorzeichenwechsel für τ_φ keine wesentliche Bedeutung zukommt.

Das Spannungsdiagramm ändert sich in diesem Falle, wenn man sonst nichts ändert, so ab, wie aus Abb. 8 zu entnehmen ist. Die Zentriwinkel 2φ wachsen freilich unter diesen Umständen im entgegengesetzten Drehsinn wie in Abb. 7. Das hängt damit zusammen, daß der Winkel $\varphi = 0$ in beiden Fällen dem Schnitte zugeordnet ist, in dem σ und zugleich auch τ zu Null wird, gleichgültig, ob nun σ_x algebraisch genommen größer oder kleiner ist als der Wert Null. Diese Verabredungen kann man aber später, wenn es sich als vorteilhaft erweist, auch leicht wieder ändern (vgl. § 10). Wesentlich ist dagegen der Unterschied, daß der Spannungskreis in diesem Falle auf der entgegengesetzten Seite liegt wie in Abb. 7.

Läßt man in den Abbildungen 7 oder 8 den Winkel 2φ um 2 Rechte zunehmen, indem man den Radius über den Mittelpunkt hinaus verlängert, so gelangt man zu einem Punkt des Spannungskreises, der wieder dem gleichen Werte von τ entspricht wie zuvor, da es ja bei τ auf das Vorzeichen nicht ankommen sollte, sondern nur auf den zahlenmäßigen Betrag. Der gleiche Wert von τ kommt daher in je zwei Schnittrichtungen vor, die in der Ansichtszeichnung des Stabes Abb. 6 rechtwinklig zu einander stehen. Es wird sich später zeigen, daß sich dieser Satz auch auf verwickeltere Spannungszustände übertragen läßt und daß er in seiner allgemeinen Form als *„Satz von der Gleichheit der einander zugeordneten Schubspannungen"* zu den wichtigsten Sätzen der Festigkeitslehre gehört.

§ 5. **Die Formänderungsarbeit.** Beim Zug- oder Druckversuche wird von den äußeren Kräften, die die Formänderung erzwingen, eine gewisse Arbeit geleistet. Wir denken uns durch zwei Querschnitte, die um die „Meßlänge" l voneinander entfernt sind, ein Stück aus dem mittleren Teile des Stabes abgegrenzt, auf das sich unsere Betrachtung zunächst allein beziehen soll. Die Kraft P, die in jedem der beiden Querschnitte auf den mittleren Stabteil übertragen wird, wächst während des Zugversuches von Null bis auf einen Wert an, den wir mit P_1 bezeichnen wollen. Wie groß wir P_1 wählen wollen, ist sonst gleichgültig, jedenfalls aber soll damit die Proportionalitätsgrenze noch nicht überschritten sein. Zu jedem P gehört dann eine Längenänderung Δl der Meßstrecke l, die nach Gl. (5)

$$\Delta l = \frac{l}{EF} P$$

gesetzt werden kann. Wir wollen zunächst annehmen, daß der obere der beiden Stabquerschnitte während der Formänderung in

Ruhe bleibe, der untere verschiebt sich dann im ganzen um die Strecke Δl. Die am oberen Querschnitt angreifende Kraft P kann unter diesen Umständen keine Arbeit leisten. Während P um ein Differential dP anwächst, verschiebt sich der untere Querschnitt nach abwärts um

$$d\Delta l = \frac{l}{EF}\, dP,$$

und auf diesem Wege wird von der am unteren Querschnitt angreifenden Kraft P die Arbeit

$$dA = Pd\Delta l = \frac{l}{EF}\, PdP$$

geleistet. Bis zum Endzustande hin, in dem P bis P_1 angewachsen ist, wird daher im ganzen eine Arbeit A geleistet, die sich zu

$$A = \int_0^{P_1} \frac{l}{EF}\, PdP = \frac{l}{EF} \cdot \frac{P_1{}^2}{2} \tag{11}$$

berechnet. Bezeichnet man die zu P_1 gehörige Längenänderung Δl mit Δl_1, so kann man dafür auch

$$A = \tfrac{1}{2}\, P_1 \Delta l_1 \tag{12}$$

schreiben, und diese Gleichung läßt sich dahin deuten, daß *als „Mittelwert" der arbeitsleistenden Kraft P während des ganzen Weges Δl_1, die Hälfte des Endwertes P_1 anzunehmen ist.*

Die Voraussetzung, von der wir bei dieser Berechnung ausgegangen sind, daß der obere Querschnitt des ins Auge gefaßten Stababschnittes in Ruhe bleiben und der untere allein sich bewegen sollte, erkennt man als unwesentlich, wenn man sich vorstellt, daß nach erfolgter Formänderung noch irgendeine Bewegung des Stababschnittes ohne Formänderung vorgenommen werde. Hierbei bewegt sich der Stababschnitt als starrer Körper, und da sich die äußeren Kräfte an ihm im Gleichgewicht halten, muß nach dem Prinzip der virtuellen Geschwindigkeiten die Summe ihrer Arbeitsleistungen gleich Null sein. Es kommt daher bei der Berechnung von A nur auf die relativen Bewegungen der Angriffspunkte der Kräfte gegeneinander an, und es bleibt dabei gleichgültig, wie wir uns diese vorgenommen denken, wenn wir damit nur zu der vorgeschriebenen *Endgestalt* gelangen, während die *Endlage* gleichgültig ist.

Wenn das Hooke'sche Gesetz nicht erfüllt ist, gelten die Gleichungen (11) und (12) nicht mehr. Auf jeden Fall kann man aber A in der Form

$$A = \int_0^{P_1} Pd\Delta l \tag{13}$$

anschreiben, mit dem Vorbehalte, daß zur Ausrechnung des Integrals P als Funktion von $\varDelta l$ (oder umgekehrt) durch das in diesem Falle zutreffende Elastizitätsgesetz gegeben sein muß. Kennt man das Elastizitätsgetetz nur in der Form eines Dehnungsdiagramms etwa nach Abb. 3, S. 8, so kann man auch sagen, daß A durch die Fläche dargestellt wird, die zwischen der Abszissenachse, der Diagrammlinie und der dem Endzustande entsprechenden Ordinate eingeschlossen wird.

Der Vorgang der vollkommen elastischen Formänderung ist umkehrbar, insofern nämlich, als bei allmählicher Verminderung der vorher bis zu P_1 gesteigerten Belastung alle vorher zusammengehörigen Werte von P und $\varDelta l$ von neuem wieder in umgekehrter Richtung gemeinsam durchlaufen werden. Wenn sich der gestreckte Stab wieder zusammenzieht, leisten die an ihm angreifenden äußeren Kräfte P eine negative Arbeit, die ebenso groß ist wie die positive Arbeit, die sie vorher leisten mußten, um den Stab zu spannen. *Wir können diesen Sachverhalt dahin ausdrücken, daß dem Stabe bei der Herstellung der Formänderung ein gewisser Energiebetrag durch die Arbeit der äußeren Kräfte zugeführt wird, der darin aufgespeichert bleibt, solange der Stab in dem gespannten Zustande verharrt, und der in Gestalt von Arbeitsleistung zur Überwindung eines äußeren sich allmählich vermindernden Widerstandes wieder daraus zurückgewonnen werden kann,* vorausgesetzt, daß man die geeigneten äußeren Bedingungen dafür schafft, die Gelegenheit zu einer solchen Rückgewinnung geben.

Um diesen Tatbestand durch eine darauf hinweisende besondere Bezeichnung zum Ausdruck zu bringen, nennt man die aufgespeicherte Formänderungsarbeit in Anlehnung an den Sprachgebrauch der allgemeinen Physik auch eine *potentielle Energie* oder auch, was auf dasselbe hinauskommt, das *Potential der elastischen Kräfte*. In der Technik sind diese Bezeichnungen freilich weniger üblich als die Bezeichnung Formänderungsarbeit, sie sollen aber hier nebenbei ebenfalls benützt werden.

Wenn die Formänderung nicht vollkommen elastisch ist, entspricht dem Rückgange der Formänderung ein anderes Dehnungsdiagramm als dem Vorwärtsgange, wie dies schon in Abb. 2, S. 6 durch die beiden Diagrammlinien OC und CD angedeutet war. Die dem Vorwärts- und dem Rückwärtsgange entsprechenden Arbeitsbeträge werden auch hier durch die Inhalte der zwischen der Kurve, der Abszissenachse und der Endordinate liegenden Flächen angegeben, und daraus folgt, daß in der Tat, wie schon damals gesagt war, das zwischen den Linien OAC, CD und OD eingeschlossene Flächenstück den Arbeitsverlust darstellt, der mit einer nicht vollkommen elastischen Formänderung verbunden ist.

Die Gleichungen (11) und (12) bezogen sich auf die ganze in dem Stababschnitt von der Länge l aufgespeicherte Formänderungsarbeit A. Innerhalb dieses Abschnittes vom Rauminhalt lF herrscht aber überall der gleiche Drang und Zwang, und es liegt daher nahe, durch Division mit lF festzustellen, wieviel von A in der Raumeinheit enthalten ist, also etwa in 1 ccm, wenn man die Längen in cm mißt. Man kommt so auf die *bezogene Form-änderungsarbeit*, die wir mit dem Buchstaben A bezeichnen wollen, und erhält nach Gl. (11)

$$\mathsf{A} = \frac{A}{lF} = \frac{1}{2E}\left(\frac{P_1}{F}\right)^2 = \frac{1}{2E}\sigma_1^2 = \frac{1}{2}\,\sigma_1\,\varepsilon_1 = \frac{E}{2}\,\varepsilon_1^2. \tag{14}$$

Unter σ_1 und ε_1 sind die der Last P_1 entsprechenden Spannungen und Dehnungen zu verstehen. Da P_1 irgendeine Last sein konnte, die die Proportionalitätsgrenze nicht überschreitet, kann man die Zeiger 1, die hier bedeutungslos geworden sind, nachträglich auch streichen. Die zuletzt angegebenen Formen für A ergeben sich aus dem Zusammenhange, der zwischen P, σ und ε besteht.

Zunächst war bei der Ableitung an einen Zugversuch gedacht, aber sie kann nachträglich auch auf den Fall eines *gleichförmigen einachsigen Druckzustandes* übertragen werden, da für diesen Fall unter Voraussetzung der Gültigkeit des Hooke'schen Gesetzes dieselben Formänderungsgesetze gelten wie für den Fall des Zuges, falls man nur beachtet, daß σ und ε dann überall als negative Werte eingeführt werden müssen. Kehrt man aber in Gl. (14) die Vorzeichen von P_1, σ_1, ε_1 um, so behält A trotzdem das positive Vorzeichen. *Die aufgespeicherte Formänderungsarbeit ist, wie sich auch später noch weiterhin zeigen wird, eine wesentlich positive Größe, die niemals negativ und auch dann nur zu Null werden kann, wenn der Körper überall spannungslos ist.*

§ 6. **Stoßweise Belastung.** Bei der vorhergehenden Berechnung der Formänderungsarbeit nahmen wir an, daß die Belastung „allmählich" von 0 bis auf P_1 anwachsen sollte. Jetzt betrachten wir umgegehrt den Fall, daß die Last „plötzlich" aufgebracht wird. Vor allem muß jedoch erklärt werden, was hier unter „allmählich" und „plötzlich" zu verstehen ist.

Betrachten wir das Verhalten des Körpers während der Zeit, in der die Belastung vorgenommen wird, so haben wir es nicht mehr mit einer Gleichgewichtsaufgabe zu tun, sondern mit einer Aufgabe der Dynamik, also mit einer Aufgabe, deren vollständige Lösung gar nicht hieher gehört. Für unsere Zwecke genügt es aber bereits, wenn nur darauf geachtet wird, daß jedenfalls eine gewisse wenn auch nur kleine Zeit vergeht, bis der Körper nach dem Aufbringen der Last wieder zur Ruhe gekommen ist. Während dieser Zeit bewegen sich die einzelnen Bestandteile des Körpers mit gewissen Geschwindigkeiten, die zur gleichen Zeit für die verschiedenen Teile verschieden und auch für denselben Teil zu verschiedenen Zeiten verschieden sind.

Der Geschwindigkeit entspricht bei jedem Massenelemente eine gewisse *kinetische Energie* oder lebendige Kraft. Die von der äußeren Kraft P beim Formänderungsvorgang geleistete Arbeit kann daher nicht ausschließlich als potentielle Energie aufgespeichert werden, sondern ein Teil davon wird verbraucht, um den Körper in Bewegung zu setzen, wobei dieser Teil, wie man sagen kann, in kinetische Energie umgesetzt wird. Die kinetische Energie hängt aber von dem Quadrate der Geschwindigkeit ab, und sie ist daher um so kleiner, je langsamer sich die Formänderung vollzieht. Wenn man nun sagt, daß die Belastung „allmählich" aufgebracht werden soll, meint man damit, daß soviel Zeit vergeht und die Geschwindigkeit der Formänderung daher während des ganzen Vorganges so klein bleibt, daß die kinetische Energie nur einen verschwindend kleinen Bruchteil der Arbeitsleistung der äußeren Kräfte in Anspruch nimmt. In diesem Falle genügt es, diesen Teil zu vernachlässigen und die potentielle Energie des gespannten Körpers gleich der gesamten Arbeit der äußeren Kräfte zu setzen, wie es im vorigen Paragraphen geschehen ist.

Denken wir uns dagegen umgekehrt, die Belastung P in einer unmeßbar kurzen Zeit aufgebracht, so kann die Formänderung der Belastung nicht ebenso schnell folgen. Der Belastung P_1 entspricht im Ruhezustand eine Streckung $\varDelta l_1$ der Meßstrecke, die man auch als die „*statische Formänderung*" bezeichnen kann. Da nun P schon unmittelbar nach Beginn des Formänderungsvorganges seine volle Größe P_1 erlangt haben soll, wird bis zum Erreichen der Formänderung eine Arbeit $P_1 \varDelta l_1$ geleistet, die doppelt so groß ist als der Arbeitsbetrag A nach Gl. (12) für den Fall des allmählichen Aufbringens der Last. Die potentielle Energie hängt nach den Vorstellungen, die wir uns von ihr gebildet haben, nur von dem augenblicklichen Formänderungszustande ab, und sie ist daher in beiden Fällen, die wir miteinander verglichen haben, gleich groß. Beim plötzlichen Aufbringen der Last wird daher nur die Hälfte der geleisteten Arbeit $P_1 \varDelta l_1$ aufgespeichert und die andere Hälfte in kinetische Energie der Form*änderungsbewegung* umgesetzt. Die Formänderung schreitet dementsprechend über den statischen Wert $\varDelta l_1$ hinaus weiter fort. Von da ab reicht aber die weitere Arbeitsleistung der Kraft P allein nicht mehr aus, um die mit dem Quadrate der Formänderung anwachsende potentielle Energie entsprechend zu vermehren. Die weitere Bewegung ist daher verzögert, und die kinetische Energie verwandelt sich dabei wieder in Arbeitsleistung und hiemit ebenfalls in potentielle Energie um, bis eine gewisse größte Formänderung $\varDelta l_2$ erreicht ist.

In diesem Zustande kann aber der Körper nicht dauernd bleiben, da die Kraft P_1 die Formänderung $\varDelta l_2$ nicht aufrecht zu erhalten vermag. Die Formänderung wird wieder rückgängig, hiemit wird die potentielle Energie zum Teil wieder in kinetische Energie verwandelt usf. Die Folge ist, daß Schwingungen um die der statischen Formänderung Δl_1 entsprechende Gleichgewichtslage herum entstehen, deren weitere Verfolgung im einzelnen hier nicht zu unserer Aufgabe gehört.

Für uns kommt es hauptsächlich darauf an, wie groß Δl_2 wird, weil davon die Bruchgefahr abhängt. Wir wollen annehmen, daß auch mit Δl_2 die Proportionalitätsgrenze des Werkstoffes noch nicht überschritten ist. Dann läßt sich eine Belastung P_2 angeben, die Δl_2 als statische Formänderung zur Folge haben würde, und zwischen P_1 und P_2 besteht der Zusammenhang

$$\frac{P_2}{P_1} = \frac{\Delta l_2}{\Delta l_1}. \tag{15}$$

Um ein Urteil über die Größe von P_2 zu erlangen, erinnern wir uns zunächst, daß sich die Schwingungen fester Körper um eine Gleichgewichtslage Δl_1 herum der Luft mitteilen und in unserem Ohre vernehmlich werden. Je schneller die Schwingungen erfolgen, um so höher ist der ihnen entsprechende Ton. In dem Falle, der uns jetzt beschäftigt, kann es freilich leicht vorkommen, daß die Schwingungsdauer so kurz und der Ton so hoch wird, daß er über die Grenze der Tonempfindungen hinaus reicht. Jedenfalls aber ist anzunehmen, daß die Zeit, die vom ersten Augenblicke des Aufbringens der Belastung P_1 an bis zur Erreichung der größten Formänderung Δl_2 vergeht und die einem Viertel einer vollen Schwingungsdauer entspricht, unter den praktisch vorliegenden Umständen gewöhnlich nur einen sehr kleinen Bruchteil einer Sekunde ausmachen wird.

Durch diese Überlegungen sind wir nun auch in den Stand gesetzt, genauer anzugeben, was man unter dem „plötzlichen" Aufbringen einer Belastung zu verstehen hat. Eine gewisse wenn auch nur äußerst kurze Zeit nimmt jeder physikalische Vorgang in Anspruch. Es genügt aber, die Belastung als „plötzlich" anzusehen, wenn die Zeit, in der sie erfolgt, sehr klein ist im Vergleiche zu der Zeit, die dann noch bis zur Erreichung der größten Formänderung Δl_2 vergeht, oder auch sehr klein gegenüber der Schwingungsdauer der sich daran schließenden Schwingungen.

Ferner wissen wir aus der Erfahrung, daß eine Schwingungsbewegung, die einmal angeregt war und dann sich selbst überlassen wird, allmählich erlischt, weil sich ihr allerlei kleine Widerstände in den Weg stellen. Die mit den Schwingungen verbundenen mechanischen Energieformen werden dabei allmählich aufgezehrt und der Hauptsache nach in Wärme umgewandelt. Wir haben daher anzunehmen, daß auch schon beim ersten Schwingungsausschlage nach dem plötzlichen Aufbringen der

Last P_1 bis zur Formänderung Δl_2 ein gewisser wenn auch nur sehr geringer Teil der dabei von P_1 geleisteten Arbeit $P_1 \Delta l_2$ in Wärme umgewandelt wird oder sonst verloren geht. Hiernach können wir die Gleichung bilden

$$n\,P_1\,\Delta l_2 = \tfrac{11}{12}\,P_2\,\Delta l_2 .$$

Dabei ist n eine Zahl, die in der Regel nahezu gleich Eins, aber doch ein wenig kleiner als Eins ist, während auf der rechten Seite der Gleichung die nach Gl. (12) berechnete potentielle Energie steht, die dem Formänderungszustande Δl_2 entspricht. Aus der Gleichung folgt

$$P_2 = 2\,n\,P_1 \quad \text{oder nahezu} \quad P_2 = 2\,P_1 \qquad (16)$$

Man sieht auch, daß die ganze Beweisführung, die zu dieser Gleichung führte, sinngemäß ohne weiteres auch auf andere Belastungsfälle übertragen werden kann, so daß der durch Gl. (16) ausgesprochene Satz nicht nur für den Fall der einfachen Zug- oder Druckbeanspruchung eines Stabes gilt, bei dem wir ihn zuerst kennen lernen, sondern daß ihm eine viel allgemeinere Gültigkeit zukommt. Wir merken uns daher als Regel, *daß beim plötzlichen Aufbringen einer Belastung eine nahezu doppelt so hohe Beanspruchung entsteht, als sie durch eine gleich große ruhende Belastung hervorgebracht wird.*

Schon beim plötzlichen Aufbringen einer Last spricht man von einer stoßweisen Belastung, weil sich ein dynamischer Vorgang daran knüpft. Wir haben aber jetzt auch noch den Fall zu betrachten, daß die Last mit einer gewissen Anfangsgeschwindigkeit v_0 auf den Körper auftrifft, womit wir zu dem allgemeinen Falle der stoßweisen Belastung kommen, in dem der jetzt betrachtete als Sonderfall mit enthalten ist, wenn wir darin $v_0 = 0$ setzen.

Um zu einer klaren Vorstellung zu gelangen, betrachten wir als Beispiel einen Draht oder ein Drahtseil von der Länge l, das in einen Schacht hinabhängt und das dazu bestimmt ist, einen Körper vom Gewichte P_1, der aus einer Höhe h herabstürzt, am unteren Ende aufzufangen. Wir können auch in diesem Falle nach einer Last P_2 fragen, die im Ruhezustande dieselbe statische Formänderung und daher dieselbe Beanspruchung des Drahtseiles hervorzubringen vermöchte wie die herabstürzende Last. Der Gedankengang, der zur Lösung führt, schließt sich eng an den vorher befolgten an.

Die Geschwindigkeit v_0, mit der P_1 auftrifft, steht mit der Fallhöhe h in der Beziehung

$$v_0 = \sqrt{2\,g\,h},$$

und wenn nicht h sondern die Geschwindigkeit v_0 unmittelbar gegeben ist, kann man eine ihm entsprechende Fallhöhe h nach dieser Formel ausrechnen. Die kinetische Energie der aufstoßenden Last ist gleich der Arbeit $P_1 h$ des Gewichtes auf dem Wege h. Dann wird von dem Gewichte P_1 noch eine weitere Arbeit $P_1 \Delta l_2$ geleistet, wenn Δl_2 die größte elastische Dehnung der ganzen Seillänge bedeutet. Beachten wir auch hier wieder, daß ein gewisser Verlust an mechanischer Energie während des Stoßvorganges entsteht, so können wir wie im früheren Falle die Gleichung

$$n P_1 \left(h + \Delta l_2\right) = \tfrac{1}{2} P_2 \Delta l_2$$

bilden, falls vorausgesetzt werden darf, daß mit P_2 und dem ihm entsprechenden Δl_2 die Proportionalitätsgrenze noch nicht überschritten ist. In diesem Falle kann ferner auch

$$\Delta l_2 = r P_2$$

gesetzt werden, wenn r die „Stabkonstante" nach Gl. (5 b) bedeutet, und P_2 wird dann aus der Auflösung der quadratischen Gleichung

$$2 n P_1 \left(h + r P_2\right) = r P_2^2$$

gefunden, von der nur die positive Wurzel, nämlich

$$P_2 = n P_1 + \sqrt{n P_1 \left(n P_1 + 2\, \frac{h}{r}\right)} \tag{17}$$

brauchbar ist. Bei einer großen Fallhöhe h genügt es, dafür kürzer

$$P_2 = \sqrt{2 n P_1 \frac{h}{r}} \tag{18}$$

zu schreiben, während man für $h = 0$ wieder auf Gl. (16) zurückkommt.

Der Beiwert n, der sogenannte „Stoßkoeffizient" ist bei kleineren Werten von h nicht viel kleiner als Eins. Dies trifft auch bei etwas größerer Fallhöhe noch zu, solange das Eigengewicht des Drahtes oder des Seils klein ist gegenüber dem Gewichte P_1 der herabstürzenden Masse. Im anderen Falle kann aber n erheblich kleiner werden als Eins. Man kann dann entweder n aus Erfahrungen oder aus Versuchen ermitteln oder auch auf Grund einer theoretischen Betrachtung im Anschlusse an die Lehre vom Stoße, die aber recht unsicher und hier nicht weiter zu besprechen ist.

Bisher war vorausgesetzt, daß mit der Dehnung Δl_2 die Proportionalitätsgrenze noch nicht überschritten würde. Man muß dies auch verlangen, wenn der Körper einen Stoß öfters aufzunehmen hat, wie dies etwa in einem regelmäßigen Maschinenbetriebe vorkommen kann. Anders ist es aber, wenn ein Stoß nur ganz ausnahmsweise zu erwarten ist, und wenn es nichts schadet, daß bei einer solchen Gelegenheit der den Stoß aufnehmende Körper eine dauernde Beschädigung erfährt, falls er nur nicht gleich ganz zerbricht. In diesem Falle genügt es, wenn die bis zum Bruche aufzuwendende Arbeit größer ist als die kinetische Energie des aufstoßenden Körpers. Je zäher ein Werkstoff ist, um so besser ist er geeignet, ausnahmsweise oder selten vorkommende Stöße aufzunehmen, ohne daß sofort ein Bruch eintritt. Gegen sehr oft wiederholte Stöße sind aber auch die zähesten Stoffe empfindlich, sobald dabei die Elastizitätsgrenze überschritten wird.

§ 7. **Der Dauerversuchsbruch.** Bei den Dauerversuchen wird ein Stab sehr oft belastet und wieder entlastet, bis er nach sehr häufiger, oft erst nach vielmillionenfacher Wiederholung schließlich zerbricht. Ein solcher Bruch wird hervorgerufen durch Lasten, die erheblich niedriger sind als die Bruchlast, die den Stab schon beim erstmaligen Aufbringen zu zerstören vermag. Je größer man die Last beim Dauerversuch wählt, desto geringer ist die Zahl der Wiederholungen, die man nötig hat, um den Stab zum Bruche zu bringen. Unter einer gewissen Grenze darf aber die Last nicht liegen, wenn sie bei genügend häufiger Wiederholung überhaupt zum Bruche führen soll.

So weit die bisherigen Erfahrungen reichen, die sich hauptsächlich auf schmiedbare Eisen- und Stahlsorten beziehen, darf man annehmen, daß ein Zugdauerversuch nach genügend häufiger Wiederholung schließlich zum Bruche führt, sobald die Proportionalitätsgrenze dabei merklich überschritten wird. Daraus folgt, *daß die Sicherheit einer Tragkonstruktion, die auf unbegrenzte Zeit hinaus wechselnden Belastungen widerstehen soll, weit mehr nach der Lage der Proportionalitätsgrenze oder der mit ihr gewöhnlich zusammenfallenden Elastizitätsgrenze zu beurteilen ist als nach der Bruchgrenze,* d. h. nach der aus einem gewöhnlichen Zugversuche ermittelten Zugfestigkeit.

Das Bruchaussehen ist bei einem Dauerversuchsbruche ganz anders als bei einem gewöhnlichen Zugversuche. Wer den Unterschied nicht kennt, nimmt bei einem im Betriebe vorkommenden Bruche irgendeines Konstruktionsteiles, der häufig wechselnden Belastungen ausgesetzt war, gewöhnlich an, daß ein Materialschaden vorgelegen haben müsse, weil sich weder eine merkliche Dehnung noch eine Querschnittseinschnürung an der Bruchstelle erkennen läßt, die beim gewöhnlichen Zugversuche als Merkmale eines zähen Werkstoffes anzusehen sind.

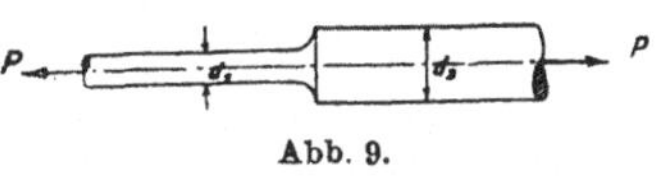

Abb. 9.

Bei einem Dauerversuche machen sich ferner auch die durch besondere Umstände veranlaßten Spannungserhöhungen weit mehr bemerklich als bei einem gewöhnlichen Zugversuche. Als Beispiel möge ein Rundstab von der in Abb. 9 angegebenen Gestalt dienen, der sich aus zwei verschieden dicken Teilen mit den Durchmessern d_1 und d_2 zusammensetzt. Nach beiden Seiten hin möge man sich den Stab nach Belieben weiter fortgesetzt und an den

Enden durch zwei Stabköpfe begrenzt vorstellen, mit denen er in eine Festigkeitsmaschine eingespannt und auf Zug belastet werden kann. Der Übergang aus dem dünneren in den dickeren Stabteil kann mehr oder weniger schroff oder auch allmählich erfolgen. Gewöhnlich wird er, wie in der Zeichnung angedeutet, mit einer Ausrundung bewirkt, deren Halbmesser nicht zu klein gewählt werden sollte.

Unterwirft man einen solchen Stab aus einem schmiedbaren Metalle einem gewöhnlichen Zugversuch, so wird er in der Regel irgendwo im dünneren Stabteil brechen. Wenn der Bruch weit genug von der Übergangsstelle eintritt, darf man annehmen, daß sich dort die Spannungen gleichförmig über den Querschnitt verteilen, so daß die Zugfestigkeit aus dem Versuche in der gewöhnlichen Weise durch Division der Bruchlast durch die Querschnittsfläche vom Durchmesser d_1 gefunden wird. Anders ist es dagegen, wenn der Stab aus Gußeisen besteht und der Halbmesser der den Übergang vermittelnden Ausrundung ziemlich klein ist. Dann tritt der Bruch gewöhnlich an der Übergangsstelle ein, und aus dieser Beobachtung geht hervor, daß an der Übergangsstelle Spannungserhöhungen auftreten, die durch eine ungleichmäßige Verteilung der Spannungen in den Übergangsquerschnitten zu erklären sind. Ist der Abrundungshalbmesser besonders klein, so wird auch bei einem Stabe aus zäherem Stoff der Bruch ziemlich häufig an der Übergangsstelle eintreten. Daß es nicht noch häufiger geschieht, liegt daran, daß ein zäher Stoff, bevor er bricht, an den stark beanspruchten Stellen eine bleibende Dehnung erfährt, wodurch diese Stellen entlastet werden und hiermit eine mehr gleichförmige Spannungsverteilung über den ganzen Querschnitt herbeigeführt wird.

Bei einem Dauerversuche macht sich dagegen die durch einen mehr oder weniger schroffen Übergang hervorgerufene Störung in der gleichmäßigen Spannungsverteilung über den Querschnitt auch bei einem zähen Stoffe viel mehr bemerkbar. Der Bruch tritt dann regelmäßig an der Übergangsstelle auf, und zwar bedarf es einer geringeren Last oder einer weniger häufigen Wiederholung des Belastungswechsels, je schroffer der Übergang aus dem dünneren in den dickeren Teil gestaltet ist. *Bei allen Maschinenteilen, die in jahrelangem Betriebe unausgesetzt schnell aufeinanderfolgende Spannungswechsel zu ertragen haben, ist daher die Vermeidung schroffer Übergänge von der Art wie in Abb. 9 besonders wichtig.*

Die Frage, wie sich die Spannungsverteilung in der Nähe der Übergangsstelle und überhaupt die Spannungsübertragung aus dem dünneren in den dickeren Teil des Stabes im einzelnen genauer gestaltet, gehört zu den schwierigeren Aufgaben der Festigkeitslehre, und sie hat für den Fall einer Zug- oder Druckbelastung eines Stabes von der Gestalt der Abb. 9 bisher überhaupt noch keine befriedigende theoretische Lösung gefunden. Nur für den Fall, daß ein solcher

Stab einer Verdrehungsbelastung unterworfen wird, kennt man eine solche Lösung, wie hier nebenbei bemerkt werden möge (vgl. Drang und Zwang, Band II, § 77). Dabei hat sich herausgestellt, daß die Spannungserhöhung an der Übergangsstelle um so größer ausfällt, je kleiner der Abrundungshalbmesser gewählt wird. Man kann nicht bezweifeln, daß es sich bei einer Zug- oder Druckbelastung eines solchen Stabes ebenso verhält.

II. Der zweiachsige und der dreiachsige Spannungszustand.

§ 8. **Die Scheibe.** In der Festigkeitslehre nennt man einen Körper, der durch zwei parallele Ebenen begrenzt wird, deren Abstand voneinander klein ist im Vergleiche zu den Abmessungen in der Begrenzungsebene, unter gewissen Umständen eine „Scheibe", während derselbe Körper unter andern Umständen als eine „Platte" bezeichnet wird. Die Scheibenaufgaben sind im allgemeinen einfacher als die Plattenaufgaben. *Man nennt nämlich den Körper eine Scheibe,* wenn alle äußeren Kräfte, die als Lasten an ihm angreifen, parallel zu den Begrenzungsebenen gerichtet und an jeder Angriffsstelle gleichförmig über die Scheibendicke verteilt sind, so daß hiermit und auch sonst keinerlei Grund dafür vorliegt, daß sich die Mittelebene der Platte bei der elastischen Formänderung verbiegen könnte. Tritt dagegen eine solche Verbiegung ein oder muß man sie als möglich in Aussicht nehmen, so wird der Körper eine Platte genannt.

Unter den hier vorausgesetzten Umständen verteilen sich auch die Spannungen, die in einem senkrecht zur Scheibenebene beliebig gelegten Schnitte übertragen werden, der Dicke nach gleichförmig über die Schnittfläche, und sie haben keine Komponenten in der Richtung senkrecht zur Scheibenebene. Wenn wir uns ein Scheibenelement durch Schnittebenen abgegrenzt denken, die wiederum senkrecht zur Scheibenebene stehen, so haben wir es hiernach für die Gleichgewichtsbetrachtung an diesem Scheibenelemente nur mit Kräften zu tun, die alle in derselben Ebene, nämlich in der Mittelebene der Scheibe enthalten sind.

Wenn auch die Mittelebene der Scheibe bei der elastischen Formänderung, die durch die Belastung hervorgebracht wird, eben bleibt, so gilt dies im allgemeinen nicht ganz genau von den beiden Begrenzungsebenen. Die Scheibendicke wird sich nämlich wegen der elastischen Querwirkung, die mit den in der Scheibenebene übertragenen Spannungen verbunden ist, an verschiedenen Stellen im allgemeinen um verschiedene Beträge verkleinern oder vergrößern, und das hat dann eine schwache Krümmung der Begrenzungsebenen zur Folge. Es kann jedoch auch vorkommen, daß die Spannungsverteilung in besonderen Fällen von solcher Art ist, daß die Dickenänderung überall gleich groß oder auch überall

zu Null wird, und dann bleiben auch die Begrenzungsebenen nach
der Formänderung eben. Im andern Falle kann man sich zur
Vereinfachung der Aufgabe häufig damit helfen, daß man die
Poissonsche Konstante, von der die Querwirkung abhängt, gleich
Null, also $m = \infty$ setzt, was oft genug für die Ableitung einer
Näherungslösung als zulässig angesehen werden kann. In diesem
Falle kommt es auch nicht mehr auf die Dicke der Scheibe an,
sondern man kann sie sich beliebig groß vorstellen, wenn nur
sonst alle Bedingungen über die Gleichförmigkeit des Lastangriffes
usf. der Dicke nach ebenso erfüllt sind, wie es vorher vorausgesetzt war.

Die allgemeine Scheibenaufgabe kann unter Bezugnahme auf
Abb. 10 in der folgenden Weise ausgesprochen werden. Den Um-

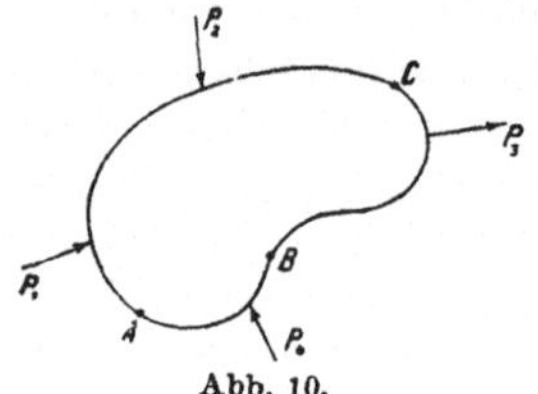

Abb. 10.

riß der Scheibe denke man sich beliebig
gegeben. Die Scheibe sei an verschiedenen
Punkten etwa in A, B, C festgehalten.
Diese Auflagerpunkte brauchen übrigens
nicht ausschließlich am Umfange angeordnet zu sein, sondern es kann auch
irgendein Punkt in der Mitte zu einem
Auflagerpunkt gemacht werden, indem
man ihn in geeigneter Weise festhält (etwa indem man dort einen
Bolzen durchsteckt, um den sich die Scheibe in ihrer Ebene drehen
kann). Dann seien beliebige Lasten P_1, P_2 usf. an der Scheibe
angebracht, entweder am Umfange oder auch an Punkten in der
Scheibenfläche, selbstverständlich aber so, daß diese Lasten in der
Scheibenebene liegen und an jeder Angriffsstelle über die Scheibendicke hin gleichförmig verteilt sind, wie dies unseren Voraussetzungen entspricht.

Verlangt wird die Ermittlung von Drang und Zwang, die unter
diesen Umständen in der Scheibe zustande kommen. Dazu gehört
insbesondere auch die Ermittlung der Auflagerkräfte an den verschiedenen Lagerstellen, wenn der Scheibe mehr als drei Auflagerbedingungen vorgeschrieben sind. Drei würden nämlich
bereits ausreichen, um die Scheibe in ihrer Ebene vollständig
festzuhalten, und in diesem Falle würden die allgemeinen Gleichgewichtsbedingungen bereits hinreichen, um die Auflagerkräfte
zu berechnen. Sonst aber ist die Aufgabe der Berechnung der
Auflagerkräfte statisch unbestimmt, ebenso wie die Aufgabe, den
Spannungs- und Formänderungszustand der Scheibe anzugeben.

Die Aufgabe in dieser allgemeinsten Form wirklich lösen zu
können, darf man freilich nicht hoffen. Man muß damit zufrieden
sein, wenn die Lösung in gewissen einfacheren Fällen gelingt, die
in dem allgemeinen Falle mit enthalten sind. Um auch nur dies zu
erreichen, sieht man sich überdies gewöhnlich noch zu mehr oder
weniger willkürlichen Annahmen genötigt, um die Aufgabe zu

vereinfachen. Solche Annahmen sind unbedenklich, wenn sie entweder selbst oder die aus ihnen gezogenen Folgerungen auf dem Wege des Versuches an geeigneten Probekörpern als hinreichend genau zutreffend bestätigt werden.

§ 9. **Die gleichmäßig gespannte rechteckige Scheibe.** Der durch Abb. 11 dargestellte Fall ist in dem allgemeinen Falle der Abb. 10 mit enthalten. Eine Auflagerung ist dabei nicht vorgesehen, da die über die vier Ränder in der angedeuteten Weise verteilten äußeren Kräfte schon allen Gleichgewichtsbedingungen am starren Körper genügen, so daß ein Festhalten der Scheibe nicht nötig ist, um den gewünschten Zustand herzustellen.

Wir ziehen in Abb. 11 von der Ecke O aus in den Seitenrichtungen die X- und die Y-Achse. Dann grenzen wir irgendwo ein kleines rechteckiges Scheibenelement durch Schnitte in den Richtungen der Koordinatenachsen ab und betrachten das Gleichgewicht dieses Elementes von den Kantenlängen dx und dy für sich. An ihm wirken die Normalspannungen σ_x und σ_y, so wie sie in

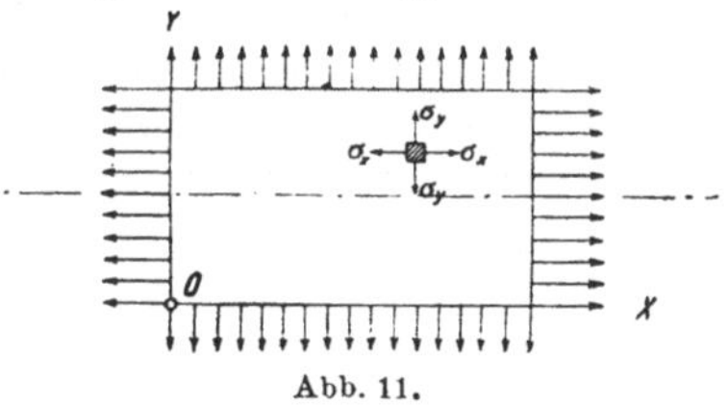

Abb. 11.

Abb. 11 eingetragen sind. Wir behaupten, daß diese Spannungen überall gleich groß gefunden werden, wo man auch das Element aus der Scheibe herausschneiden mag, sowie daß diese Spannungen übereinstimmen mit den auf die Flächeneinheit bezogenen äußeren Kräften am Umrisse der Scheibe.

Der Leser wird vielleicht geneigt sein, auf den Beweis zu verzichten, da er die Behauptung für selbstverständlich hält. Aber damit täuscht man sich leicht, wie wir das bald sehen werden, und ein Beweis muß daher erbracht werden. Er beruht darauf, daß der über die ganze Scheibenfläche gleichförmige Spannungszustand, wie wir ihn behauptet haben, nicht nur überall Gleichgewicht herstellt, was freilich selbstverständlich ist, sondern daß er auch zu elastischen Formänderungen an allen Scheibenelementen führt, die geometrisch verträglich miteinander sind. Nur wenn diese letzte Forderung ebenfalls zutrifft, darf man in der Tat stets als bewiesen ansehen, daß der als statisch möglich erkannte Spannungszustand auch wirklich eintritt.

Das Scheibenelement wird bei der Formänderung, die es unter dem Einflusse der Spannungen σ_x und σ_y erfährt, jedenfalls rechteckig bleiben. Die Kantenlänge dx wird eine kleine Änderung erfahren, die wir mit $\varDelta dx$ bezeichnen wollen. Als bezogene Dehnung in der X-Richtung bezeichnen wir die Verhältniszahl

$$\varepsilon_x = \frac{\varDelta dx}{dx},$$

und die bezogene Dehnung in der y-Richtung bezeichnen wir ebenso mit ε_y. Offenbar hängt jede dieser beiden Dehnungen sowohl von σ_x als von σ_y ab. Von welcher Art diese Abhängigkeit ist, konnte ursprünglich nur auf Grund von Beobachtungen festgestellt werden.

Die grundlegende Erfahrungstatsache, auf die wir uns in diesem wie in vielen anderen Fällen stützen können, wird als das *Gesetz der Superposition* bezeichnet. Dieses Gesetz gilt freilich nicht für alle Körper, sondern es kommt dabei auf den Stoff an, aus dem sie bestehen; für viele Stoffe aber gilt es bis zu einer gewissen Grenze hin entweder genau oder doch mit genügender Annäherung. Erfährt nämlich ein Körper aus einem solchen Stoffe unter dem Einflusse irgendeiner Belastung eine gewisse elastische Formänderung von der Art, daß die Gestalt des Körpers und alle Abmessungen, die an ihm vorkommen, nur sehr wenig geändert werden, und bringt eine zweite Belastung, die von der ersten völlig verschieden sein kann, an dem zuvor unbelasteten Körper ebenfalls nur geringfügige Änderungen in der Gestalt und in den Abmessungen des Körpers hervor, so lehrt die Erfahrung, daß beim Zusammenwirken der beiden Lastgruppen jede von ihnen unabhängig von der anderen die ihr entsprechende Formänderung hervorbringt, und daß sich beide Formänderungen ungestört übereinanderlagern.

Das *Hookesche Gesetz*, mit dem wir uns schon in § 2 beschäftigten, ist in dem allgemeinen Gesetz der Superposition mit enthalten. Es bildet die Aussage, die daraus hervorgeht, wenn man das allgemeine Gesetz etwa auf den Fall des Zugversuches anwendet, so nämlich daß die beiden Belastungen, die zusammenwirken, beide aus Zugbelastungen in der gleichen Zugrichtung bestehen. Nach den bisher darüber vorliegenden Erfahrungen ist anzunehmen, daß für alle Körper, die dem Hookeschen Gesetze gehorchen, auch das Superpositionsgesetz bis zu einer gewissen Grenze hin zutrifft. In der Festigkeitslehre ist man genötigt, einen Stoff von möglichst einfachem elastischen Verhalten vorauszusetzen, und wir nehmen daher in der Folge an, daß dieser Stoff dem Superpositionsgesetz gehorcht, solange die Spannungen und die Formänderungen die bei dem betreffenden Stoffe zulässigen Grenzen nicht überschritten haben.

Kehren wir nun wieder zu der Formänderung zurück, die das Scheibenelement in Abb. 11 unter dem Einflusse der Spannungen σ_x und σ_y erfährt, so erhalten wir auf Grund des Superpositionsgesetzes für die Dehnung ε_x in der X-Richtung sofort

$$\varepsilon_x = \frac{1}{E}\left(\sigma_x - \frac{1}{m}\,\sigma_y\right). \tag{1}$$

Der erste Anteil von ε_x entspricht nämlich nach Gl. (4) von § 2 der für sich genommenen Wirkung, die von σ_x herrührt, und der zweite Anteil nach Gl. (8) von § 2 der zu σ_y gehörigen Querwirkung. Ebenso erhält man auch

$$\varepsilon_y = \frac{1}{E}\left(\sigma_y - \frac{1}{m}\,\sigma_x\right) \tag{2}$$

$$\varepsilon_z = -\,\frac{1}{m\,E}\left(\sigma_x + \sigma_y\right). \tag{3}$$

Mit ε_z ist dabei in der letzten Gleichung die auf die Längeneinheit bezogene Dickenänderung der Scheibe bezeichnet, die man aber in den meisten Fällen der Anwendung vernachlässigen kann.

Wenn die Scheibe in Abb. 11 überall aus dem gleichen Stoffe besteht oder wenn wenigstens die Elastizitätszahlen E und m überall gleich groß sind, strecken sich alle rechteckigen Scheibenelemente, in die man sich die ganze Scheibe nach Art des vorher betrachteten zerlegt denken kann, in beiden Kantenrichtungen um gleichviel, und die in dieser Weise verformten Elemente passen, wenn man sie nachher wieder zusammenlegt, lückenlos aneinander. Die Formänderungen der einzelnen Elemente sind daher unter der Voraussetzung überall gleicher Werte von E und von m geometrisch verträglich miteinander, und damit ist *der verlangte Nachweis dafür erbracht, daß sich in der Tat ein überall gleichförmiger Spannungszustand in der Scheibe einstellt.*

Anders ist es aber, wenn die Scheibe in Abb. 11 nicht überall aus dem gleichen Stoffe besteht oder wenn, worauf es hierbei allein ankommt, die Elastizitätszahlen E und m nicht überall die gleichen Werte haben. *Dann ist kein gleichförmiger Spannungszustand in der Scheibe* möglich, obschon sonst alle Vorbedingungen dafür wie im vorigen Falle zutreffen. Das geht daraus hervor, daß bei überall gleichen Werten von σ_x und σ_y die einzelnen Scheibenelemente verschiedene Dehnungen ε_x und ε_y erfahren müßten und daß die so verformten Elemente nicht mehr lückenlos zueinander passen würden, wenn man versuchte, sie in derselben Reihenfolge wieder aneinander zu legen, in der sie vor der Gestaltänderung die ganze Scheibe zusammensetzten.

Man sieht aus diesem Beispiel zugleich, daß ein Urteil über die Art der Spannungsverteilung in einem Körper in der Tat immer nur im Zusammenhange mit einer Untersuchung über die dadurch hervorgebrachte elastische Formänderung abgegeben werden kann.

§ 10. **Die Spannungen in schiefen Schnittrichtungen.** In den Schnitten, die man längs der X- oder der Y-Richtung durch die Scheibe in Abb. 11 legen kann, treten nur die Normalspannungen σ_x und σ_y und keine Schubspannungen auf. Es fragt sich aber jetzt noch, welche Spannungen in einem Schnitte übertragen werden, der irgendeinen Winkel φ mit der X-Richtung bildet. Um dies zu untersuchen, denken wir uns ein dreiseitiges Scheibenelement herausgeschnitten, wie es in Abb 12 in starker Vergrößerung gezeichnet ist, und betrachten das Gleichgewicht der an ihm angreifenden Kräfte. In der Hypotenusenfläche wird eine Spannung übertragen, die irgendeinen schiefen Winkel mit der Fläche bildet. Wir zerlegen dann, wie es schon bei der ähnlichen Untersuchung in § 4 geschehen war, diese Spannung in zwei Komponenten, die wir mit σ_φ und τ_φ bezeichnen. Aus dem Gleichgewicht gegen Verschieben in der X-Richtung folgt dann:

$$- \sigma_x dF \sin \varphi + \tau_\varphi dF \cos \varphi + \sigma_\varphi dF \sin \varphi = 0.$$

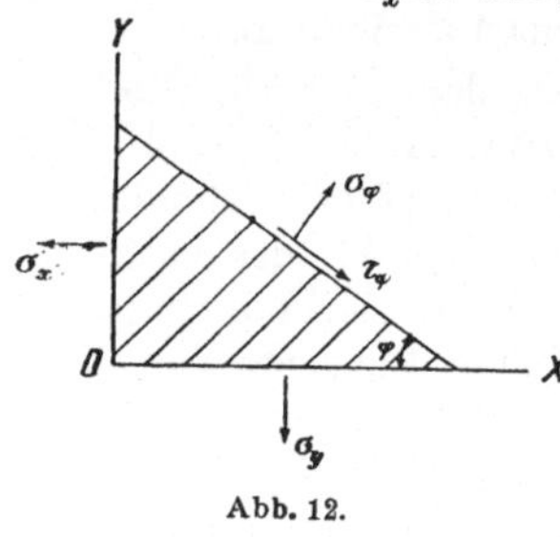

Dabei ist der Inhalt der Hypotenusenfläche mit dF bezeichnet; die Kathetenfläche, an der die Spannung σ_x angreift, hat dann den Inhalt $dF \sin \varphi$. Setzen wir ebenso die Komponentensumme in der Y-Richtung gleich Null und lassen den gemeinsamen Faktor dF in allen Gliedern von vornherein fort, so folgt

Abb. 12.

$$- \sigma_y \cos \varphi - \tau_\varphi \sin \varphi + \sigma_\varphi \cos \varphi = 0.$$

Löst man die beiden Gleichungen nach den Unbekannten σ_φ und τ_φ auf, so erhält man

$$\sigma_\varphi = \sigma_x \sin^2 \varphi + \sigma_y \cos^2 \varphi = \frac{\sigma_x + \sigma_y}{2} - \frac{\sigma_x - \sigma_y}{2} \cos 2\varphi$$
$$\tau_\varphi = \frac{\sigma_x - \sigma_y}{2} \sin 2\varphi \tag{4}$$

Zunächst er ibt sich nämlich σ_φ in der zuerst angegebenen Form; für die weitere Verwendung ist es aber am bequemsten, $\sin^2 \varphi$ und $\cos^2 \varphi$ im Kosinus des doppelten Winkels auszudrücken, was nach bekannten Formeln leicht geschehen kann. Damit kommt man auf die zuletzt angegebene Formel für σ_φ, die für die Anwendungen bequemer ist.

Setzt man in diesen Gleichungen nachträglich $\sigma_y = 0$, so gehen sie in die Gleichungen (10) von § 4 über, die wir für den einachsigen Spannungszustand in der X-Richtung abgeleitet hatten. Dieser einfachste Spannungszustand ist ja auch in der Tat in dem jetzt untersuchten ebenen Spannungszustande als Sonderfall mit enthalten. Es ist ferner ohne weiteres möglich, die graphische Darstellung des Spannungszustandes durch den Spannungskreis, die in § 4 besprochen wurde, auf den allgemeinen Fall des zweiachsigen Spannungszustandes zu übertragen. Zu diesem Zwecke trage man auf der σ-Achse in Abb. 13 die Hauptspannungen σ_x und σ_y ab und lege durch die Endpunkte dieser beiden Strecken einen Kreis, dessen Mittelpunkt auf der σ-Achse liegt. Dieser Kreis ist der *Spannungskreis für den ebenen Spannungszustand* Man kann nämlich aus ihm in derselben Weise, wie es früher gezeigt wurde, für eine Schnittrichtung, die den beliebigen Winkel φ mit der X-Richtung bildet, die Spannungskomponenten σ_φ und τ_φ als Koordinaten des Kreispunktes entnehmen, der zum Zentralwinkel 2φ gehört. Der Halbmesser des Kreises ist nämlich $\frac{1}{2}(\sigma_x - \sigma_y)$, und der Kreismittelpunkt hat die Abszisse $\frac{1}{2}(\sigma_x + \sigma_y)$, woraus die Übereinstimmung mit den Gleichungen (4) hervorgeht.

Auch hier ist wieder daran festzuhalten, daß positive Werte der Hauptspannungen σ_x und σ_y nach rechts hin, negative nach links hin vom Ursprunge O aus abzutragen sind, während auf die Vorzeichen der τ nicht geachtet wird. Wir wollen aber jetzt noch eine weitere Vereinbarung treffen. Es steht uns nämlich frei, in welche der beiden Hauptrichtungen wir bei der Untersuchung eines zweiachsigen Spannungszustandes die X-Richtung legen wollen, und wir entscheiden uns dafür, daß unter σ_x bei der Darstellung in Abb. 13 stets die algebraisch größere der beiden Hauptspannungen verstanden werden soll. Sind also σ_x und σ_y

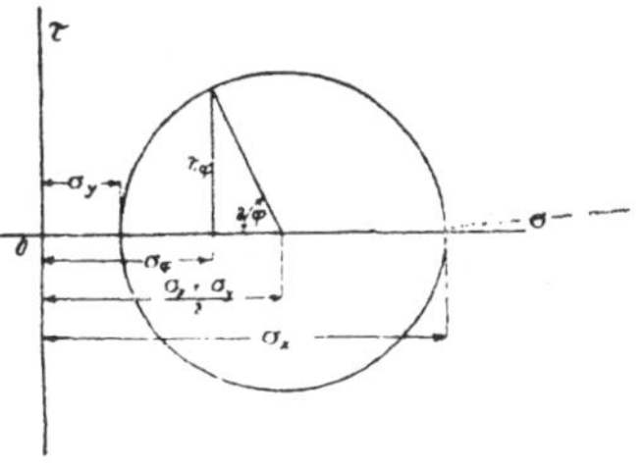

Abb. 13.

beide Zugspannungen, wie in Abb. 11 bis 13 zunächst angenommen wurde, so soll einfach die größere von beiden als σ_x angesehen werden. Aber die vorhergehenden Betrachtungen bleiben auch noch anwendbar, wenn eine der Hauptspannungen oder auch beide Druckspannungen sind, womit nur ein Vorzeichenwechsel, sonst aber keine weitere Änderung verbunden ist. Ist eine der Hauptspannungen positiv und die andere negativ, so ist die erste als σ_x und die andere als σ_y anzusehen, und wenn beide negativ sind, soll σ_x die „algebraisch größere", d. h. die zahlenmäßig kleinere der beiden Druckspannungen bedeuten. Durch diese Verabredung wird erreicht, daß der Endpunkt von σ_x immer rechts vom Endpunkte von σ_y im Spannungsdiagramm liegt. Dem Winkel $\varphi = 0$ in Abb. 13 entspricht dann stets die Hauptspannung σ_y und dem Winkel $\varphi = \dfrac{\pi}{2}$ die algebraisch größere Hauptspannung σ_x, und zwar so, daß bei wachsendem Winkel der Spannungskreis stets im Uhrzeigersinn durchlaufen wird.

In Abb. 8 von § 4 war für den Fall der einfachen Druckspannung zunächst ein Spannungsdiagramm gezeichnet worden, worin die Hauptspannung als σ_x angesehen wurde. Das hatte die Unbequemlichkeit zur Folge, daß für wachsende Winkel φ der Spannungskreis entgegengesetzt dem Uhrzeigersinn durchlaufen werden mußte, und es war damals schon darauf hingewiesen worden, daß sich durch eine geeignete Verabredung, wie wir sie jetzt getroffen haben, eine einheitlichere Darstellung erzielen ließe. Darnach haben wir in Zukunft bei der einfachen Druckspannung diese als

σ_y anzusehen und σ_x gleich Null zu setzen, weil Null algebraisch genommen größer ist als ein negativer Wert. Wir ersetzen daher für die Folge Abb. 8 durch Abb. 14, womit erreicht ist, daß in allen Fällen der Schnitt $\varphi = 0$ der algebraisch kleineren und der Schnitt $\varphi = \dfrac{\pi}{2}$ der algebraisch größeren Hauptspannung entspricht und bei wachsendem Winkel φ der Spannungskreis stets im Sinne des Uhrzeigers durchlaufen wird.

Dies ist nämlich wünschenswert, um alle Zweifel auszuschließen für den Fall, daß eine der Hauptspannungen positiv und die andere negativ ist, wie in Abb. 15. — Man sieht aus dieser Darstellung zugleich, daß für Spannungszustände mit Hauptspannungen von entgegengesetzten Vorzeichen der Spannungskreis besonders groß ausfällt und daß dabei besonders große Schubspannungen vorkommen, im Vergleiche zu den Größen der Hauptspannungen.

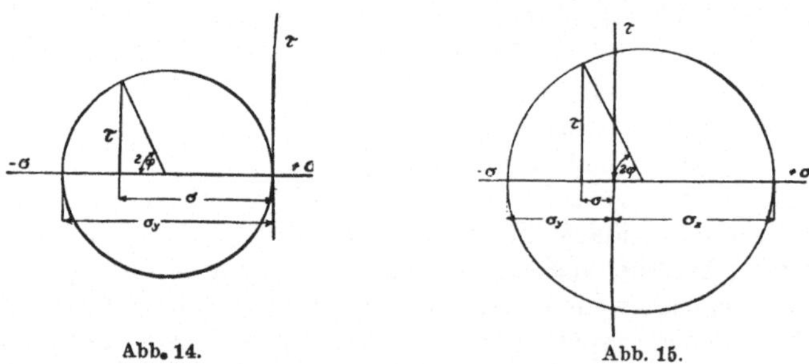

Abb. 14.
Abb. 15.

§ 11. Besondere Fälle. Der einfachste Fall, daß eine der beiden Hauptspannungen des ebenen Spannungszustandes zu Null wird, hat uns schon im vorigen Abschnitte beschäftigt, und wir haben uns inzwischen überzeugt, daß er sich in den allgemeineren Fall ohne weiteres einordnen läßt. *Ein anderer wichtiger Grenzfall entsteht dann, wenn die beiden Hauptspannungen gleich groß und von gleichen Vorzeichen sind.* Der Mohrsche Spannungskreis schrumpft dann zu einem Punkt zusammen. Wie wir auch den Winkel φ wählen mögen, gelangen wir in diesem Falle zur gleichen Normalspannung σ_φ, während die Schubspannung für alle Schnittrichtungen zu Null wird. Keine der Schnittrichtungen hat dann vor den andern etwas voraus, und wir können daher jede von ihnen nach Belieben als Hauptrichtung ansehen. Ein Trommelfell, von dem man verlangt, daß es nach allen Richtungen hin gleichmäßig angespannt sein soll, bildet ein Beispiel für diesen ringsum symmetrischen Spannungszustand.

Auch die bezogenen Dehnungen ε sind in diesem Falle ringsum gleich groß, und nach Gl. (1) von § 9 folgt dafür

$$\varepsilon = \frac{m-1}{m\,E}\,\sigma \tag{5}$$

worin σ den gemeinschaftlichen Wert aller Normalspannungen bedeutet.

Dann ist noch der andere wichtige Sonderfall zu besprechen, *daß die beiden Hauptspannungen gleich groß, aber von entgegenge-setztem Vorzeichen sind.* Der Mittelpunkt des Spannungskreises fällt in diesem Falle mit dem Ursprunge zusammen. Die größte Schubspannung τ_{max}, die in allen Fällen durch den Halbmesser des Spannungskreises dargestellt wird, stimmt in diesem Falle der Größe nach mit jeder der beiden Hauptspannungen überein. Für einen Stoff, bei dem die Bruchgefahr oder die Gefahr einer bleibenden Formänderung von dem Werte der Schubspannungen abhängt, also bei den schmiedbaren Metallen (vgl. § 4), ist daher ein Span-nungszustand von dieser Art im Ver-gleiche zur Größe der dabei vorkom-menden Hauptspannungen besonders ge-fährlich.

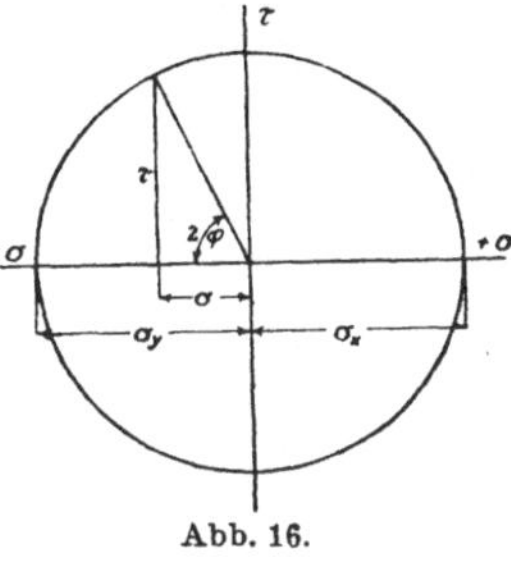

Abb. 16.

Man bezeichnet diesen Zustand häufig auch als den der *reinen Schubbeanspruchung.* Damit soll nämlich ausgedrückt werden, daß man aus der Scheibe in geeignet gewählten Schnittrichtungen ein rechteckiges Scheibenelement abgrenzen kann, auf dessen Um-fang überhaupt nur Schubspannungen und keine Normalspannungen übertragen werden, wie dies in Abb. 17 angegeben ist. Das Scheibenelement ist dabei quadratisch angenommen. Die Schnitt-richtungen, in denen nur Schubspannungen auftreten, ergeben sich aus der Bedingung, daß nach Abb. 16 2φ entweder gleich einem Rechten oder gleich drei Rechten ist. Hiernach ist φ entweder gleich 45^0 oder gleich 135^0 zu setzen, d. h. die beiden Schnittrichtungen stehen bei diesem Spannungszustande rechtwinklig zu-einander, wie dies vorher behauptet und durch Abb. 17 erläutert wurde. In beiden Schnittrich-tungen haben die Schubspannungen τ dieselbe Größe τ_{max}. Die Hauptschnittrichtungen des Span-

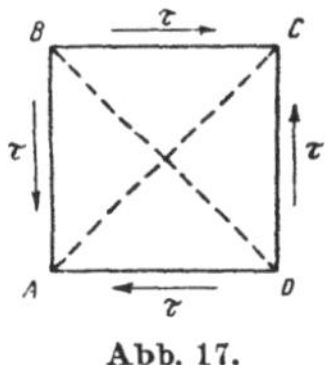

Abb. 17.

nungszustandes, in denen nur Normalspannungen und keine Schub-spannungen vorkommen, fallen in Abb. 17 mit den Diagonalen des Quadrats zusammen.

Von den *Pfeilen der Schubspannungen* war bisher nicht die Rede, sondern wir haben uns immer nur um ihre Größe gekümmert. Man sieht aber sofort ein, daß in Abb. 17 die Pfeile der τ auf allen vier Seitenflächen, entweder alle so wie sie dort eingetragen wurden oder alle entgegengesetzt gerichtet sein müssen. Daß nämlich die Pfeile auf zwei parallelen Seitenflächen einander ent-gegengesetzt sein müssen, folgt aus dem Wechselwirkungsgesetze, wonach die in einer Schnittfläche von der oben angrenzenden Masse auf die untere übertragene Kraft entgegengesetzt gerichtet und ebenso groß sein muß wie die von unten her nach oben übertragene. Die Spannungen τ auf je zwei gegenüberliegenden Seitenflächen bilden demnach ein Kräftepaar miteinander. Das Gleichgewicht der beiden Kräftepaare gegen Drehen erfordert aber dann, daß das eine im Uhrzeigersinn und das andere entgegengesetzt dem Uhrzeigersinne dreht. Daß sie gleich groß sind, folgte schon aus dem Spannungsdiagramm.

Wenn die Pfeile der τ so gerichtet sind wie in Abb. 17, wird in der Hauptschnittrichtung BD eine Zugspannung und in AC eine Druckspannung übertragen. Dies folgt für BD aus der Gleichgewichtsbetrachtung des dreiseitigen Prismas ABD gegen Verschieben in der Richtung der Diagonale BD und für AC aus dem Gleichgewichte des Prismas ABC oder auch ACD.

§ 12. **Der Schubmodul.** Wir betrachten jetzt die elastische Formänderung, die mit dem Zustande der reinen Schubbeanspruchung verbunden ist. Zu diesem Zwecke denken wir uns das in Abb. 18 gezeichnete quadratische Scheibenelement herausgeschnitten, dessen Diagonalenrichtungen in die Hauptrichtungen des Spannungszustandes fallen, und zwar möge

$$\sigma_x = + \tau_{\max} \quad \text{und} \quad \sigma_y = - \tau_{\max}$$

sein, wenn mit $\tau_{\max}$ die Größe der bezogenen Schubspannung in den unter 45^0 gegen die Hauptrichtungen geneigten Schnitten bezeichnet wird. Die Hälften der Diagonalen des Quadrates be-

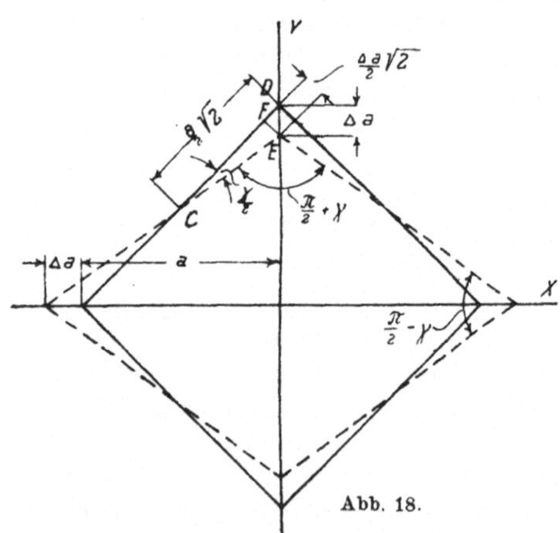

Abb. 18.

zeichnen wir mit a und die Vergrößerung der in der X-Richtung gehenden Halbdiagonale mit Δa; dann ist nach Gl. (1) von § 9

$$\frac{\Delta a}{a} = \frac{1}{E}\left(\sigma_x - \frac{1}{m}\sigma_y\right)$$

oder

$$\Delta a = a\frac{m+1}{mE}\tau_{\max} \quad (5)$$

und um denselben Betrag verkürzt sich die in der Y-Richtung gehende Halbdiagonale. Die Folge davon ist, daß das Quadrat in eine schiefwinklige Raute übergeht, die in Abb. 18 stark übertrieben durch punktierte Linien angedeutet ist. Der ursprünglich rechte Winkel an den Ecken des Quadrates hat sich tatsächlich nur um einen sehr kleinen Betrag geändert, den wir mit dem Buchstaben γ bezeichnen wollen. Die Rautenwinkel betragen daher jetzt $\frac{\pi}{2} + \gamma$ an der oberen und unteren und $\frac{\pi}{2} - \gamma$ an der linken und rechten Ecke. Zwischen der Winkeländerung γ und den vorher berechneten Längenänderungen Δa besteht ein einfacher geometrischer Zusammenhang, der sich aus der Betrachtung eines der vier rechtwinkligen Dreiecke ergibt, in die die Raute durch ihre beiden Diagonalen zerlegt wird.

Man findet zunächst:

$$CD = \frac{a}{2}\sqrt{2} = \sim CF$$

und in erster Annäherung durch Betrachtung des rechtwinkligen Dreiecks CEF und des gleichschenklig rechtwinkligen Dreiecks DEF:

$$\frac{\gamma}{2} \cdot CF = \frac{\gamma}{2}\frac{a}{2}\sqrt{2} = EF = \frac{\Delta a}{2}\sqrt{2}, \quad \text{daher} \quad \frac{\Delta a}{a} = \frac{\gamma}{2}$$

oder:

$$\gamma = 2\frac{\Delta a}{a}. \tag{6}$$

Bei dieser Betrachtungsweise erscheint γ als eine Folge der durch die Hauptspannungen σ_x und σ_y hervorgebrachten Dehnungen ε_x und ε_y in den Hauptrichtungen. Man kann aber andererseits den in der Scheibe herrschenden Spannungszustand auch dadurch beschreiben, daß man, wie es vorher in Abb 17 geschehen war, die längs der Quadratseiten herrschenden Schubspannungen τ_{max} angibt und diese selbst als Ursachen der entstehenden Formänderung, nämlich der Winkeländerung γ, ansieht. Man spricht dann von einer „*Schiebung*", die in Abb. 17 die Quadratseite BC unter dem Einflusse der an ihr angreifenden Schubspannung τ bei festgehaltener Grundlinie AD nach rechts hin erfährt, und als Maß für die Größe dieser Schiebung benutzt man den Winkel γ. Von welcher Art der Zusammenhang zwischen γ und τ ist, ergibt sich aus der Verbindung der Gleichungen (5) und (6), nämlich

$$\gamma = \frac{2(m+1)}{mE}\tau \tag{7}$$

wenn jetzt zur Vereinfachung τ an Stelle von τ_{max}, aber in der gleichen Bedeutung geschrieben wird.

Nach Gl. (7) wächst γ verhältnisgleich mit τ, gerade so wie beim einachsigen Spannungszustande ε proportional mit σ ist. Um diesen Zusammenhang besser hervorzuheben, schreibt man Gl. (7) in der Form

$$\gamma = \frac{\tau}{G} \tag{8}$$

und man kann sagen, daß damit das Hookesche Elastizitätsgesetz für den Fall der reinen Schubbeanspruchung ausgesprochen wird. Unter G ist dabei eine die elastischen Eigenschaften des Stoffes beschreibende Größe zu verstehen, die ganz ähnlich wie früher der Youngsche Elastizitätsmodul die Dimensionen einer bezogenen Spannung hat. Auch G wird als ein Elastizitätsmodul, und zwar für die Schubelastizität bezeichnet, oder kürzer als *Schubmodul* oder auch *Gleitmodul.*

Der Zusammenhang zwischen G und E folgt aus dem Vergleiche der Gleichungen (7) und (8), nämlich

$$G = \frac{m\,E}{2\,(m+1)}. \tag{9}$$

Für $m = 4$ wird hiernach $G = 0{,}4\,E$, wonach G gewöhnlich berechnet wird. Es ist nämlich gewöhnlich einfacher, E aus einem Zugversuche abzuleiten, als G für denselben Stoff durch unmittelbare Messung des Winkels γ zu bestimmen, der durch ein gegebenes τ hervorgebracht wird.

§ 13. Die Formänderungsarbeit beim zweiachsigen Spannungszustand. Hier knüpfen wir an § 5 an, indem wir die dort angestellte Betrachtung entsprechend erweitern. Wir betrachten jetzt eine rechteckige Scheibe, wie sie in Abb. 11 gezeichnet war mit den Hauptspannungen σ_x und σ_y. In Abb. 19, die sich auf denselben Fall bezieht, sind die elastischen Längenänderungen $\varDelta a$ und $\varDelta b$ der Rechteckseiten a und b stark vergröbert eingetragen.

Nach den Gleichungen (1) und (2) von § 9 erhält man dafür

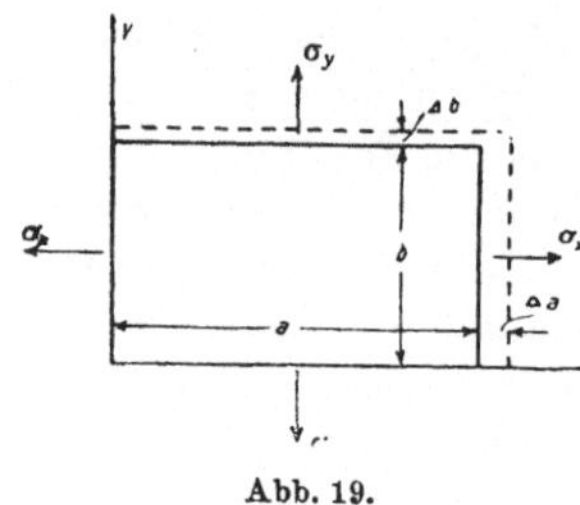

Abb. 19.

$$\varDelta a = \frac{a}{E}\left(\sigma_x - \frac{1}{m}\,\sigma_y\right)$$

und

$$\varDelta b = \frac{b}{E}\left(\sigma_y - \frac{1}{m}\,\sigma_x\right).$$

Während σ_x und σ_y gleichzeitig mit einander allmählich von Null bis zu ihren Endwerten anwachsen, leisten diese am Rande der Scheibe als Lasten angreifenden Kräfte auf den Wegen $\varDelta a$ und $\varDelta b$ Arbeiten, die aus denselben Gründen und in derselben Weise wie in Gl. (12) von § 5 zusammengenommen gleich

$$A = \tfrac{1}{2}\,\sigma_x b h \cdot \varDelta a + \tfrac{1}{2}\,\sigma_y a h \cdot \varDelta b$$

gesetzt werden können, wenn unter h die Scheibendicke verstanden wird. In Verbindung mit der vorhergehenden Gleichung folgt daraus

$$A = \frac{abh}{2E}\left(\sigma_x^2 + \sigma_y^2 - \frac{2}{m}\,\sigma_x \sigma_y\right)$$

und für die auf die Raumeinheit bezogene aufgespeicherte Formänderungsarbeit A erhält man

$$\mathsf{A} = \frac{1}{2E}\left(\sigma_x^2 + \sigma_y^2 - \frac{2}{m}\,\sigma_x \sigma_y\right). \tag{10}$$

In Abb. 19 waren zunächst positive Werte der Spannungen σ_x und σ_y angenommen; aber alle angeschriebenen Gleichungen bleiben auch gültig, wenn eine Hauptspannung oder auch beide negativ sind, wenn man nur überall genau auf die Vorzeichen-änderungen achtet, die damit verbunden sind.

Für den *Fall der reinen Schubbeanspruchung* kann man die bezogene Formänderungsarbeit auch noch auf einem anderen Wege berechnen. Man denke sich nämlich ein quadratisches Scheiben-element herausgeschnitten, wie es in Abb. 17 gezeichnet war, so nämlich, daß am Umfange nur Schubspannungen übertragen werden, die man als äußere Kräfte oder als Lasten an diesem Element ansehen kann. Unter der Voraussetzung einer vollkommen elastischen Formänderung muß die von diesen äußeren Kräften geleistete Arbeit gleich der in dem Elemente aufgespeicherten Formänderungsarbeit sein.

Die Formänderung kann man sich in der Art vollzogen denken, daß die untere Quadratseite AD in Abb. 17 festgehalten wird, während die ihr gegenüberliegende BC eine Schiebung nach rechts um eine Strecke γs erfährt, wenn s die Quadratseite bedeutet. Die Senkung, die der Punkt B dabei erfährt, ist klein von der zweiten Ordnung, wenn γs klein von der ersten Ordnung ist, und braucht daher nicht beachtet zu werden. Hiernach leistet nur die in BC übertragene Schubkraft eine Arbeit auf dem Wege γs, und wegen des allmählichen Anwachsens dieser Kraft von Null an bis auf den Endwert $\tau s h$ erhält man für die dem Scheiben-elemente durch die Arbeit der äußeren Kräfte zugeführte Energie

$$\tfrac{1}{2}\,\tau s h \cdot \gamma s.$$

Die auf die Raumeinheit bezogene aufgespeicherte Formänderungs-arbeit A folgt daraus durch Division mit dem Rauminhalte $h s^2$ zu

$$A = \frac{1}{2}\,\tau\gamma = \frac{\tau^2}{2G} = \frac{1}{2}\,G\gamma^2 \qquad (11)$$

wenn man dabei zugleich auf Gl. (8) von § 12 achtet.

Dieser Wert von A muß mit dem in Gl. (10) gegebenen Werte übereinstimmen, wenn man darin $\sigma_x = +\,\tau$ und $\sigma_y = -\,\tau$ setzt und unter diesem τ den Größtwert der dabei vorkommenden Schub-spannung versteht. Gl. (10) geht dann über in

$$A = \frac{m+1}{mE}\,\tau^2,$$

und aus dem Vergleiche mit Gl. (11) erhält man von neuem die Formel für den Zusammenhang zwischen den drei Elastizitäts-zahlen G, m und E, die vorher schon in Gl. (9) auf anderem Wege abgeleitet wurde.

§ 14. Der allgemeine gleichmäßige ebene Spannungszustand. Der allgemeinste Spannungszustand, der in einer gleichmäßig gespannten Scheibe auftreten kann, läßt sich dadurch beschreiben, daß man ein rechteckiges Scheibenelement abgrenzt, dessen Kantenrichtungen OU und OV sonst beliebig, aber senkrecht zu einander gezogen sind, und auf den vier Umfangseiten beliebige Normal- oder Schubspannungen angibt, so jedoch, daß dem Wechselwirkungsgesetz gemäß die Spannungen auf zwei gegenüberliegenden Seiten gleich groß und entgegengesetzt gerichtet sind. Diese Spannungen an den Umfangseiten kann man als Belastung des Scheibenelementes ansehen und nach den Spannungen fragen, die durch sie in anders gewählten Schnittrichtungen innerhalb des Scheibenelementes hervorgerufen werden.

Um diese Frage in möglichst einfacher Weise zu beantworten, können wir uns auf das in § 9 besprochene Superpositionsgesetz stützen. Hiernach kann der ganze Drang- und Zwangzustand in der Scheibe, wie er der Abb. 20 entspricht, auch dadurch hervorgerufen werden, daß man zuerst nur einen zweiachsigen Spannungszustand mit den Hauptspannungen σ_u und σ_v darin hervorruft und hierauf noch einen Zustand der reinen Schubbeanspruchung mit den Schubspannungen τ_{uv} und τ_{vu} als Lasten an den Rändern darüber lagert. Man kann dann die Formänderungen und die Spannungen für sich untersuchen, die von jeder dieser beiden Lastgruppen einzeln hervorgerufen werden, und daraus durch Übereinanderlagerung die Gesamtwirkung ableiten. Für die Ermittlung der Teilwirkungen können wir uns hierbei auf die dafür bereits festgestellten Gesetzmäßigkeiten stützen.

Zunächst folgt daraus, daß die in den beiden senkrecht zu einander stehenden Schnittflächen übertragenen Schubspannungen

$$\tau_{vu} = \tau_{uv} \tag{12}$$

jedenfalls gleich groß und entweder so zueinander oder alle entgegengesetzt gerichtet sein müssen, wie sie in Abb. 20 eingetragen wurden. Wenn man aber will, kann man diese Behauptung auch nochmals unabhängig von dem in § 11 dafür gegebenen Beweise aus der Gleichgewichtsbedingung gegen Drehen ableiten. *Sie spricht den Satz von der Gleichheit der einander zugeordneten Schubspannungen für den allgemeinsten Fall des ebenen Spannungszustandes aus.*

Wir denken uns weiterhin einen Schnitt durch die Scheibe gelegt, der einen beliebigen schiefen Winkel ψ mit der U-Achse bildet. In Abb. 20 ist er durch eine punktierte Linie angedeutet. Um zu ermitteln, welche Spannungen σ_ψ und τ_ψ in diesem Schnitte übertragen werden, könnten wir zuerst nach den Gleichungen (4) von § 10 die Beträge ermitteln, die der zweiachsige Spannungszustand mit den Hauptspannungen σ_u und σ_v dazu liefert, und dann noch hinzufügen, was von τ_{uv} und τ_{vu} entsprechend den Lehren von §11 dazu beigesteuert wird. Auch aus der Untersuchung des Gleichgewichtes des durch die Schnittrichtung ψ begrenzten dreiseitigen Prismas ließen sich σ_ψ und τ_ψ sofort unabhängig von den früheren Betrachtungen berechnen.

Einfacher aber kommen wir noch zum Ziele, indem wir uns auf die Sätze über den Spannungskreis stützen. In das Koordinatensystem der $\sigma\tau$ tragen wir in Abb. 21 auf der σ-Achse zuerst σ_u und σ_v ab, nach rechts hin, wenn sie Zug-, nach links hin, wenn eine oder beide von ihnen Druckspannungen sind. Von diesen beiden Punkten der σ-Achse tragen wir ferner in entgegengesetzten Richtungen τ_{uv} und τ_{vu} parallel zur Achse ab, wobei es gleich-

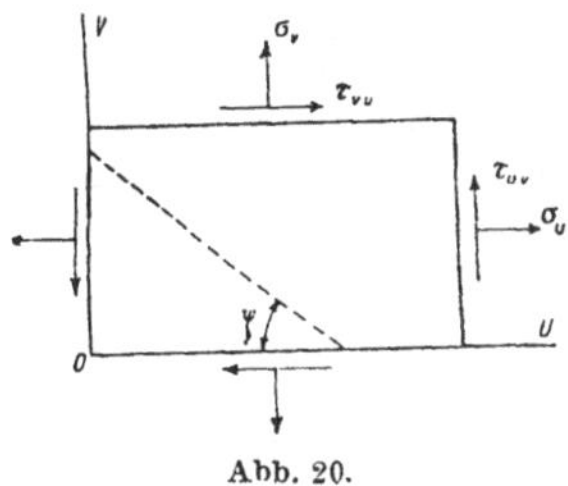

Abb. 20.

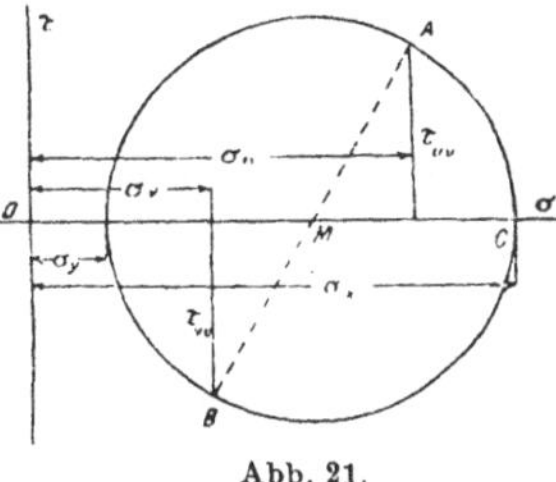

Abb. 21.

gültig ist, welche von beiden nach oben und welche nach unten geht. Wir gelangen so zu zwei Punkten A und B, die wir miteinander verbinden. Die Verbindungslinie sehen wir als Durchmesser und den Schnittpunkt M mit der σ-Achse als Mittelpunkt eines Kreises an. Diesen Kreis können wir als Spannungskreis eines zweiachsigen Spannungszustandes mit den Hauptspannungen σ_x und σ_y auffassen, die sich nach Größe und Vorzeichen aus der Zeichnung entnehmen lassen. Der früher getroffenen Verabredung gemäß bezeichnen wir als σ_x die algebraisch größere dieser beiden Hauptspannungen.

Daß dieser zweiachsige Spannungszustand mit dem durch Abb. 20 angegebenen, an sich beliebigen Spannungszustande im wesentlichen, abgesehen nämlich von einer Drehung des XY-Systems gegen das System der UV, vollständig übereinstimmt, folgt daraus, daß man durch Drehen der Schnittrichtungen um die Hälfte des Zentriwinkels CMA wieder auf die in Abb. 20 vorgeschriebenen Spannungskomponenten gelangt. Umgekehrt muß man sich in dem durch Abb. 20 angegebenen Spannungszustande das Achsenkreuz der UV im Uhrzeigersinne um die Hälfte des aus Abb. 21 zu entnehmenden Zentriwinkels AMC gedreht denken, um auf die Hauptschnittrichtung dieses Spannungszustandes zu gelangen. *Hiermit ist bewiesen, daß jeder ebene, gleichmäßige Spannungszustand als ein zweiachsiger im Sinne von § 9 angesehen werden kann.*

Die Pfeile oder Vorzeichen der τ spielen bei dieser Betrachtung keine Rolle. Durch Vergleich der beiden Abbildungen 20 und 21 kann man aber nachträglich feststellen, welche Pfeile der τ auf den vier Umfangsseiten einer in Abb. 21 nach oben hingehenden Ordinate des Punktes A entsprechen. Dreht man hierauf das UV-Kreuz in Abb. 20 um einen beliebigen Winkel, so ist in Abb. 21 der Halbmesser MA um den doppelten Winkel im gleichen Sinne zu drehen, um aus dem Spannungskreise die den neuen Schnittrichtungen entsprechenden Spannungskomponenten entnehmen zu können. Solange hierbei die Ordinate des Punktes A in Abb. 21 nach oben hin geht, behalten die τ in Abb. 20 dieselben Pfeile wie in der Anfangslage bei, während sich alle Pfeile umkehren, sobald beim Weiterdrehen die Hauptrichtungen des Spannungszustandes überschritten werden und hiermit Punkt A in Abb. 21 in die untere Hälfte des Spannungskreises gerät.

Denkt man sich in Abb. 20 die Pfeile der τ umgekehrt, ohne sonst etwas zu ändern, so entspricht diesem neuen Spannungszustand derselbe Spannungskreis Abb. 21 wie dem früheren, abgesehen davon, daß sich auch für alle anderen Schnittrichtungen die Pfeile der τ umkehren. Auf den ersten Blick mag es befremdlich erscheinen, daß die Umkehrung der Pfeile der τ an dem der Abb. 20 entsprechenden Spannungszustande so wenig ändert, daß man denselben Spannungskreis dafür beibehalten kann. Aber man bedenke, daß man eine Scheibe von zwei Seiten her betrachten kann und daß derselbe Spannungszustand, dem von einer Seite her betrachtet Abb. 20 entspricht, von der anderen Seite her gesehen sonst die gleichen Spannungskomponenten aufweist, mit dem einzigen Unterschiede, daß sich die Pfeile der τ umgekehrt haben. In der Tat kommt es daher für die besonderen Eigenschaften eines bestimmten Spannungszustandes gar nicht wesentlich darauf an, ob man die Pfeile der τ umkehrt oder nicht.

Aus Abb. 21 kann man auch entnehmen, wie sich σ_x und σ_y berechnen lassen, wenn σ_u, σ_v und der gemeinschaftliche Wert τ von τ_{uv} und τ_{vu} gegeben sind. Für die Strecke OM und den Halbmesser MA hat man nämlich

$$OM = \frac{\sigma_u + \sigma_v}{2} \quad \text{und} \quad MA = \sqrt{\tau^2 + \left(\frac{\sigma_u - \sigma_v}{2}\right)^2},$$

und daraus folgt für die Hauptspannungen σ_x und σ_y

$$\left. \begin{aligned} \sigma_x &= \frac{\sigma_u + \sigma_v}{2} + \frac{1}{2}\sqrt{4\tau^2 + (\sigma_u - \sigma_v)^2} \\ \sigma_y &= \frac{\sigma_u + \sigma_v}{2} - \frac{1}{2}\sqrt{4\tau^2 + (\sigma_u - \sigma_v)^2}. \end{aligned} \right\} \tag{13}$$

Endlich wollen wir auch noch die Formänderungsarbeit A berechnen, die dem durch Abb. 20 beschriebenen Spannungszustande entspricht. Dies könnte geschehen, indem wir die soeben für σ_x und σ_y aufgestellten Formeln in Gl. (10) von § 13 einsetzten. Aber dieser Umweg ist gar nicht nötig, sondern man kann A auch unmittelbar aus Abb. 20 entnehmen, indem man die von den Kräften bei der Formänderung geleisteten Arbeiten feststellt. Bei der Schiebung, die durch die τ hervorgebracht wird, ist nämlich die Summe der von den σ_u und σ_v geleisteten Arbeiten, wie man leicht erkennt, gleich Null, und umgekehrt ist auch die Summe der Arbeitsleistungen der τ gleich Null, wenn man die durch die σ_u und σ_v hervorgebrachten Dehnungen der Kanten sich vollziehen läßt. Daraus folgt ohne weiteres

$$A = \frac{\tau^2}{2\,G} + \frac{1}{2\,E}\left(\sigma_u^2 + \sigma_v^2 - \frac{2}{m}\,\sigma\sigma_{u\,v}\right) \tag{14}$$

indem man die Einzelbeträge der Gleichungen (10) und (11) zusammenzählt.

§ 15. **Der ungleichmäßige ebene Spannungszustand.** Von § 9 ab hatten wir bisher stets vorausgesetzt, daß in der ganzen Scheibe überall der gleiche Spannungszustand herrschen sollte. Jetzt dagegen kehren wir zu der in § 8 angestellten allgemeinen Betrachtung zurück. Bei der allgemeinsten Scheibenaufgabe, wie sie durch Abb. 10 erläutert war, ist zu erwarten, daß Formänderung und Spannungszustand an verschiedenen Stellen der Scheibe ganz verschieden sein werden. Dagegen dürfen und wollen wir voraussetzen, daß zwischen benachbarten Stellen diese Unterschiede um so kleiner ausfallen, je näher die Stellen bei einander angenommen werden. Eine plötzliche Änderung könnte zwar in der Nähe des Angriffspunktes einer Einzellast erwartet werden. Aber wir wollen uns in diesem Falle die unmittelbare Umgebung der Angriffsstelle der Einzellast aus der Betrachtung ausgeschaltet denken. Das ist um so mehr zulässig, als Einzelkräfte im strengen Sinne des Wortes in der Natur überhaupt nicht vorkommen, vielmehr alle endlichen Kräfte sich auch über endliche, wenn auch nur kleine Flächen oder Räume verteilen.

Wir setzen also mit anderen Worten voraus, daß sich Drang und Zwang innerhalb der Scheibe stetig ändern und daß daher in einem Scheibenelement, sobald es nur klein genug angenommen wird, der Spannungszustand nahezu als gleichmäßig angesehen werden kann. Unter dieser Voraussetzung lassen sich die Betrachtungen der vorhergehenden Paragraphen über die Beziehungen zwischen den Spannungen in verschiedenen Schnittrichtungen und über die Eigenschaften des gleichmäßigen ebenen Spannungszustandes überhaupt ohne weiteres auch auf die Verhältnisse innerhalb eines unendlich kleinen Bezirkes in dem allgemeinen Falle übertragen. Sie müssen nur außerdem noch dahin ergänzt werden, daß auch auf die Spannungsunterschiede zwischen unendlich nahe benachbarten parallelen Schnitten so weit als nötig Rücksicht genommen wird.

Zu diesem Zwecke denken wir uns in Abb. 22 ein unendlich kleines rechteckiges Scheibenelement von den Kantenlängen dx und dy abgegrenzt. Ähnlich wie in Abb. 20 wird der Spannungszustand beschrieben durch die Spannungskomponenten, die wir jetzt mit σ_x, σ_y und mit τ bezeichnen wollen, oder auch mit τ_{xy} oder τ_{yx}, wenn eine nähere Bezeichnung der zugehörigen Flächen und Richtungen erwünscht erscheint.

Um von der vergrößerten Darstellung in Abb. 22 zu dem unendlich klein zu denkenden Elemente zurückzukehren, denken

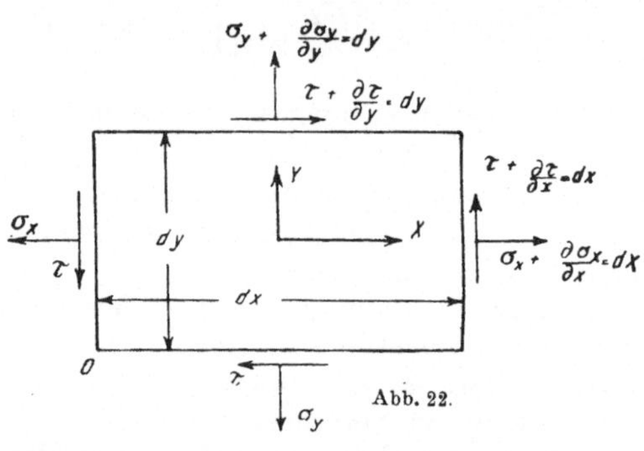

Abb. 22.

wir uns die Rechteckseiten im Zusammenschrumpfen begriffen, wobei wir uns die Ecke O des Rechteckes festgehalten denken wollen. Die Lage des Punktes O auf der Scheibe kann durch die Koordinaten x, y in bezug auf ein gegen die Scheibe festgelegtes Koordinatensystem beschrieben werden, zu dessen Achsen die Rechteckseiten parallel gezogen seien. Unter σ_x ist dann die Normalspannung zu verstehen, die in einem durch den Punkt O senkrecht zur y-Achse gelegten Schnitte an der Stelle O selbst übertragen wird. Auf der gegenüberliegenden Rechteckseite, die im Abstande dx von O aus nach rechts hin liegt, ist die Normalspannung etwas von σ_x verschieden. Allgemein läßt sich sagen, daß σ_x für verschiedene Punkte der Scheibe verschieden ausfallen kann, d. h. aber mit anderen Worten, daß σ_x als eine Funktion von x und y

$$\sigma_x = f(xy)$$

aufzufassen ist. Das gleiche gilt auch für σ_y und für τ. Um den Unterschied festzustellen, der in σ_x dadurch hervorgebracht wird, daß die gegenüberliegende Rechteckseite um dx nach rechts hin verschoben ist, haben wir demnach ein Differential von σ_x zu bilden, bei dem y als konstant und nur x als veränderlich anzusehen ist. Für die Spannungskomponente in der X-Richtung auf der nach rechts hin liegenden Rechteckseite erhalten wir demnach den Ausdruck

$$\sigma_x + \frac{\partial \sigma_x}{\partial x} dx,$$

worin die runden ∂ noch ausdrücklich darauf hinweisen sollen, daß es sich um einen partiellen Differentialquotienten handelt.

Diese Bezeichnung ist schon in Abb. 22 eingeschrieben; ebenso auch die Ausdrücke, die man in der gleichen Weise für die übrigen Spannungskomponenten auf den beiden nicht durch den Punkt O gehenden Rechteckseiten erhält.

Wenn wir auf die durch die Differentiale ausgedrückten Spannungsunterschiede nicht achteten, wäre das Scheibenelement in Abb. 22 unter dem Einflusse der am Umfange angreifenden Spannungen ohne weiteres im Gleichgewicht. Aber wir verlangen jetzt, daß das Gleichgewicht auch dann noch erhalten bleiben muß, wenn wir die unendlich kleinen Spannungsunterschiede mit hinzunehmen. Dabei ist jedoch zu beachten, daß diesen feinen Unterschieden gegenüber auch die äußeren Massenkräfte mit in Betracht zu ziehen sind, die wie etwa das Eigengewicht als Fernkräfte unmittelbar an der Masse des Elementes selbst angreifen. Gegenüber den Spannungen am Rande sind zwar diese Massenkräfte als unendlich klein anzusehen und daher zu vernachlässigen, aber gegenüber den Spannungsunterschieden sind sie von der gleichen Größenordnung und daher neben ihnen zu berücksichtigen. Die äußeren Massenkräfte denken wir uns auf die Raumeinheit des Körpers bezogen (so wie es beim spezifischen Gewichte geschieht) und diese Kraft, die beliebig gerichtet sein kann, in zwei Komponenten in den Richtungen der Koordinatenachsen zerlegt, die wir mit X und Y bezeichnen wollen. Diese Komponenten sind ebenfalls in Abb. 22 eingetragen.

Aus der Zeichnung kann man nun unmittelbar die Gleichgewichtsbedingung gegen Verschieben in der Richtung der X-Achse ablesen; sie enthält drei Glieder, deren Summe gleich Null gesetzt werden muß, nämlich

$$\frac{\partial \sigma_x}{\partial x}\, dx \cdot h\, dy + \frac{\partial \tau}{\partial y}\, dy \cdot h\, dx + X \cdot h\, dx\, dy = 0.$$

Der durch den Punkt abgetrennte letzte Faktor in diesen Gliedern gibt jedesmal die Fläche oder den Rauminhalt an, mit dem man den auf die Flächeneinheit bezogenen Spannungsunterschied oder die auf die Raumeinheit bezogene Massenkraft zu multiplizieren hat, um die gesamte am Scheibenelement wirkende Kraft zu erhalten. Unter h ist dabei wieder die Scheibendicke zu verstehen. Streicht man in jedem Glied der Gleichung den gemeinschaftlichen Faktor $h\, dx\, dy$, so erhält man die ersten der beiden folgenden Gleichungen,

$$\left.\begin{aligned} \frac{\partial \sigma_x}{\partial x} + \frac{\partial \tau}{\partial y} + X = 0 \\ \frac{\partial \sigma_y}{\partial y} + \frac{\partial \tau}{\partial x} + Y = 0 \end{aligned}\right\} \tag{15}$$

die an jeder Stelle der Scheibe zwischen den Spannungskomponenten erfüllt sein müssen. Die zweite Gleichung läßt sich in derselben

Weise aus Abb. 22 für das Gleichgewicht in der Y-Richtung ablesen.

Bei den meisten Festigkeitsaufgaben kann man das Eigengewicht des Körpers und überhaupt die Massenkräfte gegenüber den sonst an ihm angreifenden Lasten vernachlässigen, also X und Y in den Gleichungen (5) nachträglich streichen.

Die Aufgabe der Festigkeitsberechnung besteht nun darin, die Spannungskomponenten σ_x, σ_y, τ für jede Stelle der Scheibe anzugeben. sie also als Funktionen von x und y darzustellen. Dazu können aber die zwei Gleichungen (15) zwischen den drei unbekannten Funktionen allein nicht ausreichen, auch nicht in Verbindung mit den Grenzbedingungen am Umfange sowie an den Auflagerstellen und an den Angriffsstellen der an dem Körper von außen her angebrachten Lasten, die daneben auch noch erfüllt sein müssen. Die Aufgabe ist statisch unbestimmt in dem von früher bekannten Sinne. Um sie überhaupt lösen zu können, muß man daher jedenfalls auf den Zusammenhang zwischen den Spannungen und der Formänderung der Scheibe eingehen.

§ 16. **Die elastische Formänderung der ungleichmäßig gespannten Scheibe.** Schon in § 8 wurde auf eine Schwierigkeit hingewiesen, die sich der genauen Untersuchung der elastischen Formänderung einer Scheibe im allgemeinen Falle entgegenstellt. Die Scheibendicke h wird an verschiedenen Stellen wegen der mit den Spannungen in der Scheibenebene verbundenen Querwirkung in verschiedenem Maße vergrößert oder verkleinert, und die nächste Folge davon ist, daß die beiden Begrenzungsflächen bei der elastischen Formänderung der Scheibe nicht eben bleiben können. Das hat dann zur weiteren Folge, daß auch die in der Dickenrichtung gezogenen Geraden von der Länge h etwas gekrümmt werden, weil die rechten Winkel, die sie mit der Mittelebene, den Begrenzungsebenen und allen dazwischen parallel dazu gezogenen Ebenen

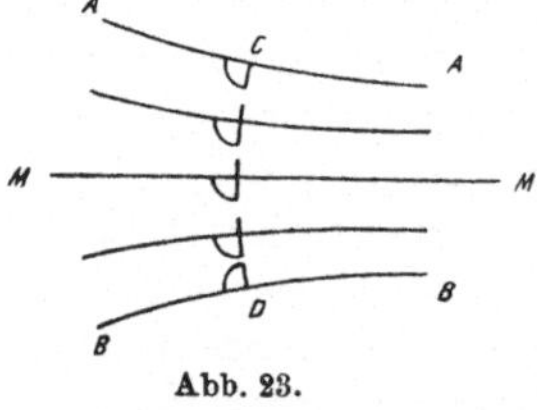

Abb. 23.

ursprünglich gebildet haben, wegen des Fehlens von Schubspannungen, die zu einer Änderung führen könnten, auch weiterhin rechte Winkel bleiben müssen. Durch Abb. 23, in der MM einen Schnitt durch einen Teil der Mittelfläche, AA und BB Schnitte durch die Begrenzungsflächen nach der elastischen Formänderung in sehr verzerrtem Maßstabe und CD die in der Dickenrichtung gezogene ursprünglich gerade Linie bezeichnen, wird dies näher erläutert.

Während die allgemeine Scheibenaufgabe vom rein statischen Gesichtspunkt aus betrachtet als eine Aufgabe in der Ebene erscheint, reicht man damit bei der elastischen Formänderung nicht aus. Man kann diese Schwierigkeit entweder überwinden, indem man auf eine genauere Untersuchung eingeht, oder man kann sie vermeiden, indem man auf eine genauere Untersuchung verzichtet und sich mit einer Näherungslösung zufrieden gibt. Für eine erste Einführung in die Festigkeitslehre kann nur der zweite, weit einfachere Weg in Frage kommen. Er besteht darin, daß man einen Werkstoff voraussetzt, bei dem die Poissonsche Querdehnungszahl $\frac{1}{m}$ so klein ist, daß sie genau genug gleich Null, also $m = \infty$ gesetzt werden kann. In diesem Falle bleiben auch die Begrenzungsflächen der Scheibe eben, und die Geraden CD werden nicht gekrümmt, womit man der ganzen Schwierigkeit, die davon herrührt, aus dem Wege gegangen ist.

Zur Rechtfertigung der Annahme $m = \infty$ kann man anführen, daß die Werte von m bei den verschiedenen Stoffen, mit denen man zu tun hat, ziemlich weit auseinandergehen, ohne daß sich gezeigt hätte, daß diese Unterschiede das Verhalten der Körper im übrigen wesentlich berührten. Vielmehr hat sich in fast allen Fällen, für die man zu strengen Lösungen von Festigkeitsaufgaben gelangt ist, herausgestellt, daß es nicht allzuviel ausmacht, welchen Wert von m man in die Lösung einsetzt. Man darf daher von vorneherein annehmen, daß eine Lösung, die für $m = \infty$ gefunden ist, auch für Körper mit $m = 4$ oder selbst $m = 3$ noch als eine annehmbare Näherungslösung anzusehen ist, die wenigstens zu einer ungefähren Abschätzung ausreicht, was in praktisch vorkommenden Fällen bereits genügt. Wir stellen uns daher hier auf diesen Standpunkt und fragen nur noch darnach, wie die Spannungsverteilung bei der Scheibenaufgabe ausfällt, wenn man $m = \infty$ setzen darf.

Die elastische Formänderung der Scheibe kann alsdann vollständig dadurch beschrieben werden, daß man für jeden Punkt der Mittelebene mit den Koordinaten x, y die Verschiebungen ξ, η in den Richtungen der Koordinatenachsen angibt. Die Aufgabe kommt daher darauf hinaus, zwei unbekannte Funktionen

$$\xi = f_1(xy) \quad \text{und} \quad \eta = f_2(xy)$$

zu ermitteln, und sobald dies gelingt kann die Scheibenaufgabe für den betreffenden Fall als gelöst angesehen werden. Alle andern Formänderungs- und Spannungsgrößen lassen sich nämlich, wie man sofort sehen wird, in ξ und η ausdrücken.

Wie immer setzen wir auch in diesem Falle wieder voraus, daß die elastische Formänderung als sehr klein angesehen werden darf. Auch ξ und η sind daher als kleine Größen im Verhältnisse zu den Scheibenabmessungen zu betrachten. In Abb. 24 möge 1 einen Punkt der Mittelebene der Scheibe mit den Koordinaten xy vor der Formänderung bezeichnen und 2 einen Nachbarpunkt, der in der X-Richtung um die kleine Strecke dx von ihm entfernt ist.

Bei der Formänderung seien die Punkte in die Lagen 1′ und 2′ gelangt. Die Komponenten der Verschiebungen 11′ oder 22′ sind es, die wir vorher mit ξ und η bezeichnet hatten. Sollte sich etwa Punkt 2 um ebensoviel und in derselben Richtung verschoben haben wie Punkt 1, so würde sich bei der Formänderung der Scheibe die Strecke 1, 2 weder der Größe noch der Richtung nach geändert haben.

Im andern Falle wird die Richtungsänderung der Strecke 12 dadurch bedingt, daß die Verschiebungskomponente η im Punkt 2 von der im Punkte 1 um ein Differential $\dfrac{\partial \eta}{\partial x}\,dx$ verschieden ist. Da die Richtungsänderung nach unseren Voraussetzungen als klein betrachtet werden darf, können wir den kleinen Winkel δ_x, um den sich die Strecke 12 bei der Formänderung dreht, einfach

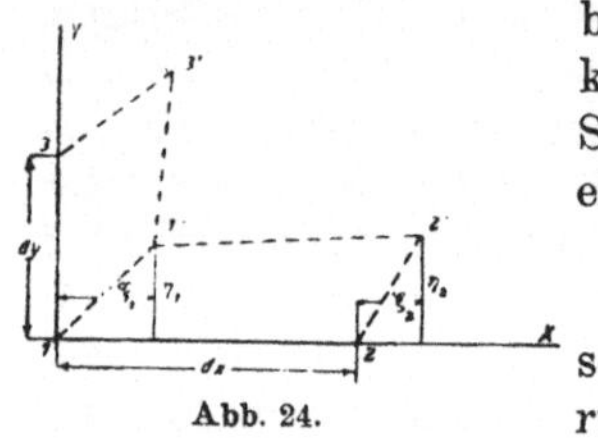

$$\delta_x = \frac{\partial \eta}{\partial x} \qquad (16)$$

Abb. 24.

setzen. Dagegen wird die Längenänderung der Strecke 12 dadurch hervorgerufen, daß sich Punkt 2 um ein Differential $\dfrac{\partial \xi}{\partial x}\,dx$ mehr nach rechts hin verschiebt als Punkt 1. Die auf die Längeneinheit bezogene Dehnung ε_x in der X-Richtung an der betrachteten Stelle ergibt sich daher zu

$$\left\lvert\,\varepsilon_x = \frac{\partial \xi}{\partial x}\right. . \qquad (17)$$

Was soeben für die Strecke 12 gesagt wurde, läßt sich sinngemäß auch auf die in der Y-Richtung gezogene Strecke 13 übertragen. Daraus ergibt sich

$$\delta_y = \frac{\partial \xi}{\partial y} \quad \text{und} \quad \varepsilon_y = \frac{\partial \eta}{\partial y} . \qquad (18)$$

Positive Werte von δ_x und δ_y führen nach unseren Vorzeichenfestsetzungen, wie aus Abb. 24 zu ersehen ist, in beiden Fällen zu einer Verminderung des ursprünglich rechten Winkels 312 bei der Formänderung der Scheibe. In § 12 haben wir eine solche Winkeländerung mit dem Buchstaben γ bezeichnet. Hier wollen wir γ_{xy} dafür schreiben, um auch die Richtungen hervorzuheben, zwischen denen diese Winkeländerung stattfindet.

Dann gilt also

$$\gamma_{xy} = \delta_y + \delta_x = \frac{\partial \xi}{\partial y} + \frac{\partial \eta}{\partial x} . \qquad (19)$$

Ein kleines rechteckiges Scheibenelement, zu dessen Ecken die Punkte 1, 2, 3 in Abb. 24 gehören, erfährt eine Formänderung, die durch ε_x, ε_y und γ_{xy} bereits genügend beschrieben ist. Diese Formänderung steht nach dem Elastizitätsgesetze mit den am Umfange des Elements übertragenen Spannungskomponenten σ_x, σ_y und τ in ursächlichem Zusammenhange. Mit $m = \infty$ ergibt sich aus den Gleichungen (1) und (2), von § 9 und Gl. (8) von § 12

$$\sigma_x = E\,\frac{\partial \xi}{\partial x}; \qquad \sigma_y = E\,\frac{\partial \eta}{\partial y}; \qquad \tau = G\left(\frac{\partial \xi}{\partial y} + \frac{\partial \eta}{\partial x}\right). \qquad (20)$$

Wir kehren jetzt zu den Gleichgewichtsbedingungen (15) von § 15 zwischen den Spannungskomponenten zurück und setzen in ihnen die soeben festgestellten Werte ein. Zugleich streichen wir darin die Komponenten X und Y der äußeren Massenkraft, was gewöhnlich zulässig ist, und beachten, daß für $m = \infty$ nach Gl. (9) von § 12

$$G = \tfrac{1}{2}\,E$$

gesetzt werden kann. Damit erhalten wir nun anstatt der Gleichungen (15)

$$\left.\begin{aligned} 2\,\frac{\partial^2 \xi}{\partial x^2} + \frac{\partial^2 \xi}{\partial y^2} + \frac{\partial^2 \eta}{\partial x\,\partial y} &= 0 \\[2mm] 2\,\frac{\partial^2 \eta}{\partial y^2} + \frac{\partial^2 \eta}{\partial x^2} + \frac{\partial^2 \xi}{\partial x\,\partial y} &= 0 \end{aligned}\right\} . \qquad (21)$$

Die Gleichungen (15), in denen drei unbekannte Funktionen σ_x, σ_y und τ vorkamen, sind jetzt durch zwei Gleichungen mit nur zwei unbekannten Funktionen ξ und η ersetzt, womit die Scheibenaufgabe wenigstens grundsätzlich lösbar wird.

Man kann die Gleichungen (21) als *die elastischen Grundgleichungen für die Scheibenaufgabe* im Falle $m = \infty$ bezeichnen. Vom mathematischen Standpunkt aus gesehen, kommt die näherungsweise Lösung irgendeiner Scheibenaufgabe jetzt nur noch darauf hinaus, Lösungen der beiden partiellen Differentialgleichungen zweiter Ordnung für ξ und η zu finden, die zugleich auch allen Grenzbedingungen genügen, die daneben außerdem noch vorgeschrieben sind.

Freilich ist diese mathematische Aufgabe nur in wenigen einfachen Fällen wirklich durchführbar. Grundsätzlich aber ist es von Wichtigkeit, einen Weg zu wissen, der unter günstigen Umständen zum Ziele führen kann.

§ 17. **Ein einfaches Beispiel.** Der wichtigste Gebrauch, den man von den elastischen Grundgleichungen machen kann, besteht darin, die Lösung einer bestimmten Scheibenaufgabe, die man aus andern Erwägungen für wahrscheinlich hält,

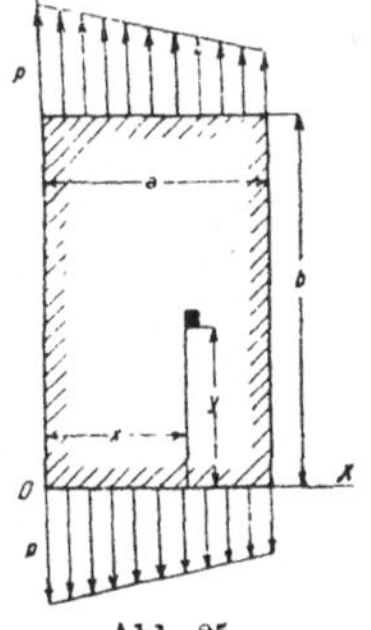

Abb. 25.

auf ihre Richtigkeit zu prüfen. Als Beispiel wählen wir dafür die in Abb. 25 gezeichnete rechteckige Scheibe, die an zwei Seiten frei von Lasten sein soll, während an den wagrechten Seiten oben und unten Lasten angebracht sind, die sich nach einem Gradliniengesetz darüber verteilen, wie aus der Zeichnung zu entnehmen ist.

Zu vermuten ist, daß dieselbe Spannungsverteilung wie am oberen und unteren Rande auch in allen wagrechten Schnitten durch die Scheibe wiederkehrt, daß also an der Stelle xy die Hauptschnittrichtungen ebenfalls parallel zu den Achsen gehen, daß ferner $\sigma_x = 0$ und

$$\sigma_y = p - qx \tag{22}$$

gesetzt werden kann, wenn unter p und q die durch die Lastverteilung an den Rändern gegebenen Werte verstanden werden. Daß durch einen solchen Spannungszustand Gleichgewicht an jedem Scheibenelement hergestellt wird, ist ohne weiteres ersichtlich; der Spannungszustand ist also jedenfalls statisch möglich. Es frägt sich aber noch, ob er auch zu Formänderungen führt, die geometrisch verträglich miteinander sind, denn nur in diesem Falle kann er wirklich zustande kommen.

Es wird sich alsbald zeigen, daß auch diese Frage zu bejahen ist, wenn auch nicht in demselben Sinne wie ihre Beantwortung am nächsten zu liegen scheint und wie sie daher öfters gegeben wird. Eine landläufige Ansicht geht nämlich dahin, daß im vorliegenden Falle jede zur Y-Achse parallel gezogene Strecke von der ursprünglichen Länge b sich einfach um ein Maß Δb

$$\Delta b = b\,\frac{\sigma}{E} = b\,\frac{p - qx}{E}$$

strecke, *ohne daß sich an der Gestalt der Scheibe im übrigen etwas ändern könne.* Die Folge würde sein, daß das Rechteck bei der Formänderung in ein Trapez überginge. Denkt man sich *die* untere Rechteckseite dabei festgehalten, so würde ein Punkt mit den Koordinaten xy die Verschiebungen

$$\xi = 0 \quad \text{und} \quad \eta = y\,\frac{p - qx}{E} \tag{23}$$

erfahren. Hierbei ist nämlich $\xi = 0$, weil wir die Querdehnungszahl $\frac{1}{m}$ gleich Null angenommen haben.

Der Vergleich mit den elastischen Grundgleichungen (21) lehrt aber, daß diese Annahme nicht richtig sein kann. Die zweite von ihnen wird zwar durch die gewählten Ansätze von ξ und η erfüllt, aber die erste nicht. Aus Gleichung (23) ergibt sich nämlich

$$\frac{\partial^2 \eta}{\partial x \, \partial y} = -\,\frac{q}{E}\,,$$

während die übrigen Glieder in der ersten Grundgleichung zu Null werden. Damit ist der Beweis geliefert, daß mindestens eine der beiden Annahmen über die Spannungsverteilung oder über die damit verbundene Formänderung unrichtig sein muß.

Wo der Fehler liegt, läßt sich durch eine einfache Überlegung von anderer Art sofort erkennen. Denkt man sich nämlich durch den Punkt xy zwei Linien parallel zu den Koordinatenachsen gezogen, so behält die in der Y-Richtung gehende nach den Gleichungen (23) bei der Formänderung ihre Richtung unverändert bei, während sich die in der X·Richtung gezogene nachher ein wenig schief stellt. Der ursprünglich rechte Winkel zwischen beiden Linien ändert sich daher um einen kleinen Betrag γ_{xy}. Wir wissen aber, daß eine Formänderung von dieser Art notwendig mit Schubspannungen τ_{xy} und τ_{yx} verbunden ist. Nach unserer Voraussetzung über die Art des Spannungszustandes in der Scheibe sollten dagegen die beiden Schnittrichtungen Hauptrichtungen und daher τ für sie gleich Null sein. Vorausgesetzt, daß die vermutete Art der Spannungsverteilung in der Scheibe überhaupt zutrifft, muß daher die zunächst gleichfalls vermutete Art der Formänderung jedenfalls unrichtig sein.

Es frägt sich jetzt, wie wir den Ansatz über die Formänderung zu verbessern haben, um diesem Widerspruche zu entgehen. Offenbar waren wir beim Ansatze der Gleichungen (23) zu voreilig. In Wirklichkeit hängen ja nicht ξ und η, sondern die bezogenen Dehnungen ε_x und ε_y unmittelbar mit den Spannungen zusammen. An Stelle der Gleichungen (23) setzen wir daher jetzt

$$\frac{\partial \xi}{\partial x} = 0 \quad \text{und} \quad \frac{\partial \eta}{\partial y} = \frac{p - q x}{E}.$$

Beim Einsetzen dieser Werte in die erste Grundgleichung ergibt sich

$$\frac{\partial^2 \xi}{\partial y^2} - \frac{q}{E} = 0,$$

und daraus folgt, daß ξ nicht gleich Null sein kann, wie wir vorher angenommen hatten, sondern daß es eine Funktion zweiten Grades von y sein muß. Wir setzen daher

$$\xi = c_1 + c_2 y + \frac{q}{2E} y^2, \tag{24}$$

womit die erste Grundgleichung erfüllt ist. Da die untere Rechteckseite bei der Formänderung festgehalten werden sollte, muß die Integrationskonstante c_1 nachträglich gleich Null gesetzt werden.

Damit auch die zweite Grundgleichung erfüllt wird, haben wir

$$\frac{\partial^2 \eta}{\partial x^2} = 0$$

zu setzen. Hiernach ist η eine Funktion ersten Grades von x, die überdies für $x = 0$ zu Null werden muß. Hiermit und mit dem vorher schon festgestellten Werte von $\dfrac{\partial \eta}{\partial y}$ ergibt sich schließlich

$$\eta = y \, \frac{p - q x}{E} \tag{25}$$

in Übereinstimmung mit dem schon in den Gleichungen (23) angenommenen Ausdrucke. Nur ξ hat sich daher gegenüber dem voreiligen Ansatze $\xi = 0$ geändert.

Um nachträglich auch noch die Integrationskonstante c_2 in Gl. (24) zu ermitteln, beachten wir, daß mit $\tau_{xy} = 0$ auch γ_{xy} überall gleich Null sein muß, also nach Gl. (19) auch

$$\frac{\partial \xi}{\partial y} + \frac{\partial \eta}{\partial x} = 0$$

und dazu gehört, daß c_2 ebenfalls gleich Null zu setzen ist. Hiermit geht Gl. (24) über in

$$\xi = \frac{q}{2E} y^2 \tag{26}$$

Durch die Gleichungen (25) und (26) ist jetzt ein Formänderungszustand beschrieben, der geometrisch möglich ist und der dem vorher vorausgesetzten und an sich statisch möglichen Spannungszustande nach dem Elastizitätsgesetze entspricht. Hierin ist *aber der Beweis dafür zu erblicken, daß wir damit die richtige Lösung der Aufgabe gefunden haben.*

Eine wichtige Bemerkung ist hierbei noch hinzuzufügen. Die ganze Betrachtung beruht nämlich, wie immer in solchen Fällen, auf der schon in § 9 bei der Besprechung des Superpositionsgesetzes allgemein eingeführten Annahme, daß die elastische Formänderung stets als sehr klein angesehen werden soll, so daß sie an der Körpergestalt nichts Wesentliches ändert. Auf eine Formänderung, die zu großen Werten von ξ und η in den Gleichungen (25) und (26) führen würde, darf daher die gegebene Lösung nicht angewendet werden. Die Formänderung muß vielmehr immer so klein bleiben, daß man sie bei der Feststellung der Gleichgewichtsbedingungen zwischen den äußeren Kräften, die als Lasten an der Scheibe angreifen, als unendlich klein ansehen oder auch ganz vernachlässigen darf.

Die linke Rechteckseite in Abb. 25 geht nach Gl. 26 bei der Formänderung in einen Parabelbogen über, dessen Scheitel mit dem Koordinatenursprung und dessen Achse mit der X-Achse zusammenfällt. Unter der Voraussetzung einer kleinen Formänderung ist aber der Krümmungshalbmesser der Parabel im Scheitel sehr groß, und der Parabelbogen kann daher mit demselben Maße von Genauigkeit, wie es hier durchweg als ausreichend erachtet wurde, auch durch einen Kreisbogen nämlich durch ein verhältnismäßig kleines Stück des Krümmungskreises im Scheitel der Parabel ersetzt werden. Darauf werden wir in der Folge noch zurückkommen.

Schon jetzt muß aber noch auf einen für die späteren Anwendungen sehr wichtigen Umstand hingewiesen werden. Man denke sich nämlich in Abb. 25 durch den Punkt xy eine Gerade parallel zur X-Achse gezogen und verfolge die Bewegungen, die alle Punkte dieser Geraden bei der Formänderung der Scheibe ausführen. Dann folgt aus den Gleichungen (25) und (26), daß alle *Punkte der Scheibe, die vorher auf dieser Geraden lagen, auch nach der Formänderung noch auf einer geraden Linie enthalten sind.*

Da nämlich y für alle Punkte der Geraden vor der Formänderung den gleichen Wert hat, folgt aus Gl. (26), daß sie sich in wagrechter Richtung alle nur um den gleichen Betrag ξ verschieben, was weder zu einer Gestaltänderung noch zu einer Richtungsänderung der diese Punkte verbindenden Linie führen kann. Läßt man hierauf die Verschiebungen η nach Gl. (25) folgen, so sind diese zwar für die verschiedenen Punkte verschieden je nach ihrem Abstande x von der Y-Achse; da aber η eine Funktion ersten Grades von x ist, liegen die Punkte, die dieser Gleichung genügen, auf einer geraden Linie, die um einen kleinen Winkel φ gegen die X-Achse geneigt ist, für den man

$$\operatorname{tg} \varphi = y \frac{q}{E}$$

erhält, wofür man genau genug auch

$$\varphi = y \frac{q}{E} \tag{26a}$$

schreiben kann. Die Drehungswinkel der verschiedenen Parallelen, die man zur X-Achse legen kann, wachsen daher proportional mit dem Abstande y vom unteren Scheibenrande, den wir uns während der Formänderung festgehalten dachten.

Den Parallelen zur X-Achse entsprechen Schnitte durch die Scheibe, die wir auch als Querschnitte bezeichnen können, weil sie quer zu den Richtungen der von Null verschiedenen Hauptspannungen stehen. Dann läßt sich der vorher aufgestellte Satz auch in die Worte fassen:

Bei der durch Abb. 25 angegebenen Belastungsweise der rechteckigen Scheibe bleiben die Querschnitte bei der Formänderung eben.

§ 18. Anwendung auf den Riementrieb. In den meisten Modellsammlungen für Maschinenbau wird man eine kleine Vorrichtung finden können, die zum Nachweise dafür dient, daß ein Riemen auf einer Riemenscheibe während des Betriebes die Neigung hat, stets auf den dicksten Teil der Scheiben aufzulaufen, wenn die Scheiben etwas „ballig", also in der Mitte dicker als nach den Enden zu abgedreht sind. Diese Erscheinung ist sehr bekannt, und sie wird überall benutzt. Nach einer ausreichenden Erklärung dafür sieht man sich aber meist vergeblich um. Was darüber in den Lehrbüchern über Maschinenelemente gesagt wird, ist gewöhnlich mindestens unzureichend.

Die Vorrichtung, von der hier die Rede ist, wird von zwei abgestumpften Kegeln AB und CD in Abb. 26 gebildet, die auf zwei parallelen in einem Gestell gelagerten Wellen sitzen. Ein Lederriemen *EF* umschlingt beide Kegel, die an Stelle der Riemenscheiben bei einem gewöhnlichen Riementriebe treten, und er sitzt anfänglich mit geringer Spannung auf den Kegeln auf. Versetzt man nun mit Hilfe einer aufgesteckten Kurbel die eine Welle in Umdrehung, so wird durch den Riemen auch die andere Welle mitgenommen. Dabei zeigt sich nun, daß der Riemen alsbald beginnt, oben sowohl als unten auf den dickeren Teil der Kegel hinaufzuklettern. Auch wenn man mit dem Drehen in der ersten Richtung aufhört und in der entgegengesetzten Richtung dreht,

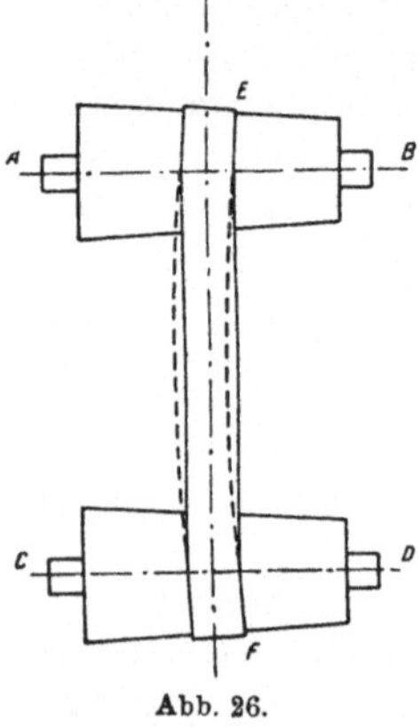

Abb. 26.

etwa in der Meinung, damit die Erscheinung wieder rückgängig machen zu können, fährt der Riemen trotzdem fort, immer weiter auf den dickeren Teil der beiden Kegel hinaufzuklettern, bis er schließlich dabei so stark gedehnt wird, daß er zerreißt.

Dieser Versuch ist sehr lehrreich und zweifellos ist er auch sehr geeignet, das Verhalten eines Riemens auf ballig gedrehten Scheiben verständlich zu machen. Um den Grund aufzudecken, der das Hinaufklettern des Riemens auf die dickeren Teile der Kegel herbeiführt, kann man ihn noch wie folgt ausgestalten. Man nehme einen Papierstreifen aus ziemlich dehnbarem Papier und lege ihn zu einer Schleife zusammen, wie vorher den Riemen, indem man die Enden miteinander verklebt. Vorher bringe man in der Mitte der Ansichtsfläche des Streifens einen scharf begrenzten Bleistiftstrich an, der sich über die ganze Länge des Streifens erstreckt, und beim Zusammenkleben des Streifens achte man darauf, daß Anfang und Ende des Bleistiftstriches gut miteinander zusammenfallen. Dann schiebe man die Schleife über die beiden Kegel, so daß sie auf beiden gleichmäßig aufsitzt, was sich wegen der Dehnungsfähigkeit des Papieres leicht erreichen läßt. Der Hauptunterschied gegenüber dem Riemen bei dem ersten Versuche besteht darin, daß man jetzt den Bleistiftstrich beobachten kann, der die Mittellinie des Streifens angibt. Man braucht die Wellen gar nicht erst zu drehen, sondern man bemerkt sofort, daß der Bleistiftstrich nach dem Aufsetzen der Papierschleife an den freien Teilen in der Art gekrümmt ist, wie es in Abb. 26 durch punktierte Linien angedeutet ist.

Was man bei diesem Versuche beobachtet, entspricht genau dem, was im vorigen Paragraphen für die nach Abb. 25 belastete Scheibe theoretisch abgeleitet wurde. Die Scheibe mußte sich in ihrer Ebene krümmen, und ebenso krümmt sich hier auch unter den gleichen Umständen die Papierschleife oder der Riemen. Daß

damit die Vorbedingung für das Auflaufen des Riemens auf den
dickeren Teil des Kegels gegeben ist, sobald man die Wellen in
Umdrehung versetzt, gleichgültig in welchem Umdrehungssinne
dies geschieht, ist nun ohne weiteres verständlich.

Bei ballig abgedrehten Riemenscheiben liegt die Sache freilich
nicht so einfach wie bei den abgestumpften Kegeln, weil der Riemen über die Stelle des größten Scheibendurchmessers seiner
Breite nach beiderseits hinausreicht. Erst wenn er im Begriffe
wäre, von der dicksten Stelle aus irgendeinem andern Grunde
abzulaufen, würde der Fall wieder ähnlich liegen wie zuvor. Im
andern Falle dagegen erscheint zu voller Aufklärung des Sach-
verhaltes die Lösung einer andern Scheibenaufgabe erwünscht, wie sie durch Abb. 27 beschrieben
wird. Der einzige Unterschied gegenüber Abb. 25
besteht darin, daß jetzt die an der oberen und der
unteren Rechteckseite angebrachten Lasten nicht
mehr nach einem Gradliniengesetz, sondern nach
einem beliebigen anderen Gesetz über die Schei-
benbreite verteilt sind (oben und unten jedoch
gleich).

Auch hier möchte man vielleicht zunächst vermuten, daß die Hauptrichtungen des Spannungszustandes an jedem Punkte der Scheibe parallel
zur X- und Y-Richtung gingen und daß in jedem

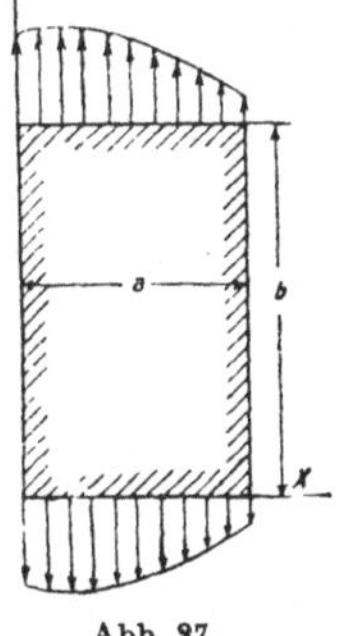
Abb. 27.

parallel zur X-Richtung durch die Scheibe gelegten Schnitte dieselbe Verteilung der Normalspannungen σ_y zuträfe, wie oben und
unten. Im Falle der Abb. 25 hatte sich diese Vermutung als
richtig erwiesen. Aber in dem allgemeinen Falle der Abb. 27
trifft sie durchaus nicht zu. Die Aufgabe ist vielmehr so schwierig,
daß sie nur mit den Hilfsmitteln der höheren Festigkeitslehre
wenigstens näherungsweise gelöst werden kann, während die
Frage soweit wenigstens, als es sich um Drang und Zwang in
der Nähe der Enden handelt, hier ganz offen gelassen werden
muß. Dagegen wird sich aus § 22 später ergeben, daß für ein
langes schmales Rechteck ($b > a$) der mittlere Teil der Scheibe
eine Spannungsverteilung der σ_y nach einem Gradliniengesetz aufweist, ähnlich etwa wie in Abb. 25, und daß erst in der Nähe
der Enden die Spannungsverteilung der σ_y allmählich in die am
Rande vorgeschriebene übergeht. Sind etwa die Spannungen σ_y
an den Enden symmetrisch zur Mittellinie der Scheibe $\left(\text{Linie } x = \dfrac{a}{2}\right)$
verteilt, so werden die hinreichend weit von den Enden liegenden
Teile der Scheibe gleichmäßig und einachsig gespannt mit einer
Spannung, die gleich dem Mittelwerte der an den Enden ist. Die
Mittellinie bleibt dann an diesen Stellen gerade, während sie gekrümmt wird, wie es vorher besprochen war, wenn die Resul-

tierende der Lasten an den Enden nicht mit der Linie $x = \dfrac{a}{2}$ zusammenfällt.

§ 19. Die Bruchgefahr. Wir betrachten jetzt die Aufgabe der Spannungsberechnung als bereits gelöst und knüpfen daran die weitere Frage, wie hoch man die Bruchgefahr oder die Anstrengung einzuschätzen hat, die dem Werkstoff zugemutet wird. Im Falle des einachsigen Spannungszustandes ist kein Zweifel darüber möglich. Man vergleicht die größte vorkommende Spannung mit jener, die entweder sofort den Bruch oder was gewöhnlich noch wichtiger ist, die Überschreitung der Elastizitätsgrenze herbeiführt. Bei schmiedbarem Eisen nimmt man z. B. häufig an, daß der Sicherheit wegen die größte vorkommende Hauptspannung nicht mehr als die Hälfte der Spannung an der Proportionalitätsgrenze betragen soll. Je mehr sich dieses Verhältnis der Einheit nähert, um so höher ist die Bruchgefahr einzuschätzen. Auch wenn man annimmt, daß die Schubspannungen die nächste Ursache für die Überschreitung der Proportionalitätsgrenze bilden, wie dies früher aus den Beobachtungen über die Fließfiguren geschlossen wurde, schließt dies doch nicht aus, die Bruchgefahr nach der Hauptspannung zu bemessen, weil τ_{max} und σ_{max} beim einachsigen Spannungszustande stets im Verhältnisse $1 : 2$ zueinander stehen, so daß es gleichgültig ist, ob man etwa ein σ_{max} von 1000 atm oder ein τ_{max} von 500 atm als zulässig erklärt.

Anders ist es aber beim zweiachsigen Spannungszustande. Hier muß man sich für eine bestimmte Annahme darüber entscheiden, welche der Größen, die Drang und Zwang näher beschreiben oder welche Verbindung dieser Größen untereinander als Maß für die Bruchgefahr betrachtet werden soll. Früher nahm man an, daß die Bruchgefahr von der größten der beiden Hauptspannungen allein abhinge, wenn beide vom gleichen Vorzeichen sind, oder von jener allein, die den größeren Bruchteil der Zug- oder Druckfestigkeit beim einachsigen Spannungszustande ausmacht, wenn sie von verschiedenen Vorzeichen sind. Diese einfachste Annahme stimmt aber mit der Erfahrung nicht überein, und man hat sie daher verlassen. Die Anstrengung des Materials hängt zweifellos im allgemeinen Falle von beiden Hauptspannungen zugleich ab und nicht nur von einer von ihnen.

Eine um die Mitte des vorigen Jahrhunderts in Frankreich aufgestellte und bald darauf im deutschen Maschinenbau eingeführte Annahme, die hier auch jetzt noch die meisten Anhänger zählt, geht dahin, *daß die Bruchgefahr von der größten bezogenen Dehnung abhänge.* Bezeichnet man die Hauptspannungen des ebenen Spannungszustandes mit σ_1 und σ_2 und ist σ_1 die größere von beiden, so wird demnach

$$\varepsilon_1 = \frac{1}{E}\left(\sigma_1 - \frac{1}{m}\sigma_2\right)$$

als maßgebend für die Bruchgefahr betrachtet. Man benützt aber nicht ε_1 selbst als Maß dafür, sondern rechnet eine sogenannte *„reduzierte Spannung"* σ_{red} aus, die beim einachsigen Spannungszustande dieselbe Dehnung hervorbringen würde, wie sie beim zweiachsigen Spannungszustande durch das Zusammenwirken von σ_1 und σ_2 tatsächlich hervorgebracht wird. Demnach ist

$$\sigma_{\mathrm{red}} = \sigma_1 - \frac{1}{m}\sigma_2 \tag{27}$$

zu setzen. Der allgemeinste ebene Spannungszustand kann, wie es in § 14 bereits geschehen ist, durch die Spannungskomponenten σ_u, σ_v, τ_{uv} für ein beliebig gerichtetes rechtwinkliges Koordinatensystem der uv beschrieben werden. Für die zugehörigen Hauptspannungen, die wir hier mit σ_1 und σ_2 bezeichneten, erhielten wir damals nach den Gleichungen (13)

$$\sigma_1 = \frac{\sigma_u + \sigma_v}{2} + \frac{1}{2}\sqrt{4\tau^2 + (\sigma_u - \sigma_v)^2}$$

$$\sigma_2 = \frac{\sigma_u + \sigma_v}{2} - \frac{1}{2}\sqrt{4\tau^2 + (\sigma_u - \sigma_v)^2}$$

und daraus folgt für die reduzierte Spannung nach Gl. (27)

$$\sigma_{\mathrm{red}} = \frac{m-1}{2m}(\sigma_u + \sigma_v) + \frac{m+1}{2m}\sqrt{4\tau^2 + (\sigma_u - \sigma_v)^2}. \tag{28}$$

Mit dem Vorbehalte, daß die Bezeichnungen σ_u und σ_v unter sich auch vertauscht werden dürfen und daß der ungünstigere der beiden hiernach möglichen Fälle gewählt wird, sieht man das nach dieser Formel berechnete σ_{red} als unmittelbares Maß der Bruchgefahr an. *Alle ebenen Spannungszustände, die zu dem gleichen Werte von σ_{red} führen, werden daher als gleich gefährlich betrachtet.*

Ein Hauptgebrauch dieser Formel besteht darin, den zulässigen Wert der reinen Schubbeanspruchung, den wir mit τ_{zul} bezeichnen wollen, mit dem zulässigen Werte einer einfachen Zug- oder Druckbeanspruchung zu vergleichen. Dabei ist hauptsächlich an Wellenstahl gedacht oder jedenfalls an einen Werkstoff, der gegen Zug und Druck als gleich widerstandsfähig angesehen werden kann. Setzen wir in Gl. (28) σ_u und σ_v gleich Null, so bleibt

$$\sigma_{\mathrm{red}} = \frac{m+1}{m}\tau,$$

und der auf der rechten Seite stehende Wert von τ erlangt seine zulässige Größe, wenn σ_{red} gleich σ_{zul} gesetzt wird. Daraus folgt

$$\tau_{zul} = \frac{m}{m+1}\,\sigma_{zul} = 0{,}8\,\sigma_{zul} \qquad (29)$$

wenn zuletzt $m = 4$ angenommen wird.

Aber diese Formel stimmt mit den zu ihrer Prüfung angestellten Versuchsergebnissen nicht befriedigend überein, und man hat daher in neuerer Zeit auch in Deutschland begonnen, sie und hiermit natürlich auch die allgemeinere Gl. (28) zu verlassen, wie dies in England schon vorher geschehen ist.

An ihre Stelle tritt eine von Mohr schon im vorigen Jahrhundert aufgestellte Annahme, die sich mit den deutchen Versuchsergebnissen sowie mit den später von Guest in England erhaltenen weit besser deckt. Die *Mohrsche Theorie der Bruchgefahr* geht von einem dreiachsigen Spannungszustande aus. Der ebene Spannungszustand ist darin mit enthalten, indem man eine der drei Hauptspannungen, die im allgemeineren Falle vorkommen, gleich Null setzt. Man ordnet nun die drei Hauptspannungen der Größe und dem Vorzeichen nach, wobei die Hauptspannung Null des ebenen Spannungszustandes ebenfalls mit einzuordnen ist. Versteht man unter σ_x die algebraisch größte der drei Hauptspannungen, unter σ_y die mittlere und unter σ_z die algebraisch kleinste (also die größte Druckspannung, wenn überhaupt Druckspannungen dabei vorkommen), so kommt es nach Mohr auf σ_y nicht an. Auf den ebenen Spannungszustand angewendet, heißt dies demnach, daß es nur auf die zahlenmäßig größere der beiden Hauptspannungen σ_1 und σ_2 in der Spannungsebene ankommt, *wenn beide von gleichem Vorzeichen sind.* Dagegen kommt es auf beide im einzelnen an, wenn sie von verschiedenen Vorzeichen sind, weil dann die Hauptspannung Null bei der vorher angegebenen Reihenfolge zwischen ihnen liegt.

Darüber wie die Bruchgefahr zu beurteilen ist, wenn σ_1 und σ_2 verschiedene Vorzeichen haben, gibt die Mohrsche Theorie keine unzweideutige Antwort, sondern sie verweist auf Versuchsergebnisse mit dem in Frage kommenden Stoffe, und sie nimmt an, daß sich verschiedene Stoffe in dieser Hinsicht verschieden verhalten könnten. Bei dem Wellenstahl, für den die Frage praktisch hauptsächlich von Wichtigkeit ist, kann man als bewiesen ansehen, daß die Bruchgefahr von $\sigma_1 - \sigma_2$, also (da σ_2 jetzt als negativ anzusehen ist) von der Summe der Absolutwerte von σ_1 und σ_2 abhängt. Anstatt dessen kann man auch sagen, daß es auf die Größe des in § 10 besprochenen Spannungskreises oder mit andern Worten auf die mit diesem Spannungszustande verbundene größte Schubspannung ankommt. In dieser Beziehung stimmt die Mohrsche Theorie mit der in § 4 aus der Erscheinung der Fließfiguren abgeleiten Schlußfolgerung überein.

Nach der Mohrschen Theorie ist hiernach für Wellenstahl Gl. (29) durch die davon sehr stark verschiedene, aber mit den Erfahrungen besser übereinstimmende Gleichung

$$\tau_{zul} = 0{,}5\,\sigma_{zul} \tag{30}$$

zu ersetzen, weil einem einachsigen Spannungszustande von der Hauptspannung σ_{zul} ein ebenso großer Spannungskreis entspricht, wie einem Zustande der reinen Schubbeanspruchung, bei der τ_{max} nur halb so groß ist als σ_{zul}.

Man kann ferner auch nach der Mohrschen Theorie eine für Wellenstahl oder ähnliche Stoffe gültige Formel für eine reduzierte Spannung aufstellen, die *sich auf einen beliebigen ebenen Spannungszustand mit Hauptspannungen von entgegengesetzten Vorzeichen bezieht.* Zum Unterschied von der nach der älteren Theorie aufgestellten Gl. (28) für σ_{red} wollen wir σ_{Mohr} dafür schreiben. Man erhält dafür, wenn die Buchstaben im übrigen dieselbe Bedeutung haben wie zuvor

$$\sigma_{Mohr} = \sigma_1 - \sigma_2 = \sqrt{4\tau^2 + (\sigma_u - \sigma_v)^2}. \tag{31}$$

§ 20. **Der dreiachsige Spannungszustand.** Wir betrachten einen Körper von würfelförmiger oder auch von rechtwinklig parallelepipedischer Gestalt (einen Quader, wie wir dafür sagen wollen) und nehmen an, daß er auf allen sechs Seitenflächen durch gleichmäßig darüber verteilte und rechtwinklig zu den Flächen stehende Kräfte belastet ist. Die auf die Flächeneinheit kommende Belastung der zur X-Achse senkrecht stehenden Seitenflächen bezeichnen wir mit σ_x und entsprechend auf den andern Flächen. Auf gegenüberliegenden Seitenflächen sind die Belastungen gleich groß anzunehmen, damit der Körper im Gleichgewicht gegen Verschieben ist. Zugspannungen rechnen wir wie früher positiv und als Zugspannungen sind auch die σ_x, σ_y, σ_z in Abb. 28 eingetragen; sie können aber ebenso gut auch negativ sein. Der Fall, mit dem wir es jetzt zu tun haben, entspricht sonst genau dem der rechteckigen Scheibe, den wir in § 9 behandelt haben, abgesehen davon, daß wir von der zwei-

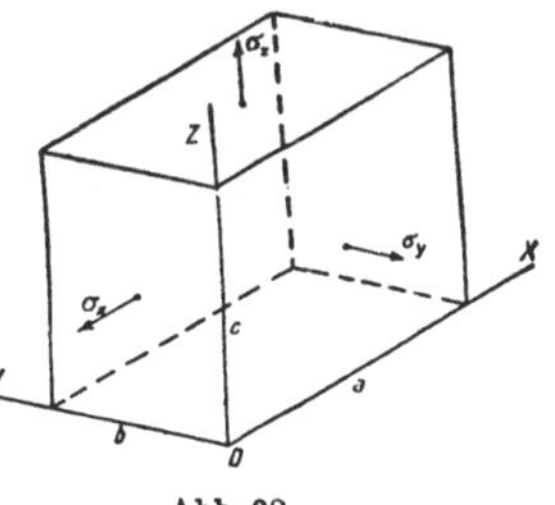

Abb. 28.

dimensionalen jetzt zu der ihr entsprechenden dreidimensionalen Aufgabe übergegangen sind Das hindert aber nicht, daß sich die früheren Schlüsse wiederholen lassen.

Zunächst schließen wir, daß auch auf den sechs Seitenflächen jedes unendlich kleinen rechteckigen Raumelementes von den Kantenlängen dx, dy, dz, das wir irgendwo aus dem Quader in den drei Hauptrichtungen herausschneiden können, überall dieselben Spannungen σ_x, σ_y, σ_z wiederkehren, die wir an den Quaderflächen als Lasten angebracht hatten. Hierbei wird als selbstverständlich angesehen, daß der Quader in allen seinen Teilen aus demselben Stoffe hergestellt ist oder wenigstens aus Stoffen mit überall gleichen elastischen Eigenschaften. Unter dieser Voraussetzung folgt aber die Behauptung aus dem gleichen Grunde wie in § 9. Die gleichmäßige Spannungsverteilung stellt nämlich nicht nur überall Gleichgewicht her, sondern sie führt auch zu elastischen Formänderungen der einzelnen Raumelemente, die geometrisch verträglich miteinander sind. Hierin besteht aber die notwendige und hinreichende Bedingung dafür, daß diese Spannungsverteilung auch wirklich zustande kommt.

Für die Dehnung ε_x in der X-Richtung erhält man jetzt

$$\varepsilon_x = \frac{1}{E}\left(\sigma_x - \frac{1}{m}\sigma_y - \frac{1}{m}\sigma_z\right) \tag{32}$$

und entsprechend für die andern Richtungen. Im Zusammenhange damit wollen wir auch die *kubische Ausdehnung* berechnen, die der Quader unter dieser Belastung erfährt. Man versteht darunter den Zuwachs an Rauminhalt, bezogen auf die Einheit des ursprünglich eingenommenen Raums, und bezeichnet diese Größe gewöhnlich mit dem Buchstaben e. Vor der Belastung war der Rauminhalt des Quaders abc, und durch die Formänderung geht er über in

$$a(1 + \varepsilon_x) \cdot b(1 + \varepsilon_y) \cdot c(1 + \varepsilon_z).$$

Beim Ausrechnen beachten wir, daß die ε sehr kleine Brüche sind, die man für die Feststellung von e genau genug als unendlich klein ansehen darf. Dann sind die Produkte von zwei oder drei ε als kleine Größen höherer Ordnung wegzulassen, und wir erhalten

$$abc(1 + \varepsilon_x + \varepsilon_y + \varepsilon_z).$$

Der vorher angegebenen Begriffserklärung für die kubische Ausdehnung gemäß folgt daraus

$$e = \varepsilon_x + \varepsilon_y + \varepsilon_z. \tag{33}$$

Setzt man hierauf noch die Werte der ε entsprechend Gl. (32) ein, so erhält man auch

$$e = \frac{m-2}{m\,E}\left(\sigma_x + \sigma_y + \sigma_z\right). \tag{34}$$

Für den Fall, daß ein Quader einem Flüssigkeitsdrucke von der Größe p ausgesetzt wird, folgt daraus z. B.

$$e = -\frac{3(m-2)}{m} \cdot \frac{p}{E}. \tag{35}$$

Das negative Vorzeichen entspricht dabei einer Raumverminderung. Die Gleichung gilt natürlich nur so lange, als die Proportionalitätsgrenze bei der Belastung nicht überschritten wird.

Der nächste Schritt zur Untersuchung der weiteren Eigenschaften des dreiachsigen Spannungszustandes besteht darin, daß man die in schiefen Schnittrichtungen übertragenen Spannungen feststellt. Das kann in ganz ähnlicher Weise wie für die Scheibe in § 10 geschehen, abgesehen davon, daß die Formeln jetzt erheblich verwickelter ausfallen. Zu diesem Zwecke grenzt man durch eine beliebig schief gestellte Ebene an einer der Ecken des Quaders ein Tetraeder ab, so daß drei Seitenflächen davon Teile der Quaderfläche bilden. Auf diesen drei Seitenflächen kennt man die Spannungen bereits, und die Spannungskomponenten auf der schief gestellten Fläche ergeben sich alsdann auf Grund der Gleichgewichtsbedingungen gegen Verschieben in den drei Achsenrichtungen.

Bei allen Festigkeitsberechnungen einfacherer Art kommt man mit der Lehre von den zweiachsigen Spannungszuständen aus. Es liegt daher an dieser Stelle kein Grund vor, ausführlicher auf die Eigenschaften des dreiachsigen Spannungszustandes einzugehen. Nur einige Bemerkungen mögen darüber noch hinzugefügt werden.

Zunächst sei erwähnt, daß der allgemeinste, aber überall gleichmäßige räumliche Spannungszustand stets als ein dreiachsiger Spannungszustand aufgefaßt werden kann. Wie man die Achsenrichtungen und die dazu gehörigen Hauptspannungen findet, ist z. B. in Drang und Zwang, Bd. I ausführlich auseinandergesetzt; hier gehen wir darüber hinweg.

Der allgemeinste räumliche Spannungszustand mit überall gleichmäßiger Verteilung wird durch Abb. 29 angegeben. Auf den drei sichtbaren Seitenflächen des Quaders sollen positiven Werten der Spannungskomponenten die dort eingetragenen Pfeile entsprechen. Für die Normalspannungen σ_x, σ_y, σ_z geben diese Pfeile Zugspannungen an, womit wir in Übereinstimmung mit der

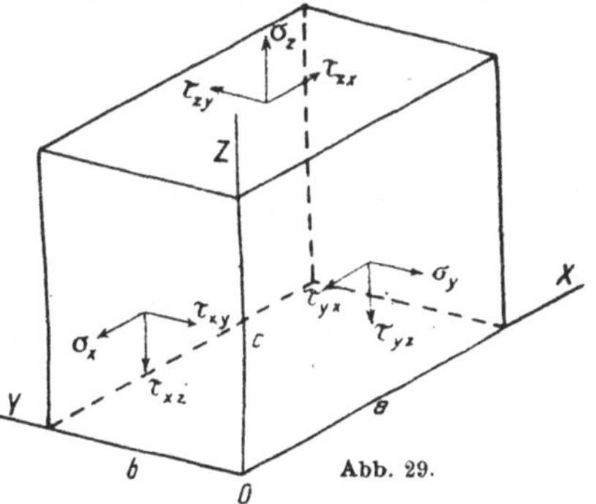

Abb. 29.

früheren Verabredung bleiben, daß Zugspannungen stets positiv gerechnet werden sollen. Auf der oberen senkrecht zur Z-Achse stehenden Quaderfläche geht der so bestimmte Pfeil von σ_z in der Richtung der positiven Z-Achse und auf dieser Seitenfläche lassen wir die Pfeile der τ bei positiven Werten dieser Spannungskomponenten ebenfalls in den Richtungen der positiven Koordinatenachsen gehen. Auf den andern beiden sichtbaren Seitenflächen in Abb. 29 geht die äußere Normale entgegen der positiven Koordinatenrichtung, und dort lassen wir daher die Pfeile der σ sowohl als der τ entgegengesetzt den positiven Koordinatenrichtungen laufen. Auf den verdeckt liegenden Seitenflächen kehren sich alle Pfeile gegenüber den ihnen auf den sichtbaren Seitenflächen entsprechenden um.

Diese Festsetzungen sind willkürlich getroffen. Sie sagen nichts darüber aus, wie in einem gegebenen Falle die Pfeile wirklich gehen, sondern nur welche Pfeilrichtungen zu positiven oder negativen Werten der Spannungskomponenten gehören sollen.

Ferner ist aus Abb. 29, wenn man sich die verdeckt liegenden Seitenflächen hinzudenkt, unmittelbar zu entnehmen, daß der *Satz von der Gleichheit der einander zugeordneten Schubspannungen* auch im allgemeinen Falle des räumlichen Spannungszustandes gültig bleibt. Die parallel zur XY-Ebene gehenden Schubspannungen τ_{xy} und τ_{yx} bilden nämlich mit den ihnen auf den verdeckt liegenden Seitenflächen entsprechenden zwei Kräftepaare, die den Quader im entgegengesetzten Sinne um eine zur Z-Richtung parallele Achse zu drehen suchen, während die Momente von allen andern Kräften für diese Achse gleich Null sind. Das Kräftepaar aus den Kräften $\tau_{xy} \cdot bc$ mit dem Hebelarme a hat das Moment $\tau_{xy} \cdot abc$, und das entgegengesetzt drehende Moment des Kräftepaares aus den Kräften $\tau_{yx} \cdot ac$ mit dem Hebelarme b hat die Größe $\tau_{yx} \cdot abc$, woraus die erste der drei folgenden Gleichungen

$$\tau_{xy} = \tau_{yx}; \quad \tau_{yz} = \tau_{zy}; \quad \tau_{zx} = \tau_{xz} \tag{36}$$

hervorgeht, während die beiden andern ebenso aus den Gleichgewichtsbedingungen gegen Drehen um die X- oder um die Y-Richtung folgen.

Bei diesen Betrachtungen war vorausgesetzt, daß es sich um einen überall gleichmäßigen Spannungszustand handle, mit dessen Eigenschaften man sich in der Tat zuerst bekannt machen muß. Wenn *der Spannungszustand von Ort zu Ort wechselt*, kann dies aber nicht sprungweise geschehen, und wenn wir ein Raumelement abgrenzen, dessen Kantenlängen klein genug gewählt sind gegenüber den Abmessungen des ganzen Körpers, dürfen wir innerhalb dieses Raumelements den Spannungszustand genau genug als gleichförmig betrachten. Damit ist man berechtigt, alles was über die Eigenschaften des gleichmäßigen Spannungszustandes gefunden ist, sofort auch auf den Spannungszustand in der unmittelbaren Umgebung eines bestimmten Punktes in dem allgemeineren Falle zu übertragen. Die Hauptrichtungen des Spannungszustandes sind im allgemeinen verschieden an verschiedenen Stellen und für jede Stelle besonders zu ermitteln. Endlich bleibt uns noch übrig, die *Gleichgewichtsbedingungen gegen Verschieben eines Raumelementes* von den Kantenlängen dx, dy, dz in den Richtungen der drei Koordinatenachsen anzuschreiben. Diese Gleichgewichtsbedingungen entsprechen genau jenen, die wir in den Gleichungen (15) von

§ 15 für ein Scheibenelement aufgestellt hatten, und sie sind ebenso zu bilden. Im Falle des gleichmäßigen Spannungszustandes sind sie ohne weiteres von selbst erfüllt, wenn keine äußere Massenkraft wie etwa das Eigengewicht an dem Raumelemente angreift. Im andern Falle seien die Komponenten der auf die Raumeinheit bezogenen Massenkraft in den drei Koordinatenrichtungen mit $X\,Y\,Z$ bezeichnet. Die äußere Kraft $X \cdot dx\,dy\,dz$ muß Gleichgewicht gegen Verschieben in der X-Richtung mit den in der gleichen Richtung oder entgegengesetzt dazu gehenden sechs Spannungskomponenten auf den sechs Seitenflächen des Quaders halten. Dabei kommt es auf die unendlich kleinen Spannungsunterschiede zwischen zwei einander gegenüberliegenden Seitenflächen des Raumelementes an. Die beiden senkrecht zur X-Richtung stehenden Seitenflächen tragen zur Gleichgewichtsbedingung das Glied

$$\frac{\partial \sigma_x}{\partial x}\,dx \cdot dy\,dz$$

bei, und ähnlich ist es bei den andern beiden Seitenpaaren. Setzt man die Summe dieser Kräfte gleich Null und streicht darauf den gemeinschaftlichen Faktor $dx\,dy\,dz$, so erhält man die erste der drei folgenden Gleichungen

$$\left.\begin{aligned}
\frac{\partial \sigma_x}{\partial x} + \frac{\partial \tau_{yx}}{\partial y} + \frac{\partial \tau_{zx}}{\partial z} + X &= 0,\\[2mm]
\frac{\partial \sigma_y}{\partial y} + \frac{\partial \tau_{zy}}{\partial z} + \frac{\partial \tau_{xy}}{\partial x} + Y &= 0,\\[2mm]
\frac{\partial \sigma_z}{\partial z} + \frac{\partial \tau_{xz}}{\partial x} + \frac{\partial \tau_{yz}}{\partial y} + Z &= 0.
\end{aligned}\right\} \tag{37}$$

Bei den meisten Anwendungen, die man von diesen Gleichungen zu machen hat, braucht man auf das Eigengewicht des Körpers oder auf etwaige andere Massenkräfte keine Rücksicht zu nehmen, kann also die Glieder $X,\,Y,\,Z$ in diesen Gleichungen nachträglich streichen.

III. Die Biegungslehre.

§ 21. **Die einfache Biegung des geraden Stabes.** Unter allen elastischen Formänderungen ist die Biegung die auffälligste, und sie ist daher von vornherein jedermann aus der Erfahrung bekannt. Man fasse etwa einen Stahldraht von 2 mm Durchmesser und 60 bis 80 cm Länge an beiden Enden an und übe mit Mittelfinger und Daumen jeder Hand ein Kräftepaar darauf aus. Es bedarf keiner großen Anstrengung, um den Draht recht merklich zu biegen. Dabei federt er, sobald man ihn losläßt, sofort wieder in die ursprünglich gerade Gestalt zurück. Wollte man versuchen, denselben Draht durch eine Zugbelastung auf seine elastischen Eigenschaften zu prüfen, so würde man weit größere Kräfte dazu aufwenden müssen, und trotzdem bliebe innerhalb des rein elastischen Gebietes die Formänderung so klein, daß sie sich nur mit Hilfe besonderer Meßvorrichtungen feststellen ließe.

Unsere nächste Aufgabe besteht darin, für den beschriebenen Biegungsversuch eine ausreichende und erschöpfende Erklärung zu suchen, aus der sich alle Einzelheiten des damit verbundenen Dranges und Zwanges entnehmen und für andere Fälle von ähnlicher Art vorausberechnen lassen.

Zunächst stellen wir zu diesem Zwecke den *Begriff des Stabes* auf und verstehen darunter einen Körper, der in der Längsrichtung sehr ausgedehnt ist im Vergleiche zu den Querschnittsabmessungen. Gewöhnlich verbindet man mit dem Begriffe des Stabes zugleich die Voraussetzung, daß er überall denselben Querschnitt haben soll. Auch wir wollen dies annehmen, uns aber dabei vorbehalten, die Gesetze, zu denen wir unter dieser einfachsten Voraussetzung gelangen werden, später auch auf Stäbe von veränderlichem Querschnitt anzuwenden.

Überhaupt muß schon hier darauf hingewiesen werden, daß sich die meisten praktischen Anwendungen der Biegungslehre auf Körper beziehen, bei denen die Voraussetzungen nur sehr mangelhaft erfüllt sind, die man bei der Ableitung der Formeln zugrunde legt. Das gilt auch schon von dem Begriffe des Stabes selbst. Man hat diesen Begriff nötig, um die Aufgabe soweit zu vereinfachen, daß sie überhaupt gelöst werden kann. Aber man trägt kein Bedenken, die Lösung später sehr weitherzig auch auf andere Fälle zu übertragen. Man spricht sogar von „*kurzen dicken Stäben*" in der Festigkeitslehre, was eigentlich ein Widerspruch in sich ist. Aber die Bezeichnung ist ganz geeignet, um darauf hinzuweisen, daß man so rechnet, als wenn es sich um einen Stab im strengen Sinne des Wortes handle, obschon diese Voraussetzung gar nicht zutrifft.

Wie weit man mit solchen Ungenauigkeiten gehen darf, ist eine Frage für sich. Hierbei ist zu beachten, daß der Zweck der meisten Festigkeitsberechnungen keine große Genauigkeit der Ergebnisse verlangt. Fehler im Betrage von $5\,\%$ oder $10\,\%$, unter Umständen auch noch größere, kann man gewöhnlich oder häufig ohne Schaden hinnehmen. Vor allem aber fühlt man sich hierbei durch die Erfahrung gedeckt. Diese würde auf die Fehler der üblichen einfachsten Berechnungsweise schon längst aufmerksam gemacht haben, wenn sie unzulässig groß gewesen wären.

Wenn ein Stab in ganz beliebiger Weise durch Kräfte belastet wird, die sich an ihm im Gleichgewichte halten, macht die damit verbundene Biegung im allgemeinen Falle nur einen Teil, meistens aber den wichtigsten Teil des ganzen Dranges und Zwanges aus. In diesem Abschnitte aber haben wir nur die Biegung für sich zu untersuchen, also den *Fall der einfachen oder der reinen Biegungsbeanspruchung.*

Man denke sich den Stab durch einen Querschnitt in zwei Teile zerlegt und betrachte das Gleichgewicht des einen Stabteiles. Für diesen Stabteil bilden die im Querschnitte übertragenen Spannungen äußere Kräfte, die zusammen mit den übrigen und von vornherein gegebenen äußeren Kräften an diesem Stabteile allen Gleichgewichtsbedingungen der Statik starrer Körper genügen müssen. *Der Fall der reinen Biegung* liegt vor, wenn sich diese übrigen Kräfte, also etwa die Lasten und die Auflagerkräfte, nach den Lehren der Kräftezusammensetzung am starren Körper zu einem Kräftepaare vereinigen lassen, dessen Ebene durch die Stabachse geht, oder wie man dafür auch sagen kann, dessen Momentenvektor senkrecht zur Stabachse steht.

Die im Querschnitte übertragenen Spannungen müssen sich dann ebenfalls zu einem Kräftepaar zusammensetzen lassen, das in der gleichen Ebene liegt und dessen Moment ebenso groß aber entgegengesetzt gerichtet ist wie das Moment der äußeren Kräfte. Man nennt dieses Moment das *Biegungsmoment* und bezeichnet es gewöhnlich mit dem Buchstaben M.

Der Fall der reinen Biegung bildet einen Ausnahmefall, der selten genau oder auch nur nahezu erfüllt ist. Er trifft z. B. zu im mittleren Teile des Drahtes, den man mit beiden Händen so verbiegt, wie es vorher besprochen war. Die Endstücke des Drahtes, die man zwischen den Fingern hat, sind dagegen nicht mehr ausschließlich auf Biegung beansprucht.

Wir stellen daher dem seltenen Falle der reinen Biegung den sehr häufig vorkommenden *allgemeinen Fall der Biegung* gegenüber. Dieser liegt vor, wenn sich nach den Regeln der Kräftezusammensetzung alle an einem Stabteile angreifenden gegebenen äußeren Kräfte auf eine durch den Schwerpunkt des betrachteten Querschnitts gehende und in der Querschnittsebene liegende Resultierende und auf ein Kräftepaar zurückführen lassen, dessen Ebene

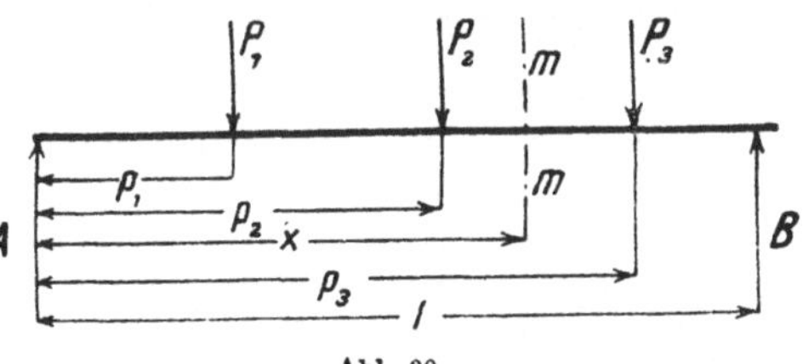

Abb. 30.

durch die Stabachse geht, so daß es für sich genommen eine reine Biegung hervorbringen würde. Die im allgemeinen Falle noch hinzukommende in der Querschnittsebene liegende Resultierende heißt die „*Schubkraft*" oder „*Scherkraft*" und wird gewöhnlich mit dem Buchstaben V bezeichnet.

Zur Erläuterung der vorhergehenden Festsetzungen möge Abb. 30 dienen. Sie stellt einen Balken dar, der an beiden Enden unterstützt ist und in den Abständen $p_1\,p_2$ usf. vom linken Auflager die gegebenen Lasten $P_1\,P_2$ usf. zu tragen hat. Die Auflagerkräfte A und B an beiden Stützpunkten ergeben sich aus den Gleichgewichtsbedingungen am starren Körper zu

$$A = \frac{1}{l} \sum P(l - p) \quad \text{und} \quad B = \frac{1}{l} \sum P p,$$

worin sich die Summen über alle vorkommenden Lasten zu erstrecken haben. Legt man einen Schnitt mm im Abstande x vom linken Auflager durch den Balken, so lassen sich alle äußeren Kräfte links vom Schnitte zusammenfassen zu einer durch den Schwerpunkt des Querschnitts gehenden Schubkraft V und einem Biegungsmomente M, nämlich

$$V = A - \sum_0^x P \quad \text{und} \quad M = A x - \sum_0^x P(x - p), \qquad (1)$$

worin sich die Summen über alle Kräfte P zwischen den Querschnitten O und x zu erstrecken haben.

Wir wollen bei dieser Gelegenheit sofort noch eine Beziehung zwischen M und V ableiten, die wir später gebrauchen werden. Zwischen zwei aufeinander folgenden Lastangriffspunkten ist nämlich, wie aus Gl. (1) hervorgeht, M eine Funktion ersten Grades von x. Differentiiert man diese Funktion nach x, so kommt man auf den für V gegebenen Ausdruck und daraus folgt

$$V = \frac{dM}{dx}, \qquad (2)$$

gültig für jede Strecke zwischen zwei aufeinander folgenden Lasten. An der Übergangsstelle von einer dieser Strecken zur nächsten tritt für V eine Stetigkeitsunterbrechung ein, indem noch ein neues Glied in die Summe einspringt. Zugleich ändert sich aber auch $\frac{dM}{dx}$ plötzlich, während es vorher konstant war. In dem Werte von M selbst tritt dagegen kein sprungweiser Wechsel ein, da das Glied, das neu in die Summe eintritt, mit dem Werte Null beginnt.

Der allgemeine Fall der Biegung ist, wie man auch sagen kann, ein Fall der *zusammengesetzten Beanspruchung*. Damit ist schon angedeutet, daß man ihn auf das Zusammenwirken einer reinen Biegung mit einer Beanspruchung durch die Schubkraft V zurückführt. Hiernach bildet die Untersuchung des Falles der reinen Biegung zugleich auch die Vorbedingung für die später zu besprechende Festigkeitsberechnung im allgemeinen Falle der Biegung.

§ 22. Das Prinzip von de Saint-Venant. Um die Mitte des vorigen Jahrhunderts hat der Franzose de Saint-Venant, einer der

Hauptbegründer unserer heutigen Festigkeitslehre, eine sehr allgemein gehaltene Behauptung aufgestellt, die man als ein „Axiom" anzusehen hat, nämlich als einen Satz, der eine Reihe sehr verschiedener Erfahrungen und Erwägungen zu einer einheitlichen Aussage zusammenfaßt. Ursprünglich bezog sich diese Behauptung nur auf die stabförmigen Körper, auf die man sie auch jetzt noch hauptsächlich anwendet. Die Gültigkeit des Prinzips reicht aber zweifellos noch erheblich darüber hinaus. Wir wollen dem Satze den folgenden Wortlaut geben:

Wird an einem weithin ausgedehnten Körper innerhalb eines eng begrenzten Bezirks eine Gruppe von äußeren Kräften angebracht, die allen Gleichgewichtsbedingungen zwischen Kräften an einem starren Körper genügt, so wird dadurch nur innerhalb des Bezirks selbst, sowie in seiner unmittelbar angrenzenden Nachbarschaft ein merklicher Drang und Zwang hervorgerufen, während alle weiter davon abliegenden Teile des Körpers nahezu drang- und zwangfrei bleiben.

Zu den selbstverständlichen Voraussetzungen dieses Satzes gehört, daß durch die Belastung auch innerhalb des Bezirks selbst kein Bruch herbeigeführt werden darf, ebenso auch daß die in dem Bezirk angebrachten Gleichgewichtsgruppen nicht etwa mit äußeren Kräften, die daneben etwa noch an anderen Teilen des Körpers angreifen könnten, in einem notwendigen Zusammenhange stehen.

In einer Anzahl von Fällen ist es gelungen, die Aussage des Prinzips entweder nach den der höheren Festigkeitslehre angehörenden Methoden oder auch auf dem Wege des Versuchs unmittelbar als richtig zu beweisen. In anderen Fällen freilich fehlt ein unmittelbarer Nachweis von dieser Art. Dagegen hat man bisher keinen einzigen Fall anführen können, der überhaupt zum Aufgabenkreise der Festigkeitslehre gehört und für den sich, sei es aus theoretischen Gründen, sei es auf Grund von Beobachtungen das Prinzip als unhaltbar herausgestellt hätte. Hiernach ist man berechtigt, das Prinzip als einen aus der Erfahrung abgeleiteten und durchweg durch sie bestätigten Hauptgrundsatz der Festigkeitslehre anzusehen.

Die Größe des Bezirks, von dem der Satz handelt, kann nach dem größten darin vorkommenden Abstände zwischen den Angriffspunkten der zur Gleichgewichtsgruppe gehörigen Kräfte bemessen werden. Als „unmittelbare Nachbarschaft" hat man etwa das Zwei- bis Dreifache dieses Abstandes anzusehen, je nach dem Genauigkeitsgrade, den man von der Aussage des Satzes verlangt. Auf Grund der schon genauer daraufhin untersuchten Fälle darf man ferner annehmen, daß von den Grenzen des Bezirks nach außen hin Drang und Zwang zum mindesten ungefähr nach einem Exponentialgesetze abnehmen, also so wie $e^{-\alpha x}$ bei wachsendem x, wenn α der Größe des Bezirks umgekehrt proportional ist. Das bedeutet aber in der Tat eine schnelle oder wenn man will nahezu plötzliche Abnahme, sobald man sich weiter von der Bezirksgrenze entfernt.

Der Hauptgebrauch des Saint-Venantschen Prinzips besteht übrigens nicht in dem Satze selbst oder wenigstens nicht in der Fassung, die wir ihm vorher gegeben haben, sondern in einem Zusatze oder in einer einfachen Folgerung, die sich unmittelbar daraus ableiten läßt. Hat man nämlich eine Gruppe von Kräften, die als Lasten innerhalb eines engen Bezirks an dem Körper angreifen, *ohne sich jedoch dort im Gleichgewicht miteinander zu halten*, so kann es für die Untersuchung von Drang und Zwang an weiter davon entfernten Stellen des Körpers nicht darauf ankommen, wie sich die betreffende Lastgruppe innerhalb des engen Bezirks im einzelnen verteilt. Alle verschiedenen Lastgruppen, die man innerhalb dieses Bezirks anzugeben vermag, müssen vielmehr nach außen hin (wenigstens in größeren Abständen) dieselbe Wirkung hervorbringen, falls sie sich nach den Regeln für die Zusammensetzung von Kräften an einem starren Körper unter Wahl eines bestimmten innerhalb des Bezirks gelegenen Bezugspunktes durch dieselbe Resultierende und dasselbe resultierende Moment ersetzen lassen. Oder kürzer gesagt:

Alle Lastgruppen innerhalb eines engen Bezirks, die statisch gleichwertig miteinander sind, dürfen für die Berechnung von Drang und Zwang in allen weiter davon entfernten Teilen des Körpers nach Belieben miteinander vertauscht werden.

Man sieht den Zusammenhang mit dem vorhergehenden Satze wohl ohne weiteres ein. Um aber auch noch einen förmlichen Beweis dafür zu liefern, vergleiche man eine Lastgruppe 1 mit einer Lastgruppe 2, die beide innerhalb desselben kleinen Bezirks angebracht werden können, und die statisch gleichwertig miteinander sind. Kehrt man von Lastgruppe 2 alle Pfeile um, ohne sonst etwas daran zu ändern und läßt sie hierauf mit Gruppe 1 zusammen angreifen, so besteht innerhalb des Bezirks Gleichgewicht, und nach der ersten Fassung des Prinzips verschwindet daher in größeren Abständen außerhalb jede Wirkung. Da hiernach Lastgruppe 2 mit gewechselten Pfeilen in größeren Entfernungen überall gleich große aber entgegengesetzt gerichtete Verschiebungen hervorbringt wie Lastgruppe 1, so folgt, daß sie ohne diesen Pfeilwechsel dieselben Wirkungen hervorbringt wie diese.

§ 23. **Der Stab von rechteckigem Querschnitt.** Wir betrachten jetzt einen Stab von rechteckigem Querschnitt, der auf reine Biegung beansprucht ist. Die Belastung soll also, mit andern Worten, aus zwei Kräftepaaren bestehen, die an den Stabenden angreifen (Abb. 31). Außerdem setzen wir noch voraus, daß die Ebenen der beiden Kräftepaare parallel zu einer der Seitenrichtungen des Rechteckquerschnitts sind.

In der Nähe der Stabenden werden zwar Drang und Zwang von der besonderen Art abhängen, wie sich die zu einem biegenden Kräftepaare zusammengefaßten Kräfte dort im einzelnen verteilen. Aber für die etwas weiter davon abliegenden mittleren Teile des Stabes kommt es darauf dem Saint-Venantschen Prinzip zufolge nicht an. Wir dürfen daher, wenn wir uns auf die Betrachtung der mittleren Teile beschränken, eine beliebige Verteilung der Lasten in den Endquer-

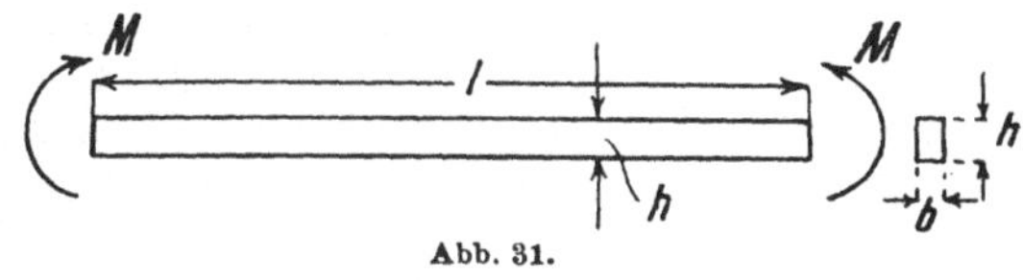

Abb. 31.

schnitten annehmen, sofern sie nur zu dem vorgeschriebenen Biegungsmomente führt.

In Abb. 31 sind die Momente an den Stabenden durch Drehpfeile angedeutet. Die Querschnittsseiten sind mit b und h und die Stablänge mit l bezeichnet. Wir rechnen dabei so, als wenn l sehr groß wäre im Vergleiche zu b und h, wie dies in § 21 besprochen wurde.

Bei der Aufgabe, die uns hier gestellt ist, dürfen wir den Körper als eine Scheibe im Sinne von § 8 ansehen. In der Tat haben wir b als klein gegen l vorausgesetzt, und daß hier außerdem auch noch h klein von derselben Ordnung ist, verstößt nicht gegen den Begriff der Scheibe. Wir können daher unmittelbar an den bereits in § 17 behandelten Belastungsfall einer rechteckig begrenzten Scheibe anknüpfen. Damals handelte es sich nur um einen etwas allgemeineren Fall, der den hier vorliegenden zugleich mit umfaßt.

In Abb. 32 ist das Anfangsstück der Scheibe in größerem Maßstabe für sich heraus gezeichnet; nach rechts hin kann man sich die Zeichnung entsprechend Abb. 31 weiter fortgesetzt denken. Wir setzen eine Verteilung der als Lasten

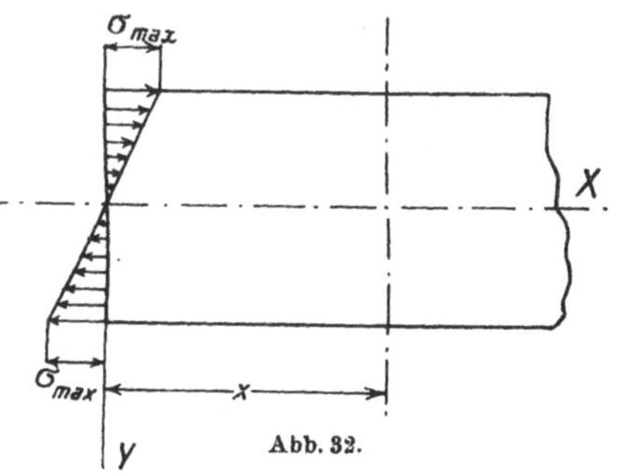

Abb. 32.

am linken Scheibenrande angreifenden Kräfte nach einem Geradliniengesetze voraus, wie durch die Pfeile angedeutet ist. Zuerst müssen wir ausrechnen, wie groß man die Spannung σ_{max} am unteren und am oberen Rande anzunehmen hat, damit das vorgeschriebene Biegungsmoment M herauskommt.

Zu diesem Zwecke ist in Abb. 33 der Rechteckquerschnitt ebenfalls in größerem Maßstabe herausgezeichnet. Das Diagramm der darüber verteilten Spannungen σ ist daneben nochmals angegeben.

Für alle Punkte des Querschnitts, die auf einer Parallelen zur
Z-Achse liegen, ist σ gleich groß, und zwar läßt sich aus der
Zeichnung entnehmen, daß

$$\sigma = \sigma_{max} \cdot \frac{y}{\frac{1}{2}h} \tag{3}$$

zu setzen ist. Zur Momentengleichung in bezug auf die Z-Achse
liefern die in einem Streifen von der Höhe dy übertragenen
Spannungen einen Bei-
trag von der Größe

$$\sigma \cdot b\,dy \cdot y$$

oder $\quad 2\,\sigma_{max}\,\dfrac{y^2}{h}\,b\,dy.$

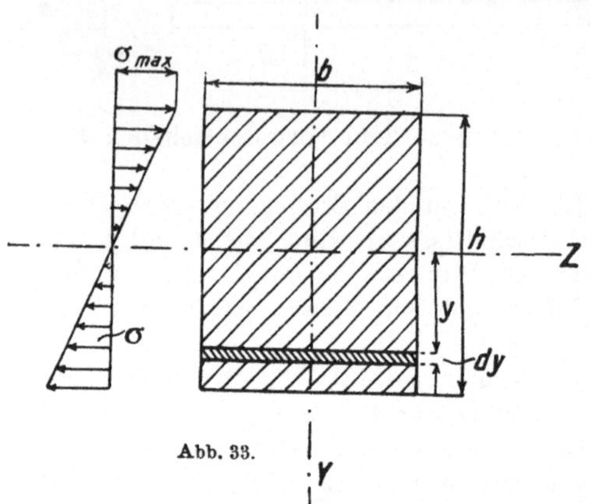

Abb. 33.

Die Summe aller dieser
Beiträge für die untere
Querschnittshälfte ist

$$2\,\sigma_{max}\,\frac{b}{h}\int_0^{\frac{1}{2}h} y^2\,dy$$

oder $\quad \sigma_{max} \cdot \dfrac{b\,h^2}{12}.$

Die in der oberen Querschnittshälfte übertragenen Druckspannungen
liefern den gleichen Beitrag zur Momentengleichung und im ganzen
wird daher

$$M = \sigma_{max} \cdot \frac{b\,h^2}{6}.$$

Die Auflösung nach σ_{max} liefert

$$\sigma_{max} = \frac{6\,M}{b\,h^2}, \tag{4}$$

womit die zuerst gestellte Frage beantwortet ist.

Aus der in § 17 durchgeführten Untersuchung wissen wir bereits, daß sich in der rechteckigen Scheibe eine Spannungsverteilung nach einem Geradliniengesetze, die an zwei gegenüberliegenden Scheibenrändern vorgeschrieben ist, auch in allen dazwischen parallel gezogenen Schnitten über die ganze Scheibenlänge
hin unverändert fortsetzt. Andererseits aber wissen wir auch nach
dem Prinzip von de Saint-Venant, daß es bei einer lang hinge-
streckten Scheibe für die etwas weiter vom Anfangsquerschnitte
entfernten Teile nicht darauf ankommt, wie sich die Belastung im
Anfangsquerschnitte im einzelnen verteilt, sofern sie sich nur zu
dem gleichen Biegungsmomente M zusammenfassen läßt. Hiernach sind wir zu dem Schlusse berechtigt, *daß die Biegungsspan-*

nungen *in einem rechteckigen Balkenquerschnitte, der von den Lastangriffsstellen weit genug entfernt ist, stets nach Gl. (4) berechnet werden können.* Allerdings ist diese Aussage an die Voraussetzung gebunden, daß die Lastebene parallel zu einer der Symmetrieachsen des rechteckigen Querschnitts gehen muß, weil sich andernfalls der Balken überhaupt nicht als Scheibe ansehen läßt.

Kehren wir jetzt zu dem durch Abb. 30 auf S. 69 dargestellten, schon ziemlich allgemein gehaltenen Belastungsfalle zurück, so können wir hiernach für irgendeinen Querschnitt mm die Kantenspannung σ_{max} nach Gl. (4) berechnen, wenn darin unter M der durch Gl. (1) von § 21 angegebene Wert verstanden wird. Hierbei wird vorausgesetzt, daß der Querschnitt rechteckig ist, und daß der Schnitt mm nicht zu nahe bei einer Lastangriffsstelle liegt. Dieser letzte Vorbehalt muß gemacht werden, wenn eine genauere Berechnung von σ_{max} verlangt wird. Praktisch setzt man sich aber über ihn fast stets hinweg und berechnet die Biegungsspannungen nach Gl. (4) selbst in den durch einen Lastangriffspunkt hindurchgehenden Querschnitten. Dieses Verfahren wird durch die Erwägungen gerechtfertigt, die darüber schon im Eingange von § 21 angestellt wurden.

Es bleibt uns jetzt noch übrig, die Formänderung festzustellen, die der Balken durch die in Abb. 31 angegebene Belastung erfährt. Auch hierbei können wir uns auf die schon in § 17 durchgeführte Betrachtung stützen. Am Schlusse von § 17 wurde nämlich bewiesen, daß die Querschnitte einer rechteckigen Scheibe eben bleiben, wenn die Scheibe auf zwei gegenüber liegenden Seitenwänden durch äußere Kräfte belastet wird, die sich nach einem Geradliniengesetze darüber verteilen. Aber selbst wenn diese Verteilungsart bei dem durch Abb. 31 dargestellten Belastungsfalle tatsächlich gar nicht zutrifft, kann man sich die beiden Endstücke durch zwei Querschnitte abgetrennt denken, die nur um das Zwei- bis Dreifache der Balkenhöhe von den Enden entfernt zu sein brauchen, um nach dem Prinzip von de Saint-Venant sicher zu sein, daß die in diesen Querschnitten übertragenen Spannungen mit großer Annäherung nach einem Geradliniengesetze verteilt sein müssen. Für das zwischen den beiden Querschnitten liegende Mittelstück des Balkens lassen sich aber diese Spannungen als die Belastung ansehen, *und daraus folgt, daß zum mindesten im mittleren Teile des Balkens alle Querschnitte fast genau eben bleiben müssen.*

Abb. 34a stelle das mittlere Stück des Stabes vor der Formänderung dar. Dem Begriffe des Stabes entsprechend hat man sich die Länge l dieses Stückes immer noch als sehr groß gegenüber der Querschnittshöhe h vorzustellen. Man denke sich ferner die Länge l durch eine beliebige Anzahl von Querschnitten in eine Reihe von gleich langen Teilen zerlegt. Jedes dieser Teilstücke

befindet sich dann, wenn man es für sich untersucht, unter den
gleichen Bedingungen wie jedes andere und daher müssen sie alle
die gleiche Gestaltänderung erfahren. Die krumme Linie, in die
die Stabachse dabei übergeht, muß daher überall gleich stark gekrümmt sein. Man bezeichnet diese krumme Linie als die *elastische
Linie* des Stabes, und man sieht, daß sie unter den gegebenen
Umständen ein Kreisbogen sein muß (vgl. Abb. 34 b).

Wir haben schon früher verabredet, daß sich unsere Untersuchungen stets nur auf kleine Formänderungen beziehen sollen,
wenn wir sie auch der
Deutlichkeit wegen über-
trieben groß hinzeichnen.
Der Winkel φ, den wir
den *Biegungswinkel* nen-
nen wollen, ist daher als
ein sehr kleiner Winkel
und der Krümmungshalb-
messer r der elastischen
Linie als sehr groß an-
zusehen. Zwischen beiden
besteht die Beziehung

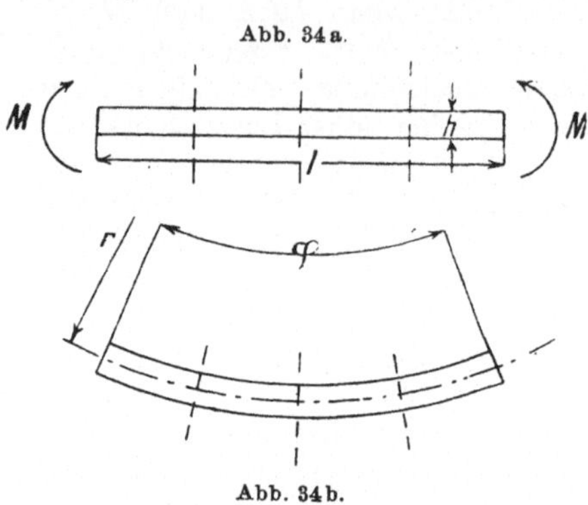

Abb. 34a.

Abb. 34b.

$$r\varphi = l, \qquad (5)$$

wenn man den Winkel φ in „*Bogenmaß*" ausmißt, wie es hier
stets geschehen soll.

Ursprünglich waren alle „*Fasern*" des Balkens gleich lang.
Als Faser bezeichnet man nämlich der Anschaulichkeit wegen in
der Theorie der Balkenbiegung ein Balkenelement, das sich über
die ganze Länge des Balkens parallel zur Stabachse erstreckt und
das überall denselben unendlich kleinen Querschnitt hat. Nach
der Biegung sind, wie aus Abb. 34 b hervorgeht, die nach oben
zu liegenden Fasern kürzer und die nach unten zu liegenden
länger geworden als die mit der Stabachse zusammenfallenden
neutralen Fasern. Diese können nämlich ihre Länge nicht ändern,
weil in ihnen, wie wir schon vorher erkannten, die Spannung σ
zu Null wird.

Längs jeder Faser herrscht überall derselbe einachsige Spannungszustand mit der Hauptspannung σ. Bezeichnet man den nach
unten hin positiv gerechneten Abstand irgendeiner Faser von der
neutralen Faserschicht mit y, so hat die Faser nach der Formänderung, wie aus der Abbildung hervorgeht, die Länge $(r + y)\varphi$
angenommen. Sie hat sich also um $y\varphi$ verlängert und die auf die
Längeneinheit bezogene Längenänderung ε ist

$$\varepsilon = \frac{y\varphi}{l} = \frac{y}{r}, \qquad (5\,\text{a})$$

woraus sich die größte Dehnung (in der untersten Faser) zu

$$\varepsilon_{\max} = \frac{h}{2r}$$

ergibt. Nach dem Hookeschen Gesetze und mit Rücksicht auf Gl. (4) folgt daraus

$$\frac{h}{2r} \cdot E = \frac{6M}{bh^2},$$

und durch Auflösen nach r findet man

$$r = E\,\frac{bh^3}{12M}. \tag{6}$$

Auch den Biegungswinkel φ erhält man daraus mit Rücksicht auf Gl. (5) zu

$$\varphi = \frac{12Ml}{Ebh^3}. \tag{7}$$

Endlich soll auch noch die Formänderungsarbeit A berechnet werden, die im gebogenen Stabe aufgespeichert wird. Bei rein elastischer Formänderung ist sie ebenso groß wie die Arbeit, die von den äußeren Kräften während der Formänderung geleistet wird. Denkt man sich nun in Abb. 34a den rechten Endquerschnitt bei der Formänderung festgehalten, so dreht sich der linke Anfangsquerschnitt um den Winkel φ, und dabei leistet das an diesem Querschnitte angreifende Kräftepaar nach einem bekannten Satze über die Arbeit von Kräftepaaren eine Arbeit, die sich hier zu

$$A = \tfrac{1}{2}M\varphi$$

ergibt. Der Faktor $\tfrac{1}{2}$ war nämlich, wie immer in solchen Fällen, beizufügen, weil der Mittelwert des Momentes, das zugleich mit der Formänderung allmählich anwächst, gleich der Hälfte des Endwertes M zu setzen ist. Mit dem Werte von φ aus Gl. (7) folgt daraus

$$A = \frac{6M^2l}{Ebh^3}. \tag{8}$$

Diese Betrachtung trifft zunächst nur für den Fall der reinen Biegung zu und zwar auch nur unter der Voraussetzung, daß die Endstücke des Balkens, in denen die Spannungsverteilung von der linearen abweicht, zuvor abgetrennt wurden. Nachträglich kann man sie aber ohne erheblichen Fehler auch auf den durch Abb. 30, S. 69 dargestellten allgemeineren Belastungsfall eines Balkens von rechteckigem Querschnitte übertragen. Nur wenn der Balken gar zu „kurz und dick" sein sollte, werden die Fehler zu groß, als daß man diese Übertragung noch als zulässig ansehen könnte. Unter den gewöhnlich vorkommenden Umständen überwiegen aber die Biegungsspannungen die von den Schubkräften herrührenden Spannungen so weit, daß es genügt, bei der Berechnung der Formänderungsarbeit nur auf jene zu achten. Auch die Abweichungen vom Geradliniengesetze der Spannungsverteilung in der Nähe der Lastangriffsstellen, die wir uns vorher durch Abtrennen der Endstücke des Balkens ausgeschaltet dachten, kann man mit einer für praktische Zwecke immer noch ausreichenden Genauigkeit in der Regel vernachlässigen.

Auf alle Fälle ist aber selbstverständlich darauf zu achten, daß das Biegungsmoment M in Abb. 30 für verschiedene Querschnitte des Balkens sehr verschieden groß ausfällt. Um diesem Umstande Rechnung zu tragen, wenden wir die in Gl. (8) aufgestellte Formel für die Formänderungsarbeit zunächst nur auf ein Längenelement dx des Balkens zwischen zwei benachbarten Querschnitten an. Die dazu gehörige Formänderungsarbeit dA ergibt sich dann zu

$$dA = \frac{6\,M^2}{E\,b\,h^3}\,dx\,,\qquad(9)$$

und daraus folgt für die Formänderungsarbeit im ganzen Balken

$$A = \int\limits_0^l \frac{6\,M^2}{E\,b\,h^3}\,dx.\qquad(10)$$

Hat man M als Funktion von x etwa nach Gl. (1) von § 21 berechnet und sind E, b und h gegeben, so kann A nach dieser Gleichung stets ausgerechnet werden. Entweder geschieht dies durch Ausführung der Integration oder auch, wenn diese nicht durchführbar sein sollte, durch eine „mechanische Quadratur“, d. h. durch eine Summierung über eine endliche (und auch gar nicht besonders große) Anzahl von Balkenabschnitten dx, die nicht mehr unendlich klein sind. Unter dem $\int$ in Gl. (10) ist dann ein Summenzeichen zu verstehen.

§ 24. **Der Stab von beliebiger Querschnittsgestalt.** Beim rechteckigen Querschnitt ließ sich der Stab als Scheibe auffassen, und wir konnten uns daher auf den Satz stützen, daß die Querschnitte der Scheibe unter den in § 17 näher besprochenen Umständen eben bleiben müssen. Aber schon lange bevor man genauere Untersuchungen über die elastische Formänderung von der Art der in § 17 besprochenen angestellt hatte, war man zu der Vermutung gekommen, *daß die Querschnitte eines geraden Stabes bei der reinen Biegung stets eben bleiben müßten, gleichgültig, welche Gestalt diese Querschnitte haben möchten.*

Im allgemeinen hat sich diese Vermutung als richtig erwiesen, und seit dem Vorgang von *Navier* vor ungefähr 100 Jahren bildet sie bis auf den heutigen Tag die Grundlage aller Betrachtungen über die Biegungslehre in der Technik. Übrigens hatte schon vor Navier der Schweizer Mathematiker *Bernoulli* diese Annahme bei seinen Untersuchungen über die Gestalt der elastischen Linie gebogener Stäbe zugrunde gelegt, und er hatte sie nur noch nicht dazu benützt, um daraus auch die Biegungsspannungen zu berechnen. Man spricht daher bald von der *Navierschen,* bald von der *Bernoullischen Hypothese* der bei der Stabbiegung eben bleibenden Querschnitte.

Wir wollen uns jetzt überlegen, was sich aus dieser Hypothese über das Gesetz schließen läßt, nach dem sich die Biegungsspannungen über den Querschnitt verteilen. Zwei im Abstande dx voneinander liegende Querschnitte des Stabes drehen sich bei der Formänderung um einen kleinen Winkel $d\varphi$ gegeneinander, den wir ebenso wie im vorigen Paragraphen als den *Biegungswinkel* bezeichnen wollen. Vor der Biegung waren die Querschnitte parallel, nach der Formänderung aber schneiden sich ihre Ebenen in einer gewissen Geraden α, die jedenfalls sehr weit von der Stabachse entfernt und senkrecht zu ihr verläuft, also windschief zu ihr liegt.

Es kommt nun sehr auf die Lage und auf die Richtung an, die die Gerade α in der Querschnittsebene einnimmt. Wir denken uns in jedem der beiden Querschnitte eine Reihe von Parallelen zur Geraden α gezogen. Zwischen je zwei gleichliegenden Parallelen in beiden Querschnitten verläuft eine Faserschicht, deren einzelne Fasern sich bei der Biegung alle um gleichviel verlängert oder verkürzt haben. Jene Faserschichten, die sich verlängert haben, sind dabei in Zugspannung geraten und die anderen in Druckspannung.

Am längsten sind offenbar jene Fasern geworden, die den größten Abstand von der Geraden α haben, und diese müssen jedenfalls Zugspannungen aufnehmen, während die der Geraden α am nächsten

gelegenen in Druckspannung versetzt sein müssen, damit alle Spannungen zusammen genommen einem Kräftepaare Gleichgewicht halten können. Zwischen diesen äußersten Fasern liegt die *neutrale Faserschicht,* die ihre ursprüngliche Länge behalten hat und die da-

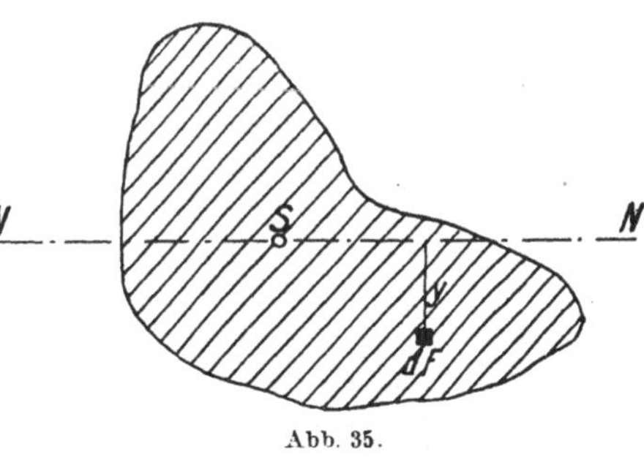

Abb. 35.

her spannungslos ist. Auch sie geht parallel zur Geraden α. Die Verlängerungen oder Verkürzungen der übrigen Fasern und daher auch die ihnen auftretenden Spannungen sind proportional mit den Abständen y von der neutralen Faserschicht.

Nach diesen Vorbemerkungen betrachte man Abb. 35, die einen beliebig gestalteten Querschnitt vor Augen führen soll. Die neutrale Faserschicht möge die mit NN bezeichnete Lage haben. Es fragt sich zunächst, *an welcher Stelle des Querschnitts die Linie NN verlaufen muß, wenn ihre Richtung beliebig angenommen wird.*

Die Antwort darauf erhält man aus der Überlegung, daß die Summe der Zugspannungen gleich der Summe aller Druckspannungen sein muß, damit alle Spannungen mit einem Kräftepaare im Gleichgewichte stehen können. Die auf die Flächeneinheit bezogene Spannung in dem mit dF bezeichneten Flächenteilchen läßt sich in der Form

$$\sigma = cy \tag{11}$$

anschreiben, in der c ein Festwert ist, den wir nachher noch näher bestimmen werden. Nach dem, was vorher über die Spannungsverteilung erkannt war, gilt dieser Ausdruck mit demselben Werte von c auch für alle übrigen Stellen des Querschnitts. Dabei ist zu beachten, daß sich das Vorzeichen von y für die auf der anderen Seite von NN liegenden Flächenteilchen umkehrt, wie es dem damit verbundenen Wechsel im Vorzeichen von σ entspricht. Die Bedingung, daß alle Spannungen einem Kräftepaare Gleichgewicht halten sollen, läßt sich daher in der Gleichung

$$\int cy\, dF = 0$$

ausdrücken, in der sich die durch das Zeichen $\int$ ausgedrückte Summierung über die ganze Fläche zu erstrecken hat. Den Festwert c kann man auch vor das Summenzeichen setzen, und es bleibt daher

$$\int y\, dF = 0 \tag{12}$$

als Bedingungsgleichung für die Lage einer Nullinie von beliebig vorgeschriebener Richtung im Querschnitt übrig. Nach der Lehre vom Schwerpunkt ist aber Gl. (12) zugleich die notwendige und hinreichende Bedingung dafür, daß die Linie NN durch den Schwerpunkt S des Querschnitts hindurch geht. Als erstes Ergebnis unserer Überlegungen erhalten wir daher den Satz, *daß bei der reinen Biegung eines Stabes von beliebigem Querschnitt die Nulllinie mit einer Schwerlinie zusammenfallen muß.*

Von der Stellung der Ebene des biegenden Kräftepaares hängt es ab, mit welcher von allen unendlich vielen Schwerlinien des Querschnitts die Nullinie in einem bestimmten Falle zusammenfällt. Diese Ebene geht auf jeden Fall entweder durch die Stabachse oder sie ist parallel zu ihr, da wir vorausgesetzt haben, daß es sich um eine reine Biegung handeln soll. Nach den Sätzen über die Kräftezusammensetzung am starren Körper darf man für den Zweck der Gleichgewichtsbetrachtung zwischen dem biegenden Kräftepaare und den im Querschnitte übertragenen Spannungen das Kräftepaar ohne sonstige Änderung auch in die durch die

Stabachse gehende parallele Ebene verlegen, so daß wir uns nur mit diesem Falle zu beschäftigen brauchen.

Um die räumliche Stellung des biegenden Kräftepaares ersichtlich zu machen, genügt es daher, in die Querschnittszeichnung Abb. 36 eine durch den Schwerpunkt S gehende Gerade KK einzutragen, die die Spur der Kraftebene in der Querschnittsebene angibt. Jeder Richtung der „Kraftspur" KK ist eine bestimmte Richtung der Nullinie NN zugeordnet und umgekehrt. *Es entsteht daher jetzt die Frage nach der Zuordnung der beiden Geraden KK und NN.*

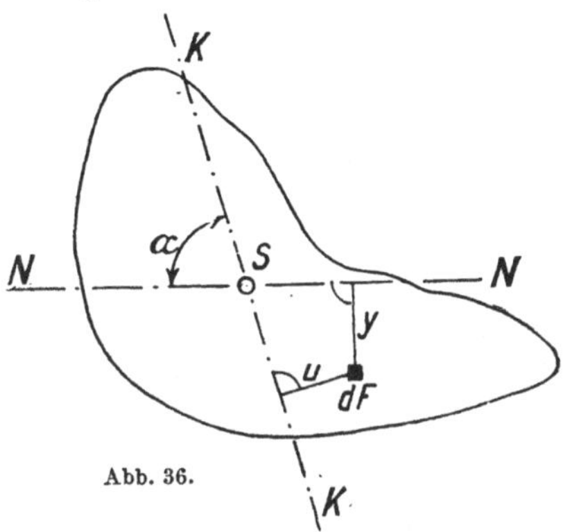

Die Antwort erhält man auf Grund des Momentensatzes. Wählen wir die Kraftspur KK selbst als Momentenachse, so ist das Moment jeder der beiden Kräfte des biegenden Kräftepaares gleich Null, da die Richtungslinien die Momentenachse entweder schneiden oder parallel zu ihr sind. Die Gleichgewichtsbedingung gegen Drehen um die Achse KK fordert daher, daß auch die algebraische Summe der Momente aller im Querschnitte übertragenen Biegungsspannungen für diese Momentenachse zu Null werden muß. Diese Bedingung wird durch die Gleichung

$$\int \sigma \, dF u = 0$$

ausgesprochen, in der u den senkrechten Abstand eines Flächenteilchens dF von der Achse KK bedeutet und die Summierung sich über alle Flächenteilchen des ganzen Querschnitts zu erstrecken hat. Hierbei sind für die zu verschiedenen Seiten von KK gelegenen Teilchen die Abstände u mit verschiedenen Vorzeichen zu versehen. Setzt man in diese Gleichung den Wert von σ aus Gl. (11) ein, so erhält man als *Zuordnungsbedingung zwischen Kraftspur KK und Nullinie NN* die Gleichung

$$\int u y \, dF = 0. \tag{13}$$

Hiermit ist die statische Frage auf eine rein geometrische Frage zurückgeführt, deren Beantwortung nur noch von den durch die Querschnittsgestalt bedingten geometrischen Beziehungen zwischen den verschiedenen Schwerlinien des Querschnitts abhängt.

Zuerst wollen wir diese Frage für den einfachsten Fall entscheiden, der zugleich auch am häufigsten vorkommt. Gewöhnlich haben nämlich die Stäbe, die man auf Biegungsfestigkeit berechnen soll, einen *symmetrischen Querschnitt,* und meistens fällt die Spur der Kraftebene entweder mit einer Symmetrieachse zusammen oder sie steht senkrecht zu ihr. *In diesem Falle,* auf den sich Abb. 37 beziehen soll, *stehen Kraftspur und Nullinie rechtwinklig zueinander.*

Der Beweis folgt daraus, daß für die mit der Y-Achse zusammenfallende Symmetrieachse und für die senkrecht dazu durch den Schwerpunkt S gezogene Z-Achse offenbar

$$\int yz\,dF = 0 \tag{14}$$

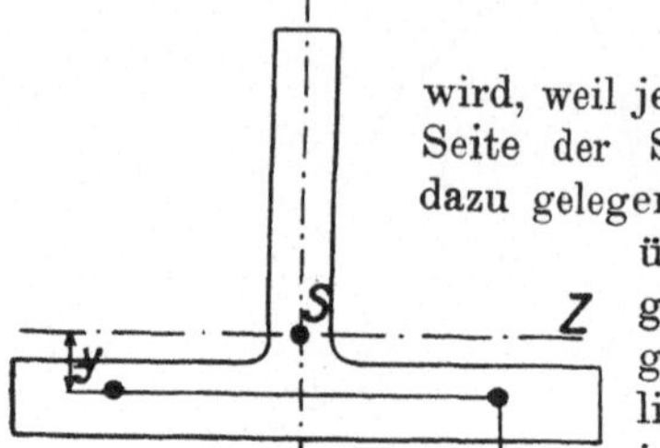

Abb. 37.

wird, weil jedem Flächenteilchen auf der einen Seite der Symmetrieachse ein symmetrisch dazu gelegenes auf der anderen Seite gegenüber gestellt werden kann, die gleich große Beiträge von entgegengesetztem Vorzeichen zur Summe liefern, so daß sich in der Summe je zwei Glieder gegeneinander wegheben. Die Bedingungsgleichung (13) ist daher erfüllt, wenn KK mit der Y- und NN mit der Z-Achse zusammenfällt, da u in Gl. (13) für diesen Fall durch z zu ersetzen ist. Dasselbe gilt auch noch, wenn man die Bezeichnungen Y und Z für die beiden Achsen miteinander vertauscht.

Überhaupt gilt auch bei einem beliebigen Querschnitt allgemein, daß NN und KK immer dann rechtwinklig zueinander stehen, wenn eine von beiden Geraden mit der Y-Achse eines durch den Schwerpunkt gelegten rechtwinkligen Achsenkreuzes der YZ zusammenfällt, für das Gl. (14) erfüllt ist. Denn hiermit ist auch die für die Zuordnung notwendige und hinreichende Gleichgewichtsbedingung erfüllt, die durch Gl. (13) ausgesprochen wurde.

Dem in Gl. (14) vorkommenden Summenausdruck hat man einen besonderen Namen gegeben. Man nennt ihn das *Zentrifugalmoment des Querschnitts* für die beiden rechtwinklig zueinander durch den Schwerpunkt gezogenen Achsen. Gewöhnlich gebraucht man dafür den Buchstaben Φ, dem man auch noch eine nähere Bezeichnung der Achsen beifügen kann, auf die sich das Zentrifugalmoment beziehen soll. Als Begriffserklärung des Zentrifugalmoments schreiben wir die Gleichung an

$$\Phi_{yz} = \int yz\,dF \tag{15}$$

und können hiermit den vorher abgeleiteten Satz in die Worte fassen, *daß die Nullinie und die Spur der Kraftebene nur dann und dann stets rechtwinklig zueinander stehen, wenn das Zentrifugalmoment des Querschnitts für die beiden Richtungslinien zu Null wird.*

Für diesen besonderen Fall kann man auch den durch Gl. (11) eingeführten Beiwert c und hiermit die Spannung σ an jeder Stelle des Querschnitts sofort berechnen. Zu diesem Zwecke schreiben wir noch eine zweite Momentengleichung für die Nullinie NN als Momentenachse an. Da diese Momentenachse jetzt senkrecht zur Ebene des biegenden Kräftepaares steht und der Momentenvektor dieses Kräftepaares daher mit der Momentenachse selbst zusammenfällt, ist das Moment für NN gleich dem schon in § 21 eingeführten Biegungsmomente M. Dieselbe Überlegung, die in § 23 zu Gl. (4) führte, liefert hier die Gleichgewichtsbedingung

$$M = \int \sigma \, dF y = c \int y^2 \, dF. \qquad (16)$$

Der in der letzten Form der Gleichung vorkommende Summenausdruck wird als das *Trägheitsmoment des Querschnitts* in bezug auf die Z-Achse bezeichnet, weil von dieser Achse aus die senkrecht dazu stehenden Abstände z zählen. Wir gebrauchen dafür die Bezeichnung θ_z, setzen also

$$\theta_z = \int y^2 \, dF \qquad (17)$$

und finden hiermit aus Gl. (16)

$$c = \frac{M}{\theta_z},$$

worauf Gl. (11) übergeht in

$$\sigma = \frac{M}{\theta_z} \, y. \qquad (18)$$

Die Aufgabe der Spannungsermittelung ist damit gelöst. Bezeichnet man den größten im Querschnitte vorkommenden Abstand von der Z-Achse mit a, so erhält man für die größte Biegungspannung

$$\sigma_{\max} = \frac{M}{\theta_z} \, a = \frac{M}{W_z}, \qquad (19)$$

wenn man mit W_z das auf die Z-Achse bezogene *Widerstandsmoment des Querschnitts* nämlich

$$W_z = \frac{\theta_z}{a} \qquad (20)$$

bezeichnet. Hierbei ist jedoch zu beachten, daß zur Z-Achse im allgemeinen Falle zwei verschiedene Widerstandsmomente gehören, je nachdem die größte Zugspannung oder die größte im Querschnitt vorkommende Druckspannung ermittelt werden soll. Nur wenn die äußersten Fasern zu beiden Seiten gleich große Abstände von der Nullinie haben, kommt man mit der Angabe eines einzigen Wertes für das Widerstandsmoment aus.

Für den rechteckigen Querschnitt wurde der Summenausdruck, den wir jetzt als Trägheitsmoment bezeichnet haben, schon im vorigen Pagraphen im Anschlusse an Abb. 33 berechnet. Wider-

holt man dieselbe Betrachtung nochmals für die beiden Symmetrieachsen, so erhält man

$$\theta_z = \frac{bh^3}{12}; \qquad \theta_y = \frac{hb^3}{12}; \qquad W_z = \frac{bh^2}{6}; \qquad W_y = \frac{hb^2}{6}, \qquad (21)$$

womit man von Gl. (19) wieder auf Gl. (4) zurückkommt.

Ferner können wir jetzt auch den *Krümmungshalbmesser* r und
den *Biegungswinkel* φ in derselben Weise berechnen, wie es für
den besonderen Fall des rechteckigen Querschnitts schon früher
geschehen ist. Die Gleichungen (5) und (5a) können wir aus § 23
unverändert übernehmen. Mit der in Gl. (5a) vorkommenden bezogenen Dehnung ε steht die Spannung in dem Zusammenhange

$$\sigma = E\varepsilon = E\frac{y}{r},$$

und wenn wir für σ den durch Gl. (18) gegebenen Wert einsetzen,
erhalten wir daraus

$$r = \frac{E\theta_z}{M}. \qquad (21a)$$

Der Biegungswinkel wird daraus unter Hinzunahme von Gl. (5)
ebenfalls erhalten, nämlich

$$\varphi = \frac{Ml}{E\theta_z}. \qquad (21b)$$

Bisher bezogen sich unsere Überlegungen von Gl. (14) ab ausschließlich auf den *Fall der geraden Biegungsbelastung*. Damit
ist nämlich der Fall gemeint, daß Nullinie und Spur der Kraftebene senkrecht zueinander stehen, also der bei den meisten praktischen Anwendnngen tatsächlich zutreffende Fall. Im Gegensatze
zu ihm steht der an sich allgemeinere, wenn auch tatsächlich seltener vorkommende *Fall der Biegung bei schiefer Belastung*, bei
dem die genannte Voraussetzung nicht zutrifft und der daher noch
eine weitere Besprechung erfordert.

Zunächst überlegen wir uns, wie in diesem Falle die der Gl. (16)
entsprechende Momentengleichung lautet. Wenn die Kraftebene
KK, wie in Abb. 36, einen schiefen Winkel α mit der Nullinie
NN bildet, erhalten wir das auf NN bezogene statische Moment
des biegenden Kräftepaares, indem wir den senkrecht zur Kraftebene stehenden Momentenvektor auf die Richtung von NN pro-
jizieren. Dafür ergibt sich $M\sin\alpha$, wenn unter M wie vorher das
in der Kraftebene selbst festgestellte Biegungsmoment verstanden
wird. An Stelle von Gl. (16) erhält man daher jetzt

$$M\sin\alpha = c\int y^2 dF = c\theta_N,$$

worin mit dem Zeiger N an θ darauf hingewiesen werden soll,
daß es sich um das auf die Nullinie NN bezogene Trägheitsmoment des Querschnitts handelt.

Gl. (18) ist daher jetzt durch die allgemeiner gültige Gleichung

$$\sigma = \frac{M \sin \alpha}{\theta_N}\, y \tag{24}$$

zu ersetzen, und an Stelle von Gl. (19) tritt

$$\sigma_{\max} = \frac{M \sin \alpha}{\theta_N}\, y_{\max} = \frac{M}{W_N}. \tag{23}$$

In der zuletzt angeschriebenen Form ist unter W_N ein zur Nulllinie NN gehöriges Widerstandsmoment zu verstehen, nämlich der an Stelle von Gl. (20) tretende Ausdruck

$$W_N = \frac{\theta_N}{y_{\max} \sin \alpha}, \tag{22}$$

wobei auch hier zu beachten ist, daß im allgemeinen zu einer bestimmten Nullinie zwei verschiedene Widerstandsmomente gehören, je nachdem man die größte Zug- oder die größte Druckspannung im Querschnitte zu berechnen wünscht.

Um den in diesen Formeln auftretenden Winkel α zwischen Nullinie und Spur der Kraftebene zu berechnen, kommen wir jetzt nochmals auf Gl. (13), nämlich

$$\int u y\, dF = 0$$

zurück, die wir als die Zuordnungsbedingung zwischen Nullinie und Kraftebene erkannt hatten. In Abb. 38, die sonst ganz mit Abb. 36 unter Weglassung der Umrißlinie des Querschnitts übereinstimmen soll, ziehen wir noch eine zu NN senkrecht stehende Y-Achse, während wir die Linie NN selbst als die Z-Achse eines rechtwinkligen Achsenkreuzes ansehen wollen.

Die in die Zeichnung eingetragenen Hilfslinien lassen erkennen, daß zwischen den Abständen u, y, z die Beziehung

$$u = z \sin \alpha - y \cos \alpha$$

besteht, gültig zunächst für das besonders hervorgehobene Flächenteilchen dF.

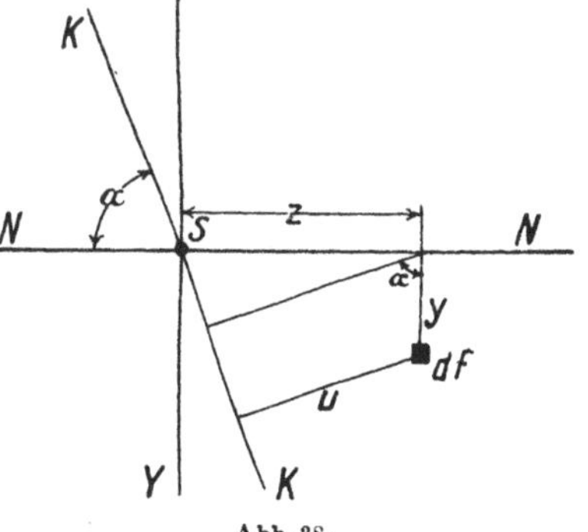

Abb. 38.

Man überzeugt sich aber leicht, daß diese Gleichung auch noch nach jeder Verschiebung von dF in eine beliebige andere Lage innerhalb der Querschnittsebene gültig bleibt, wenn man dabei nur auf die Vorzeichenwechsel, die mit einer Überschreitung einer der drei Achsen in den Werten von u, y, z verbunden sind, entsprechend Rücksicht nimmt.

Mit diesem Werte von u geht die vorhergehende Gleichung über in

$$\sin \alpha \int yz\,dF - \cos \alpha \int y^2\,dF = 0,$$

und mit Benutzung der durch die Gleichungen (15) und (17) eingeführten Bezeichnungen erhält man daraus

$$\operatorname{tg} \alpha = \frac{\theta_z}{\Phi_{y_z}}. \tag{25}$$

Das Vorzeichen von $\operatorname{tg}\alpha$ stimmt mit dem von Φ_{y_z} überein, da θ_z stets positiv ist. Einem positiven Werte von Φ_{y_z} entspricht dieser Gleichung zufolge ein spitzer Winkel α in Abb. 38 und einem negativen Werte ein stumpfer Winkel. Dagegen wird α ein rechter Winkel, wenn Φ_{y_z} gleich Null ist. Damit kommen wir nur wieder auf den vorher schon erledigten Fall der geraden Biegungsbelastung zurück.

Zur vollständigen Lösung der Aufgabe im allgemeinen Falle ist noch eine Untersuchung über die gegenseitige Abhängigkeit der Werte von θ und Φ für alle verschiedenen Achsen erforderlich, die man durch den Schwerpunkt des Querschnitts legen kann. Dazu wollen wir jetzt übergehen.

§ 25. Der Trägheitskreis. Wir vergleichen jetzt zwei rechtwinklige Achsenkreuze YZ und UV miteinander, die in Abb. 39

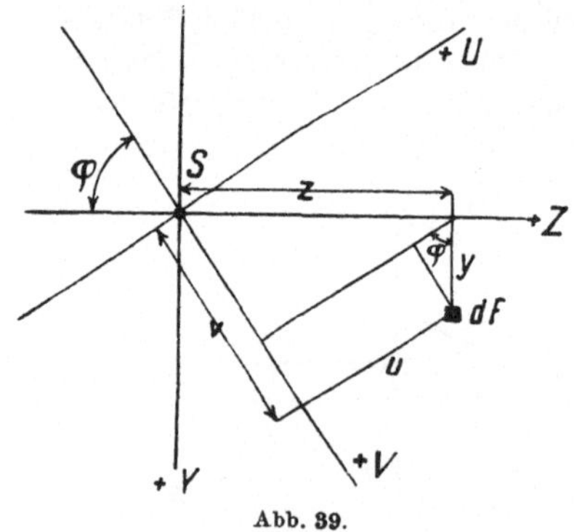

Abb. 39.

durch den Schwerpunkt S des Querschnitts gelegt sind und die einen beliebigen Winkel φ miteinander bilden mögen, der mit dem in der vorigen Zeichnung vorkommenden Winkel α nichts zu tun hat. Das hindert jedoch nicht, daß wir die vorher für u aufgestellte Gleichung nach Ersatz von α durch φ auch hierher übernehmen können. Fügen wir ihr noch einen entsprechend gebildeten Ausdruck für den hier neu auftretenden Abstand v hinzu, so gelten für jede Lage des Flächenteilchens dF die Beziehungen

$$\left.\begin{aligned} u &= z \sin \varphi - y \cos \varphi \\ v &= z \cos \varphi + y \sin \varphi. \end{aligned}\right\} \tag{26}$$

Hiermit erhalten wir für das zum Achsenkreuze UV gehörige Zentrifugalmoment Φ_{uv} entsprechend der in Gl. (15) eingeführten Begriffsfestsetzung

$$\Phi_{uv} = \int uv\,dF = \int (z \sin \varphi - y \cos \varphi)(z \cos \varphi + y \sin \varphi)\,dF.$$

Durch Ausmultiplizieren auf der rechten Seite und Zerlegung der Summe in vier Teilsummen ergibt sich daraus

$$\Phi_{uv} = \sin\varphi\cos\varphi \int z^2\,dF - \sin\varphi\cos\varphi \int y^2\,dF$$
$$+ (\sin^2\varphi - \cos^2\varphi)\int yz\,dF,$$

wofür man auch kürzer

$$\Phi_{uv} = \tfrac{1}{2}\sin 2\varphi\,(\theta_y - \theta_z) - \cos 2\varphi\,\Phi_{yz} \qquad (27)$$

schreiben kann. Man sieht nun sofort, daß man durch passende Wahl des Winkels φ zwischen Null und einem Rechten stets erreichen kann, daß dieser Ausdruck zu Null wird. Die Bedingung für diese Wahl des Winkels φ lautet

$$\operatorname{tg} 2\varphi = \frac{2\,\Phi_{yz}}{\theta_y - \theta_z}. \qquad (28)$$

Nimmt der Ausdruck auf der rechten Seite dieser Gleichung in einem gegebenen Falle einen positiven Wert an, so ist 2φ schon selbst ein spitzer Winkel und φ daher kleiner oder im Grenzfalle höchstens gleich 45^0. Wird der Ausdruck dagegen negativ, so ist zwar 2φ ein stumpfer, aber φ selbst ein spitzer Winkel, der größer als 45^0 ist.

Hieraus folgt, daß man bei jeder beliebigen Querschnittsgestalt stets zwei rechtwinklig zueinander stehende Achsen angeben kann, für die das Zentrifugalmoment zu Null wird.

Wie wichtig dieser Satz für die Biegungslehre ist, geht aus den Bemerkungen hervor, die wir an Gl. (15) des vorigen Paragraphen angeknüpft hatten. Die Achsen, bei denen die Bedingung $\Phi_{uv} = 0$ zutrifft, bezeichnet man als die *Hauptachsen des Querschnitts*. Im allgemeinen kommen in einem gegebenen Querschnitte nur die beiden rechtwinklig zueinander stehenden Achsen UV vor, auf die sich unsere Betrachtung über die Hauptachsen bezog. Außerdem muß aber auch noch der bisher unbeachtet gebliebene *Ausnahmefall* erwähnt werden, bei dem alle Schwerlinien eines Querschnitts. in dem vorher angegebenen Sinne als Hauptachsen anzusehen sind. Dieser Fall tritt stets ein, sobald für das zuerst angenommene Achsenkreuz YZ zufällig zugleich

$$\Phi_{yz} = 0 \qquad \text{und} \qquad \theta_y = \theta_z$$

gefunden wird. In diesem Falle (aber auch nur in ihm) wird nämlich nach Gl. (27) Φ_{uv} für jeden Winkel φ gleich Null.

Die auf die Hauptachsen bezogenen Trägheitsmomente bezeichnet man als die *Hauptträgheitsmomente* des Querschnitts. Abgesehen von dem Ausnahmefalle sind sie, wie aus den letzten Bemerkungen hervorgeht, stets von verschiedener Größe.

Die weitere Betrachtung können wir dadurch vereinfachen, daß wir das vorher beliebig angenommene Achsenkreuz YZ uns von jetzt ab mit den Querschnittshauptachsen zusammenfallend vorstellen. Dann vereinfacht sich zunächst Gl. (27) zu

$$\Phi_{uv} = \frac{\theta_y - \theta_z}{2}\sin 2\varphi \qquad (29)$$

und für das Trägheitsmoment θ_v in bezug auf die einen beliebigen Winkel φ mit der Hauptachse Z einschließende V-Achse erhält man unter Berücksichtigung von Gl. (26)

$$\theta_v = \int u^2\, dF = \sin^2\varphi \int z^2\, dF + \cos^2\varphi \int y^2\, dF - 2\sin\varphi \cos\varphi \int yz\, dF,$$

worin sich aber das letzte Glied weghebt. Die Summe der beiden übrigen Glieder kann man in der Form anschreiben

$$\theta_v = \frac{\theta_y + \theta_z}{2} - \cos 2\varphi\, \frac{\theta_y - \theta_z}{2}, \qquad (30)$$

wie man sich durch Entwicklung von $\cos 2\varphi$ leicht überzeugt.

Wir sehen uns jetzt nach einer graphischen Darstellung um, die den Inhalt dieser Formeln anschaulich vor Augen führt. Die Gleichungen (29) und (30) sind genau so gebaut wie die Gleichungen (4) von § 10, zu denen wir bei der Untersuchung der Eigenschaften eines ebenen Spannungszustandes gelangt waren. Wir können uns daher auch desselben Mittels bedienen wie damals: nämlich eines Kreises, den man in dem jetzt betrachteten Zusammenhange den *Mohrschen Trägheitskreis* nennt, während der ihm in § 10 entsprechende Kreis als Spannungskreis bezeichnet wurde.

Von den beiden Hauptträgheitsmomenten θ_y und θ_z möge θ_y das größere sein, womit jedoch nur gesagt wird, daß wir uns die

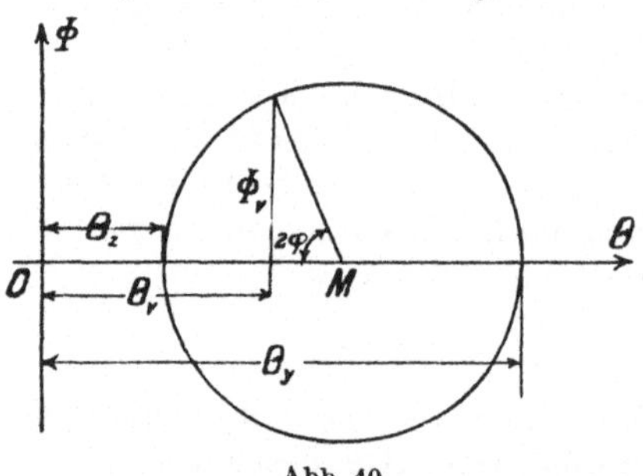

Abb. 40.

Y-Achse in die entsprechende Richtung gelegt denken wollen. Wir ziehen in Abb. 40 eine θ- und eine Φ-Achse und tragen auf der θ-Achse θ_y und θ_z in einem passend gewählten Maßstabe ab. Dann beschreiben wir einen durch die Endpunkte beider Strecken gehenden Kreis, dessen Mittelpunkt auf der θ Achse liegt, ganz ähnlich wie es früher beim Spannungskreise in Abb. 13, Seite 37 geschehen ist. Einem Zentriwinkel 2φ in Abb. 40 entspricht ein Punkt des Kreises, dessen Koordinaten die zur Achsenrichtung φ in Abb. 39 gehörenden Querschnittsmomente θ_v und Φ_{uv} (oder kürzer geschrieben Φ_v) nach den Gleichungen (29) und (30) darstellen, wie

aus dem Vergleiche der Zeichnung mit diesen Formeln sofort
hervorgeht.

Zugleich folgt aus dieser Darstellung, *daß die Hauptträgheitsmomente θ_y und θ_z das größte und das kleinste von allen Trägheitsmomenten sind, die zu den verschiedenen Schwerlinien des Querschnitts gehören.*

Zu einer V-Achse, die in Abb. 39 den Winkel φ mit der jetzt
als Hauptachse angenommenen Z-Achse einschließt, gehört ein
Trägheitsmoment, das wir im Anschlusse an Abb. 38 auch mit

θ_N bezeichnen können, wenn
wir weiterhin annehmen,
daß die V-Achse mit der
Nullinie für den ins Auge
gefaßten Belastungsfall zusammenfalle. Wir erhalten
θ_N und das zugehörige Φ_N,
indem wir in Abb. 41 das
Doppelte des aus Abb. 39
entnommenen Winkels φ
als Zentriwinkel eintragen.
Alsdann läßt sich aus der
Zeichnung zugleich der
Winkel α entnehmen, den

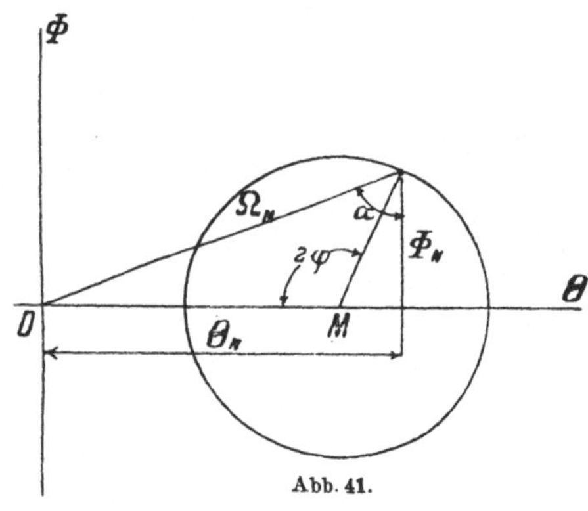

Abb. 41.

die der Nullinie zugeordnete Kraftebene KK mit NN einschließt,
da nach Gl. (28), wenn man sie in die hier gebrauchten Bezeichnungen umschreibt,

$$\operatorname{tg} \alpha = \frac{\theta_N}{\Phi_N}$$

ist. Bezeichnet man ferner die Hypotenuse des zu θ_N und Φ_N als
Katheten gehörigen rechtwinkligen Dreiecks in Abb. 41 mit Ω_N,
so ist

$$\Omega_N = \frac{\theta_N}{\sin \alpha},$$

und nach Gl. (24) ergibt sich daher das zur Nullinie NN gehörige
Widerstandsmoment W_N zu

$$W_N = \frac{\Omega_N}{y_{\max}}, \tag{31}$$

wenn man unter $y_{\max}$ den größten Abstand versteht, der im
Querschnitt von der Nullinie nach einer der beiden Seiten hin
vorkommt. Allerdings läßt sich aus Abb. 41, wenn man sie nur
für sich betrachtet, nicht entnehmen, bei welcher Richtung der
Nullinie das Widerstandsmoment W_N seinen kleinsten Wert annimmt. Dies muß vielmehr durch Vergleich mit der besonderen
Gestalt des Querschnittsumrisses, von der die Abstände $y_{\max}$ abhängen, im einzelnen Falle noch näher festgestellt werden.

§ 26. Die Trägheitsellipse. Für viele Zwecke ist eine andere graphische Darstellung der Beziehungen zwischen den Trägheitsmomenten für die verschieden gerichteten Schwerlinien eines Querschnitts vorzuziehen. Man bedient sich dabei einer Ellipse, die als Trägheitsellipse oder auch als Zentralellipse bezeichnet wird. Bei dieser Art der Darstellung trägt man nicht die Trägheitsmomente selbst in die Zeichnung ein, sondern die ihnen entsprechenden *Trägheitshalbmesser.* Zu jedem Trägheitsmomente θ läßt sich nämlich eine Strecke i angeben derart, daß

$$\theta = F i^2 \tag{32}$$

wird, wenn man unter F den Flächeninhalt des Querschnitts versteht. Aus dem Vergleiche dieses Ansatzes mit der durch Gl. (17) gegebenen Begriffserklärung des Trägheitsmoments geht hervor, daß i^2 dem Mittelwerte der Quadrate der Abstände aller Flächenteilchen des ganzen Querschnitts von der betreffenden Achse entspricht. Kürzer läßt sich dafür auch sagen, daß i selbst als *quadratischer Mittelwert* aller dieser Abstände anzusehen ist.

Da i eine Länge ist, läßt sich bequemer mit ihr rechnen als mit den Trägheitsmomenten selbst, deren Dimension durch die zur vierten Potenz erhobene Längeneinheit angegeben wird. Namentlich kann man i in richtiger Größe unmittelbar in die Querschnittszeichnung eines Stabes eintragen, während man sich zur Darstellung von θ stets auf einen bestimmten, willkürlich zu wählenden Maßstab beziehen muß.

Wir nehmen jetzt an, daß für den Querschnitt, mit dem wir uns zu beschäftigen haben, die Richtungen der beiden Hauptachsen bereits bekannt und auch die dazu gehörigen Trägheitsmomente entweder gegeben oder bereits berechnet seien. Daraus folgen dann nach Gl. (32) auch die zugehörigen Trägheitshalbmesser. In Abb. 42 ist durch punktierte Umrißlinien ein rechtwinkliger Querschnitt angedeutet, den man etwa als Beispiel nehmen kann, obschon das, was weiterhin folgt, von dieser besonderen Wahl des Beispiels unabhängig ist. Den Trägheitshalbmesser i_y tragen wir rechtwinklig zur Y-Achse vom Schwerpunkte S aus nach beiden Seiten hin ab und ebenso i_z rechtwinklig zur Z-Achse. Durch die hiermit bestimmten vier Punkte legen wir eine Ellipse, deren Hauptachsen in die Richtungen der Querschnittshauptachsen fallen. Diese Ellipse bezeichnet man als die Trägheitsellipse, weil man aus ihr auch für jede andere Schwerlinie VV den zugehörigen Trägheitshalbmesser i_v mit geringer Mühe entnehmen kann.

Geht man nämlich in Gl. (30) des vorigen Paragraphen von den Trägheitsmomenten θ zu den Trägheitshalbmessern i über, indem man die ganze Gleichung durch den Flächeninhalt F dividiert, und entwickelt man hierauf $\cos 2\varphi$, so geht diese Gleichung über in

$$i_v^2 = i_y^2 \sin^2 \varphi + i_z^2 \cos^2 \varphi.$$

Nach einer geometrischen Eigenschaft jeder Ellipse, die wir hier als bekannt voraussetzen wollen, hat aber eine zum Durchmesser VV parallel gezogene Tangente einen Abstand von VV, dessen Quadrat durch den auf der rechten Seite dieser Gleichung

stehenden Ausdruck angegeben wird. Daraus folgt, daß die in Abb. 42 eingetragene und mit i_v bezeichnete Strecke ohne weiteres den zur Schwerlinie VV gehörigen Trägheitshalbmesser angibt.

In Abb. 42 war ein rechteckiger Querschnitt angedeutet, auf den sich die Zentralellipse etwa beziehen könnte.

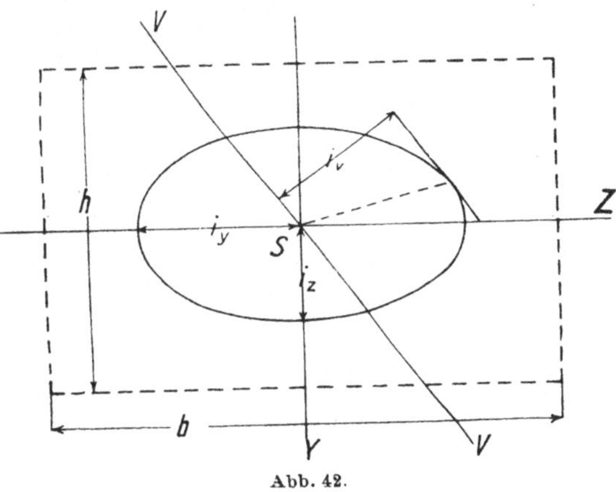

Abb. 42.

Da der rechteckige Querschnitt häufig vorkommt und daher besonders wichtig ist, möge noch erwähnt werden, daß man für ihn nach den Gleichungen (21) von § 25

$$i_z^2 = \frac{h^2}{12} \quad \text{und} \quad i_y^2 = \frac{b^2}{12} \tag{33}$$

erhält, falls man die in der Y-Richtung gehende Rechteckseite mit h und die andere mit b bezeichnet, wie es auch damals schon geschehen war.

Ferner läßt sich behaupten, daß (ganz unabhängig von der Querschnittsgestalt) *die Spur der Kraftebene KK und die ihr zugehörige Nullinie NN konjugierte Durchmesser der Zentralellipse bilden.* Zum Beweise berechnen wir zuerst den Winkel β, den der zu NN konjugierte Durchmesser KK der Ellipse mit der Y-Achse bildet. Den Winkel zwischen NN und der Z-Achse bezeichnen wir dabei mit φ. Aus der Ellipsengleichung

$$\frac{\eta^2}{i_z^2} + \frac{\zeta^2}{i_y^2} = 1$$

folgt durch Differentiation nach η

$$\frac{d\zeta}{d\eta} = -\frac{\eta i_y^2}{\zeta i_z^2},$$

und dieser Differentialquotient gibt, vom Vorzeichen abgesehen, zugleich die Richtung der im Punkte $\eta\zeta$ an die Ellipse gelegten Tangente, also auch die Richtung des zu NN konjugierten Durchmessers an. Hieraus folgt

$$\operatorname{tg}\beta = \frac{\eta}{\zeta}\cdot\frac{i_{\bar y}^2}{i_z^2} = \operatorname{tg}\varphi\cdot\frac{i_{\bar y}^2}{i_z^2}. \tag{34}$$

Nachdem diese geometrische Beziehung festgestellt ist, überlegen wir uns, daß ein Kräftepaar, das in der Ebene KK liegt, einen senkrecht dazu stehenden Momentenvektor hat, den wir uns in zwei Komponenten M_y und M_z zerlegt denken können, die in die Richtungen der Querschnittshauptachsen fallen. Diese Komponenten sind

$$M_y = M\sin\beta \quad\text{und}\quad M_z = M\cos\beta,$$

und zwar sind beide entweder positiv oder beide negativ, jedenfalls aber von gleichem Vorzeichen. Nach dem Superpositionsgesetze erhalten wir die in irgendeinem Flächenteilchen mit den Koordinaten yz entstehende Biegungsspannung als algebraische Summe der durch die Komponenten M_y und M_z für sich hervorgebrachten Anteile. Der Komponente M_z entspricht ein biegendes Kräftepaar, dessen Ebene durch die Y-Achse geht, und den davon herrührenden Anteil können wir daher nach Gl. (18) von § 24 ohne weiteres gleich

$$\frac{M\cos\beta}{\theta_z}\,y$$

setzen. Dagegen ist bei der Berechnung des anderen Anteils zu

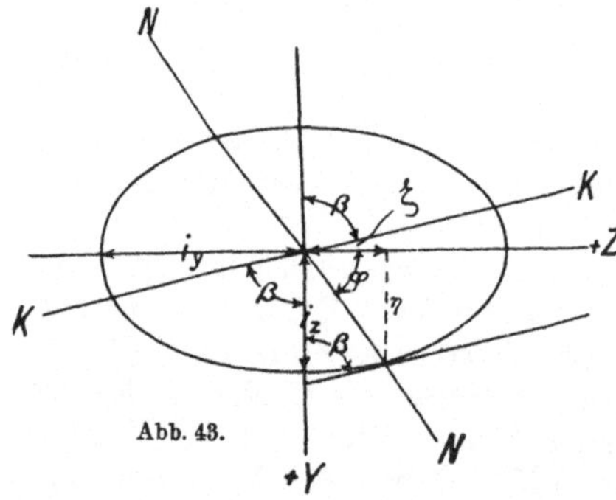

beachten, daß beim Anwachsen des Winkels β von Null bis zu einem Rechten die positive Z-Achse mit der positiven Y-Achse zu vertauschen ist, während beim gleichen Drehungssinn an Stelle der positiven Y-Achse nachher die negative Z-Achse tritt. Wir erhalten daher als Beitrag von M_y zur Biegungsspannung nach Gl. (18) unter Berücksichtigung dieses Vorzeichenwechsels

$$-\frac{M\sin\beta}{\theta_y}\,z,$$

und im ganzen wird daher

$$\sigma = \frac{M}{F}\left(\frac{y\cos\beta}{i_z^2} - \frac{z\sin\beta}{i_{\bar y}^2}\right)$$

wofür sich auch unter Berücksichtigung von Gl. (34)

$$\sigma = \frac{M}{F}\cos\beta\left(\frac{y}{i_z^2} - \frac{z\,\mathrm{tg}\,\beta}{i_y^2}\right) = \frac{M}{F\,i_z^2}\cos\beta\,(y - z\,\mathrm{tg}\,\varphi)$$

schreiben läßt. Dieser Ausdruck wird aber zu Null für alle auf NN in Abb. 43 liegenden Punkte und damit ist bewiesen, daß der zu KK konjugierte Durchmesser NN in der Tat die Nullinie bildet, wenn KK die Spur der Kraftebene ist. Übrigens gilt dies auch umgekehrt, nämlich wenn man NN und KK miteinander vertauscht.

§ 27. **Die elastische Linie.** Der Anschaulichkeit wegen wollen wir hier ein bestimmtes Beispiel in den Vordergrund stellen. In Abb. 44 ist ein Balken ge-

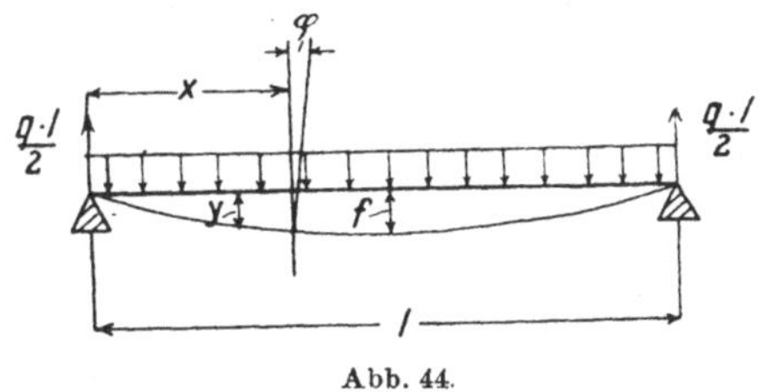

Abb. 44.

zeichnet, der eine Spannweite l überdeckt und der an beiden Enden frei drehbar aufgelagert ist. Der Balken soll eine gleichförmig über die ganze Länge verteilte Belastung tragen, und die auf die Längeneinheit kommende Last bezeichnen wir mit q. Die Gesamtlast ist daher ql und der Auflagerdruck an jeder Stütze gleich $\frac{ql}{2}$. Wir nehmen an, daß die Lastebene durch eine Querschnittshauptachse geht, so daß der Fall einer „geraden Biegungsbelastung" vorliegt, und bezeichnen das auf die Nullinie, die in diesem Falle mit der anderen Hauptachse zusammenfällt, bezogene Trägheitsmoment mit θ.

Gefragt wird nach der Gestalt der elastischen Linie und nach der größen Durchbiegung, die der Balken unter dieser Belastung erfährt. Das kommt darauf hinaus, die Ordinate y der elastischen Linie zu berechnen, die zu einem beliebigen Abstande x vom linken Auflager gehört. Hierbei darf noch vorausgesetzt werden, daß die Formänderung des Balkens klein ist, also weit kleiner, als sie in Abb. 44 der Deutlichkeit wegen gezeichnet werden mußte.

Wir beginnen mit einer Überlegung, die sich nicht nur auf den besonderen Belastungsfall bezieht, sondern die allgemein anwendbar bleibt. Eine Normale, die wir im Punkte xy zur elastischen Linie ziehen können, bildet mit der lotrechten Richtung einen kleinen Winkel, der in Abb. 44 mit φ bezeichnet ist. Dieser Winkel gibt an, um wieviel sich der zur Abszisse x gehörige Querschnitt des Balkens bei der Formänderung gedreht hat. Ein nahe benachbarter Querschnitt, der zur Abszisse $x + dx$ gehört, hat sich um einen etwas davon verschiedenen Winkel gedreht, den wir mit $\varphi + d\varphi$ bezeichnen wollen. Unter $d\varphi$ ist daher der

Drehungsunterschied zwischen den um dx voneinander entfernten Querschnitten zu verstehen. Im allgemeinen kann $d\varphi$ sowohl positiv als negativ sein; in dem Beispiele von Abb. 44 ist $d\varphi$ offenbar negativ. Auf das Vorzeichen von $d\varphi$ kommt es aber in der weiteren Betrachtung nicht an.

Vor der Formänderung waren die beiden Querschnitte parallel zueinander und nachher schließen sie den Winkel $d\varphi$ miteinander ein. Dieser Winkel hat daher die Bedeutung des *Biegungswinkels*, den wir für den Stab von rechteckigem Querschnitt schon in Gl. (7) von § 23 und für den allgemeineren Fall der geraden Biegungsbelastung in Gl. (21 b) von § 24 berechnet haben. Er wurde damals mit φ bezeichnet und bezog sich auf eine Stablänge l, über die hin überall dasselbe Biegungsmoment M herrschen sollte. In unserem Falle dagegen und überhaupt im allgemeinen ändert sich M von Ort zu Ort, und wir dürfen daher die früher abgeleitete Formel hier nur auf ein kleines Balkenelement dx anwenden, innerhalb dessen M keine merkliche Änderung mehr erfährt. Wir übernehmen daher Gl. (21 b) in der Form

$$d\varphi = \frac{M\,dx}{E\theta}.\tag{35}$$

Faßt man y als Funktion von x auf, so ist nach einem bekannten Satze der analytischen Geometrie

$$\operatorname{tg}\varphi = \frac{dy}{dx}$$

zu setzen, da die Tangente der elastischen Linie denselben Winkel φ mit der X-Achse einschließt wie die Normale mit der Y-Achse. Zu unseren Voraussetzungen gehörte aber, daß die Formänderung und hiermit auch der Winkel φ sehr klein sein sollte, und bei einem kleinen Winkel unterscheidet sich die Tangente nur um eine von der dritten Ordnung kleine Größe von dem dazugehörigen Bogen. Wir sind daher ohne wesentliche Einbuße an Genauigkeit berechtigt, an Stelle der vorigen Gleichung kürzer

$$\varphi = \frac{dy}{dx} \quad \text{und daher auch} \quad \frac{d\varphi}{dx} = \frac{d^2y}{dx^2}$$

zu schreiben. Hiermit geht Gl. (35) über in

$$\frac{d^2y}{dx^2} = \pm\,\frac{M}{E\theta}.\tag{36}$$

In dieser Gleichung wurde auf der rechten Seite das Vorzeichen als zweifelhaft angegeben. In der Tat wurde bisher auf die Vorzeichen gar nicht geachtet, und nur nebenher wurde einmal darauf hingewiesen, daß $d\varphi$ im Falle von Abb. 44 negativ ausfiele. Weiterhin wurde aber nur mit dem absoluten Betrage von $d\varphi$ gerechnet. In jedem Falle der Anwendung von Gl. (36) muß daher das Vorzeichen erst noch durch eine besondere Überlegung festgestellt werden. Es kommt dabei auf die übrigen Vorzeichenfestsetzungen an, nämlich auf die Richtung, in der die y als positiv angesehen werden sollen, und auf den als positiv anzusehenden Drehsinn des Biegungsmomentes M.

Im Falle von Abb. 44 und bei allen ähnlich liegenden Fällen ist es üblich, die y als positiv zu rechnen, wenn sie nach abwärts gehen, und die Biegungsmomente M als positiv, wenn die Momentensumme aller links vom Querschnitte auftretenden äußeren Kräfte im Uhrzeigersinne dreht. Das ist der gewöhnlich vorliegende Fall. In diesem Falle aber ist $\frac{dy}{dx}$ am linken Auflager positiv und größer als an den später folgenden Stellen. In der Mitte wird es zu Null, und auf der rechten Balkenhälfte ist es negativ und wächst dem Absolutbetrage nach immer mehr an, je weiter man nach rechts kommt. Hiernach ist $\frac{d^2y}{dx^2}$ in Abb. 44 über die ganze Balkenlänge hin negativ. Andererseits ist auf der rechten Seite von Gl. (36) überall in unserem Beispiele M positiv, und E und θ sind überhaupt wesentlich positive Größen, d. h. sie können niemals negativ werden. Daher muß Gl. (36) jetzt in der bestimmten Form

$$E\theta\,\frac{d^2y}{dx^2} = -\,M \tag{37}$$

angeschrieben werden, und diese Vorzeichenbestimmung bleibt auch sonst in der Regel gültig. In besonderen Fällen, bei denen man sich etwa zu abweichenden Bezeichnungen und Verabredungen veranlaßt sieht, darf aber die Zweideutigkeit des Vorzeichens in der ursprünglichen Gl. (36) nicht außer acht gelassen werden.

Gl. (37) wird als die *Differentialgleichung der elastischen Linie* bezeichnet. Sie bildet eines der wichtigsten Hilfsmittel der Biegungslehre des ursprünglich geraden Stabes. Wie sie gewöhnlich angewendet wird, zeigen wir weiterhin an dem durch Abb. 44 angegebenen einfachen Beispiele.

Der erste Schritt besteht immer darin, daß man das Biegungsmoment M als Funktion der Querschnittsabszisse x ausdrückt. In Abb. 44 hat man links vom Schnitte den Auflagerdruck, der um den im Querschnitte x liegenden Momentenpunkt im Uhrzeigersinne dreht, und die am linken Balkenteile angreifenden Lasten. Diese drehen entgegengesetzt dem Uhrzeigersinne um den Momentenpunkt. Die Lasten können wir uns für die Aufstellung der Momentengleichung zu einer Resultierenden qx zusammengefaßt denken, die in der Mitte des linken Balkenteiles angreift und daher den Hebelarm $\frac{1}{2}x$ hat. So ergibt sich

$$M = \frac{ql}{2}\,x - \frac{qx^2}{2}\,. \tag{38}$$

Wir setzen diesen Wert in die Differentialgleichung (37) ein und erhalten

$$E\,\theta\,\frac{d^2y}{dx^2} = -\frac{q\,l\,x}{2} + \frac{q\,x^2}{2}.$$

Jetzt kommen wir *zum zweiten Schritte,* nämlich zur Integration der Gleichung. Sie läßt sich in unserem Falle sofort ausführen und liefert nacheinander

$$E\,\theta\,\frac{dy}{dx} = -\frac{q\,l\,x^2}{4} + \frac{q\,x^3}{6} + C_1$$

$$E\,\theta\,y = -\frac{q\,l\,x^3}{12} + \frac{q\,x^4}{24} + C_1\,x + C_2.$$

Unter C_1 und C_2 sind darin die zunächst als willkürlich anzu-sehenden Integrationskonstanten zu verstehen. Ihre nähere Be-stimmung finden sie auf Grund der im einzelnen Falle vorgeschriebenen Grenzbedingungen, und damit kommen wir *zum dritten Schritte* des ganzen Vorgehens. Wir wissen im Falle von Abb. 44, daß y zu Null werden **muß** für $x = 0$ und auch für $x = l$, weil sich die Auflagerpunkte nicht verschieben können. Um diesen Bedingungen zu genügen, haben wir nachträglich

$$C_2 = 0 \quad \text{und} \quad C_1 = \frac{q\,l^3}{24}$$

zu setzen, womit man die fertige Lösung

$$y = q\,\frac{l^3x - 2lx^3 + x^4}{24\,E\,\theta} \tag{39}$$

erhält. Insbesondere erhält man daraus für den *Biegungspfeil,* worunter man die größte Durchbiegung f in der Mitte der Spann-weite versteht,

$$f = \frac{5}{384}\cdot\frac{q\,l^4}{E\,\theta} = \frac{5}{384}\cdot\frac{Q\,l^3}{E\,\theta}, \tag{40}$$

wenn man noch die Bezeichnung Q für die ganze vom Träger aufzunehmende Belastung einführt.

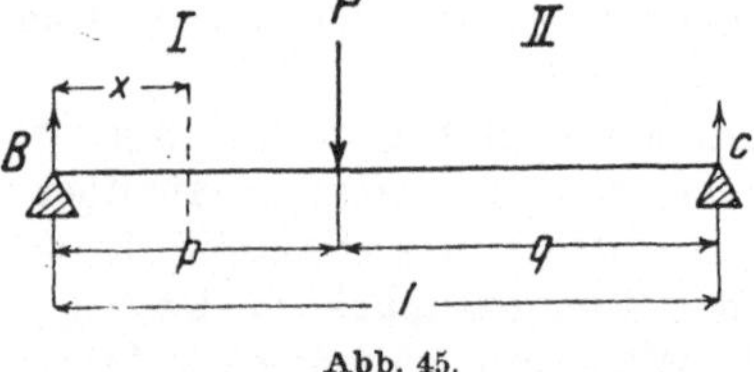

Abb. 45.

Dem ersten Beispiele lassen wir sofort ein zweites folgen, das durch Abb. 45 angegeben ist. Der Balken trägt hier eine Einzellast P im Abstande p vom linken Auflager. Die Auflagerkräfte B und C erhält man aus Momenten-gleichungen für die beiden Stützpunkte zu

$$B = P\frac{l-p}{l} = \frac{P\,q}{l} \text{ und } C = P\frac{p}{l}. \tag{41}$$

In diesem Falle ist es nicht möglich, einen einheitlichen Aus-druck für das Biegungsmoment M als Funktion der Querschnitts-

abszisse x anzugeben, der über die ganze Spannweite gültig wäre.
Wir haben vielmehr zwei verschiedene Balkenabschnitte, nämlich
I von $x = 0$ bis $x = p$ und II von $x = p$ bis $x = l$ zu unter-
scheiden. Innerhalb des ersten Abschnitts gilt

$$M_\mathrm{I} = Bx \quad \text{und im zweiten Abschnitte} \quad M = Bx - P(x - p).$$

Beide Aussagen wollen wir dahin zusammenfassen, daß

$$M = \underset{\mathrm{I}}{Bx,} - \underset{\mathrm{II}}{P(x - p)}. \tag{42}$$

gesetzt wird. Hierbei wird durch das Komma hinter dem ersten
Gliede darauf hingewiesen, daß der Ausdruck an dieser Stelle ab-
zubrechen ist, wenn es sich um einen Querschnitt handelt, für den
x kleiner oder höchstens gleich p ist. Im zweiten Abschnitte ist
dagegen auch das zweite Glied des Ausdrucks hinzuzunehmen. An
der Übergangsstelle selbst, also bei $x = p$ wird das zweite Glied
zu Null, und es ist daher gleichgültig, ob wir diesen Querschnitt
noch zum ersten oder schon zum zweiten Balkenabschnitte rechnen.

Setzen wir diesen Ausdruck für M in die Differentialgleichung
der elastischen Linie ein, so geht sie über in

$$E\theta\frac{d^2y}{dx^2} = - \underset{\mathrm{I}}{Bx,} + \underset{\mathrm{II}}{P(x - p)}.$$

und auch hier sind zwei verschiedene Gleichungen für die beiden
Balkenabschnitte oder, wie man in der Geometrie sagt, für die
beiden *Äste der elastischen Linie* wenigstens in einheitlicher Schreibweise zusammengefaßt. Auch bei der Integration der Gleichung
ist darauf genau zu achten. Wir können sie so ausführen, daß wir

$$E\theta\frac{dy}{dx} = C_1 - \underset{\mathrm{I}}{B\frac{x^2}{2},} + \underset{\mathrm{II}}{P\frac{(x - p)^2}{2}}.$$

schreiben. Eigentlich wäre nämlich die Integrationskonstante C_1
für beide Äste verschieden anzunehmen, da es sich von vornherein
um zwei verschiedene Differentialgleichungen handelte. Aber zu
den Grenzbedingungen, die zur Ermittlung der Integrationskonstanten dienen, gehört in diesem Falle, daß sich beide Äste der
elastischen Linie ohne Knick aneinander schließen müssen. Für
$x = p$ sollen also beide Äste gleich gerichtet sein, und dazu muß
$\frac{dy}{dx}$ den gleichen Wert annehmen, ob man das letzte Glied des
Ausdrucks für $x = p$ noch hinzunimmt oder nicht. Das ist aber
nur möglich, wenn man denselben Wert von C_1 in der vorhergehenden Gleichung für beide Äste gelten läßt.

Integriert man nochmals, so ergibt sich

$$E\theta y = C_2 + C_1 x - \underset{\mathrm{I}}{\frac{Bx^3}{6},} + \underset{\mathrm{II}}{P\frac{(x - p)^3}{6}}. \tag{43}$$

Auch hier gilt die neu hinzukommende Integrationskonstante C_2 für beide Äste zugleich, weil hiermit der Grenzbedingung entsprochen wird, daß der Endpunkt des ersten Astes mit dem Anfangspunkte des zweiten zusammenfallen muß.

Außerdem sind noch die Grenzbedingungen zu verwerten, daß an beiden Auflagern y zu Null werden muß. Für das zum Abschnitte I gehörige linke Auflager folgt daraus $C_2 = 0$, und für das rechte Auflager, das zum Abschnitt II gehört, erhält man

$$C_1 l - \frac{B\,l^3}{6} + P\,\frac{(l-p)^3}{6} = 0.$$

Setzt man hierin den Wert von B aus Gl. (41) ein und schreibt q an Stelle von $l - p$, so folgt daraus

$$C_1 = -\frac{Pq^3}{6l} + \frac{Pql}{6}.$$

Für einen Querschnitt x, der zum Balkenabschnitte I gehört, folgt hieraus nach Gl. (43)

$$y_\mathrm{I} = \frac{P\,x\,q}{6\,E\,\theta\,l}(l^2 - q^2 - x^2). \tag{44}$$

Es würde eine längere Rechnung erfordern, um auch die Ordinate y_II des zweiten Astes der elastischen Linie aus Gl. (43) zu entnehmen und den Ausdruck auf eine möglichst einfache Form zu bringen. Diese Rechnung können wir uns aber durch die Überlegung ersparen, daß sich der linke und der rechte Ast der analytischen Form nach nicht wesentlich voneinander unterscheiden können, da der rechte Ast zum linken wird, wenn man sich den Balken von der hinteren Seite her betrachtet denkt. Wir brauchen daher in Gl. (44) nur q durch p und x durch $l - x$ zu ersetzen, um sofort auch den für y_II gültigen Ausdruck daraus zu erhalten. So ergibt sich

$$y_\mathrm{II} = \frac{Pp(l-x)}{6\,E\,\theta\,l}\,(l^2 - p^2 - (l-x)^2). \tag{45}$$

Für die Senkung y_p, also für den Weg des Angriffspunktes der Last P folgt aus beiden Gleichungen übereinstimmend

$$y_p = \frac{Pp\,q}{6\,E\,\theta\,l}(l^2 - p^2 - q^2). \tag{46}$$

Als einfacher und wichtiger Sonderfall möge noch der in der Mitte belastete Balken hervorgehoben werden. In diesem Falle bezeichnet man die Senkung des Angriffspunktes der Last wieder als den Biegungspfeil und gebraucht dafür den Buchstaben f. Mit $p = q = \dfrac{l}{2}$ ergibt sich dafür aus Gl. (46)

$$f = \frac{Pl^3}{48\,E\,\theta}. \tag{47}$$

Das ist, wie sich leicht beweisen läßt, der größte Wert, den die Ordinate y der elastischen Linie für irgendeinen Querschnitt und für irgendeine Stellung der Last annehmen kann.

Ferner möge noch erwähnt werden, daß man die vorhergehende Betrachtung sinngemäß auch für den Fall wiederholen kann, daß der Balken zwei oder noch mehr Einzellasten trägt. Die Rechnungen und auch die Schlußformeln werden dann entsprechend länger, aber an sich nicht schwieriger. Anstatt dessen genügt es aber auch, wenn man sich in solchen Fällen auf das Superpositionsgesetz stützt. Man kann nämlich die Ordinate der elastischen Linie an irgendeiner Stelle durch eine Summe von so viel Gliedern darstellen, als Lasten vorkommen, wobei jedes Glied je nach der Lage der Stelle und der Lage des Lastangriffspunktes entweder entsprechend der Gl. (44) oder entsprechend (45) zu bilden ist.

Hierbei muß auch erwähnt werden, daß man die zu gegebenen Lasten gehörige elastische Linie auch auf zeichnerischem Wege erhalten kann als sogenanntes *zweites Seilpolygon*, was unter Umständen einfacher und zweckmäßiger ist als die rechnerische Ermittlung. Darauf soll aber hier nicht weiter eingegangen werden, da die Lehre vom Seilpolygon zur graphischen Statik gehört und besser dort besprochen wird.

Alle vorhergehenden Betrachtungen dieses Paragraphen beruhten auf der Voraussetzung einer „geraden Biegungsbelastung" des Balkens, d. h. die Lasten sollten sämtlich in einer Ebene enthalten sein, die durch eine der Querschnittshauptachsen des Balkens hindurchgeht. Diese Voraussetzung ist jedoch nicht so wesentlich für die Anwendbarkeit der hier abgeleiteten Formeln, als es zunächst vielleicht erscheinen mag.

Steht nämlich die Lastebene schief zu den Querschnittshauptachsen oder liegen die Lasten windschief zueinander (obschon alle senkrecht zur Stabachse), so ist nur nötig, jede Last durch zwei Komponenten zu ersetzen, die in den Richtungen der Querschnittshauptachsen gehen. Man erhält damit zwei Gruppen unter sich paralleler Lasten, von denen jede für sich eine gerade Biegungsbelastung des Balkens bildet. Für jede Gruppe ermittelt man die von ihr hervorgebrachten Durchbiegungen nach den vorhergehenden Lehren, worauf nur noch übrigbleibt, den Verschiebungsweg jedes Punktes der Stabachse dem Superpositionsgesetze gemäß durch geometrische Summierung aus den bereits festgestellten Einzelbeträgen abzuleiten. Im allgemeinen Falle geht hierbei die Stabachse in eine doppelt gekrümmte Kurve über.

§ 28. **Die Formänderungsarbeit im gebogenen Balken.** Wir kommen jetzt auf die Eingangsbetrachtungen des vorigen Paragraphen zurück und fragen nach der Formänderungsarbeit, die in einem zwischen zwei aufeinanderfolgenden Querschnitten liegenden Balkenelemente aufgespeichert wird. Zu diesem Zwecke können wir das Balkenelement von der Länge dx als einen selbständigen Körper auffassen, der durch die in den beiden Querschnitten übertragenen Spannungen belastet wird. Diese Spannungen gelten dann als äußere Kräfte, und die von ihnen während der Formänderung geleisteten Arbeiten sind der dem Endzustande entsprechenden potentiellen, d. h. der im Balkenelemente aufgespeicherten Energie gleichzusetzen.

Außer den Biegungsspannungen werden in den Querschnitten im allgemeinen Falle auch noch Schubspannungen übertragen. Beide leisten während der Formänderung Arbeiten, und zwar die Biegungsspannungen bei der von ihnen hervorgerufenen Drehung der Querschnitte gegeneinander um den Biegungswinkel und die Schubspannungen bei der gegenseitigen Schiebung der Querschnitte. Bei einem Stabe im eigentlichen Sinne des Wortes und überhaupt bei fast allen Fällen, mit denen man praktisch zu tun bekommt, überwiegt aber die Biegung und die ihr entsprechende Arbeit so weit die Wirkung der Schubkräfte, daß man die eine gegen die andere ohne merklichen Fehler vernachlässigen darf. Nur bei den „kurzen dicken" Stäben ist dies nicht mehr zulässig und darauf werden wir im fünften Abschnitt zurückkommen. Hier aber rechnen wir so, als wenn es sich bei dem betrachteten Balkenelemente um einen Zustand der reinen Biegungsbeanspruchung handelte. Bei der Ableitung der Differentialgleichung der elastischen Linie war dies im vorhergehenden Paragraphen ebenfalls schon geschehen.

Die Gestaltänderung des Balkenelementes bei der Biegung wird durch die Angabe des Biegungswinkels $d\varphi$ bereits genügend beschrieben und dieser ist uns aus Gl. (35) bekannt. Für die Berechnung der Arbeitsleistungen der äußeren Kräfte kommt es nur auf die relativen Bewegungen innerhalb des betrachteten Körperstücks an. Wir können uns daher den einen Querschnitt festgehalten denken, während sich der andere um $d\varphi$ dreht. Bei der Drehung bleibt der Querschnitt eben. Die an ihm angreifenden Biegungsspannungen leisten daher dieselbe Arbeit, als wenn die Querschnittsfläche zur Begrenzungsfläche eines starren Körpers gehörte, der sich ebenfalls um den Winkel $d\varphi$ und zwar um die Nullinie als Achse drehte. Die Arbeit wird daher als Produkt aus dem Biegungsmoment und dem Biegungswinkel gefunden. Dabei muß man jedoch, wie immer in solchen Fällen, beachten, daß das Moment erst während der Formänderung von Null bis zu seinem Endwerte M anwächst, so daß der Mittelwert halb so groß ist als der Endwert. Wir erhalten demnach für die im Balkenelemente aufgespeicherte Arbeit dA

$$dA = \tfrac{1}{2} M \, d\varphi = \frac{M^2 dx}{2E\Theta}, \qquad (48)$$

und schließlich für die potentielle Energie des ganzen Stabes

$$A = \int_0^l \frac{M^2}{2\,E\theta}\,dx = \frac{1}{2\,E\theta}\int_0^l M^2\,dx, \qquad (49)$$

wobei in der letzten Form des Ausdrucks vorausgesetzt wird, daß
der Stab über seine ganze Länge die gleiche Biegungssteifigkeit $E\theta$
hat. Das gehört zu den gewöhnlich als selbstverständlich betrachteten Eigenschaften eines Körpers, den man als Stab bezeichnet.
Es muß jedoch hinzugefügt werden, daß man die Gleichung in
der zuerst angeschriebenen allgemeineren Form auch auf Stäbe
mit veränderlichem Querschnitt anwendet. Das ist zwar nicht genau richtig, darf aber in der Regel als wenigstens näherungsweise
zutreffend angesehen werden.

Wir haben jetzt die *aufgespeicherte Arbeit* unmittelbar berechnet.
Anstatt dessen kann man aber auch feststellen, welche Arbeiten
von den einzelnen zur Belastung des ganzen Balkens gehörigen
äußeren Kräften geleistet werden. Die Summe dieser Arbeiten gibt
die dem ganzen Körper während der Formänderung *zugeführte
Energie* an. Unter der Voraussetzung, daß die Formänderung
vollkommen elastisch ist, können wir dann nachträglich die zugeführte gleich der aufgespeicherten Energie setzen, womit man
zu wichtigen Schlüssen gelangt.

Zur Erläuterung möge hier Abb. 46 dienen. Zwar handelt es
sich jetzt um Überlegungen von sehr allgemeiner Gültigkeit und
Tragweite, die keineswegs auf den Fall der Stabbiegung beschränkt
sind. Aber man macht sich damit am besten zuerst an der Hand
des einfachen Beispiels bekannt und überlegt sich erst nachträglich, daß der eingeschlagene Gedankengang davon in der Tat
ganz unabhängig ist.

Der Balken möge die drei Lasten $P_1 P_2 P_3$ tragen und sich an
den Angriffsstellen der Lasten um die kleinen Strecken $y_1 y_2 y_3$
durchbiegen, die in der Zeich-
nung übertrieben groß dargestellt sind. Aus den Formeln
des vorigen Paragraphen ergibt
sich, wie man diese Strecken für
den Fall unseres Beispiels berechnen kann. In anderen Fällen,

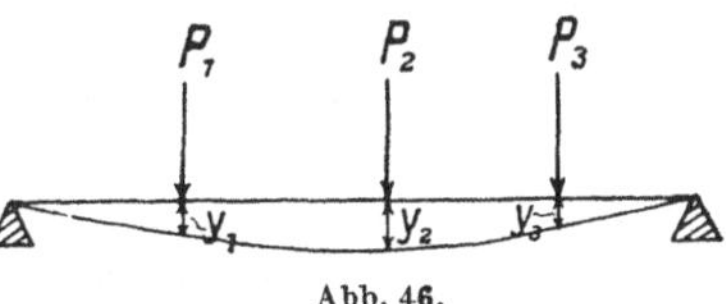

Abb. 46.

auf die sich die weiteren Erörterungen ebenfalls anwenden lassen,
wird freilich der Zusammenhang zwischen den P und den y ein
anderer sein. Jedenfalls soll aber wie bei fast allen Betrachtungen
der Festigkeitslehre auch hier vorausgesetzt werden, daß der
Körper dem Superpositionsgesetze gehorcht. Man kann dann
jedes y als eine Summe von Gliedern darstellen, die von den einzelnen P herrühren.

Um diesen Inhalt des Superpositionsgesetzes formelmäßig auszudrücken, setzen wir

$$\left.\begin{aligned}
y_1 &= \alpha_{11}P_1 + \alpha_{12}P_2 + \alpha_{13}P_3 \\
y_2 &= \alpha_{21}P_1 + \alpha_{22}P_2 + \alpha_{23}P_3 \\
y_3 &= \alpha_{31}P_1 + \alpha_{32}P_2 + \alpha_{33}P_3
\end{aligned}\right\} \cdot \tag{50}$$

Die Beiwerte α in diesem Ansatze hängen von der Gestalt und
den elastischen Eigenschaften des Körpers sowie auch von der
Lage der Angriffsstellen und von den Richtungen der Lasten P,
aber nicht mehr von der Größe der P ab. Man nennt diese Beiwerte *die Einflußzahlen und versieht sie mit zwei Zeigern, von
denen der erste angibt, welche Angriffsstelle gemeint ist, und der
zweite, von welcher Last der betreffende Einfluß herrührt.*

In unserem Beispiele fallen die Verschiebungswege y in die
gleiche Richtung wie die Lasten. Im allgemeinen trifft dies aber
nicht zu. Dann ist unter y_1 die in der Richtung der Kraft P_1
gehende Komponente des Verschiebungsweges zu verstehen, den
der Angriffspunkt dieser Kraft zurücklegt. Wir wollen aber jetzt
lieber bei dem einfachen Beispiele stehen bleiben.

Von grundlegender Bedeutung ist nun die Bemerkung, daß man
zu ganz verschiedenen Ausdrücken für die dem Körper durch die
Arbeitsleistung der Kräfte P zugeführte Energie gelangt, je nach
der Art der Herbeiführung des Endzustandes, nämlich je nach der
Reihenfolge, die man beim Aufbringen der Lasten einhält. Wie
man diese aber auch wählen mag, muß die Summe der Arbeitsleistungen der Kräfte P stets denselben Gesamtbetrag ergeben
Denn die zugeführte Energie ist in jedem Falle gleich der aufgespeicherten zu setzen, in unserem Falle also gleich dem durch
Gl. (49) angegebenen Werte von A, der nur vom Endzustande
abhängig ist. Diese Überlegung wird uns sofort zu wichtigen
Schlußfolgerungen führen.

Zuerst betrachten wir den Fall, *daß alle drei Lasten P in Abb. 46
gleichzeitig miteinander aufgebracht werden.* Das soll langsam in
dem schon in § 5 und § 6 besprochenen Sinn geschehen und zwar
so, daß alle Lasten den gleichen Bruchteil ihres Endwertes stets
gleichzeitig durchlaufen. Unter diesen Umständen wachsen auch
die verschiedenen y gleichmäßig miteinander an. Für die Berechnung der von einer der Kräfte P geleisteten Arbeit ist daher genau so wie schon in Gl. (12) von § 5 die Hälfte des Endwertes
von P als Durchschnittswert während der Formänderung einzusetzen. Hiernach ergibt sich für diese Art der Lastaufbringung
die Formänderungsarbeit zu

$$A = \tfrac{1}{2}(P_1 y_1 + P_2 y_2 + P_3 y_3) = \tfrac{1}{2}\sum Py. \tag{51}$$

Nach Einsetzen der für die y in Gl. (50) aufgestellten Ausdrücke folgt daraus

$$A = \frac{1}{2}\,\alpha_{11}P_1^2 + \frac{1}{2}\,\alpha_{22}P_2^2 + \frac{1}{2}\,\alpha_{33}P_3^2 + P_1P_2\,\frac{\alpha_{12}+\alpha_{21}}{2} \\ + P_1P_3\,\frac{\alpha_{13}+\alpha_{31}}{2} + P_2P_3\,\frac{\alpha_{23}+\alpha_{32}}{2}\,. \tag{52}$$

Nachdem dies festgestellt ist, berechnen wir ferner die Arbeitsleistung für den Fall, *daß die Lasten nicht miteinander, sondern nacheinander aufgebracht werden.* Die Reihenfolge möge dabei so gewählt werden, daß zuerst P_1 aufgebracht wird, hierauf P_2 und zuletzt P_3. Beim ersten Schritte leistet nur P_1 Arbeit auf einem Wege $\alpha_{11}P_1$, also unter Berücksichtigung des Faktors $\frac{1}{2}$ die Arbeit $\frac{1}{2}\alpha_{11}P_1^2$. Während des zweiten Schrittes ist P_1 schon in voller Größe vorhanden und beteiligt sich damit an der Herstellung des nächsten Formänderungszustandes, wogegen P_2 dabei erst allmählich von Null bis zum Endwerte hin anwächst. Der Arbeitsbetrag während des zweiten Schrittes ist daher

$$P_1 \cdot \alpha_{12}P_2 + \tfrac{1}{2}\alpha_{22}P_2^2.$$

Beim dritten Schritte, der zum Endzustande führt, wirken alle drei Kräfte zusammen, die beiden ersten schon in voller Größe und die dritte mit einem Durchschnittswerte gleich der Hälfte des Endwertes. Beim dritten Schritte wird daher die Arbeit

$$P_1 \cdot \alpha_{13}P_3 + P_2 \cdot \alpha_{23}P_3 + \tfrac{1}{2}\alpha_{33}P_3^2$$

geleistet. Faßt man die Arbeiten für alle drei Schritte zusammen, so erhält man für die dem Körper im ganzen zugeführte Energie unter passender Anordnung der einzelnen Glieder den Ausdruck

$$A = \tfrac{1}{2}\alpha_{11}P_1^2 + \tfrac{1}{2}\alpha_{22}P_2^2 + \tfrac{1}{2}\alpha_{33}P_3^2 + \alpha_{12}P_1P_2 \\ + \alpha_{13}P_1P_3 + \alpha_{23}P_2P_3. \tag{53}$$

Dieser Ausdruck muß aber mit dem in Gl. (52) erhaltenen von gleicher Größe sein, weil sie beide gleich derselben dritten Größe, nämlich gleich der im Endzustande aufgespeicherten Energie sind. Die Übereinstimmung für alle beliebigen Annahmen, die man für die Größe der P machen kann, erfordert, daß

$$\alpha_{12} = \alpha_{21}; \quad \alpha_{13} = \alpha_{31}; \quad \alpha_{23} = \alpha_{32} \tag{54}$$

sein muß. Hiermit ist der zuerst von dem englischen Physiker *Maxwell* aufgestellte und nach ihm benannte *Satz von der Gegenseitigkeit der Verschiebungen* bewiesen. Was hier unter „Gegenseitigkeit" zu verstehen ist, ergibt sich einerseits aus der Begriffsfestsetzung der Einflußzahlen durch die Gleichungen (50) und andererseits aus der Aussage der Gleichungen (54).

Nachträglich kann man sich davon überzeugen, daß der hier eingeschlagene Gedankengang von dem besonderen Beispiele in Abb. 46 ganz unabhängig ist. Er kann vielmehr sofort auch auf andere Fälle übertragen werden, solange nur bei diesen das Superpositionsgesetz gemäß den Gleichungen (50) unverändert gültig bleibt.

Wir kommen jetzt auf eine besondere Anwendung, die man von der vorhergehenden Betrachtung machen kann. Wir nehmen nämlich an, daß eine von den drei Lasten, etwa die Last P_3 unendlich klein sei gegenüber den beiden anderen. Um dies deutlich zum Ausdruck zu bringen, schreiben wir sie in Form eines Differentials an, setzen also weiterhin dP_3 an Stelle von P_3. Von den sechs Gliedern auf der rechten Seite von Gl. (53) sind alsdann drei von endlicher Größe, zwei sind unendlich klein von der ersten Ordnung, und nur das Glied mit P_3^2 wird von der zweiten Ordnung klein. Dieses Glied können wir gegen die vorhergehenden streichen, wenn wir feststellen wollen, um welchen Betrag dA die Formänderungsarbeit infolge der Zufügung von dP_3 zu den vorher schon vorhandenen Lasten P_1 und P_2 anwächst. Wir erhalten dann

$$dA = dP_3(\alpha_{13}P_1 + \alpha_{23}P_2) = dP_3(\alpha_{31}P_1 + \alpha_{32}P_2).$$

Die letzte Form des Ausdrucks ergibt sich nämlich aus der vorhergehenden auf Grund der Gleichungen (54). Andererseits aber ist nach den Gleichungen (50) für den jetzt vorausgesetzten Belastungsfall, bei dem P_3 wegfällt oder wenigstens unendlich klein ist,

$$y_3 = \alpha_{31}P_1 + \alpha_{32}P_2.$$

Hiermit geht die vorhergehende Gleichung nach Division mit dP_3 über in

$$\frac{\partial A}{\partial P_3} = y_3 \tag{55}$$

Die Verwendung von runden ∂ beim Anschreiben des Differentialquotienten soll darauf hinweisen, daß es sich um die Veränderung handelt, die A erfährt, wenn nur der kleine Lastzuwachs dP_3 dazukommt, während P_1 und P_2 unverändert bleiben.

Gewöhnlich wendet man Gl. (55) auf den besonderen Fall an, daß dP_3 mit einer der schon vorhandenen Lasten zusammenfällt, also etwa mit P_2. Das ist ohne weiteres zulässig, denn bei den vorhergehenden Betrachtungen wurde zwar P_3 als eine von P_1 und P_2 ganz unabhängige Last angesehen, aber es wurde niemals verlangt, daß sie an anderer Stelle angreifen müßte als die schon vorhandenen Lasten. Es steht uns daher frei, nachträglich über P_3 auch in dieser Weise zu verfügen, und dann können wir an Stelle von Gl. (55) auch

$$\frac{\partial A}{\partial P_2} = y_2 \tag{56}$$

schreiben, vorausgesetzt natürlich, daß A jetzt nur noch als Funktion von P_1 und P_2 anzusehen ist.

Daß außer P_3 nur noch zwei Lasten in unserem Beispiele vorkamen, entsprang dem Wunsche, einen möglichst leicht übersehbaren Fall vor Augen zu führen. Geht man aber die ganze Beweisführung nachträglich nochmals durch, so überzeugt man sich schnell, daß sie auch auf Fälle mit mehr Lasten und selbst auf einen Körper von anderer Gestalt und von anderer Belastungsweise sinngemäß übertragen werden kann. Wir dürfen daher Gl. (56) auch in der allgemeineren Form

$$\frac{\partial A}{\partial P_i} = Y_i \qquad (57)$$

anschreiben, in der P_i irgendeine der Lasten, und y_i die in der Richtung von P_i genommene Komponente der Verschiebung ihres Angriffspunktes ist.

Diese Gleichung spricht einen namentlich bei der Berechnung der statisch unbestimmten Tragkonstruktionen viel gebrauchten Satz aus. Er wurde von den italienischen Mathematikern, anscheinend zuerst von *Betti* aufgestellt, während ihn der Ingenieur *Castigliano*, nach dem er gewöhnlich benannt wird, zuerst in die praktische Anwendung bei den Festigkeitsberechnungen der Technik eingeführt hat.

Bei der Ableitung der vorhergehenden Gleichungen wurde unter A die dem Körper durch die Arbeit der äußeren Kräfte zugeführte Energie verstanden. Bei den Anwendungen, die man von Gl. (57) macht, setzt man dagegen für A den Ausdruck für die aufgespeicherte Energie ein. Das ist also bei der Anwendung auf den gebogenen Balken der durch Gl. (49) gegebene Ausdruck. Dieser Bedeutungswechsel ist zulässig, weil die aufgespeicherte Energie unter der bei allen diesen Betrachtungen selbstverständlichen Voraussetzung einer vollkommen elastischen Formänderung stets gleich der zugeführten Energie ist. Daher ändern sich auch beide um gleiche Beträge, wenn man ein Lastdifferential dP_i zu den schon vorhandenen Lasten hinzufügt.

Wir besprechen sofort ein *einfaches und wichtiges Beispiel* für

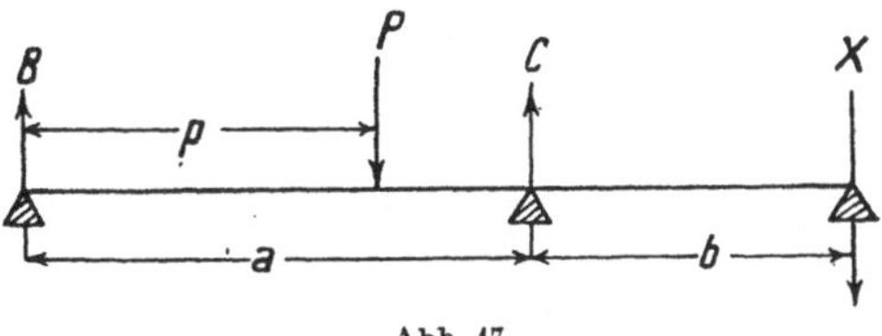

Abb. 47.

das bei der Anwendung von Gl. (57) einzuhaltende Verfahren. Abb. 47 stellt einen Balken dar, der an drei Punkten unterstützt ist, so daß er zwei Öffnungen mit den Spannweiten a und b überdeckt. Er soll eine Last P im Abstande p vom linken Auflager tragen, und gefragt wird nach den Auflagerkräften, die dadurch an den drei Stützpunkten hervorgerufen werden.

Wenn die Stütze am rechten Stabende fehlte, könnte man die Auflagerkräfte B und C mit Hilfe des Momentensatzes sofort in bekannter Weise berechnen. In diesem Falle würde der nach rechts hin vorkragende Teil des Stabes gerade bleiben, und seine Achse würde im Stützpunkte C eine Tangente an die elastische Linie. bilden, zu der der linke Teil der Stabachse verbogen würde. Dieselbe Formänderung nach Abb. 48 tritt auch ein, wenn die rechte Stütze zwar vorhanden ist, aber keinen Widerstand gegen ein Abheben des Stabes zu leisten vermag. Der Sinn der gestellten Aufgabe kommt aber darauf hinaus, die Auflagerkraft X an der rechten Stütze unter der Voraussetzung zu berechnen, daß die

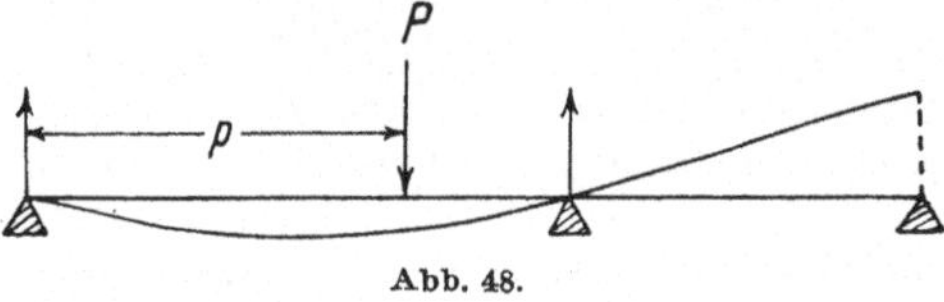

Abb. 48.

Stütze nicht nur eine Senkung, sondern auch eine Hebung des rechten Stabendes zu verhindern vermag.

Jedenfalls lehrt uns diese Überlegung schon, daß die Auflagerkraft X am Balken nach abwärts hin geht, daß es sich also bei ihr nicht um einen Auflagerdruck, sondern um einen Auflagerzug handelt. Mit diesem Pfeile wurde X auch schon in Abb. 47 eingetragen. Aus Gleichgewichtsbetrachtungen allein kann man X offenbar nicht berechnen, da diese Kraft zur Herstellung des Gleichgewichts am starren Körper neben der Last P und den Auflagerkräften bei B und C überhaupt nicht nötig wäre. Die Aufgabe ist also statisch unbestimmt und sie kann nur durch ein Eingehen auf die elastische Formänderung des Balkens gelöst werden.

Das kann noch auf verschiedene Art geschehen. Zuerst wollen wir uns des Verfahrens von Castigliano dazu bedienen. Wir denken uns die Auflagerkraft am rechten Trägerende durch eine Last X ersetzt, die wir so groß anzunehmen haben, daß sich ihr Angriffspunkt weder hebt noch senkt. Für das Zusammenwirken der beiden Lasten P und X läßt sich die aufgespeicherte Formänderungsarbeit nach Gl. (49) als Funktion von P und X berechnen, wie wir sofort zeigen werden: Durch Differentiation des damit gefundenen Ausdrucks nach X erhält man, wie Gl. (57) lehrt, den Weg des Angriffspunktes von X und zwar als eine lineare Funktion von P und X. Dieser Weg ist gleich Null zu setzen, und damit erhalten wir eine Gleichung ersten Grades, die nach der Unbekannten X aufgelöst werden kann.

Der erste Schritt zur Lösung der Aufgabe besteht in der Berechnung der Auflagerkraft B am linken Stützpunkte als Funktion von P und X. Aus dem Momentensatze erhält man

$$B = \frac{P(a-p) - Xb}{a}.$$

Hierauf berechnen wir die im ersten Balkenabschnitte von $x=0$ bis $x=p$ aufgespeicherte Formänderungsarbeit A_I, für die wir nach Gl. (49)

$$A_\mathrm{I} = \frac{1}{2E\theta} \int_0^p B^2 x^2 dx = \frac{B^2 p^3}{6E\theta} = \left[\frac{P(a-p) - Xb}{a}\right]^2 \cdot \frac{p^3}{6E\theta}$$

erhalten. Im zweiten Balkenabschnitte, der von $x=p$ bis $x=a$ reicht, ist

$$M_\mathrm{II} = Bx - P(x-p) = -\frac{Pp + Xb}{a}x + Pp,$$

und daraus ergibt sich die Formänderungsarbeit A_II in diesem Abschnitte zu

$$A_\mathrm{II} = \frac{1}{2E\theta} \int_p^a \left[\frac{(Pp + Xb)^2}{a^2}x^2 - 2Pp \cdot \frac{Pp + Xb}{a}x + P^2 p^2\right]dx$$

$$= \frac{1}{2E\theta}\left[\frac{(Pp + Xb)^2}{a^2} \cdot \frac{a^3 - p^3}{3} - 2Pp \cdot \frac{Pp + Xb}{a} \cdot \frac{a^2 - p^2}{2}\right.$$

$$\left. + P^2 p^2 (a - p)\right].$$

Im dritten Abschnitte des Balkens von $x=a$ bis $x=a+b$ drückt man das Biegungsmoment M_III am einfachsten als Moment der rechts vom Querschnitte angreifenden Last X aus, indem man

$$M_\mathrm{III} = - Xu$$

setzt, also unter u den Abstand vom rechten Trägerende versteht. Damit ergibt sich

$$A_\mathrm{III} = \frac{1}{2E\theta} \int_0^b X^2 u^2 du = \frac{X^2 b^3}{6E\theta}.$$

Um die statisch unbestimmte Größe X zu berechnen, haben wir jetzt die Gleichung

$$\frac{\partial A}{\partial X} = 0 \tag{58}$$

zu bilden, nachdem darin $A = A_\mathrm{I} + A_\mathrm{II} + A_\mathrm{III}$ eingesetzt ist. Damit erhalten wir eine Gleichung ersten Grades für X, die sich nach längerer, aber ganz einfacher Ausrechnung, die wir hier übergehen wollen, auflösen läßt und

$$X = \frac{Pp(a^2 - p^2)}{2ab(a + b)} \tag{59}$$

liefert. Damit ist das gesteckte Ziel auf dem von Castigliano angegebenen Wege erreicht.

Aber wir sind auf diesen Weg allein nicht angewiesen. Einfacher noch kommt man bei dem vorliegenden Beispiele zum Ziele, indem man sich auf die bereits in § 27 abgeleiteten Formeln stützt, die sich auf einen ganz ähnlichen Fall bezogen. Dabei ist es zweckmäßiger, zuerst den Auflagerdruck C an der Mittelstütze zu berechnen, also C als statisch unbestimmte Größe anzusehen.

Wir denken uns, wie in Abb. 49 angedeutet ist, die Mittelstütze entfernt und dafür eine nach oben hin gerichtete Last C angebracht, deren Größe durch die Bedingung bestimmt ist, daß sie

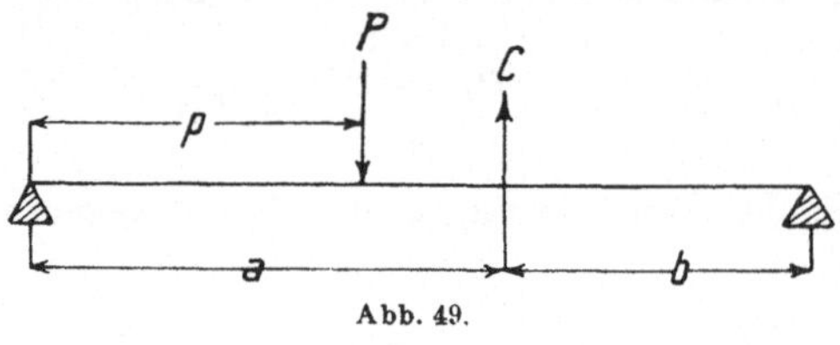

Abb. 49.

ihren Angriffspunkt um ebensoviel heben muß, als er bei dieser Stützungsweise des Balkens durch die Last P gesenkt wird. Die Senkung durch P folgt aus Gl. (45) von § 27, indem wir darin, den hier gebrauchten Bezeichnungen entsprechend, x durch a ersetzen, während die dort gebrauchte Bezeichnung l für die Strecke $a + b$ in Abb. 49 auch hier beibehalten werden mag. Damit ergibt sich die Senkung des Angriffspunktes von C durch die Last P zu

$$\frac{Ppb}{6E\theta l}\left(l^2 - p^2 - b^2\right).$$

Andererseits folgt die Hebung dieses Punktes durch die Kraft C selbst aus Gl. (46) zu

$$\frac{Cab}{6E\theta l}\left(l^2 - a^2 - b^2\right).$$

Indem man beide Werte einander gleichsetzt und dabei beachtet, daß $l = a + b$ ist, folgt nach einfacher Rechnung

$$C = \frac{Pp(a^2 + 2ab - p^2)}{2a^2b}. \tag{60}$$

Nachträglich kann man daraus auch noch den vorher mit X bezeichneten Auflagerzug am rechten Auflager aus der für den linken Stützpunkt des Trägers angeschriebenen Momentengleichung

$$Ca = Pp + X(a + b)$$

berechnen. Setzt man nämlich C aus Gl. (60) ein und löst nach X auf, so kommt man wieder auf den durch Gl. (59) angegebenen Wert zurück, was zur Bestätigung dafür dienen kann, daß bei den Ausrechnungen keine Rechenfehler vorgekommen sind.

Nachdem die Auflagerkräfte für den Fall einer Einzellast berechnet sind, kann man die Lösung derselben Aufgabe für den Fall einer beliebigen Belastung des Trägers daraus in sehr einfacher Weise zusammensetzen. Jede der Lasten P_1, P_2 ..., aus denen die ganze Belastung besteht, bringt nämlich für sich genommen einen Mittelstützendruck C nach Gl. (60) hervor, und der gesamte Auflagerdruck folgt daraus durch Summierung der einzelnen Beiträge zu

$$C = \sum \frac{Pp(a^2 + 2ab - p^2)}{2a^2b}, \qquad (61)$$

jedoch mit dem Vorbehalte, daß bei den Lasten, die zur rechten Öffnung gehören, der in dieser Formel vorkommende Abstand p vom rechten Auflager zu zählen und zugleich a mit b zu vertauschen ist.

§ 29. **Die Einflußlinien.** Wir geben jetzt noch eine dritte Lösung für die unmittelbar vorher behandelte Aufgabe. Wir denken uns in Abb. 47 die Mittelstütze des Trägers entfernt und an ihrer Stelle eine Last angebracht, die wir gleich der Lasteinheit, also etwa gleich 1 t oder 1 kg wählen. Hierauf ermitteln wir die Gestalt der Biegungslinie, die durch eine solche Belastung hervorgerufen wird. Die Ordinaten dieser Linie tragen wir in einer passend gewählten starken Verzerrung (vielleicht in 100- oder auch 1000-facher Größe) ab und gelangen damit auf eine im Maßstab auszuführende Zeichnung nach der Art von Abb. 50.

Die Ermittelung dieser verzerrten elastischen Linie erfolgt entweder auf graphischem Wege, indem man das zur Belastung $P = 1$ von der Stelle $p = a$ gehörige zweite Seileck nach den Lehren der graphischen Statik herstellt, oder man berechnet eine Anzahl von Ordinaten nach den Gleichungen (44) und (45) für die beiden Äste. Zu diesem

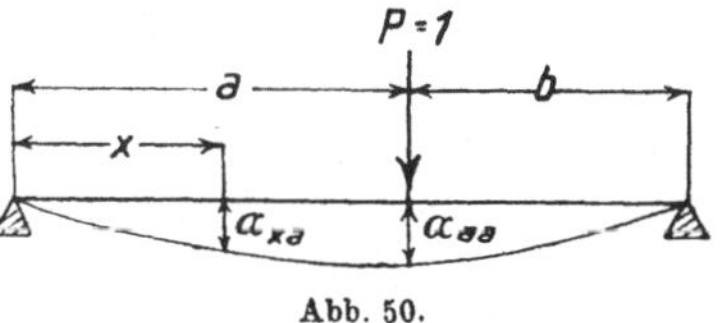

Abb. 50.

Zwecke hat man z. B. für den linken Ast in Gl. (44) $l = a + b$, ferner $p = a$ und $q = b$ einzusetzen, womit die Gleichung übergeht in

$$y_{\mathrm{I}} = \frac{Pb}{6E\theta l}(a^2 + 2ab - x^2)x. \qquad (62)$$

Nachträglich hat man darin noch P gleich der Lasteinheit anzunehmen und nach zahlenmäßiger Ausrechnung des vor der Klammer stehenden Beiwertes ihn mit der als passend erscheinenden Verzerrungszahl zu multiplizieren, um zu einer gut brauchbaren Zeichnung zu gelangen. Die Gleichung ist vom dritten Grade in x, und der linke Ast der Biegungslinie bildet daher ein Stück einer sogenannten kubischen Parabel. Das gilt auch vom rechten Aste; nur gehören beide nicht zu derselben kubischen Parabel.

In § 28 hatten wir im Zusammenhange mit den Gleichungen (50) den Begriff der Einflußzahlen eingeführt. Wenn wir davon Gebrauch machen, können wir Gl. (62) auch in der Form

$$\alpha_{xa} = \frac{b}{6\,E\theta l}\,(a^2 + 2\,ab - x^2)\,x \qquad (63)$$

anschreiben. Dabei deutet der erste Zeiger an α auf den Querschnitt x in Abb. 50 und der zweite auf den Querschnitt a hin, in demselben Sinne wie diese Zeiger früher in § 28 gebraucht wurden. Nach dem durch die Gleichungen (54) ausgesprochenen Maxwellschen Satze über die Gegenseitigkeit der Verschiebungen ist aber $\alpha_{ax} = \alpha_{xa}$, und man hat daher auch

$$\alpha_{ax} = \frac{b}{6\,E\theta l}\,(a^2 + 2\,ab - x^2)\,x.$$

Nach diesen Vorbereitungen kehren wir zu der vorher im Anschlusse an Abb. 49 behandelten Aufgabe zurück, eine nach oben hin gerichtete Kraft C an der Stelle der dabei entfernt gedachten Mittelstütze so zu wählen, daß ihr Angriffspunkt unter der gleichzeitigen Belastung des Trägers durch die beiden Kräfte P und C in Ruhe bleibt. Die Bedingung dafür lautet

$$P\alpha_{ax} = C\alpha_{aa},$$

und daraus erhält man als Lösung der Aufgabe die Gleichung

$$C = P\frac{\alpha_{ax}}{\alpha_{aa}} = P\frac{\alpha_{xa}}{\alpha_{aa}}, \qquad (64)$$

in der die α aus der im Maßstabe ausgeführten Zeichnung nach Art der Abb. 50 unmittelbar entnommen werden können.

Wählt man den Maßstab, nach dem man die Strecken α in Abb. 50 ausmißt, nachträglich so, daß $\alpha_{aa} = 1$ wird, so gibt die in diesem neuen Maßstabe ausgemessene Strecke α_{xa} unmittelbar die zur Laststelle x gehörige *Einflußzahl für den Mittelstützendruck* an. Die Linie, zu der alle diese Ordinaten α_{xa} gehören, wird daher auch als die *Einflußlinie* bezeichnet.

Man kann die vorhergehenden Erörterungen zu dem Satze zusammenfassen, daß *die zu einer Last $P = 1$ an der Stelle der Mittelstütze gehörige Biegungslinie zugleich die Einflußlinie auf den Mittelstützendruck für den über zwei Öffnungen durchlaufenden Balken bildet.*

Nachdem man die Einflußlinie, etwa auf graphischem Wege mit Hilfe eines „zweiten Seilecks" aufgetragen hat, kann man auch für jede Stellung einer beliebig gegebenen Lastgruppe, also etwa eines Eisenbahnzugs, der über die Brücke fährt, den Mittelstützendruck in sehr einfacher Weise daraus ableiten. Dazu ist nur nötig, jede Last mit der zur gleichen Abszisse gehörigen Einflußzahl zu multiplizieren und alle diese Produkte zu addieren.

Sobald man aber den Mittelstützendruck hat, folgen daraus auch die Auflagerkräfte an den Endstützen aus Momentengleichungen. Man kann dann ferner auch für jeden Querschnitt des Trägers das der betreffenden Laststellung entsprechende Biegungsmoment ausrechnen. Oder man kann auch, wenn man die graphische Lösung vorzieht, zu der ins Auge gefaßten Laststellung die Momentenfläche mit Hilfe eines ersten Seilecks herstellen, das man zu den gegebenen Lasten und dem vorher festgestellten Mittelstützendruck zeichnen kann.

Aus diesen Bemerkungen geht hervor, daß die Festigkeitsberechnung eines über zwei Öffnungen durchlaufenden Trägers nach der Erledigung der Vorarbeit des Auftragens der Einflußlinie keine wesentlich größeren Schwierig-

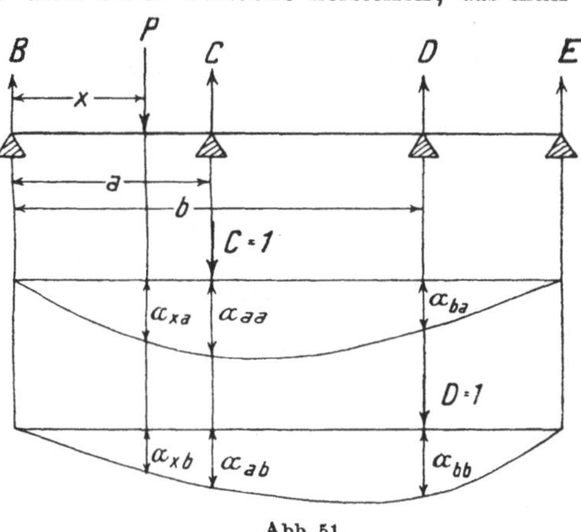

Abb. 51.

keiten mehr macht als die eines statisch bestimmten Trägers, der nur eine einzige Öffnung überdeckt.

Mit Hilfe von Abb. 51 soll noch auseinandergesetzt werden, wie man dasselbe Verfahren auch für die Berechnung eines über drei Öffnungen hinwegreichenden und daher zweifach statisch unbestimmten Trägers anwenden kann. Man denke sich beide Mittelstützen entfernt und an der Stelle a eine Last $C = 1$ angebracht (entweder nach abwärts oder auch nach oben hin gerichtet, wie man will). Die zu diesem Belastungsfalle gehörige Biegungslinie ist wie in Abb. 50 aufzutragen. Sie liefert zu den Querschnitten a, b und dem beliebig herausgegriffenen Querschnitte x die Einflußzahlen α_{aa}, α_{ba} und α_{xa}. Hierauf zeichnet man darunter eine zweite Biegungslinie für den wiederum nur an beiden Enden unterstützten Träger, die zu einer Last $D = 1$ am Querschnitte b gehört.

Um nach diesen Vorarbeiten die zu einer Last P im Querschnitte x gehörigen Auflagerkräfte C und D zu ermitteln, schreibt man die Bedingungsgleichungen dafür an, daß sich die Angriffspunkte von C und D beim Zusammenwirken dieser Kräfte mit der gegebenen Last P am ganzen Balken weder heben noch senken dürfen. Diese Gleichungen lauten

$$\left.\begin{aligned}
\alpha_{aa}C + \alpha_{ab}D &= \alpha_{ax}P, \\
\alpha_{ba}C + \alpha_{bb}D &= \alpha_{bx}P
\end{aligned}\right\} \qquad (65)$$

Dabei bestehen zwischen den Einflußzahlen nach dem Maxwellschen Satze die Beziehungen $\alpha_{ax} = \alpha_{xa}$ und $\alpha_{bx} = \alpha_{xb}$ sowie auch $\alpha_{ab} = \alpha_{ba}$. Die letzte Übereinstimmung kann zur Prüfung der Genauigkeit der Zeichnung verwendet werden. Die anderen dagegen führen dazu, daß alle in den vorstehenden Gleichungen vorkommenden α aus der Zeichnung entnommen werden können. Berücksichtigt man dies und löst nach C auf, so erhält man

$$C = P \cdot \frac{\alpha_{xa}\alpha_{bb} - \alpha_{xb}\alpha_{ab}}{\alpha_{aa}\alpha_{bb} - \alpha_{ab}^2} . \tag{66}$$

Der Wert von D ergibt sich daraus, indem man die Zeiger a und b an den auf der rechten Seite der Gleichung vorkommenden Einflußzahlen miteinander vertauscht.

Die Einflußlinie für den Mittelstützendruck C wird erhalten, indem man für eine Reihe von Werten der Abszisse x und für den Wert $P = 1$ den Ausdruck (66) ausrechnet und die erhaltenen Werte in einem geeigneten Maßstabe in einer besonderen Zeichnung als Ordinaten aufträgt, die zu den Abszissen x gehören. Ebenso kann man auch die Einflußlinie für die Auflagerkraft D auftragen. Nachdem dies alles geschehen ist, vermag man genau so, wie es vorher beim Träger über nur zwei Öffnungen besprochen wurde, zu jeder Stellung einer vorgeschriebenen Lastgruppe die statisch unbestimmten Auflagerkräfte C und D anzugeben. Die weitere Festigkeitsberechnung, also die Ermittelung der Biegungsmomente usf. erfolgt von da ab ebenso, als wenn es sich um einen statisch bestimmten Träger handelte, der nur an den beiden Endstützen aufruhte, und bei dem außer den nach abwärts gehenden Lasten auch noch zwei nach oben gerichtete Lasten C und D vorkämen.

§ 30. **Der Stab auf nachgiebiger Unterlage.** Wir denken uns einen Stab von der Länge $2a$ (vgl. Abb. 52) auf den Erdboden gelegt und in der Mitte durch eine Last P belastet. Gefragt wird, nach welchem Gesetze sich der Druck auf den Boden über die Stablänge hin verteilt, ferner um wieviel der Boden an den verschiedenen Stellen nachgibt oder auch, was auf dasselbe hinauskommt, wie der Stab durch die an ihm angreifenden Kräfte gebogen wird.

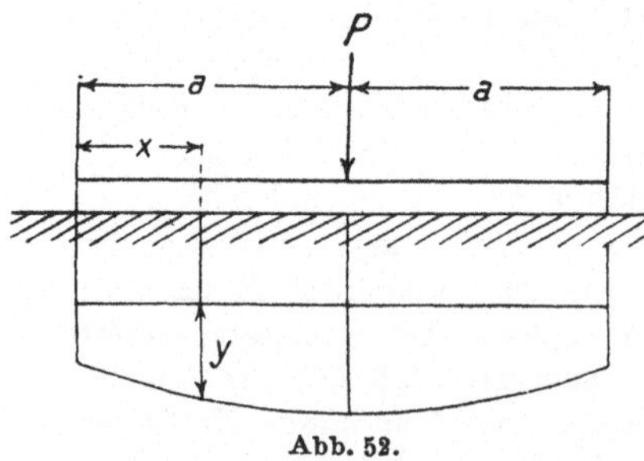

Abb. 52.

Die hier aufgeworfenen Fragen sind hauptsächlich für die Berechnung des Eisenbahnoberbaues von Bedeutung. In ähnlicher Gestalt treten sie aber auch in manchen anderen Fällen auf. Bei einer Eisenbahnquerschwelle kommen zwei Lasten vor, die von den Schienen auf die Schwelle übertragen werden. Wir wollen aber jetzt bei dem durch Abb. 52 dargestellten einfacheren Belastungsfalle stehenbleiben, da sich, nachdem er erledigt ist, ohnehin leicht einsehen läßt, wie man die dabei anzustellenden Überlegungen auf andere Fälle zu übertragen hat.

Bei unserer Aufgabe haben wir es mit einem Zusammenwirken von zwei elastisch nachgiebigen Körpern zu tun. Von welchen Gesetzen die Biegung des Stabes abhängig ist, wissen wir bereits. Von der elastischen Nachgiebigkeit des Erdbodens weiß man dagegen zunächst nur, daß sie jedenfalls von der Größe des darauf übertragenen Druckes abhängen wird, und zwar die Einsenkung an jeder Stelle vorwiegend von dem an dieser Stelle selbst und in der nächsten Nachbarschaft übertragenen Drucke. Ferner läßt sich auch aus der Erfahrung schließen, daß die Formänderung, die der Erdboden unter einer solchen Belastung erfährt, in den praktisch vorkommenden Fällen, für die eine nähere Berechnung verlangt wird, als nahezu vollkommen elastisch angesehen werden darf. Dies geht nämlich aus der Beoachtung hervor, daß eine gut verlegte und gleichmäßig unterstopfte Eisenbahnschwelle viele Tausende von Lasten während des Eisenbahnbetriebes über sich hinweggehen läßt, ohne daß sie im Erdboden versinkt, obschon jede einzelne Last eine recht merkliche und ohne besondere Hilfsmittel wahrnehmbare Einsenkung hervorbringt.

Die sich hier einstellende Frage nach dem genaueren Gesetze der elastischen Formänderung, die ein weithin ausgedehnter Körper wie der Erdboden in der Nähe der Angriffsstelle einer Einzellast erfährt, bildet eine Aufgabe der höheren Festigkeitslehre, die eine befriedigende Lösung bereits gefunden hat. Bei der Berechnung des Eisenbahnoberbaues und bei allen ähnlichen Aufgaben macht man aber keinen Gebrauch von dieser Lösung, weil die sich darauf stützenden Rechnungen viel zu umständlich würden. Man behilft sich vielmehr mit einem viel einfacheren Ansatze, der zwar nicht ganz richtig, aber für diese Zwecke genau genug ist.

Man nimmt nämlich an, daß die im unteren Teile von Abb. 52 in starker Verzerrung angegebene Einsenkung y dem gerade an dieser Stelle übertragenen, auf die Längeneinheit des Stabes bezogenen Drucke p proportional zu setzen sei. Man setzt also

$$p = ky, \qquad (67)$$

worin k ein von der Art der Bettung und ihren elastischen Eigenschaften abhängiger Festwert ist, den man als die *Bettungsziffer* bezeichnet. Mit Rücksicht auf diesen Zusammenhang kann man daher den unteren Teil von Abb. 52 nicht nur als eine Darstellung der elastischen Formänderung von Stab und Erdboden sondern zugleich auch als ein Diagramm der Lastverteilung über den Erdboden in der Längsrichtung des Stabes ansehen, das nach einem in Übereinstimmung mit Gl. (67) stehenden Maßstabe auszumessen ist.

Da die Diagrammlinie zugleich auch die Biegungslinie des Stabes angibt, muß sie der Differentialgleichung (37) von § 27

$$E\theta \frac{d^2 y}{d x^2} = - M \tag{68}$$

genügen. Die Biegungssteifigkeit $E\theta$ des Stabes kann darin als gegeben angesehen werden. Das Biegungsmoment M, das zu einem bestimmten Stabquerschnitte gehört, ist dagegen vorläufig ebensowenig bekannt wie die Ordinate y.

Hier erinnern wir uns des schon in § 21 besprochenen Zusammenhanges zwischen Biegungsmoment M und Schubkraft V, der damals in Gl. (2)

$$V = \frac{d M}{d x}$$

ausgesprochen wurde. Daß die den Balken biegenden Lasten hier aus den nach oben gerichteten Auflagerkräften bestehen, die vom Erdboden darauf übertragen werden, während in § 21 eine nach abwärts gerichtete Belastung vorkam, ändert an dieser Beziehung nichts, ebensowenig auch, daß die hier vorkommenden Lasten stetig verteilt sind, während damals Einzellasten betrachtet wurden, da man sich jede stetige Belastung auch durch eine sehr große Zahl entsprechend kleiner und sehr nahe beieinander liegender Einzellasten ersetzt denken kann.

Um in Gl. (68) V an Stelle von M treten lassen zu können, differentiieren wir die Gleichung nach x und erhalten

$$E\theta \frac{d^3 y}{d x^3} = - \frac{d M}{d x} = - V. \tag{68a}$$

Auch V ist uns zwar nicht unmittelbar gegeben; aber wir wissen doch, daß sich V von einem Querschnitte x zu einem Nachbarquerschnitte $x + d x$ um ein Differential $d V$ ändert, das gleich $p\,d x$ ist, so daß man

$$\frac{d V}{d x} = p$$

hat. Um p an Stelle von V einführen zu können, genügt es daher, die vorhergehende Gleichung nochmals nach x zu differentiieren. Damit erhalten wir

$$E\theta \frac{d^4 y}{d x^4} = - \frac{d V}{d x} = - p$$

und in Verbindung mit dem durch Gl. (67) ausgesprochenen Ansatze können wir dafür

$$E\theta \frac{d^4 y}{d x^4} = - k y \tag{69}$$

schreiben. In dieser Gleichung kommt nur noch *eine* unbekannte Funktion y von x vor. Sie ist zwar eine Differentialgleichung vierter Ordnung, aber von besonders einfacher Art, so daß ihre Lösung gar keine Schwierigkeiten macht. Vorher schreiben wir sie unter Zusammenfassung der darin vorkommenden Festwerte kürzer an in der Form

$$\frac{d^4 y}{dx^4} = -4\,\alpha^4 y, \tag{70}$$

indem wir unter α den unveränderlichen und als gegeben anzusehenden Wert

$$\alpha = \sqrt[4]{\frac{k}{4\,E\theta}} \tag{71}$$

verstehen. Hierauf können wir die allgemeine Lösung der Differentialgleichung in der Form

$$y = C_1 e^{\alpha x}\cos\alpha x + C_2 e^{\alpha x}\sin\alpha x + C_3 e^{-\alpha x}\cos\alpha x$$
$$+ C_4 e^{-\alpha x}\sin\alpha x \tag{72}$$

anschreiben, in der unter den C die vier willkürlichen Integrationskonstanten zu verstehen sind, die in der allgemeinen Lösung einer Differentialgleichung vierter Ordnung vorkommen müssen.

Um die Richtigkeit der Lösung zu beweisen, bilden wir die Differentialquotienten des aufgestellten Ausdrucks nach den gewöhnlichen Differentiationsregeln und erhalten der Reihe nach bei passender Zusammenfassung der einzelnen Glieder

$$\frac{dy}{dx} = \alpha\,[e^{\alpha x}\cos\alpha x\,(C_1 + C_2) + e^{\alpha x}\sin\alpha x\,(C_2 - C_1)$$
$$+ e^{-\alpha x}\cos\alpha x\,(C_4 - C_3) + e^{-\alpha x}\sin\alpha x\,(-C_3 - C_4)]$$

$$\frac{d^2 y}{dx^2} = 2\,\alpha^2\,[e^{\alpha x}\cos\alpha x \cdot C_2 - e^{\alpha x}\sin\alpha x \cdot C_1 - e^{-\alpha x}\cos\alpha x \cdot C_4$$
$$+ e^{-\alpha x}\sin\alpha x \cdot C_3]$$

$$\frac{d^3 y}{dx^3} = 2\,\alpha^3\,[e^{\alpha x}\cos\alpha x\,(C_2 - C_1) - e^{\alpha x}\sin\alpha x\,(C_1 + C_2)$$
$$+ e^{-\alpha x}\cos\alpha x\,(C_3 + C_4) + e^{-\alpha x}\sin\alpha x\,(C_4 - C_3)]$$

$$\frac{d^4 y}{dx^4} = -4\,\alpha^4\,[e^{\alpha x}\cos\alpha x \cdot C_1 + e^{\alpha x}\sin\alpha x \cdot C_2$$
$$+ e^{-\alpha x}\cos\alpha x \cdot C_3 + e^{-\alpha x}\sin\alpha x \cdot C_4].$$

Beim Vergleiche des vierten Differentialquotienten mit dem Ausgangswerte für y in Gl. (72) erkennt man auf den ersten Blick, daß wir hiermit in der Tat eine Lösung von Gl. (70) gefunden haben, und daß sie die allgemeinste Lösung dieser Gleichung ist, folgt daraus, daß sie die notwendige Zahl von vier willkürlichen Integrationskonstanten enthält.

Die allgemeine Lösung gilt nicht nur für den durch Abb. 52 bezeichneten Belastungsfall, sondern für jeden Ast der elastischen Linie eines Stabes auf nachgiebiger Unterlage, der eine Anzahl beliebig verteilter Einzellasten aufzunehmen hat. Insbesondere gilt sie auch für die Eisenbahnquerschwelle. Die Zahl der Äste,

zwischen denen man zu unterscheiden hat, ist stets um Eins größer
als die Zahl der Lasten. Zwischen je zwei Lasten und zwischen
jedem Stabende und der ihm benachbarten Last liegt nämlich ein
Ast, für den alle vier Integrationskonstanten C der allgemeinen
Lösung besonders zu ermitteln sind. Dazu gehört bei n Ästen
die Auflösung von $4n$ Gleichungen ersten Grades nach den $4n$
unbekannten Integrationskonstanten. Die Rechnungen werden daher bei einer größeren Zahl von Ästen sehr umständlich, wenn sie
auch an sich nicht schwierig sind, sondern nur viel Zeit und Ge-
duld erfordern.

Hier wollen wir uns damit begnügen, für den durch Abb. 52
bezeichneten einfachsten Fall die Bedingungsgleichungen aufzustellen, denen die Integrationskonstanten genügen müssen. Da
der rechte Ast symmetrisch zum linken ist, reicht es aus, den linken Ast zu betrachten.

Am linken Stabende in Abb. 52 wird das Biegungsmoment M
und die Scherkraft V zu Null, und daher muß dort auch, wie
aus den Gleichungen (68) und (68a) hervorgeht, der zweite und
der dritte Differentialquotient von y zu Null werden. Setzt man
in den dafür aufgestellten Ausdrücken $x = 0$ ein, so erhält man
die beiden Bedingungsgleichungen

$$C_2 - C_4 = 0 \quad \text{und} \quad C_2 - C_1 + C_3 + C_4 = 0.$$

Ferner muß in der Stabmitte, also am rechten Ende des linken
Astes wegen der Symmetrie die elastische Linie eine horizontal
gerichtete Tangente haben. Für $x = a$ muß daher der erste Differentialquotient zu Null werden, woraus sich die Gleichung ergibt

$$e^{\alpha a}\cos\alpha a \cdot (C_1 + C_2) + e^{\alpha a}\sin\alpha a \cdot (C_2 - C_1)$$
$$+ e^{-\alpha a}\cos\alpha a \cdot (C_4 - C_3) + e^{-\alpha a}\sin\alpha a(-C_3 - C_4) = 0.$$

Endlich weiß man noch, daß die Schubkraft V unmittelbar vor
der Stabmitte gleich $\frac{1}{2}P$ sein muß, da der Symmetrie wegen die
Summe der Auflagerkräfte für jede Stabhälfte gleich der Hälfte
der Belastung ist. Daraus erhält man mit Rücksicht auf Gl. (68a)
die Bedingungsgleichung

$$2\,\alpha^3\,[e^{\alpha a}\cos\alpha a\,(C_2 - C_1) - e^{\alpha a}\sin\alpha a\,(C_1 + C_2)$$
$$+ e^{-\alpha a}\cos\alpha a\,(C_3 + C_4) + e^{-\alpha a}\sin\alpha a\,(C_4 - C_3)] = -\frac{P}{2E\theta}.$$

Die Auflösung der vier Gleichungen nach den Unbekannten C soll
hier unterbleiben.

Dagegen möge noch auf eine etwas andere Art der Behandlung
der Aufgabe hingewiesen werden. Man hätte nämlich für das Beispiel in Abb. 52 die allgemeine Lösung (72) der Differentialgleichung
von vornherein auf den rechten Ast der elastischen Linie anwenden
können, und zwar so, daß man die Abszissen x von einem in der Stabmitte liegenden Ursprunge aus nach rechts hin positiv gezählt hätte

Dann hätte man für $x = 0$ die Grenzbedingungen $V = -\dfrac{1}{2} P$ und $\dfrac{dy}{dx} = 0$ und für das rechte Stabende $x = a$ die Grenzbedingungen $V = 0$ und $M = 0$ zu verwenden gehabt. Mit dieser Art der Darstellung ist der Vorteil verbunden, daß man in der gefundenen Lösung nachträglich auch $a = \infty$ annehmen kann. Damit findet man die Druckverteilung einer sehr langen Schiene, die auf den Erdboden gelegt ist und eine Einzellast in der Mitte zu tragen hat. Die Ausrechnung lehrt, daß in diesem Falle in verhältnismäßig großen Abständen von der Lastangriffsstelle der Druck p und die Ordinate y negative Werte annehmen. Die Schiene müßte sich daher dort vom Boden abheben, wenn sie daran nicht durch das bei dieser Betrachtung vernachlässigte Eigengewicht verhindert würde.

§ 31. **Die krummen Stäbe.** Bisher war zwar immer nur von geraden Stäben die Rede. Man kann aber die für sie abgeleiteten Lehren wenigstens zum großen Teile und mit geringfügigen Änderungen auch auf andere langgestreckte Körper übertragen, deren Mittellinie oder Stabachse (wie wir auch hier sagen wollen) schon im unbelasteten Zustande gekrümmt ist. Wesentlich für die Möglichkeit einer solchen Übertragung ist nur die Voraussetzung, daß sowohl die Stablänge als auch der Krümmungshalbmesser der Stabachse an allen Stellen als groß angesehen werden können im Vergleiche zu den Querschnittsabmessungen.

Um diese Voraussetzung noch besonders hervorzuheben, spricht man auch von *„schwach gekrümmten Stäben"* und stellt ihnen die *stark gekrümmten* gegenüber, unter denen solche einigermaßen stabähnliche Körper zu verstehen sind, bei denen die Krümmungshalbmesser der Stabachse nicht allzuviel größer sind als die Querschnittsmaße. Eine solche Körpergestalt hat aber zur Folge, daß die Stablänge ebenfalls verhältnismäßig klein ist, wenn sich der Körper nicht gar (ganz oder nahezu) zu einem ringförmigen Körper zusammenschließen soll.

Hiermit entfernt man sich aber soweit von dem ursprünglichen Begriffe des Stabes, auf den sich die Biegungslehre zunächst allein bezieht, daß man sich nicht darüber wundern darf, wenn die bedenkenlose Übertragung der in der Biegungslehre abgeleiteten Gesetze oder auch der Annahmen, die sich bei ihr bewährt haben, auf Körper von so stark davon abweichender Gestalt gelegentlich zu Folgerungen führt, die durch die Erfahrung keineswegs bestätigt werden. Das gilt besonders von der Festigkeitsberechnung der Haken. Bei dieser ist es früher fast allgemein üblich gewesen, die bei der Biegungslehre des Stabes bewährte Annahme zugrunde zu legen, daß die Querschnitte bei der Formänderung eben blieben. Auch jetzt werden vermutlich viele noch an dieser nicht nur unbegründeten, sondern auch zu recht umständlichen Rechnungen führenden Annahme festhalten. Aber die Folgerungen, zu denen man dabei gelangt, stehen im Widerspruche mit der Erfahrung, insbesondere mit den Ergebnissen von Dauerversuchen, die zur

Prüfung dieser Theorie im Münchener Festigkeitslaboratorium durchgeführt wurden.

Diese Bemerkungen sollten zur Warnung vor voreiligen Über-tragungen der Ansätze der Biegungslehre auf zu stark vom Be-griffe des Stabes abweichende Körperformen vorausgeschickt wer-den. Hier aber wollen wir uns weiterhin nur mit den schwach gekrümmten Stäben beschäftigen, bei denen diese Bedenken nicht bestehen.

Die Möglichkeit, die meisten Sätze der Biegungslehre auch auf schwach gekrümmte Stäbe zu übertragen, beruht auf der folgen-den Überlegung. Man denke sich einen ursprünglich geraden Stab in geeigneter Weise belastet, in solcher Art daß die elastische Linie eine Gestalt annimmt, die mit der Gestalt der Stabmittel-linie des krummen Stabes im unbelasteten Zustande übereinstimmt. Zugleich nehmen wir dabei an, daß der ursprünglich gerade Stab aus einem Stoffe bestehe, der sich hinreichend weit verbiegen läßt. ohne daß die Proportionalitätsgrenze damit überschritten würde. Diese Annahme ist unbedenklich, weil wir ausdrücklich einen schwach gekrümmten Stab vorausgesetzt haben.

Nachdem der ursprünglich gerade Stab die gewünschte Gestalt angenommen hat, fügen wir zu der Gleichgewichtsgruppe von Lasten, die ihn in diesen Zustand gebracht hat, noch eine weitere Gleichgewichtsgruppe von äußeren Kräften hinzu, die genau mit jener übereinstimmt, die dem ursprünglich schon gekrümmten Stab aufgebürdet werden soll. Unter der Voraussetzung, daß beide Stäbe nicht nur gleichen Querschnitt, sondern auch gleiche ela-stische Eigenschaften haben und daß die Proportionalitätsgrenze des Baustoffes auch bei der weiteren Formänderung nicht über-schritten wird, werden sie sich der neu hinzukommenden Belastung gegenüber auch beide gleich verhalten. Dies folgt aus dem Super-positionsgesetze in seiner Anwendung auf den ursprünglich geraden Stab, und dadurch sind wir in den Stand gesetzt, auch das Ver-halten des krummen Stabes unter der von ihm aufzunehmenden Belastung vorauszusagen.

Weiterhin wollen wir uns auf die Untersuchung eines Stabes beschränken, dessen Mittellinie im unbelasteten Zustande eine ebene Kurve bildet. Der Querschnitt des Stabes soll überall gleich sein und eine der beiden Querschnittshauptachsen soll in die Stab-ebene fallen. Auch die Belastung, die der Stab aufzunehmen hat, möge ausschließlich aus Kräften bestehen, deren Richtungslinien selbst in der Stabebene enthalten sind. Unter diesen Umständen dürfen wir von vornherein erwarten, daß die Stabachse auch nach der Formänderung, die sie unter diesen Lasten erfährt, immer noch eine ebene Kurve bildet.

Wir fassen jetzt ein Stabelement ins Auge, das von zwei Quer-schnitten begrenzt wird, die im Abstande ds voneinander liegen.

Der Winkel, den die beiden Querschnitte schon im unbelasteten Zustande miteinander einschließen, sei mit $d\varphi_0$ und der Krümmungshalbmesser der Stabachse an dieser Stelle mit r_0 bezeichnet. Zwischen diesen Größen besteht der Zusammenhang

$$r_0 \, d\varphi_0 = ds. \tag{73}$$

An einem ursprünglich geraden Stabe müßte, um den Krümmungshalbmesser r_0 hervorzubringen, an dieser Stelle ein „Ersatzbiegungsmoment" M_0 bestehen, für das man nach Gl. (21 a) von § 24

$$M_0 = \frac{E\theta}{r_0} \tag{74}$$

erhält. Kommt das von der Belastung des krummen Stabes herrührende Biegungsmoment M noch hinzu, so verbiegt sich der ursprünglich gerade Stab noch weiter zu einem Krümmungshalbmesser r, so daß

$$M + M_0 = \frac{E\theta}{r}$$

ist. Durch Subtraktion beider Gleichungen voneinander erhält man

$$M = E\theta \left(\frac{1}{r} - \frac{1}{r_0} \right),$$

gültig zugleich auch für den krummen Stab. Stillschweigend ist dabei vorausgesetzt, daß die Vorzeichen von M und M_0 entweder gleich oder daß sie wenigstens für beide nach derselben Übereinkunft festzusetzen seien. Das ist eine lästige Bedingung, deren Nichtbeachtung leicht zu Fehlern führen kann und von der wir uns daher freimachen wollen, indem wir die vorige Gleichung in der allgemeineren Form

$$\frac{1}{r} - \frac{1}{r_0} = \pm \frac{M}{E\theta} \tag{75}$$

anschreiben. Wir behalten uns damit vor, das Vorzeichen erst später, je nach den besonderen Verhältnissen im einzelnen Falle der Anwendung der Gleichung festzusetzen.

Aus den Gleichungen (73) und (74) folgt noch

$$d\varphi_0 = \frac{M_0 \, ds}{E\theta}$$

und entsprechend auch

$$d\varphi = \frac{(M_0 + M) \, ds}{E\theta}$$

Bezeichnen wir mit $\varDelta d\varphi$ den Winkel, um den sich die beiden aufeinander folgenden Querschnitte des krummen Stabes während der Verbiegung durch das Moment M gegeneinander drehen, so folgt

$$\varDelta d\varphi = d\varphi - d\varphi_0 = \pm \frac{M \, ds}{E\theta}. \tag{76}$$

wobei aus demselben Grunde wie zuvor, also vorsichtshalber, das Vorzeichen rechts unbestimmt gelassen wurde.

Daß die durch das Moment M hervorgerufenen Biegungsspannungen in derselben Weise wie beim geraden Stabe, also nach Gl. (18) von § 24 zu berechnen sind, bedarf nach dem, was vorausging, kaum noch einer besonderen Bemerkung.

Ferner können wir jetzt auch in Anknüpfung an § 28 die Formänderungsarbeit dA angeben, die in dem Elemente des im krummen Zustande spannungslosen Stabes während der Biegung durch M aufgespeichert wird. Man erhält dafür ebenso wie in Gl. (48) von § 28

$$dA = \frac{1}{2}\, M\varDelta d\varphi = \frac{M^2\, ds}{2\, E\theta}. \tag{77}$$

In diesem Falle hat das in Gl. (76) vorkommende doppelte Vorzeichen keine Bedeutung mehr, da auch ein negatives M ein positives Quadrat liefert. Für den ganzen Stab erhält man

$$A = \int \frac{M^2}{2\, E\theta}\, ds. \tag{78}$$

Die darin vorgeschriebene Summierung hat sich über die ganze Stablänge zu erstrecken und ist entweder durch eine Integration oder, wenn diese zu umständlich oder nicht durchführbar sein sollte, durch Zerlegung der Stabachse in eine genügende Anzahl von Teilen und Summierung über diese auszuführen. Unter M ist im letzten Falle der schätzungsweise anzunehmende Durchschnittswert für den betreffenden Teil zu verstehen.

Die vorausgehenden Formeln beziehen sich auf den Fall der reinen Biegungsbeanspruchung des krummen Stabes. Bei den Anwendungen auf praktisch vorliegende Festigkeitsaufgaben kommt freilich gewöhnlich daneben auch noch eine Beanspruchung durch Schubkräfte oder durch Normalkräfte hinzu. In der Regel ist es aber zulässig, die davon herrührenden Beiträge zur Formänderungsarbeit gegenüber den von den Biegungsmomenten verursachten als ganz unerheblich anzusehen und sie daher zu vernachlässigen.

Es kann aber auch vorkommen, daß zufälligerweise die Biegungsmomente bei einer bestimmten Art der Belastung des Stabes sehr gering ausfallen, und in solchen Fällen ist es notwendig, auch die von den Normal- oder Schubkräften bei der Formänderung geleisteten Arbeiten in Ansatz zu bringen. Namentlich sind bei den Bogenträgern die Normalkräfte in manchen Fällen zu berücksichtigen. Wie dies geschehen kann, muß daher auch noch besprochen werden.

Ein Stabelement, das zwischen zwei aufeinanderfolgenden Querschnitten enthalten ist, erfährt im allgemeinen neben der Drehung der Querschnitte gegeneinander um den Biegungswinkel $\varDelta d\varphi$ auch noch eine Verkürzung oder Verlängerung $\varDelta ds$ durch die im Querschnitte übertragene Normalkraft N. Nach dem Elastizitätsgesetze ist

$$\varDelta ds = \frac{N}{EF} ds$$

zu setzen, wenn unter F der Flächeninhalt des Querschnitts verstanden wird. Wir wollen uns mit dem Stabelemente zuerst die durch M bewirkte Verbiegung um den Biegungswinkel $\varDelta d\varphi$ vorgenommen denken. Hierbei wird die in Gl. (77) angegebene Arbeit geleistet. Dann lassen wir die durch N bewirkte Längenänderung $\varDelta ds$ darauf folgen. Zunächst müssen wir uns überlegen, welche Arbeit bei diesem zweiten Teile der ganzen Formänderung von den bereits vorher bestehenden und weiterhin bestehen bleibenden Biegungsspannungen in den Endquerschnitten des Stabelementes geleistet wird. Den einen Querschnitt können wir uns dabei festgehalten denken. In einem Flächenteilchen dF des anderen Querschnitts wird eine Biegungsspannung $\sigma_b dF$ übertragen, wenn der Zeiger b in diesem Sinne gebraucht wird. Nach Gl. (18) von § 24 ist aber

$$\sigma_b = \frac{M}{\theta} y.$$

Bei der durch die Normalkraft N bewirkten Verschiebung um $\varDelta ds$ leistet die Kraft $\sigma_b dF$ eine Arbeit $\sigma_b dF \cdot \varDelta ds$, und zusammengenommen wird daher von den vorher schon bestehenden Biegungsspannungen während des zweiten Teiles der ganzen Formänderung die Arbeit

$$\varDelta ds \cdot \int \frac{M}{\theta} y\, dF \quad \text{oder} \quad \varDelta ds\, \frac{M}{\theta} \int y\, dF$$

geleistet, wobei sich die Summierung über alle Flächenteilchen des ganzen Querschnitts zu erstrecken hat. Die Abstände y sind dabei von der Nullinie bei der vorausgegangenen Biegung, also jedenfalls von einer Schwerlinie der Querschnitts aus zu rechnen. Daher ist

$$\int y\, dF = 0,$$

und es folgt, daß die Biegungsspannungen zusammengenommen keine weitere Arbeit bei der Verlängerung oder Verkürzung des Stabelementes um $\varDelta ds$ leisten. Es bleibt also nur noch die Arbeit der von der Normalkraft N selbst herrührenden Spannungen zu berechnen, und dafür ergibt sich genau so wie schon in Gl. (12) von § 5 der Betrag

$$\frac{1}{2} N \varDelta ds \quad \text{oder} \quad \frac{N^2}{2EF} ds.$$

An die Stelle von Gl. (77) tritt daher in dem jetzt betrachteten allgemeineren Falle die Gleichung

$$dA = \frac{M^2 ds}{2E\theta} + \frac{N^2 ds}{2EF} \tag{79}$$

und daher für den ganzen Stab an Stelle von Gl. (78) der Ausdruck

$$A = \int \left(\frac{M^2}{2\,E\theta} + \frac{N^2}{2\,E\,F} \right) ds. \tag{80}$$

Auf die von den Schubkräften herrührenden Arbeitsbeträge werden wir im 5. Abschnitte noch zurückkommen. Aber jetzt kann schon bemerkt werden, daß sie bei den krummen Stäben tatsächlich kaum jemals beachtet zu werden brauchen.

§ 32. **Der Bogenträger.** Wir betrachten hier einen Bogenträger mit zwei Gelenken. Darunter versteht man einen krummen Stab, der beiderseits drehbar aufgelagert ist. Der Einfachheit

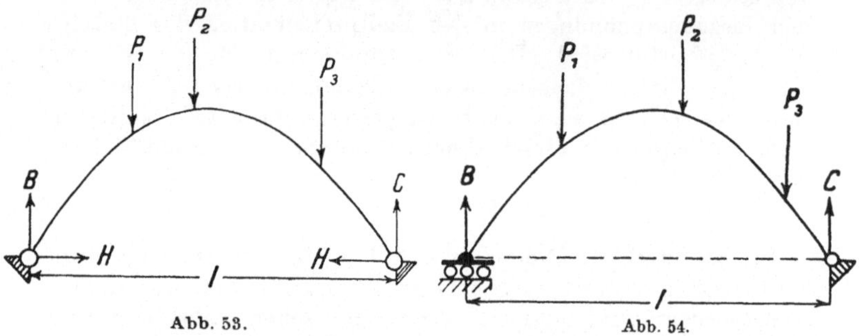

Abb. 53.   Abb. 54.

wegen wollen wir annehmen, daß die beiden Stützpunkte, wie in Abb. 53 angegeben, gleich hoch liegen. Die Lasten $P_1 P_2$ usf. sollen alle lotrecht gerichtet und mögen sonst beliebig gegeben sein.

Ein solcher Träger ist statisch unbestimmt. Es ist nämlich nicht möglich, ausschließlich auf Grund der allgemeinen Gleichgewichtsbedingungen am starren Körper die Horizontalkomponente H des linken Stützendruckes zu berechnen. Man kann nur daraus folgern, daß die Horizontalkomponente des rechten Stützendruckes ebenso groß und entgegengesetzt gerichtet sein muß.

Denkt man sich, ohne sonst etwas zu ändern, das linke Trägerende auf ein horizontal verschiebliches Rollenlager gesetzt, wie es in Abb. 54 angegeben ist, so kann an dieser Stelle nur eine senkrecht gerichtete Auflagerkraft B übertragen werden. Aus der Gleichgewichtsbedingung gegen Verschieben in wagerechter Richtung folgt, daß dann auch am rechten Ende nur eine lotrecht gerichtete Kraft C angreifen kann. Im Falle von Abb. 54 ergeben sich B und C aus Momentengleichungen für die beiden Stützpunkte. Diese Gleichungen fallen genau so aus, als wenn die Spannweite l durch einen Balkenträger überdeckt wäre, an dem dieselben Lasten P in denselben Horizontalabständen voneinander angriffen. Kehrt man nach dieser Bemerkung zu Abb. 53 zurück und schreibt dort ebenfalls Momentengleichungen für die beiden Stützpunkte an, so zeigt sich, daß diese ebenfalls mit den vorher erhaltenen genau übereinstimmen, da die beiden Kräfte H, die noch dazu kommen, durch die gewählten Momentenpunkte hindurchgehen und daher nichts zu den Momentengleichungen beitragen.

Daraus folgt, daß bei dem durch Abb. 53 angegebenen Bogenträger die Vertikalkomponenten der Auflagerkräfte genau so groß sind wie bei einem Balkenträger, der dieselbe Spannweite überdeckt und der dieselben Lasten aufzunehmen hat. Das gilt jedoch nur von diesem besonderen, wenn auch sehr häufig vorkommenden Falle, und es gilt z. B. schon nicht mehr, wenn die beiden Stützpunkte verschieden hoch liegen.

Aus einer Erfahrung, die jedermann geläufig ist, weiß man schon, daß ein nach Art von Abb. 54 belasteter krummer Stab seine Spannweite vergrößert, wenn die Enden oder eines von ihnen seitlich ausweichen kann. Dagegen wird dem nach Abb. 53 gelagerten Träger eine Vergrößerung der Spannweite unmöglich gemacht. Wir können aber den einen Fall auf den anderen zurückführen, indem wir uns in Abb. 54 an dem beweglich aufgelagerten linken Ende nachträglich noch eine horizontal gerichtete Kraft H als weitere Belastung angebracht denken, die so groß zu bemessen ist, daß sie die durch die Lasten P hervorgebrachte Spannweitenvergrößerung wieder rückgängig macht. Aus dieser Bemerkung geht der Weg hervor, den man einzuschlagen hat, um diese Kraft H, die man den *Horizontalschub des Bogenträgers* nennt, zu berechnen.

Die Spannweitenvergrößerung $\varDelta l$, die im Falle von Abb. 54 eintritt, kann als eine Folge der Verbiegungen der einzelnen Stabelemente aufgefaßt werden, die dabei alle mitwirken. Zuerst aber wollen wir uns überlegen, um wieviel sich die Bogensehne vergrößert, wenn nur ein einzelnes Bogenelement von der Länge ds um den dafür zutreffenden Biegungswinkel $\varDelta d\varphi$ verbogen wird, während die zu beiden Seiten davon liegenden Teile der Kurve ihre Gestalt vorläufig nicht ändern. Damit ist eine geometrische Frage gestellt. Zu ihrer Beantwortung soll Abb. 55 dienen, in der die unendlich kleine Formänderung der Deutlichkeit wegen außerordentlich stark übertrieben werden mußte.

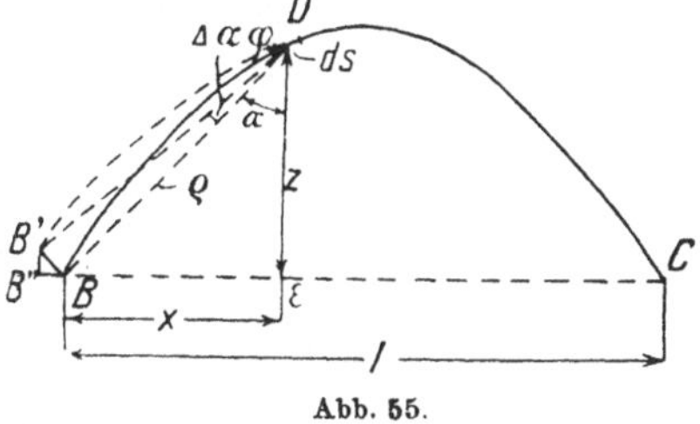

Abb. 55.

Den rechten Teil DC der Kurve denken wir uns festgehalten. Der linke Teil dreht sich dann ohne Gestaltänderung infolge der Verbiegung des Elementes ds um den Biegungswinkel $\varDelta d\varphi$ um den auf dem Elemente ds liegenden Punkt D. Das linke Bogenende B beschreibt dabei ein Kreisbogenelement BB' von der Länge $\varrho \varDelta d\varphi$, wenn der Kreishalbmesser BD mit ϱ bezeichnet wird. Um die neue Bogensehne $B'C$ mit der alten Sehne BC bequem vergleichen zu können, denken wir uns nachträglich noch eine Drehung der ganzen Kurve um den Punkt C, aber ohne weitere Gestaltänderung vorgenommen, so lange bis B' nach B'' auf der Verlängerung der alten Sehne BC gelangt. Die Strecke BB'' gibt uns dann den Betrag $d\varDelta l$ an, der durch die Verbiegung des Bogenelementes ds zur Vergrößerung $\varDelta l$ der Bogensehne beigesteuert wird.

Wenn man beachtet, daß der Winkel $B'BB''$ ebenso groß ist wie der mit α bezeichnete Winkel BDE, weil die Schenkel des einen Winkels senkrecht zu denen des anderen stehen, erhält man

$$d\varDelta l = \varrho \varDelta d\varphi \cdot \cos\alpha = z\varDelta d\varphi, \tag{81}$$

wobei $DE = z$ gesetzt ist. Für die gesamte Vergrößerung der Bogensehne infolge der Verbiegung aller Bogenelemente folgt daraus

$$\varDelta l = \int z\varDelta d\varphi,$$

und wenn man für $\varDelta d\varphi$ seinen Wert aus Gl. (76) einsetzt, geht dies über in

$$\varDelta l = \int \frac{Mz}{E\theta}\,ds, \tag{82}$$

worin sich die Summe über alle Elemente ds der Bogenachse zu erstrecken hat.

Im Falle von Abb. 54 ist für M derselbe Wert des Biegungsmomentes M einzusetzen, der zur gleichen Querschnittsabszisse bei einem Balkenträger gehört, der die gleichen Lasten aufzunehmen hat. Wir wollen dafür weiterhin M_b schreiben, so daß durch den Zeiger b auf den Balken hingewiesen werden soll.

Ebenso können wir Gl. (82) aber auch dazu benutzen, um die Verkürzung zu berechnen, die die Bogensehne nachher wieder erfährt, wenn man am linken Balkenende in Abb. 54 eine Kraft H als Belastung anbringt, wie dies vorher verabredet wurde. In diesem Falle ist das im Elemente ds auftretende Moment M, vom Vorzeichen abgesehen, gleich Hz. Aus der Gleichsetzung der Spannweitenvergrößerung $\varDelta l$ im einen und der Verkürzung im anderen Falle entsteht die Gleichung

$$\int \frac{\overline{M_b z}}{E\theta}\,ds = \int \frac{Hz^2}{E\theta}\,ds. \tag{83}$$

Wenn der Träger über seine ganze Länge hin dieselbe Biegungssteifigkeit $E\theta$ hat, folgt daraus

$$H = \frac{\int M_b z\,ds}{\int z^2 ds}. \tag{84}$$

Der Einfluß der Normalkräfte und der Schubkräfte auf die elastische Formänderung des Trägers ist bei dieser Berechnung gegenüber der weit überwiegenden Wirkung der Biegungsmomente unberücksichtigt geblieben. Das ist gewöhnlich zulässig. Bei einem sehr flachen Bogen macht sich jedoch der Einfluß der Normalkräfte etwas stärker bemerklich, und man kann ihn dann ebenfalls leicht in Rechnung stellen, indem man auf der rechten Seite von Gl. (82) ein davon herrührendes Glied hinzufügt.

Bei einem flachen Bogen genügt es, näherungsweise hierbei $N = H$ und für die Bogenlänge die Spannweite l zu setzen. Hiermit geht Gl. (83) über in

$$\int \frac{M_b z}{E\theta}\, ds = H \int \frac{z^2}{E\theta}\, ds + \frac{lH}{EF},$$

woraus die für den flachen Bogen mit überall gleichem Querschnitt hinlänglich genau zutreffende Gleichung für den Horizontalschub

$$H = \frac{\int M_b z\, ds}{i^2 l + \int z^2 d s} \tag{85}$$

folgt. Darin ist unter i der Trägheitshalbmesser des Querschnitts zu verstehen. Nur bei einem ungewöhnlich flachen oder sehr dicken Bogen ist i^2 ein merklicher Bruchteil des Durchschnittswertes von z^2 über die ganze Spannweite. In allen anderen Fällen dagegen ist es genau genug, die einfachere Gleichung (84) zu benützen.

Ein anderes Verfahren zur Berechnung des Horizontalschubs eines Bogenträgers mit zwei Gelenken besteht darin, den Ausdruck für die Formänderungsarbeit aufzustellen, die in einem nach Abb. 54 gelagerten Träger aufgespeichert wird, wenn daran außer den gegebenen Lasten P auch noch eine Horizontalkraft H am beweglichen Auflager als weitere Last angreift. Damit unter dem Zusammenwirken aller Lasten der Angriffspunkt von H in Ruhe bleibt, muß nach Gl. (57) von § 28

$$\frac{\partial A}{\partial H} = 0$$

sein, oder es muß, wie man dafür auch sagen kann, H so gewählt werden, daß die Formänderungsarbeit dadurch zu einem Minimum gemacht wird. Man erhält damit eine Gleichung ersten Grades für H, deren Auflösung wieder zu Gl. (84) oder (85) zurückführt.

§ 33. Der eingespannte Bogenträger. Ein nach Abb. 56 an beiden Enden eingespannter Bogenträger ist dreifach statisch unbestimmt. Um den Träger vollständig festzuhalten, würde es nämlich bereits genügen, ihn nur an einem Ende, etwa am rechten, einzuspannen. Eine auf den Träger gebrachte Last P würde ihn dann ungefähr so verbiegen, wie aus der stark übertriebenen Darstellung in Abb. 57 zu ersehen ist. Dabei würde sich das linke Trägerende sowohl in lotrechter als in wagerechter Richtung verschieben und zugleich um einen Winkel drehen, der gleich der Summe aller Biegungswinkel des unter dieser Belastung allein in

Spannung versetzten rechten Trägerteiles wäre. Um diese Bewegung des linken Stabendes wieder rückgängig zu machen und damit auf den der Abb. 56 entsprechenden Zustand des Stabes zu kommen, wäre alsdann nachträglich eine lotrecht gerichtete Kraft B, eine wagerechte Kraft H und ein Kräftepaar vom Momente M_0 am Einspannquerschnitt des linken Stabendes anzubringen, die alle drei durch die Forderung bestimmt sind, daß sie im Zusammenwirken mit der gegebenen Last P eine elastische Formänderung des am rechten Ende eingespannten Trägers hervorbringen, bei der sich das linke Stabende weder verschiebt noch dreht.

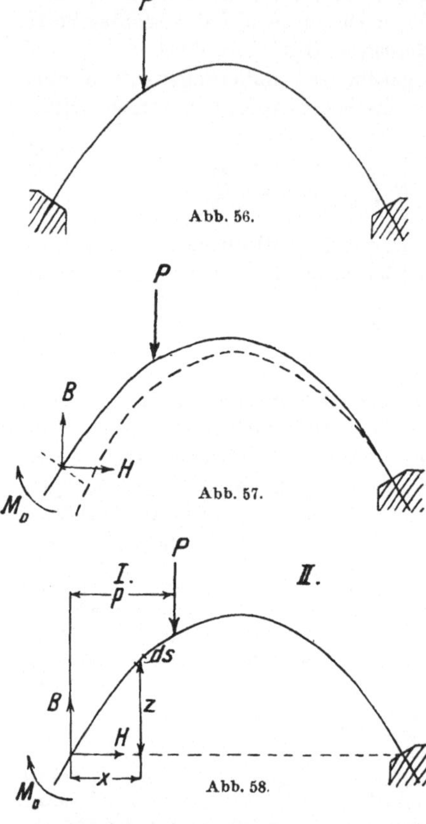

Aus Gleichgewichtsbetrachtungen können die Kräfte B und H und das Moment M_0 nicht ermittelt werden, da sie ja in der Tat auch fehlen könnten, ohne daß das Gleichgewicht der Kraft P mit den alsdann noch übrig bleibenden Auflagerkräften am rechten Trägerende unmöglich gemacht würde. B, H und M_0 müssen daher aus den bereits angegebenen Formänderungsbedingungen ermittelt werden, d. h. sie sind alle drei statisch unbestimmte Größen.

Zunächst überlegen wir uns, welche Bewegung das dem Einspannquerschnitte in Abb. 56 entsprechende Element des linken Stabendes ausführen würde, wenn bei der Anordnung in Abb. 57 beliebig gewählte Werte von B, H und M_0 mit der Einzellast P zusammenwirkten. Dazu haben wir, wie aus Abb. 58 ersichtlich ist, zwei Trägerabschnitte zu unterscheiden, von denen der eine von $x = 0$ bis $x = p$ reicht und der andere den Rest des Trägers bildet. Ein Stabelement ds, das zum Abschnitte I gehört, wird durch ein Moment M_I verbogen, für das man

$$M_\mathrm{I} = M_0 + Bx - Hz \qquad (86)$$

aus der Abbildung entnehmen kann, während im Abschnitte II noch ein von P herrührendes Glied hinzukommt, so daß dort

$$M_{II} = M_0 + Bx - Hz - P(x - p) \qquad (87)$$

zu setzen ist.

Wie es schon im vorigen Paragraphen geschah, wollen wir uns auch jetzt wieder zuerst ein einziges Stabelement ds durch das ihm entsprechende Moment M verbogen denken. Vorläufig können wir dabei dahingestellt sein lassen, zu welchem der beiden Trägerabschnitte dieses Element gehört. Zur Spannweitenvergrößerung, also zur wagerechten Verschiebung des linken Trägerendes liefert die Verbiegung dieses Elementes einen Beitrag, der genau so wie in Gl. (81)

$$d \varDelta l = z \varDelta d\varphi = \frac{Mz}{E\theta} \, ds$$

gesetzt werden kann. Für den Beitrag $d \varDelta z_0$ zur Hebung (oder bei negativem Werte zur Senkung) des linken Trägerendes, also für die in Abb. 55 mit $B'B''$ bezeichnete Strecke, liefert eine sehr einfach durchzuführende Erweiterung der damals angestellten Betrachtung den Wert

$$d \varDelta z_0 = \varrho \varDelta d\varphi \cdot \sin \alpha = x \varDelta d\varphi = \frac{Mx}{E\theta} ds.$$

Endlich ist die Drehung des linken Stabendes, also die Richtungsänderung der Endtangente an die Stabachse einfach gleich $\varDelta d\varphi$ zu setzen.

Hiernach wird die Bedingung, daß sich das linke Stabende infolge des Zusammenwirkens der Verbiegungen aller Stabelemente weder verschieben noch drehen soll, durch die drei Gleichungen

$$\int M z\, ds = \int M x\, ds = \int M\, ds = 0 \qquad (88)$$

ausgesprochen, in denen sich die Summen über die ganze Bogenlänge zu erstrecken haben. Beim Anschreiben der Gleichungen wurde vorausgesetzt, daß die Biegungssteifigkeit des Trägers überall gleich ist. Im anderen Falle hätte man unter den drei Summenzeichen $E\theta$ als Nenner beizubehalten.

Führt man in die erste dieser Gleichungen die Werte von M für beide Trägerabschnitte aus den Gleichungen (86) und (87) ein, so geht sie über in

$$M_0 \int z\, ds + B \int xz\, ds - H \int z^2\, ds - P \int_r (x - p)z\, ds = 0, \qquad (89)$$

also in eine Gleichung ersten Grades zwischen den drei Unbekannten M_0, B, H. Die Koeffizienten dieser Unbekannten werden durch die sich über die ganze Bogenlänge erstreckenden ersten drei Summenausdrücke gebildet. Im Einzelfalle kann es keine grundsätzlichen Schwierigkeiten machen, sondern nur eine längere Rech-

nung erfordern, um diese Summen entweder durch Ausführung der
Integration oder hinlänglich genau durch eine Summierung endlicher Teile, deren Anzahl gar nicht besonders groß zu sein braucht,
zu berechnen. Das letzte Glied in Gl. (89) enthält nur bekannte
Größen. Die darin vorkommende Summe ist nur über den rechten
Bogenteil zu erstrecken, was durch den unten angehängten Zeiger r
angedeutet wird. Auch dieser Summenwert hängt wie die vorigen
nur von der Gestalt der Bogenmittellinie vor der Formänderung
sowie von der die Laststellung beschreibenden Abszisse p ab. Auch
die Berechnung dieser Summe
kann daher keine Schwierigkeiten machen.

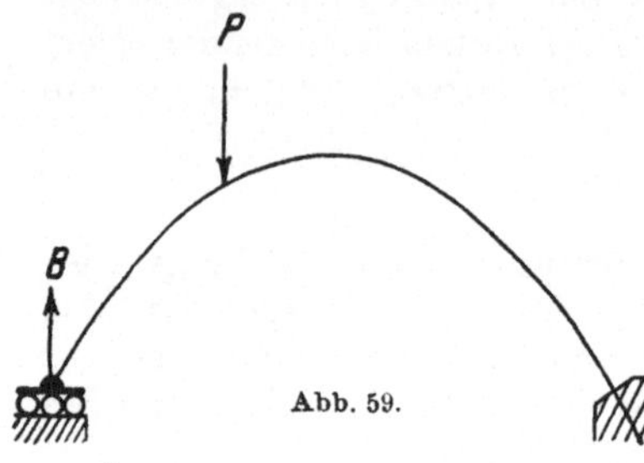

Abb. 59.

Was jetzt von der ersten
der drei Gleichungen (88) gesagt wurde, läßt sich ebenso
auch auf die beiden anderen
übertragen. Nachdem dies geschehen ist und die hierin
neu auftretenden Summen-
ausdrücke ebenfalls zahlenmäßig ausgerechnet sind, bleibt noch
die Aufgabe, die drei Gleichungen ersten Grades nach den Unbekannten M_0, B, H aufzulösen. Hierauf wird man dieselbe
Rechnung noch für eine Reihe anderer Laststellungen zu wiederholen haben. Die Ergebnisse kann man dann verwerten, um die
Einflußlinien für die drei statisch unbestimmten Größen aufzutragen, wie dies bereits in § 29 besprochen wurde.

Ein anderes Beispiel, und zwar für einen einfach statisch unbestimmten Bogenträger wird durch Abb. 59 angegeben. Der Träger
soll nur am rechten Ende eingespannt sein, während sich das linke
Ende um ein Gelenk zu drehen und außerdem längs eines Rollen-
lagers in wagerechter Richtung zu verschieben vermag. Die vorhergehenden Entwicklungen lassen sich auf diesen Fall ohne weiteres
übertragen, indem man darin H und M_0 gleich Null setzt und von
den drei Gleichungen (88) nur die zweite, die sich auf die Verschiebung des linken Trägerendes in lotrechter Richtung bezog,
zur Berechnung der einzigen statisch unbestimmten Größe B beibehält. — Auch andere Fälle lassen sich in ähnlicher Weise behandeln, ohne daß ein aufmerksamer Leser dazu noch einer weiteren
Beihilfe bedürfen wird.

Dagegen muß noch die Frage der *Temperaturspannungen* besprochen werden. In den statisch unbestimmten Bogenträgern
werden nämlich nicht nur durch die daran angebrachten Lasten,
sondern auch durch die Temperaturänderungen, die im Wechsel
der Jahreszeiten vorkommen, recht erhebliche Spannungen hervorgerufen, die ebenfalls sorgfältig berechnet werden müssen. Ein
Träger, der im Freien aufgestellt ist, sucht sich an einem heißen

Sommertage auszudehnen, und wenn er durch die Auflagerbedingungen daran gehindert wird, entstehen Auflagerkräfte, die zu Biegungsmomenten und hiermit zu Verbiegungen des ganzen Trägers führen, die in Verbindung mit den durch die Erwärmung hervorgerufenen Dehnungen den vorgeschriebenen Auflagerbedingungen genügen.

Im Falle von Abb. 59 treten (unter der Voraussetzung, daß beide Auflager gleich hoch liegen) keine Temperaturspannungen durch eine gleichmäßige Erwärmung oder Abkühlung ein, da das Rollenlager eine entsprechende Spannweitenänderung gestattet. Anders ist es aber bei dem durch Abb. 56 dargestellten, beiderseits eingespannten Bogenträger. In der dazu gehörigen Abb. 57 läßt sich die Bogenachse nach der Erwärmung durch eine der ursprünglichen Gestalt ähnliche Kurve angeben, die den rechten Endpunkt und die rechte Endtangente mit ihr gemeinsam hat. Handelt es sich etwa um einen Eisenträger, für den der Ausdehnungskoeffizient gleich $\frac{1}{80\,000}$ gesetzt werden kann und um 40^0 C Temperaturerhöhung, so verschiebt sich unter den durch Abb. 57 beschriebenen Umständen das linke Bogenende um $\frac{1}{2000}$ der Spannweite nach links, während es sich weder dreht noch hebt oder senkt. Um hierauf das linke Bogenende wieder in die durch die Auflagerbedingungen vorgeschriebene Lage zurückzuführen, muß man daran genau wie im früheren Falle Kräfte B und H und ein Kräftepaar M_0 anbringen. Zur Berechnung dieser statisch unbestimmten Größen dienen die hier an Stelle der Gleichungen (88) tretenden Gleichungen

$$\int M_\mathrm{I} z\, ds = -\, \varDelta l; \qquad \int M_\mathrm{I} x\, ds = \int M_\mathrm{I}\, ds = 0, \quad (90)$$

worin $\varDelta l$ die rückgängig zu machende Spannweitenvergrößerung angibt. Für die M ist hier überall der durch Gl. (86) angegebene Wert M_I einzusetzen. Die weitere Ausrechnung kann alsdann genau wie vorher erfolgen.

Für den Bogenträger mit zwei Gelenken vereinfacht sich die Rechnung erheblich, da bei ihm B und M_0 wegfallen und nur noch eine Bedingungsgleichung mit der Unbekannten H zu erfüllen ist.

§ 34. **Der ringförmige Körper.** Ein ringförmiger Körper kann als ein Bogenträger aufgefaßt werden, bei dem Anfangsquerschnitt und Endquerschnitt miteinander zusammenfallen. Wo man sich diesen gemeinsamen Schnitt gelegt denken will, ist dabei gleichgültig. Jedenfalls sind aber Anfangs- und Endquerschnitt gegeneinander eingespannt, so daß sie sich gegeneinander weder drehen noch verschieben können. Falls man dies berücksichtigt, kann man die Entwicklungen des vorhergehenden Paragraphen ohne weitere Änderungen auch auf den ringförmigen Körper übertragen.

Hierbei **muß** jedoch zuvor daran erinnert werden, daß sich alle in diesem Abschnitte abgeleiteten Sätze der Biegungslehre streng genommen nur auf den stabförmigen Körper im ursprünglichen Sinne des Wortes beziehen. Die Übertragung auf die krummen Stäbe ist zwar zulässig, aber immer nur mit dem Vorbehalte, daß der Krümmungshalbmesser an allen Stellen groß genug sein muß im Verhältnisse zu den Querschnittsabmessungen. Bei den praktisch vorkommenden ringförmigen Körpern ist aber diese Voraussetzung häufig nur sehr mangelhaft erfüllt, und je mehr dies zutrifft, um so unsicherer wird jede auf die Biegungslehre aufgebaute

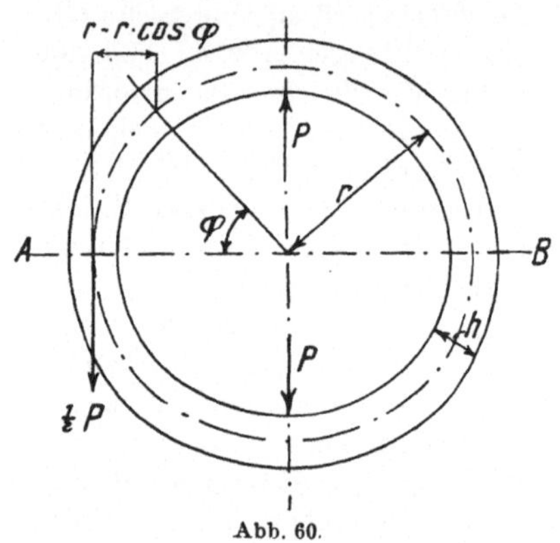

Abb. 60.

Festigkeitsberechnung solcher Körper. Wer z. B. ein gewöhnliches Kettenglied, wie einen in sich zurücklaufenden Bogenträger, berechnet, darf nicht erwarten, daraus auch nur einigermaßen zuverlässige Ergebnisse zu erhalten. Wenn aber, wie in Abb. 60, die einen Kreisring darstellt, der Halbmesser r der Bogenmittellinie ein mehrfaches (zum mindesten etwa das drei- bis fünffache) der Dicke h ausmacht, darf man eine Berechnung auf Grund der Biegungslehre immerhin noch als genügend genau für die meisten praktischen Zwecke ansehen.

Wir beschränken uns hier darauf, die Rechnung nur für den in Abb. 60 angegebenen Belastungsfall vollständig durchzuführen, daß der Ring durch die beiden Kräfte P auseinander gezogen wird. Zugleich wird jedoch damit auch der andere Fall erledigt, daß der Ring durch zwei solche Kräfte zusammengedrückt wird, da dies nur auf einen Vorzeichenwechsel hinauskommt, ohne daß sich sonst etwas änderte.

Durch einen Schnitt AB in Abb. 60 denken wir uns den Ring in zwei spiegelbildlich zueinander liegende und auch gleichartig belastete Teile zerlegt. Wir betrachten das Gleichgewicht des oberen Teiles. In der Schnittfläche können der Symmetrie wegen nur Normalspannungen und keine Schubspannungen übertragen werden. Für den Zweck der Gleichgewichtsuntersuchung kann man die in jeder der beiden zum Schnitte AB gehörigen Querschnittsflächen übertragenen Normalspannungen zu einer durch den Querschnittsschwerpunkt gehenden Resultierenden und zu einem Kräftepaare zusammenfassen, dessen Moment mit M_0 bezeichnet werden soll.

Da auch ein in der Lastrichtung gelegter Schnitt eine Symmetrieebene des ganzen Körpers bildet, müssen die Resultierenden sowohl als das Moment M_0 beiderseits von gleicher Größe sein. Daher folgt aus dem Gleichgewicht der oberen Ringhälfte gegen Verschieben, daß in jedem der beiden durch den Schnitt AB gebildeten Querschnitte die Summe der Normalspannungen gleich $\frac{1}{2}P$ sein muß.

Das Moment M_0 kann man dagegen nicht aus einer einfachen Gleichgewichtsbetrachtung ableiten. Es bildet vielmehr eine statisch unbestimmte Größe, und zwar die einzige, die bei der gestellten Aufgabe vorkommt.

Zieht man einen weiteren Schnitt, der mit der Symmetrieebene AB den beliebigen Winkel φ einschließt, so läßt sich für das in diesem Querschnitte übertragene Biegungsmoment M ein einfacher Ausdruck aufstellen, indem man das Gleichgewicht des zum Zentriwinkel φ gehörigen Ringsektors ins Auge faßt. Für den Schwerpunkt des Querschnittes φ als Momentenpunkt folgt dann

$$M = M_0 - \frac{P}{2}(r - r\cos\varphi). \tag{91}$$

Der ganze Ring wird durch die beiden Symmetrieebenen in vier Quadranten zerlegt, die den gleichen Bedingungen unterworfen sind. Es genügt daher, wenn wir nur einen dieser Quadranten betrachten, und zwar den, der von $\varphi = 0$ bis $\varphi = \frac{\pi}{2}$ reicht. Wir berechnen die Formänderungsarbeit A, die in ihm aufgespeichert ist, nach Gl. (78) von § 31 und erhalten dafür

$$A = \frac{1}{2E\theta} \int_0^{\frac{\pi}{2}} \left[M_0 - \frac{P}{2}(r - r\cos\varphi) \right]^2 r\,d\varphi. \tag{92}$$

Die darin vorkommende statisch unbestimmte Größe M_0 ist nach dem Verfahren von Castigliano, dessen wir uns hier bedienen wollen, so zu wählen, daß sie diesen Ausdruck für A zu einem Minimum macht. Wir bilden also den Differentialquotienten von A nach M_0 und setzen ihn gleich Null. Die Differentiation kann unter dem Integralzeichen vorgenommen werden und damit gelangt man zur Gleichung

$$\int_0^{\frac{\pi}{2}} \left[M_0 - \frac{P}{2}(r - r\cos\varphi) \right] d\varphi = 0.$$

Die Integration nach φ läßt sich leicht ausführen, womit die Gleichung übergeht in

$$\left(M_0 - \frac{Pr}{2} \right) \cdot \frac{\pi}{2} + \frac{Pr}{2} = 0.$$

Daraus erhält man

$$M_0 = \frac{Pr}{2} - \frac{Pr}{\pi} = 0{,}18\,Pr. \tag{93}$$

Setzt man M_0 in Gl. (91) ein, so erhält man für das in einem beliebigen Querschnitte übertragene Biegungsmoment

$$M = \frac{Pr}{2}\cos\varphi - \frac{Pr}{\pi}, \tag{94}$$

woraus folgt, daß M_0 das größte positiv drehende Moment innerhalb des Quadranten ist. Dagegen nimmt M seinen größten negativen Wert an für $\varphi = \frac{\pi}{2}$, nämlich

$$M_{\min} = -\frac{Pr}{\pi} = -0{,}32\,Pr. \tag{95}$$

Im Scheitel wird demnach der Ring am stärksten beansprucht.

Endlich rechnen wir auch noch die Formänderungsarbeit nach Gl. (92) weiter aus, indem wir M_0 einsetzen und nach φ integrieren. Damit ergibt sich

$$A = \frac{r}{2E\theta}\int\limits_{0}^{\frac{\pi}{2}}\left(\frac{Pr}{2}\cos\varphi - \frac{Pr}{\pi}\right)^2 d\varphi = \frac{P^2r^3}{2E\theta}\left(\frac{\pi}{16} - \frac{1}{\pi} + \frac{1}{2\pi}\right).$$

Um die in der ganzen ringförmigen Feder aufgespeicherte Arbeit A_r zu erhalten, haben wir davon das Vierfache zu nehmen, also

$$A_r = \frac{P^2r^3}{E\theta}\left(\frac{\pi}{8} - \frac{1}{\pi}\right) = 0{,}074\,\frac{P^2r^3}{E\theta}. \tag{96}$$

Als „Federhub" f bezeichnet man die elastische Vergrößerung des in die Lastrichtung fallenden Ringdurchmessers. Da die Lasten bei der Formänderung die Arbeit $\frac{1}{2}Pf$ leisten, folgt dafür

$$f = P\,\frac{r^3}{E\theta}\left(\frac{\pi}{4} - \frac{2}{\pi}\right) = P \cdot 0{,}148\,\frac{r^3}{E\theta}. \tag{97}$$

Bei diesen Rechnungen wurde über die Gestalt des Ringquerschnitts nichts vorausgesetzt. Sie hat nur insofern Einfluß auf die Schlußergebnisse, als das Trägheitsmoment θ von ihr abhängt. Ist der Querschnitt ein Rechteck, dessen Schmalseite h in der Ansichtszeichnung der Abb. 60 sehr klein ist gegenüber der Langseite l, so nennt man den Körper eine *Röhre* oder ein *Rohr*. Auch darauf können die abgeleiteten Formeln angewendet werden, falls man voraussetzen darf, daß sich die Last P über die ganze Rohrlänge hin gleichförmig verteilt. In dieser Lage befindet sich z. B. ein Entwässerungsrohr aus Beton oder aus Steingut, das man einige Meter tief in den Erdboden verlegt und das nach Zuschütten der Baugrube die darüber befindliche Erdmasse zu tragen hat. Für die Berechnung der Tragfähigkeit hat man den ungünstigsten und dabei recht wohl möglichen Fall anzunehmen, daß die ganze Last nahezu vollständig im Scheitel des Rohrs angreift. Die Pfeile der Kräfte P sind dann in Abb. 60 umzukehren und die Angriffspunkte außen anzunehmen. Auch die Vorzeichen der Biegungsmomente kehren sich damit um. Für die größte Biegungsspannung, die im Scheitel auftritt, folgt aus Gl. (95) nach Einsetzen des hier zutreffenden Wertes für das Widerstandsmoment des rechteckigen Querschnitts

$$\sigma_{max} = \frac{6\,Pr}{\pi\,l\,h^2}. \tag{98}$$

Schlußbemerkungen.

Ehe wir die Lehre von der Biegung verlassen, möge noch einmal ausdrücklich daran erinnert werden, daß alle in diesem Abschnitt abgeleiteten Formeln auf einer Reihe von Voraussetzungen beruhen. Bei ihrer Anwendung auf außergewöhnliche Fälle hat man daher stets sorgfältig zu prüfen, ob die dabei vorkommenden Abweichungen von diesen Voraussetzungen nicht so groß sind, daß die Formeln unzuverlässig werden. Diese Prüfung erfolgt in der Regel am sichersten durch den gelegentlichen Vergleich der Rechenergebnisse mit den Beobachtungen oder mit einem Versuche.

Ein Beispiel, dem eine gewisse Bedeutung zukommt, möge dafür noch angeführt werden. Bei Biegungsversuchen mit [-Eisen hat man schon wiederholt festgestellt, daß die Ergebnisse mit den Voraussagen der gewöhnlichen Biegungslehre nicht gut zusammenstimmen. Auf den Grund der Abweichungen möge hier mit einigen Worten eingegangen werden.

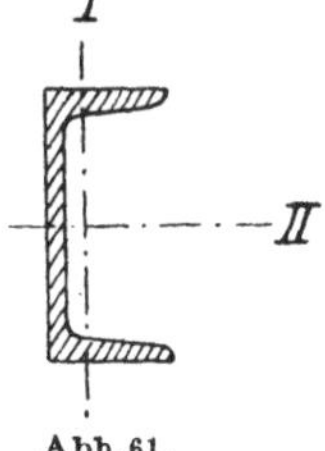
Abb. 61.

Legt man ein [-Eisen als Balken über eine Spannweite und belastet es etwa in der Mitte, so kommt nur dann eine reine Biegungsbeanspruchung heraus, wenn die Lastebene durch die mit I in Abb. 61 bezeichnete Querschnittshauptachse geht. Richtet man den Versuch nicht so ein, daß diese Bedingung erfüllt wird, sondern geht die Lastebene, wie es leicht vorkommt, durch die Mittellinie des Steges, so entsteht außer dem Biegungsmoment auch noch ein Verdrehungsmoment. Unter den gewöhnlich vorliegenden Umständen wird dieses zwar nur klein sein gegenüber dem Biegungsmomente. Trotzdem spielt es aber, wie sich später zeigen wird (vgl. § 42), eine sehr wesentliche Rolle bei der Formänderung des Trägers, weil ein Stab von dieser Querschnittsgestalt viel weniger widerstandsfähig gegen Verdrehen ist als gegen Biegen.

Ändert man dagegen die Versuchsanordnung in der Art ab, daß die Lastebene durch den Schwerpunkt des Querschnitts gehen muß, so biegt sich der Flansch, der die Last unmittelbar aufzunehmen hat, ein wenig gegen den Steg, namentlich in der Nähe der Lastangriffsstellen. Damit wird aber die der ganzen Biegungslehre zugrunde liegende Voraussetzung verletzt, daß die Stabquerschnitte bei der elastischen Formänderung des Trägers ihre Gestalt nicht merklich ändern könnten.

Bei geeigneten Vorkehrungen würde es ja wohl auch möglich sein, eine Versuchsanordnung zu schaffen, die beide Begleitumstände und die von ihnen verursachten Störungen zu vermeiden gestattet. Nur in diesem Falle ließen sich Versuchsergebnisse erwarten, die den Voraussagen der Biegungslehre hinlänglich entsprechen. In den gewöhnlichen Fällen der Anwendung eines ⌐-Trägers zur Aufnahme von Biegungslasten darf man aber nicht darauf rechnen, und man hat daher einen Träger von diesem Profile für solche Zwecke als minder geeignet anzusehen. Für andere Trägerformen, insbesondere für die ⌐-Eisen lassen sich ganz ähnliche Betrachtungen durchführen. Dagegen verhält sich ein I-Träger unter gewöhnlichen Umständen, der Erfahrung zufolge, in der Tat ziemlich genau so, wie es die Theorie voraussagt. Der Grund dafür ist natürlich darin zu erblicken, daß es bei diesem Profile viel leichter ist, bei der Anstellung eines Versuches dafür zu sorgen, daß die Lastebene durch die Querschnittshauptachse geht.

IV. Die Verdrehungslehre.

§ 35. **Stellung der Aufgabe.** Die Verdrehungslehre ist an sich schwieriger als die Biegungslehre. Sie ist auch nicht so wichtig als diese, weil bei den praktischen Anwendungen der Festigkeitslehre die Beanspruchung eines Stabes auf Verdrehen seltener vorkommt als die auf Biegen. Bei den großen Tragverbänden z. B., mit deren Entwurf und Berechnung sich die sogenannten „Statiker" beschäftigen, sucht man zwar die Beanspruchung der einzelnen Stäbe, aus denen sie aufgebaut werden, sowohl auf Biegen als auf Verdrehen nach Möglichkeit zu vermeiden. Mit der Biegung gelingt dies aber nicht so leicht, und sie muß daher neben der Widerstandsfähigkeit der einzelnen Fachwerkglieder gegen Zug oder Druck fortwährend ebenfalls im Auge behalten werden. Dagegen läßt sich eine Beanspruchung auf Verdrehen in den meisten Fällen leichter vermeiden oder wenigstens so weit vermindern, daß man sie vernachlässigen zu dürfen glaubt.

Hieraus erklärt es sich, daß selbst von den Ingenieuren, die beruflich sehr viel mit Festigkeitsberechnungen zu tun haben, nur wenige genauer mit der Theorie der Torsion vertraut sind. Da sie schwierig ist und den meisten entbehrlich erscheint, wird sie in der Regel vernachlässigt. Auch in den Lehrbüchern spielt sie meist nur eine untergeordnete Rolle neben der Biegung. Das soll aber hier nicht geschehen, da es immerhin Fälle genug gibt, bei denen es auf die Widerstandsfähigkeit gegen Verdrehen sehr wesentlich ankommt. Es rächt sich nämlich leicht, wenn selbst eine kleine Verdrehungsbelastung, die neben einer weit größeren Biegungsbelastung vorkommt, von vornherein vernachlässigt wird. Gar manche Erscheinung, die sonst rätselhaft bliebe, klärt sich auf, wenn man auch auf jene Rücksicht nimmt.

Ein einfaches Beispiel, bei dem es unbedingt nötig ist, neben der Biegung auch auf die Verdrehung zu achten, wird durch Abb. 62 angegeben. Ein Ring ist in Aufriß und Grundriß dargestellt, an dem sich vier gleich große lotrechte Kräfte im Gleichgewichte halten. Die Kräfte P_1 und P_2 sind nach aufwärts und die anderen beiden nach abwärts gerichtet. Ein Ingenieur, der öfters Festigkeitsberechnungen vorzunehmen hat, wird nicht bestreiten können, daß es auch für ihn gelegentlich von Wichtigkeit werden kann, sich ein zuverlässiges Urteil über das Verhalten des Rings unter einer solchen Belastung zu bilden. Es ist auch klar, daß es nicht gerade ein Ring zu sein braucht, sondern daß auch ein anders gestalteter Körper unter ähnlichen Umständen zu der gleichen Fragestellung führen kann.

Daß der Ring durch die Lasten P gebogen wird, sieht jeder sofort ein. Aber nicht jeder denkt zugleich daran, daß mit der Biegung auch eine Verwindung verbunden ist und daß sich beide Beanspruchungsarten gegenseitig bedingen, so daß es gar nicht möglich ist, jede für sich allein zu untersuchen. Immerhin wird es keines langen Nachdenkens bedürfen, um einzusehen, daß dies wirklich so ist. Wie viele aber von den Lesern, die dieses Buch einmal finden wird, wissen auch, daß die elastische Formänderung des Ringes unter gewissen Umständen so viel mehr von der Verwindung als von der Biegung herrührt, daß diese neben jener kaum in Betracht

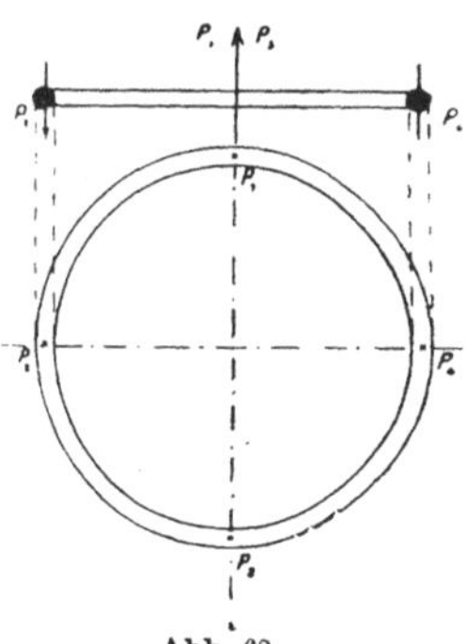

Abb. 62.

kommt? Und doch ist es so, wie man später sehen wird, wenn der Ring etwa aus einem hochkant gestellten Flacheisen oder aus einem der üblichen Profileisen hergestellt wurde, also in einem Falle, der gerade sehr nahe liegt.

Bei den meisten praktischen Anwendungen der Verdrehungslehre liegt die Aufgabe insofern ganz ähnlich wie bei diesem Beispiele, als dabei zur Verdrehung gewöhnlich auch noch eine Biegung hinzukommt. Auf solche Fälle wird im nächsten Abschnitte, soweit wenigstens, als es in einem zur Einführung des Lesers in diesen Gegenstand bestimmten Lehrbuche möglich ist, noch näher eingegangen werden. Hier aber wollen wir die Verdrehung für sich betrachten, und zwar für einen geraden Stab und unter den einfachsten Bedingungen. Denn diese Frage muß zuerst entschieden werden, ehe man mit Erfolg schwierigere Aufgaben in Angriff nehmen kann.

Natürlich ist es von vornherein unsere Absicht, die Sätze, zu denen wir hier gelangen werden, später zum mindesten näherungsweise auch auf ein kleines Längenelement eines gekrümmten Stabes zu übertragen. Das war in der Biegungslehre zulässig und auch von jeher üblich. Der Leser wird daher von vornherein zu dem gleichen Schritte auch in der Verdrehungslehre geneigt sein. Aber auch hierbei zeigt sich, daß die Verdrehungslehre schwieriger ist als die Biegungslehre, denn der Schritt, der so selbstverständlich erscheint, ist in Wirklichkeit recht gewagt und kann leicht zu groben Fehlern führen. Darauf werden wir später noch zurückkommen; aber es schien nötig, auch schon in der Einleitung darauf hinzuweisen.

In diesem Abschnitt soll es sich also immer nur um den durch die axonometrische Darstellung in Abb. 63 gekennzeichneten Belastungsfall handeln. An den beiden Enden des Stabes von der Länge l seien zwei Stangen angebracht, an denen die Kräfte P der im entgegengesetzten Sinne drehenden Kräftepaare vom Momente Pp angreifen. Die Ebene jedes Kräftepaares steht senkrecht zur Stabachse, und der Momentenvektor fällt daher in die Richtung der Stabachse. Das Moment

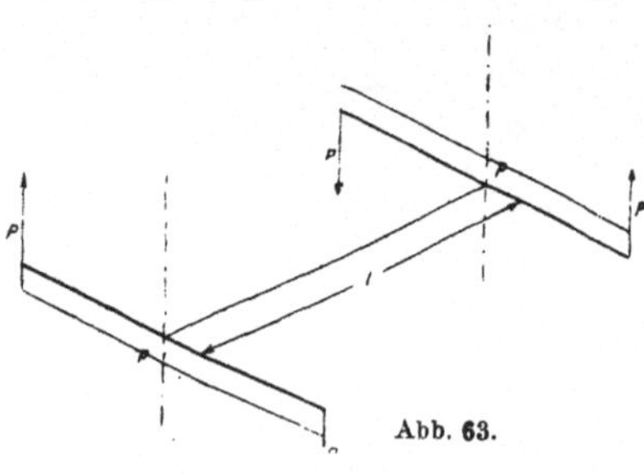

Abb. 63.

$$M = Pp \qquad (1)$$

wird als das *Verdrehungs-* oder *Verwindungs-* oder *Torsionsmoment* bezeichnet. Hier gebrauchen wir dafür denselben Buchstaben M wie früher für das Biegungsmoment. Wenn später beide Momente nebeneinander vorkommen, werden wir einen Zeiger anhängen, also etwa M_v für das Verdrehungsmoment und M_b für das Biegungsmoment schreiben.

Ein Querschnitt in der Stabmitte zerlegt den Stab in zwei Hälften, die sich im wesentlichen in der gleichen Lage befinden. Die Querschnittsebene ist zwar keine eigentliche oder echte Symmetrieebene, da die Pfeile der Kräfte auf der einen Stabhälfte keine Spiegelbilder zu den Pfeilen auf der anderen Seite sind. Abgesehen von den Pfeilrichtungen ist aber sonst alles symmetrisch zu beiden Seiten des Mittelquerschnitts, und man kann dies dahin ausdrücken, daß man die Mittelebene als eine *Antisymmetrieebene* bezeichnet.

Daraus läßt sich sofort ein wichtiger Schluß ziehen. Da abgesehen von den Pfeilen der äußeren Kräfte zu beiden Seiten des Mittelquerschnitts alles symmetrisch ist, müssen auch Drang und Zwang in beiden Stabhälften in dem vorher angegebenen Sinne antisymmetrisch zueinander sein. In zwei gleich gelegenen Querschnitten beider Stabhälften werden daher an entsprechenden Stellen gleich große und entgegengesetzt gerichtete Spannungen übertragen und auch die Verschiebung gleich gelegener Punkte bei der elastischen Formänderung ist beiderseits gleich groß und entgegengesetzt gerichtet.

Insbesondere folgt daraus, daß in der Mittelebene selbst nur Schubspannungen und keine Normalspannungen übertragen werden können. Kehrt man nämlich von einer Schubspannung im Spiegelbilde den Pfeil um, so steht diese Umkehrung in Übereinstimmung mit dem Wechselwirkungsgesetze, wonach Kraft und Gegenkraft zu beiden Seiten des Mittelquerschnitts gleich groß und entgegengesetzt gerichtet sein müssen. Anders ist es dagegen mit den Normalspannungen. Eine Umkehrung der Pfeile zu beiden Seiten des Mittelquerschnitts, wie sie vom Wechselwirkungsgesetze verlangt wird, führt bei ihnen zu einer echten Symmetrie, so nämlich daß der eine Pfeil das Spiegelbild des anderen ist. Bei dem Belastungsfalle von Abb. 63 müssen wir aber eine Antisymmetrie erwarten, und diese ist nur möglich, wenn die Normalspannungen im Mittelquerschnitt überall zu Null werden.

Zum Vergleiche erinnern wir daran, daß bei der Betrachtung des ringförmigen Körpers in § 34 auch eine Symmetrie und zwar eine echte vorlag und daß wir damals schließen konnten, daß in der Symmetrieebene keine Schubspannungen übertragen werden. Dieser Schluß ist allgemein bekannt und wird sehr häufig angewendet. Der ihm genau entsprechende Schluß, daß in einer Antisymmetrieebene keine Normalspannungen möglich sind, scheint wenig bekannt zu sein; er ist aber ebenso sicher wie jener.

Bei der durch Abb. 63 beschriebenen Belastung des Stabes kann man noch hinzufügen, daß sich alle Längenelemente, in die man sich den Stab durch eine größere Zahl von Querschnitten zerlegt denken kann, mit Ausnahme der in der Nähe der Stabenden liegenden nahezu unter den gleichen Bedingungen befinden, und daß sie sich daher in bezug auf Drang und Zwang nicht viel voneinander unterscheiden können. Dort freilich, wo die Stangen angreifen, und in der nächsten Nachbarschaft davon, liegen die Verhältnisse wesentlich anders. Auf Grund des in § 22 besprochenen Prinzips von de Saint-Venant dürfen wir aber von einem näheren Eingehen darauf absehen, solange wir nur nach dem Verhalten des Hauptteiles des ganzen Stabkörpers mit Ausnahme der beiden Endstücke fragen. Und hierauf allein sollen sich die weiteren Erörterungen beziehen.

Alles, was jetzt besprochen wurde, dient sehr dazu, die Verdrehungslehre zu vereinfachen. Daß sie trotzdem schwieriger ist als die Biegungslehre, rührt davon her, daß man in der Biegungslehre die einfache und wohl bewährte Annahme an die Spitze stellen konnte, daß die Querschnitte eines Stabes bei der Biegung eben bleiben. In der Verdrehungslehre geht das aber nicht. Ursprünglich hatte man allerdings geglaubt, daß sich dieselbe Annahme allgemein auch auf die Formänderung bei der Verdrehung übertragen ließe. Navier, der als der Begründer der heutigen Biegungslehre anzusehen ist, hatte gleichzeitig auch eine sehr einfache Verdrehungslehre aufgestellt, die ebenso wie jene auf der Annahme des Ebenbleibens der Querschnitte beruhte. Aber während sich die Annahme bei der Biegung bewährte, hat sie sich im anderen Falle als trügerisch erwiesen und zu Schlußfolgerungen geführt, die im gröbsten Widerspruche mit den einfachsten Beobachtungstatsachen standen.

Diese Erkenntnis kam freilich erst verhältnismäßig spät und erst zu einer Zeit, als sich der Irrtum schon so fest eingewurzelt hatte, daß er nachher nicht leicht zu überwinden war. Der Grund dafür liegt darin, daß die Naviersche Annahme bei einem Stabe mit kreisförmigem Querschnitt tatsächlich zutrifft und hiermit für diesen Fall auch die darauf gegründete Theorie. Die Stäbe von kreisförmigem Querschnitt, nämlich die Maschinenwellen, waren es aber, für die eine Festigkeitsberechnung auf Verdrehen anfänglich hauptsächlich in Frage kam. Nachdem sich die Annahme in dem zunächst wichtigsten Falle durchaus bewährt hatte, war man selbstverständlich sehr dazu geneigt, ihr auch in allen anderen Fällen zu vertrauen. Es hat daher lange gedauert, bis die letzten Anhänger der Navierschen Verdrehungslehre bekehrt wurden, und manche davon sind es vielleicht selbst heute noch nicht.

Im einzelnen besteht zwischen Biegungslehre und Verdrehungslehre noch der wesentliche Unterschied, daß es möglich war, Biegungsformeln für Stäbe mit beliebiger Querschnittsgestalt aufzustellen, in die es genügt, nachträglich noch das dem betreffenden Querschnitte zukommende und nach einfacher Vorschrift zu berechnende Trägheitsmoment einzusetzen, während in der Verdrehungslehre jeder andere Querschnitt auch wieder eine ganz neue Aufgabe stellt. Diese Aufgabe ist in den meisten Fällen schwierig zu lösen und wenn man die Lösung wirklich gefunden hat, gelingt es gewöhnlich nicht, sie in einfacher Weise auch auf ähnliche Fälle zu übertragen. In manchen Fällen, die praktisch gerade sehr wichtig sind, ist dies neuerdings aber doch bis zu einem gewissen Grade gelungen, nämlich bei den Walzeisenträgern, deren Querschnitte aus einer Aneinanderreihung schmaler Rechtecke bestehen. Davon wird später (in § 42) die Rede sein.

§ 36. **Die Erfahrungsgrundlagen und ihre analytische Fassung.** Vor vielen Jahren hat Bauschinger einen Verdrehungsversuch mit einem Stahlstabe ausgeführt, der eine Länge von ungefähr 80 cm und einen quadratischen Querschnitt von rund 6 cm Seitenlänge hatte. Nach dem Versuche waren die Kanten in Schraubenlinien übergegangen, die über zwei Umläufe umfaßten. Die Seitenflächen hatte man vor dem Versuche poliert und mit der Reißnadel ein Netz von feinen Linien darauf eingerissen, teils in der Längsrichtung des Stabes und teils senkrecht dazu. Die Querlinien auf den vier Seitenflächen schlossen sich aneinander und bildeten zusammen den Querschnittsumriß an der betreffenden Stelle des Stabes. Nach dem Versuche waren sie stark S-förmig gekrümmt. Damit war der augenscheinliche Beweis dafür geliefert, daß ein quadratischer Querschnitt bei der Verdrehung des Stabes nicht eben bleibt. Im Gegensatze dazu blieben die kreisförmigen Umrißlinien eines Rundstabes, der ebenso behandelt wurde, auch nach vollzogener Verdrehung Kreise. In diesem Falle bewährte sich daher die Naviersche Annahme, daß die Querschnitte eben blieben.

Zunächst war durch diesen Versuch freilich nur bewiesen, daß sich die Querschnitte eines Vierkantstabes bei einer starken bleibenden Formänderung tatsächlich krümmen. Es blieb also immerhin noch die Möglichkeit bestehen, daß die Naviersche Annahme bis zur Überschreitung der Proportionalitätsgrenze des Stahles zugetroffen haben könnte und erst nachher eine Abweichung davon eingetreten wäre. Aber bei Feinmeßversuchen, die mit geeigneten Hilfsmitteln im Laufe der letzten Jahre im Münchener Festigkeitslaboratorium durchgeführt wurden, hat sich stets gezeigt, daß alle Querschnitte, die stark genug von der Kreisform abweichen, auch schon lange vor der Überschreitung der Proportionalitätsgrenze bei der Verdrehung eine deutlich nachweisbare Krümmung erfahren.

Außerdem zeigt sich bei solchen Versuchen, daß alle Stabquerschnitte, die nicht zu nahe an den Enden liegen, in der gleichen Weise gekrümmt werden. Hiernach kann man diesen Beobachtungsergebnissen den folgenden formelmäßigen Ausdruck geben. Man betrachte die Stabachse als die X-Achse eines rechtwinkligen Koordinatensystems. Den Koordinatenursprung und die Y- und die Z-Achse denke man sich in einem Querschnitte festgelegt, der hinlänglich weit von dem einen Stabende entfernt ist, um die elastische Formänderung von da ab für positive Werte von x als überall gleichmäßig (also unabhängig von x) ansehen zu können. Der in dieser Art ausgewählte Anfangsquerschnitt dreht sich nicht gegen das an ihm selbst festgeheftete Koordinatensystem; dagegen erfährt er eine Krümmung. Diese hat zur Folge, daß sich irgendein Punkt des Anfangsquerschnitts mit den Koordinaten y, z um eine kleine Strecke ξ in der Richtung der Stabachse verschiebt. Für manche Punkte des Anfangsquerschnitts wird ξ positiv, für andere negativ sein, und für den auf die Stabachse fallenden Punkt wird ξ zu Null, da das Koordinatensystem, von dem aus wir die Verschiebungen ξ zählen, an diesem Punkte festgeheftet ist. Die Strecken ξ bilden die Ordinaten der krummen Fläche, in die der Querschnitt bei der Formänderung übergeht, und die Gleichung dieser Fläche kann in der allgemeinen Form

$$\xi = f(yz) \tag{2}$$

angeschrieben werden, in der f irgendeine unbekannte Funktion von y und z bedeutet, die in zunächst unbekannter Weise von der Querschnittsgestalt abhängt.

Von da gehen wir zu einem anderen Querschnitt des Stabes und zu einem darin gelegenen Punkte mit den Koordinaten xyz vor der Formänderung über. Dessen Bewegung läßt sich in zwei Anteile zerlegen. Der in der Richtung der Stabachse gehende Anteil ξ ist ebenso groß wie der sich auf den Anfangsquerschnitt beziehende Wert von ξ in Gl. (2), da die Beobachtung lehrt, daß sich alle Querschnitte in der gleichen Art krümmen. Der andere Anteil rührt von der Drehung des Querschnitts x gegen den Anfangsquerschnitt her. Wenn wir den auf die Längeneinheit der Stabachse bezogenen Verdrehungswinkel mit dem Buchstaben ϑ bezeichnen, hat sich der im Abstande x liegende Querschnitt gegen das Koordinatensystem um den Winkel ϑx gedreht. Wir betrachten

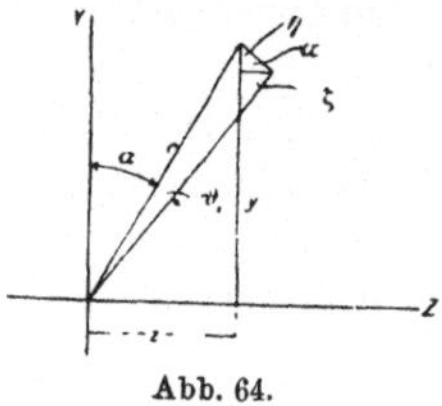

Abb. 64.

diesen Winkel als sehr klein, da es uns jetzt auf die Untersuchung der elastischen Formänderung vor der Überschreitung der Proportionalitätsgrenze ankommt.

Abb. 64 gibt den in die Querschnittsebene fallenden Anteil der Bewegung des Punktes xyz in starker Vergrößerung an. Den Querschnittsumriß kann man sich nach Belieben hinzudenken. Die Y- und die Z-Achse sind gegen den Anfangsquerschnitt festgelegt und drehen sich daher nicht mit dem jetzt ins Auge gefaßten Querschnitt. Der vom Punkte yz beschriebene Kreisbogen vom Zentriwinkel ϑx hat die Länge $r\vartheta x$, die als sehr klein gegen den Halbmesser r zu betrachten ist. Für die beiden Komponenten η und ζ, in die wir uns diesen kleinen Weg zerlegt denken können, dürfen wir daher

$$\left.\begin{aligned}\eta &= -\,r\vartheta x \sin\alpha = -\,\vartheta x z \\ \zeta &= +\,r\vartheta x \cos\alpha = +\,\vartheta x y\end{aligned}\right\} \tag{3}$$

schreiben.

Der in diesen Gleichungen vorkommende Verdrehungswinkel ϑ kann je nach dem Drehungssinn positiv oder negativ sein. Sobald er und die durch Gl. (2) ausgedrückte Verschiebungskomponente ξ auf irgendeine Weise ermittelt sind, kennt man die elastische Formänderung des Stabes vollständig. Nach dem Elastizitätsgesetze läßt sich alsdann auch der dazu gehörige Spannungszustand für jede Stelle des Querschnitts angeben.

In der alten Navierschen Theorie der Verdrehung hatte man nur auf den durch die Gleichungen (3) beschriebenen Bewegungsanteil bei der ganzen Formänderung geachtet und ξ willkürlich gleich Null gesetzt. Im allgemeinen Falle sind aber beide Bewegungsanteile gleich wichtig, und sie müssen daher beide beibehalten werden, um zu einer mit den Tatsachen übereinstimmenden Theorie zu gelangen.

§ 37. Die Naviersche Theorie für den Kreisquerschnitt.

Anstatt die vorhergehende Betrachtung unmittelbar fortzusetzen, wollen wir zunächst in Anlehnung an Abb. 65 die übliche einfache Theorie der Verdrehung eines Stabes vom kreisförmigen Querschnitt wiedergeben. Wie schon bemerkt, hat die Erfahrung bestätigt, daß in diesem Falle die Querschnitte eben bleiben. Die elastische Formänderung eines Stabelementes von der Länge dx wird daher bereits vollständig durch die Angabe des Verdrehungswinkels $\vartheta\,dx$ beschrieben. Die Zylindererzeugenden der Mantelfläche des Stabes gehen in Schraubenlinien von großer Ganghöhe über und ebenso auch jede andere Parallele zur Stabachse, die

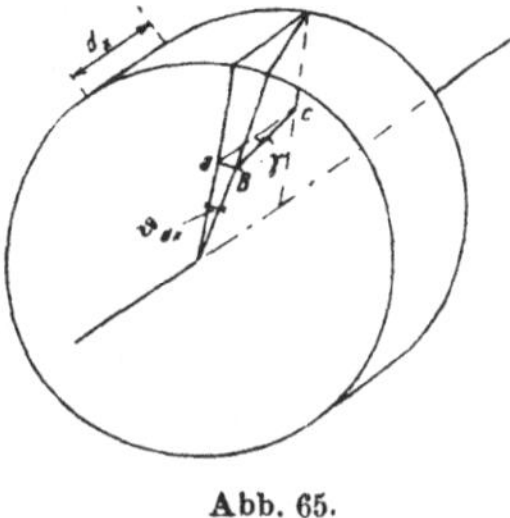

Abb. 65.

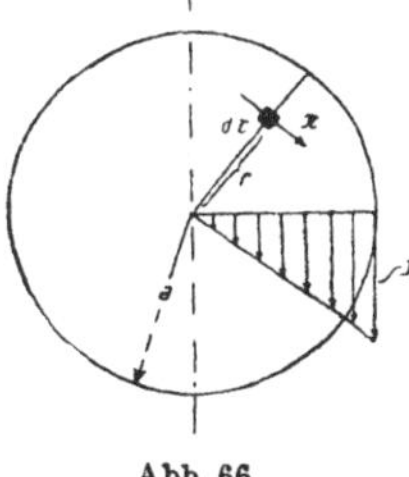

Abb. 66.

man sich im Abstande r von dieser gezogen denken kann. In Abb. 65 kommen nur Elemente dieser Schraubenlinien vor, die man genau genug als geradlinig ansehen kann.

Der ursprünglich rechte Winkel zwischen dem Elemente AC einer solchen Parallele zur Stabachse und der Querschnittsebene ändert sich bei der Formänderung um einen kleinen Betrag γ, und aus der Abbildung entnimmt man, daß

$$\gamma\,dx = \vartheta\,dx \cdot r$$

gesetzt werden kann, da beide Ausdrücke dieselbe kleine Strecke AB angeben. Daraus folgt

$$\gamma = \vartheta r. \tag{4}$$

Diese Art der Formänderung entspricht augenscheinlich einer reinen Schiebung, und sie muß daher einen Zustand der reinen Schubbeanspruchung herbeiführen. Die in einem Flächenelemente dF des Querschnitts übertragene Schubspannung $\tau\,dF$ steht senkrecht zu dem dahin gezogenen Radius r, und die Größe von τ ergibt sich zu

$$\tau = G\gamma = G\vartheta r \tag{5}$$

woraus hervorgeht, daß τ nach einem Geradliniengesetze von r abhängig ist. Ein Spannungsdiagramm, das diese Verteilung vor Augen führt, ist in Abb. 66 eingetragen. Für die Schubspannung τ

im Abstande r kann man hiernach auch

$$\tau = \frac{r}{a}\,\tau_{\max} \tag{6}$$

setzen, und die Kraft $\tau\,dF$ hat daher vom Kreismittelpunkte aus gerechnet das Moment

$$\frac{\tau_{\max}}{a}\,r\,dF \cdot r.$$

Die Gleichgewichtsbedingung gegen Drehen zwischen den im Querschnitt übertragenen Schubspannungen und dem Verdrehungs-momente M der äußeren Kräfte am einen Stabteile wird durch die Momenten-gleichung

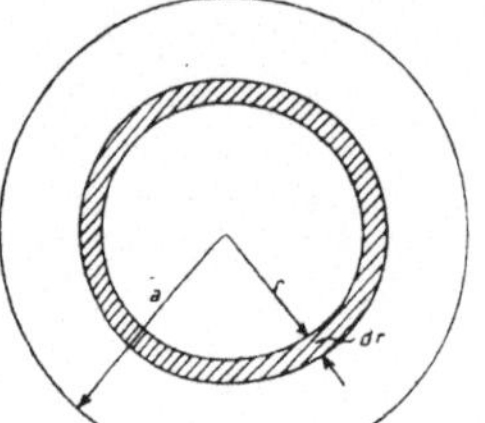

Abb. 67.

$$M = \frac{\tau_{\max}}{a}\int r^2 dF = \frac{\tau_{\max}}{a} \cdot \theta_p \tag{7}$$

ausgesprochen, wenn darin unter θ_p *das polare Trägheitsmoment* der Kreisfläche verstanden wird.

Um θ_p auszurechnen, beziehen wir uns auf Abb. 67. Zwischen den unendlich nahe benachbarten Kreisen von den Halbmessern r und $r + dr$ liegen nur Flächenteilchen, die gleich weit vom Mittelpunkte entfernt sind und den Beitrag $2r\pi dr \cdot r^2$ zu θ_p liefern. Daher ist

$$\theta_p = 2\pi\int_0^a r^3 dr = \frac{\pi a^4}{2}. \tag{8}$$

Setzen wir diesen Wert in Gl. (7) ein und lösen nach $\tau_{\max}$ auf, so folgt

$$\tau_{\max} = \frac{Ma}{\theta_p} = \frac{2M}{\pi a^3}. \tag{9}$$

Hierauf ergibt sich aus Gl. (5) auch der auf die Längeneinheit bezogene Verdrehungswinkel ϑ, nämlich

$$\vartheta = \frac{\tau}{Gr} = \frac{\tau_{\max}}{Ga} = \frac{M}{G\theta_p} = \frac{2M}{\pi a^4 G}. \tag{10}$$

Bezeichnet man den ganzen Verdrehungswinkel der Welle von der Länge l mit $\Delta\varphi$, so läßt sich dafür auch

$$\Delta\varphi = \frac{2Ml}{\pi a^4 G} \tag{11}$$

schreiben.

Die hier vorgetragene Theorie läßt nur eine einzige Übertragung auf einen verwandten Fall zu, nämlich auf eine *hohle Welle*, also auf einen Querschnitt, der von zwei zum gleichen Mittelpunkte gehörigen Kreisen begrenzt wird, wie in Abb. 68. Man erhält dafür

$$\theta_p = \pi\,\frac{a^4 - b^4}{2}\,; \qquad \tau_{max} = \frac{2\,M a}{\pi\,(a^4 - b^4)}\,; \qquad \Delta\varphi = \frac{2\,M l}{\pi\,(a^4 - b^4)\,G}\,. \qquad (12)$$

Navier hatte geglaubt, die vorhergehenden allgemeineren Formeln auf jeden beliebigen Querschnitt übertragen zu dürfen, wobei nur für θ_p das diesem Querschnitte entsprechende polare Trägheitsmoment einzusetzen wäre. Er ließ sich dabei von der Annahme leiten, daß die Querschnitte bei der Verdrehung stets eben bleiben müßten. Aber ganz unabhängig von den schon angeführten Beobachtungstatsachen, die dieser Annahme widersprechen, werden wir sofort einen augenscheinlichen Nachweis dafür geben, daß die Naviersche Theorie zu ganz falschen Ergebnissen führte.

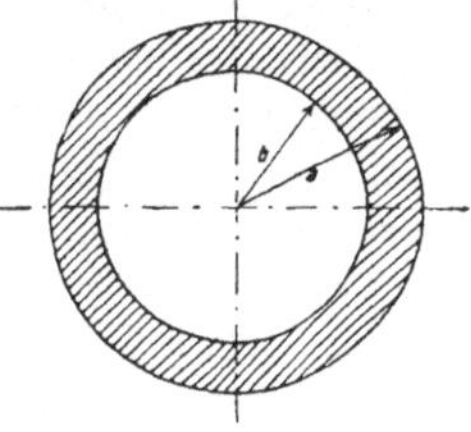

Abb. 68.

§ 38. **Die Randbedingung der Verdrehungsaufgabe.** Um zunächst zu zeigen, daß die Naviersche Theorie bei ihrer Anwendung auf den rechteckigen Querschnitt zu den gröbsten Widersprüchen führt, berechnen wir das polare Trägheitsmoment θ_p für die Rechteckfläche. Darunter ist der Summenausdruck

$$\theta_p = \int r^2\,dF = \int (y^2 + z^2)\,dF = \int y^2\,dF + \int z^2\,dF = \theta_z + \theta_y. \qquad (13)$$

zu verstehen, der sich, wie aus der Ableitung hervorgeht, nach dem Pythagoreischen Lehrsatze stets auf die Summe der Hauptträgheitsmomente θ_z und θ_y der betreffenden Querschnittsfläche zurückführen läßt. Beim Rechteck können wir dafür die in den Gleichungen (21) von § 24 aufgestellten Werte einsetzen. Beachten wir noch, daß jetzt die Bezeichnung a an Stelle von h für die zur Y-Achse gleichgerichtete Rechteckseite getreten ist, so folgt

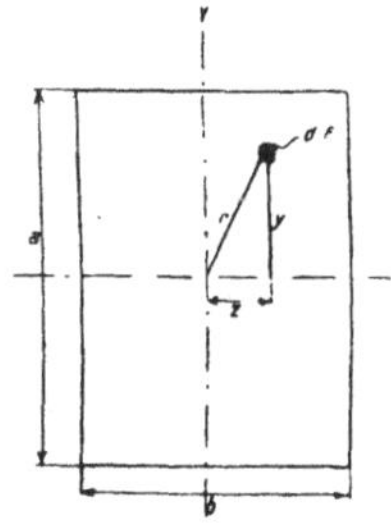

$$\theta_p = \frac{a^3 b + a b^3}{12} = a b \cdot \frac{a^2 + b^2}{12} \qquad (14)$$

Abb. 69.

und für den auf die Längeneinheit bezogenen Verdrehungswinkel ϑ fand daher die Naviersche Theorie gemäß Gl. (10)

$$\vartheta = \frac{M}{\theta_p\,G} = \frac{12\,M}{a b\,(a^2 + b^2)\,G}\,. \qquad (15)$$

Um diese Formel auf ihre Übereinstimmung mit den Beobachtungstatsachen zu prüfen, vergleichen wir zwei Rechtecke miteinander, die beide denselben Flächeninhalt $a_1 b_1 = a_2 b_2$ haben. Das eine davon soll ein Quadrat und das andere ein sehr schmales Rechteck sein. Es möge etwa $a_1 = b_1 = 1$ cm, dagegen $a_2 = 5$ cm und $b_2 = \frac{1}{5}$ cm sein. Das letzte Rechteck würde dann ungefähr dem Querschnitt einer dünnen Reißschiene entsprechen. Die polaren Trägheitsmomente ergeben sich nach Gl. (14) für die Reißschiene zu $\theta_p = 2,09$ cm^4 und für das Quadrat zu $\theta_p = 0,17$ cm^4. Die Reißschiene hat also ein ungefähr zwölfmal so großes θ_p als ein Vierkantstab von derselben Querschnittsfläche. Wenn Gl (15) richtig wäre, müßte sich demnach die Reißschiene dem gleichen verdrehenden Momente gegenüber zwölfmal steifer verhalten als ein aus demselben Holze hergestellter Stab von quadratischem Querschnitte. Jeder, der eine Reißschiene zur Hand hat, kann sich aber sofort davon überzeugen, daß die Reißschiene keineswegs viel steifer ist als der Vergleichsstab, sondern sich entgegen der Voraussage der Navierschen Theorie umgekehrt schon durch ein kleines Moment M stark verdrehen läßt und jedenfalls weit mehr als der Vergleichsstab.

Man wird nicht leicht ein zweites ebenso schlagendes Beispiel dafür anzugeben vermögen, wie groß die Irrtümer werden können, zu denen eine Theorie unter Umständen führt, wenn sie sich zu sehr auf die ihr zugrunde liegenden Annahmen verläßt und darüber den fortwährenden Vergleich ihrer Folgerungen mit den Beobachtungstatsachen vernachlässigt.

Daß die Naviersche Theorie der Verdrehung für den Fall des rechteckigen Querschnitts unrichtig ist, kann hiernach nicht mehr bezweifelt werden. Wo der nächste Grund für den Fehler liegt, geht aus der schon in § 36 erwähnten anderweitigen Beobachtung hervor, daß der rechteckige Querschnitt bei der Verdrehung nicht eben bleibt. Man wird sich aber mit dieser Bemerkung allein nicht gerne zufrieden geben, sondern wird weiter noch wissen wollen, woher es wohl kommt, daß bei der Biegung für beliebige Querschnitte und selbst bei der Verdrehung wenigstens für kreis-

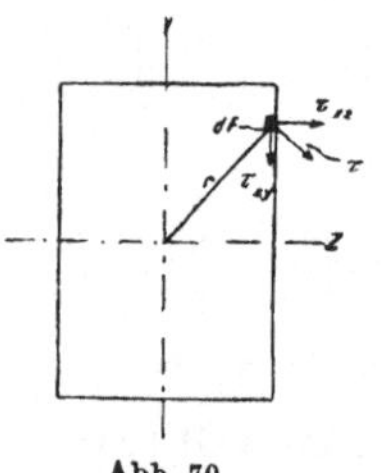

Abb. 70.

förmige Querschnitte die Naviersche Annahme vollständig zutrifft, während s.e in anderen Fällen und insbesondere beim rechteckigen Querschnitte zu so starken Fehlern führt.

Auch auf diese Frage läßt sich eine befriedigende Antwort geben. Die Naviersche Theorie hatte nämlich die sehr wichtige Grenzbedingung außer acht gelassen, die nach dem Satze von der Gleichheit der einander zugeordneten Schubspannungen am Querschnittsumfange erfüllt sein muß. Nur beim kreisförmigen Querschnitt war die Randbedingung ganz von selbst erfüllt, bei allen anderen Querschnitten aber nicht.

Für den rechteckigen Querschnitt wird dies aus Abb. 70 ersichtlich. Nach der Navierschen Theorie müßte nämlich die in einem Flächenteilchen dF am Rande übertragene Schubspannung τ rechtwinklig zu der vom Mittelpunkte aus dahin gezogenen Verbindungslinie stehen, weil bei eben bleibenden Querschnitten auch die Schiebung in dieser Richtung erfolgte. Diese Richtung steht aber im allgemeinen schief zur Umrißlinie des Querschnitts; nur beim kreisförmigen Querschnitt steht jeder Radius senkrecht zur Umrißlinie. Beim rechteckigen Querschnitt kann man dagegen τ in die beiden Komponenten τ_{xy} und τ_{xz} zerlegen, von denen die eine in die Richtung der Umrißlinie fällt und die andere senkrecht dazu steht.

Jeder dieser beiden Komponenten läßt sich eine zugeordnete Schubspannung gegenüberstellen, die nach Gl. (12) von § 14 und den daran geknüpften Bemerkungen gleich groß mit ihr sein muß. An einem unendlich kleinen rechteckigen Parallelepiped, von dem dF eine Seitenfläche bildet, würde jedoch die der Komponente τ_{xz} zugeordnete Komponente τ_{zx} auf einer zur freien Staboberfläche gehörigen Seitenfläche angreifen. Da aber nach außen hin nichts mehr angrenzt, was eine solche Kraft übertragen könnte, muß dort τ_{zx} zu Null werden und damit auch τ_{xz}, um das Gleichgewicht gegen Drehen an dem Parallelepiped herbeizuführen.

Durch diese Überlegung sind wir zu der die ganze Verdrehungslehre beherrschenden, aber auch heute noch in technischen Kreisen nicht überall genügend bekannten und daher häufig außer acht gelassenen Randbedingung gelangt, die sich in die Worte fassen läßt:

„Am Querschnittsumfange müssen die Schubspannungen überall tangential gerichtet sein".

Bei Hohlquerschnitten gilt dieser Satz aus den gleichen Gründen nicht nur für den äußeren, sondern ebenso auch für jeden inneren Rand.

An den Eckpunkten des rechteckigen Querschnitts verschwinden nach diesem Satze die beiden Komponenten τ_{xy} und τ_{xz}, d. h. die Ecken bleiben ganz spannungsfrei. Diese Folgerung der von de Saint-Venant begründeten Verdrehungslehre steht im schärfsten Widerspruche mit der Navierschen Theorie, aus der man schloß, daß an diesen Stellen gerade die größten Spannungen auftreten müßten. Der Fehler liegt natürlich auf der Seite der alten Theorie. Er zeigt von neuem, wie weit man fehlgehen kann, wenn man sich blindlings auf eine so willkürliche Annahme verläßt wie die, daß die Querschnitte unter allen Umständen eben bleiben müßten.

§ 39. **Ansätze zur strengen Theorie der Verdrehung.** Die im mathematischen Sinne dieses Wortes als „streng" bezeichnete Theorie der Verdrehung wurde von de Saint-Venant aufgestellt, dem unmittelbaren Nachfolger von Navier als Professor an der Pariser école polytechnique. Er hat die Irrtümer von Navier erkannt und sie widerlegt und eine einwandfrei begründete Theorie aufgebaut, die mit den Beobachtungstatsachen gut übereinstimmt.

Dagegen gelang es ihm nur in einer beschränkten Zahl von Fällen, die Verdrehungsaufgabe vollständig zu lösen. Was er dabei gefunden hat, ist und bleibt richtig und zugleich praktisch wertvoll. Aber für die Anforderungen der Technik reichte es nicht aus, so daß man sich später zu anderen Ansätzen genötigt gesehen hat, um wenigstens zu gut brauchbaren Näherungslösungen für solche Fälle zu gelangen, bei denen die strenge Theorie versagte. Aus diesem Grunde wollen wir uns hier nicht lange bei der strengen Theorie aufhalten. Mit ihren Hauptgedanken muß sich aber jeder vertraut machen, der sich in der Verdrehungslehre die Befähigung zu selbständigen Urteilen erarbeiten will.

Man gelangt zu den Hauptgleichungen der strengen Theorie durch eine Fortbildung der schon in den Gleichungen (2) und (3) von § 36 auf Grund der Beobachtungstatsachen aufgestellten Ansätze. Der Weg von de Saint-Venant selbst war freilich länger und mühsamer, und er war auch im mathematischen Sinne strenger in der Begründung. Die Ergebnisse, zu denen man dabei gelangt, sind aber in beiden Fällen dieselben, und es genügt daher vollständig, wenn wir den Leser hier auf dem kürzeren Wege zum Ziele führen.

Wir übernehmen also aus § 36 die Gleichungen

$$\xi = f(yz); \quad \eta = -\vartheta xz; \quad \zeta = +\vartheta xy \qquad (16)$$

und schließen aus dem durch sie beschriebenen Zwange auf den damit verbundenen Drang. Zunächst ergibt sich daraus, daß an einem unendlich kleinen Parallelepipede, das wir uns durch Schnitte in den Richtungen der Koordinatenebenen irgendwo aus dem Stabe herausgeschnitten denken können, keine Normalspannungen angreifen können. Aus den Gleichungen folgt nämlich für die bezogenen Dehnungen

$$\varepsilon_x = \frac{\partial \xi}{\partial x} = 0, \quad \text{ebenso} \quad \varepsilon_y = \frac{\partial \eta}{\partial y} = 0 \quad \text{und} \quad \varepsilon_z = \frac{\partial \zeta}{\partial z} = 0.$$

Nach dem Elastizitätsgesetze folgt aber daraus, daß auch

$$\sigma_x = \sigma_y = \sigma_z = 0 \qquad (17)$$

wird. Ebenso findet man (vgl. Gl. (19) auf S. (52))

$$\gamma_{yz} = \frac{\partial \eta}{\partial z} + \frac{\partial \zeta}{\partial y} = -\vartheta x + \vartheta x = 0$$

und daher auch $\qquad\qquad \tau_{yz} = 0. \qquad\qquad (18)$

Für die alsdann allein noch übrigbleibenden Schubspannungskomponenten erhält man auf demselben Wege

$$\left.\begin{aligned}
\tau_{xy} = \tau_{yx} &= G\left(\frac{\partial \xi}{\partial y} + \frac{\partial \eta}{\partial x}\right) = G\left(\frac{\partial \xi}{\partial y} - \vartheta z\right) \\
\tau_{xz} = \tau_{zx} &= G\left(\frac{\partial \xi}{\partial z} + \frac{\partial \zeta}{\partial x}\right) = G\left(\frac{\partial \xi}{\partial z} + \vartheta y\right)
\end{aligned}\right\} \cdot \qquad (19)$$

Hierauf erinnern wir uns der zwischen allen diesen Spannungskomponenten bestehenden Gleichgewichtsbedingungen gegen Verschieben in den drei Achsenrichtungen, die in den Gleichungen (37) von § 20 ausgesprochen wurden. Diese Gleichungen lauten in der ihnen damals gegebenen allgemeinen Form nach Streichen der sich auf die hier nicht vorkommenden Massenkräfte beziehenden Glieder

$$\left. \begin{aligned} \frac{\partial \sigma_x}{\partial x} + \frac{\partial \tau_{yx}}{\partial y} + \frac{\partial \tau_{zx}}{\partial z} &= 0 \\[2mm] \frac{\partial \sigma_y}{\partial y} + \frac{\partial \tau_{zy}}{\partial z} + \frac{\partial \tau_{xy}}{\partial x} &= 0 \\[2mm] \frac{\partial \sigma_z}{\partial z} + \frac{\partial \tau_{xz}}{\partial x} + \frac{\partial \tau_{yz}}{\partial y} &= 0 \end{aligned} \right\} . \qquad (20)$$

Setzt man für die Spannungskomponenten ihre Werte aus den Gleichungen (17), (18) und (19) ein, so sieht man, daß die beiden letzten Gleichungen ohne weiteres erfüllt sind, da alle in ihnen vorkommenden Glieder zu Null werden. Die erste Gleichung geht zunächst über in

$$\frac{\partial \tau_{yx}}{\partial y} + \frac{\partial \tau_{zx}}{\partial z} = 0$$

oder nach Einsetzen aus den Gleichungen (19) in

$$\frac{\partial^2 \xi}{\partial y^2} + \frac{\partial^2 \xi}{\partial z^2} = 0 \qquad (21)$$

und diese Gleichung kann als die *Hauptgleichung der strengen Theorie der Verdrehung* bezeichnet werden. Aus ihr läßt sich nämlich schließen, welchem Gesetze die krumme Fläche gehorcht, in die der ebene Stabquerschnitt bei der elastischen Formänderung des Stabes übergeht. Sie bildet, wie man auch sagen kann, *die Differentialgleichung der Verwindungsfläche.*

Gleichung (21) läßt unendlich viele voneinander verschiedene Lösungen zu, und es macht gar keine Schwierigkeiten, beliebig viele solcher Lösungen und schließlich auch die allgemeinste Lösung anzugeben, in der alle übrigen enthalten sind. Aber damit ist die Verdrehungsaufgabe noch lange nicht gelöst. Die Anpassung der allgemeinen Lösung an die im besonderen Falle bestehenden Grenzbedingungen macht erst die Hauptschwierigkeit aus, die in den meisten Fällen überhaupt nicht zu überwinden ist.

Am Schlusse von § 38 wurde die Randbedingung ausgesprochen, von der gesagt wurde, daß sie die ganze Verdrehungstheorie beherrscht. Wir wollen sie jetzt ebenfalls in Gestalt einer Gleichung anschreiben. An einer bestimmten Stelle des Querschnittsumrisses möge zwischen den Koordinaten der Umrißlinie irgendeine Gleichung

$$y = f(z)$$

bestehen, in der f eine beliebige Funktion sein kann. Die Richtung der Tangente, die sich im Punkte yz an diese Kurven legen läßt, wird durch den Differentialquotienten $\dfrac{dy}{dz}$ beschrieben. Die Bedingung, daß die Schubspannung an dieser Stelle mit den Komponenten τ_{xy} und τ_{xz} in die Richtung der Tangente fallen soll, läßt sich daher in der Gleichung

$$\frac{\tau_{xy}}{\tau_{xz}} = \frac{dy}{dz} \tag{22}$$

ausdrücken. Setzt man die Werte von τ_{xy} und τ_{xz} aus den Gleichungen, (19) ein, so läßt sich dafür auch

$$\frac{\dfrac{\partial \xi}{\partial y} - \vartheta z}{\dfrac{\partial \xi}{\partial z} + \vartheta y} = \frac{dy}{dz} \tag{23}$$

schreiben und damit ist die Randbedingung ausgesprochen, der die gesuchte Funktion ξ außer der Hauptgleichung (21) ebenfalls noch, und zwar an allen Stellen des Querschnittsumrisses genügen muß.

Gelingt es, für eine gegebene Querschnittsgestalt durch einen passenden Ansatz für ξ der Gleichung (21) an allen Stellen der Querschnittsfläche und zugleich der Gleichung (23) an allen Stellen des Randes zu genügen, so bleibt nur noch die verhältnismäßig einfache Aufgabe zu lösen, die in der letzten Gleichung vorkommende unveränderliche Größe ϑ zu ermitteln. Das geschieht durch Anschreiben einer Momentengleichung für das Gleichgewicht gegen Drehen zwischen den im Querschnitte übertragenen Schubspannungen mit dem von den äußeren Kräften herrührenden Verdrehungsmomente M.

Für eine Anzahl von Fällen, insbesondere den elliptischen, den rechteckigen und den regelmäßig dreiseitigen Querschnitt und auch noch für verschiedene krummlinig begrenzte Querschnitte besonderer Art hat de Saint-Venant um die Mitte und in der zweiten Hälfte des vorigen Jahrhunderts die vollständige Lösung dieser Aufgabe gefunden. In § 44 werden wir darauf nochmals zurückkommen.

§ 40. **Die beiden Gleichnisse der Verdrehungslehre.** Wir zeigten vorher, daß die strenge Lösung der Verdrehungsaufgabe für einen bestimmten Querschnitt von einer Lösung der Differentialgleichung (11) abhängt, die zugleich der durch Gl. (22) oder (23) ausgesprochenen Randbedingung genügt. Von derselben einfach gebauten Differentialgleichung (21) hängt aber auch in verschiedenen anderen Teilen der theoretischen Physik die Lösung gar mancher wichtigen Frage ab, die im übrigen mit der uns hier beschäftigenden gar nichts zu tun hat. Manchmal trifft es sich dabei, daß auch noch eine Randbedingung von der gleichen Art hinzutritt wie bei der Verdrehungsaufgabe. Die mathematische Aufgabe, die Gleichung zu lösen und die Randbedingung zu befriedigen, ist dann in beiden Fällen dieselbe, und man vermag daher jede auf dem einen Gebiete durch irgendeinen glücklichen Griff oder sonstwie gefundene Lösung sofort auch auf dem anderen Gebiete nutzbar zu machen.

Auf diesen Bemerkungen beruhen die beiden Gleichnisse, mit denen wir den Leser hier bekannt zu machen haben. Eine strenge Beweisführung verlangt freilich vorher schon eine gewisse Bekanntschaft mit den Erscheinungen und ihrer Theorie, die auf dem anderen Gebiete vorliegen, das zum Vergleiche herangezogen werden soll. Durch diesen Umstand darf man sich aber als Anfänger nicht abschrecken lassen, auch wenn man von dem anderen Gebiete noch sehr wenig weiß. Denn auf den strengen Beweis kommt es dabei nicht so viel an als auf die Möglichkeit, den Zusammenhang anschaulich zu erfassen.

Es ist sogar zulässig, auf einen Beweis ganz zu verzichten und die beiden Gleichnisse der Verdrehungslehre als Annahmen hinzustellen, die willkürlich zu Ausgangspunkten der Untersuchung gewählt werden sollen, ausschließlich mit der Begründung, daß sich die auf diesem Wege erhaltenen Folgerungen beim Vergleiche mit allen wichtigeren Beobachtungstatsachen bereits hinlänglich bewährt haben. Die Gleichnisse erscheinen dann als Axiome, genau so wie in der Biegungslehre die Annahme, daß die Querschnitte eines Stabes bei der Biegung eben bleiben.

Durch ein solches Vorgehen wird erreicht, daß jeder Anfänger, der sich mit der Verdrehungslehre bekannt machen will, ohne sehr viel Zeit darauf anwenden zu können, sofort mit den beiden Gleichnissen bekannt gemacht wird und sie zu gebrauchen lernt. Damit wird ihm der Schlüssel in die Hand gegeben, der eine Reihe von Fragen hinreichend genau zu lösen gestattet, die für die praktischen Anwendungen von großer Bedeutung sind. — Besser freilich ist es, wenn der Leser nicht nur der nachfolgenden Beschreibung, sondern auch der dazu gegebenen Begründung der beiden Gleichnisse mit Verständnis zu folgen vermag.

Das zuerst von Thomson und Tait aufgestellte *hydrodynamische Gleichnis* führt die Verdrehungsaufgabe auf eine Aufgabe der Strömungslehre zurück, nämlich auf die Aufgabe, *eine ebene Wasserströmung* innerhalb eines dem Stabkörper kongruenten Hohlraumes anzugeben, *bei der die Wirbelstärke in allen Punkten des Querschnitts gleich groß ist.*

Man setzt nämlich die Geschwindigkeitskomponenten v_y und v_z der Wasserströmung in den Richtungen der Koordinatenachsen in jedem Punkte des Querschnitts

$$v_y = m\tau_{xy} \quad \text{und} \quad v_z = m\tau_{xz} \qquad (24)$$

worin m einen der hydrodynamischen Abbildung des Spannungsfeldes zugrunde gelegten unveränderlichen Maßstabfaktor bedeutet, den man nach Belieben wählen darf. Durch den Ansatz (24) wird zunächst erreicht, daß die Geschwindigkeit der Strömung überall gleich gerichtet mit der Schubspannung an der betreffenden Stelle und mit ihr verhältnisgleich ist.

Die Strömung einer unzusammendrückbaren Flüssigkeit ist der sogenannten *Kontinuitätsbedingung* unterworfen, nämlich der Bedingung, daß in jeden beliebig abgegrenzten Teil des von der Strömung durchflossenen Raumes, damit er stets von der Flüssigkeit erfüllt bleibt, ebensoviel einströmen muß, als während der gleichen Zeit an anderen Stellen davon ausfließt. Grenzt man in der Bewegungsebene ein kleines Rechteck von den Kantenlängen dy und dz ab, so läßt sich die Bedingung für diesen Raum durch die Gleichung

$$\frac{\partial v_y}{\partial y} + \frac{\partial v_z}{\partial z} = 0$$

aussprechen. Wegen des in den Gleichungen (24) ausgesprochenen Zusammenhanges muß daher auch

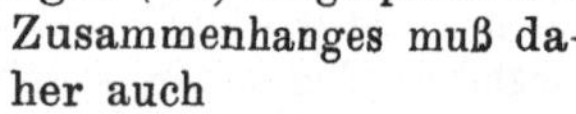

$$\frac{\partial \tau_{xy}}{\partial y} + \frac{\partial \tau_{xz}}{\partial z} = 0$$

sein und wenn man für die τ ihre Werte aus den Gleichungen (19) einführt, folgt daraus

$$\frac{\partial^2 \xi}{\partial y^2} + \frac{\partial^2 \xi}{\partial z^2} = 0$$

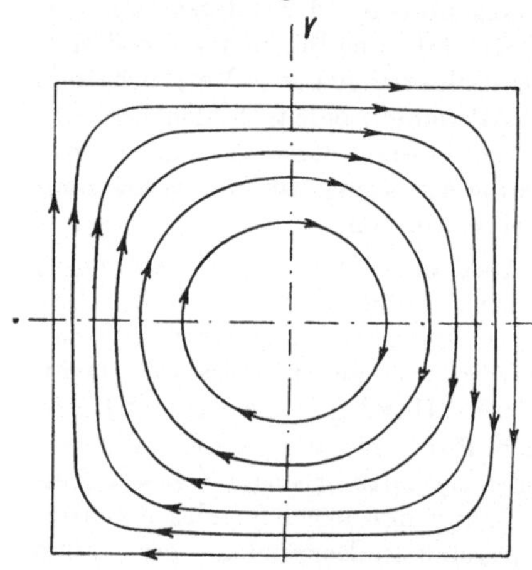

in Übereinstimmung mit Gl. (21). Man sieht daher, daß die hydrodynamische Abbildung von vornherein dafür sorgt, daß diese Hauptgleichung der Verdrehungstheorie erfüllt wird.

Abb. 71.

Auch die Randbedingung, die in den Gleichungen (22) oder (23) ausgesprochen wurde, wird von vornherein von ihr erfüllt. Zur Erläuterung möge dabei Abb. 71 dienen, die sich auf einen rechteckigen Querschnitt bezieht. Die in ihn eingetragenen Linien können entweder als *Spannungslinien* aufgefaßt werden, nämlich als Linien, die überall in der Richtung der dort herrschenden Schubspannung fortschreiten, oder auch als *Stromlinien* der Flüssigkeitsströmung. Nach der in § 35 im Anschlusse an Abb. 70 besprochenen Randbedingung muß die äußerste Spannungslinie mit der Umrißlinie des Querschnitts zusammenfallen. Das gilt aber ebenso auch von der äußersten Stromlinie, da die Flüssigkeit die Wand nicht durchsetzen kann, sondern ihr entlang fließen muß.

Die bisher besprochenen Bedingungen genügen aber noch nicht, um die Wasserströmung völlig zu bestimmen. Die allgemeine hydrodynamische Aufgabe, mit der wir uns hier beschäftigen, verlangt die Ermittelung von zwei unbekannten Funktionen v_y und v_z, während die Lösung der Verdrehungsaufgabe nur von der Ermittelung der einzigen unbekannten Funktion ξ der Querschnittskoordinaten abhing. Daher muß noch eine weitere Bedingung zwischen v_y und v_z hinzutreten, um gerade jene unter den bisher noch möglichen Wasserströmungen heraussuchen zu können, die dem Kraftflusse bei der Verdrehungsaufgabe entspricht.

Man gelangt zu dieser weiteren Bedingungsgleichung, indem man die erste der Gleichungen (19) partiell nach z und die zweite nach y differentiiert und hierauf beide voneinander subtrahiert. Daraus entsteht die Gleichung

$$\frac{\partial \tau_{xy}}{\partial z} - \frac{\partial \tau_{xz}}{\partial y} = -2\,G\,\vartheta. \tag{25}$$

Bei der Wasserströmung, die der Verdrehungsaufgabe entspricht, muß den Gleichungen (24) gemäß hiernach

$$\frac{\partial v_y}{\partial z} - \frac{\partial v_z}{\partial y} = -2\,m\,G\,\vartheta \tag{26}$$

sein, worin der auf der rechten Seite stehende Wert für alle Stellen des Querschnitts gleich groß ist. Der linksstehende Ausdruck wird aber in der Hydrodynamik als ein Maß für die Stärke angesehen, mit der die Flüssigkeit an der betreffenden Stelle wirbelt. Hiernach erklärt sich eine vorher bei der Aussage des hydrodynamischen Gleichnisses gebrauchte Bezeichnung.

Von vornherein ist die Forderung, daß die Wirbelstärke der Strömung überall gleich groß sein soll, freilich nur für jene Leser verständlich, die mit dem Begriffe der Wirbelstärke schon von früher her bekannt sind. Man kann sie aber in anschaulicher Weise ungefähr wenigstens auch dahin auslegen, daß die Stromlinien jedenfalls einen glatten, möglichst einfachen und regelmäßigen Verlauf nehmen müssen. Da nun die äußerste Stromlinie mit der Umrißlinie des Querschnitts zusammenfällt, kann man daher nicht sehr im Zweifel darüber sein, wie die nächst benachbarten ungefähr verlaufen werden. Auf diese nächst benachbarten kommt es aber, wie man später sehen wird, hauptsächlich an.

Eine genauere Auskunft über den Stromlinienverlauf, die ohne besondere Vorkenntnisse verständlich ist, gibt das von L. Prandtl aufgestellte *Seifenhautgleichnis*, das daher eine wichtige Ergänzung des ersten Gleichnisses bildet. Bei ihm handelt es sich um den folgenden Zusammenhang.

In den Deckel eines Gefäßes sei ein Loch geschnitten von genau derselben Gestalt, wie sie der Querschnitt des Stabes hat, für den man die Verdrehungsaufgabe lösen will. Man überspanne dieses Loch mit einer Seifenhaut mit denselben Hilfsmitteln, mit denen man die Seifenblasen herzustellen pflegt. Solange der Luftdruck im Gefäße ebenso groß ist wie außerhalb, bleibt die Seifenhaut eben. Sobald man aber den Luftdruck im Gefäße etwas erhöht, baucht sie sich aus. Bei der Ausführung des Versuches darf man sie jedoch nur so weit aufblasen, daß die höchste Erhebung, die die gewölbte Fläche dabei erfährt, immer noch als klein gegenüber den Abmessungen des Loches und hiermit des ihm entsprechenden Querschnittes angesehen werden kann. Zur strengen Gültigkeit des Prandtlschen Gleichnisses würde nämlich eigentlich gehören, daß die Ausbauchung unendlich klein bliebe. Der von der Verletzung dieser Bedingung herrührende Fehler kann aber bei der Ausführung des Versuches in hinlänglich engen Grenzen gehalten werden.

Die Seifenhaut schließt mit der Ebene des Deckelrandes einen Raum ein, den Prandtl als den *Spannungshügel* bezeichnet hat. Man kann die Gestalt dieses Hügels dadurch beschreiben, daß man in den Grundriß Linien gleicher Höhe einträgt, wie sie in Landkarten zur Geländedarstellung verwendet werden. Von diesem Spannungshügel, der also durch einen einfachen Versuch hergestellt und dabei auch genau genug ausgemessen werden kann, lassen sich die folgenden Behauptungen aufstellen:

1. *Die in den Grundriß eingetragenen Linien gleicher Höhe decken sich mit den Spannungslinien der Verdrehungsaufgabe für den zugehörigen Stabquerschnitt.*

2. *Das Gefäll des Hügels ist an jeder Stelle proportional der Größe der an der zugehörigen Stelle des Querschnitts übertragenen Schubspannung.*

3. *Der Rauminhalt des Spannungshügels ist für verschiedene Querschnitte unter sonst gleichen Umständen proportional dem Drillungswiderstande des Querschnitts.*

Die im letzten Satze gebrauchte Bezeichnung „*Drillungswiderstand*" bedarf noch einer näheren Erklärung. Der auf die Längeneinheit des Stabes bezogene Verdrehungswinkel ϑ wird beim kreisförmigen Querschnitt nach Gl. 10 von § 37 durch die Formel

$$\vartheta = \frac{M}{G\theta_p} \tag{27}$$

angegeben. Das darin vorkommende Produkt $G\,\theta_p$ nennt man die *Verdrehungssteifigkeit* des Stabes, weil ϑ um so kleiner ausfällt, je größer bei gegebenem M das Produkt ist. Diese Steifigkeit hängt einerseits vom Schubmodul G, also vom Stoffe ab und andererseits von der Gestalt und von der Größe des Stabquerschnitts, die in θ_p zum Ausdruck kommen. In der Navierschen Verdrehungslehre nahm man an, daß Gl. (27) auf jede Querschnittsgestalt anwendbar sei, so daß z. B. für den rechteckigen Querschnitt Gl. (15) von § 38 gültig wäre. Das war nun freilich falsch. Jedenfalls kann man aber Gl. (27) in der Art auf einen beliebigen Querschnitt übertragen, daß man

$$\vartheta = \frac{M}{G\,J} \tag{28}$$

setzt und unter J einen nur noch von der Gestalt und von der Größe des Querschnitts abhängigen Wert versteht, der in derselben Einheit, also in der vierten Potenz der Längeneinheit auszudrücken ist wie in Gl. (27) das Trägheitsmoment θ_p. Das muß nämlich gefordert werden, damit Gl. (28) ebenso wie Gl. (27) in den Dimensionen der darin vorkommenden Größen richtig ist.

Welchen Wert man für J anzunehmen hat, damit Gl. (28) den richtigen Wert des Verdrehungswinkels liefert, hängt von der besonderen Querschnittsgestalt ab. Diese Größe J ist es, die wir als den *Drillungswiderstand* bezeichnet haben. Von ihr steht bis jetzt nur so viel fest, daß sie im Falle des kreisförmigen Querschnitts gleich dem polaren Trägheitsmomente ist.

Hier kommt uns nun der dritte der vorher angeführten Prandtlschen Sätze zu Hilfe. Er lehrt, wie man durch Ausführung des Seifenblasenversuchs und Ausmessung des Spannungshügels den Drillungswiderstand für irgendeinen Querschnitt ermitteln kann. Selbst schon auf Grund von früher gemachten und im Gedächtnisse aufbewahrten Erfahrungen über das Verhalten der Seifenblasen vermag man den Drillungswiderstand in manchen Fällen wenigstens ungefähr abzuschätzen. Man kann dabei etwa so vorgehen, daß man sich in den Deckel des Gefäßes zwei Löcher geschnitten denkt, von denen das eine kreisförmig ist und denselben Flächeninhalt hat wie das andere, das dem Querschnitte entspricht, für den man den Drillungswiderstand abschätzen will. Man vergleicht die beiden Spannungshügel miteinander, die zu dem gleichen Luftüberdrucke im Gefäße gehören, und findet daraus nach dem unter 3. angeführten Satze den gesuchten Drillungswiderstand, da der für den kreisförmigen Querschnitt von vornherein schon bekannt ist.

Es muß noch bemerkt werden, daß das Seifenhautgleichnis für *Hohlquerschnitte* weniger brauchbar ist. Es läßt sich zwar auch auf diesen Fall übertragen, aber nur mit Umständlichkeiten, auf die wir hier nicht eingehen wollen, weil sie die praktische Anwendung des Vergleiches nicht mehr lohnend erscheinen lassen.

Man beweist die Prandtlschen Sätze, indem man zuerst die Differentialgleichung für die krumme Fläche aufstellt, nach der sich die durch die Kapillarspannungen zusammengehaltene Seifenhaut unter der Belastung durch den Luftüberdruck ausbaucht. Diese Gleichung stimmt zwar nicht ganz mit Gl. (21) überein, aber sie ist ähnlich gebaut, und hierauf beruht die Möglichkeit, die Verdrehungsaufgabe mit Hilfe des Seifenblasenversuchs zu lösen. Man kann den ausführlichen Beweis in „Drang und Zwang", Bd. II, § 67 finden. Der Anfänger möge die Prandtlschen Sätze einstweilen als eine Annahme gelten lassen, die sich bewährt hat, und sich ihre Nachprüfung für eine spätere Stufe seiner Ausbildung vorbehalten.

Nur darauf möge noch hingewiesen werden, daß die Randbedingung der Verdrehungsaufgabe beim Seifenblasenversuche ohne weiteres erfüllt wird, da die unterste Linie gleicher Höhe von selbst mit dem Querschnittsrande zusammenfällt.

§ 41. **Der Drillungswiderstand eines Flacheisens.** Das „Flacheisen" hat einen rechteckigen Querschnitt, dessen Langseite weit größer ist als die Schmalseite. Um zu einem brauchbaren Näherungswerte für den Drillungswiderstand zu gelangen, genügt es, ihn für den Grenzfall zu berechnen, daß die Langseite als unendlich groß im Vergleiche zur Schmalseite angesehen werden kann.

Denkt man sich die Langseite des Rechtecks in Abb. 71 stark vergrößert, so ziehen sich die Spannungslinien immer mehr in die Länge, und der mittlere Teil des ganzen Bildes sieht alsdann ungefähr so aus wie Abb. 72, die als eine nach oben und unten hin abgebrochene Zeichnung des Spannungslinienverlaufes anzusehen ist. Im mittleren Teile des Querschnitts müssen nämlich die Spannungslinien ziemlich genau geradlinig und parallel mit den benachbarten Umrißseiten verlaufen. Aus dem Vergleiche mit einer Seifenblase über einer schmalen und sehr langgestreckten Spalte folgt dies ohne weiteres.

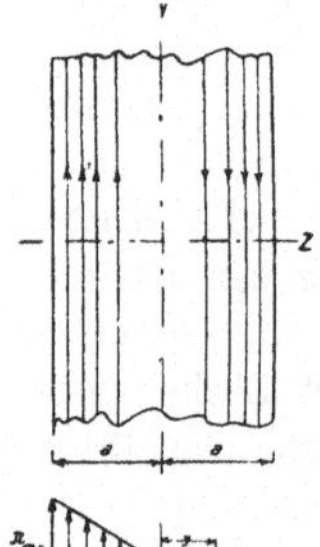

Abb. 72.

Nach Gl. (25) von § 40 besteht für jeden Querschnitt und für jede Stelle im Querschnitt die Beziehung

$$\frac{\partial \tau_{xy}}{\partial z} - \frac{\partial \tau_{xz}}{\partial y} = -2\,G\vartheta,$$

die sich hier wesentlich vereinfacht, weil im mittleren Teile des schmalen Rechtecks τ_{xz} durchweg genau genug als Null angenommen werden kann. Es bleibt dann

$$\frac{\partial \tau_{xy}}{\partial z} = -2\,G\vartheta,$$

und durch Integration nach z erhält man daraus

$$\tau_{xy} = -\,2\,G\,\vartheta\,z. \qquad (29)$$

Hierbei ist nämlich zu beachten, daß τ_{xy} in dem jetzt allein in Frage kommenden mittleren Teile des Querschnitts nicht von y abhängig sein kann. Dies folgt aus dem hydrodynamischen Gleichnisse, indem bei parallelen Stromlinien die Geschwindigkeit in einer Stromlinie überall gleich groß sein muß, damit durch jeden Querschnitt eines Stromfadens dieselbe Menge fließen kann. Zu demselben Schlusse gelangt man auch auf Grund des zweiten der Prandtlschen Sätze. Da ferner für $y = 0$ aus Symmetriegründen τ_{xy} zu Null werden muß, ist auch die Integrationskonstante, die man sonst in Gl. (29) noch hinzufügen könnte, gleich Null zu setzen.

Gl. (29) lehrt uns, daß sich die Schubspannungen längs der in der Richtung der Schmalseite des Rechtecks gezogenen Z-Achse nach einem Geradliniengesetze verteilen müssen. Im unteren Teile von Abb. 72 ist ein Diagramm dieser Spannungsverteilung gezeichnet. Bezeichnet man die im Abstande a auftretende größte Spannung dem Absolutwerte nach mit $\tau_{\max}$, so kann man auch, wie aus dem Diagramm hervorgeht,

$$\tau_{xy} = -\,\frac{\tau_{\max}}{a}\,z \qquad (30)$$

setzen. Der Vergleich mit Gl. (29) lehrt alsdann, daß zwischen $\tau_{\max}$ und ϑ die Beziehung besteht

$$\vartheta = \frac{\tau_{\max}}{2\,a\,G}. \qquad (31)$$

Es handelt sich jetzt vor allem darum, $\tau_{\max}$ zu berechnen. Dazu dient eine Momentengleichung für das Gleichgewicht gegen Drehen zwischen den im Querschnitte übertragenen Schubspannungen und dem von den äußeren Kräften herrührenden Verdrehungsmomente M. Bei ihrer Aufstellung dürfen wir uns aber nicht darauf beschränken, nur die im mittleren Teile des Querschnitts zutreffende Spannungsverteilung ins Auge zu fassen, wie es in Abb. 72 geschehen war. Die Spannungen sind zwar, wie aus beiden Gleichnissen leicht zu schließen ist, in den nach den Enden hin liegenden Querschnittsteilen viel kleiner als im mittleren Teile. Dafür sind aber ihre Hebelarme vom Mittelpunkte des Rechtecks aus gerechnet weit größer als im mittleren Teile, und so kommt es, daß auch die gering gespannten Endteile einen sehr wesentlichen Beitrag zur Momentensumme liefern.

Wir haben daher eine Querschnittszeichnung nötig, die den Kraftlinienverlauf im ganzen Querschnitte vor Augen führt. Um den sonst dafür erforderlichen Raum zu ersparen, helfen wir uns damit, in Abb. 73 die Zeichnung für ein Rechteck auszuführen, dessen Seiten von gleicher Größenordnung sind, und uns nachträglich zu überlegen, wie man die Zeichnung abzuändern hat, wenn die Halbseite b viel größer wird als die Halbseite a.

In die Zeichnung sind zwei benachbarte Spannungslinien eingetragen, die auf der Z-Achse Abschnitte z und $z + dz$ vom Ursprunge O aus gerechnet bilden. Bei der hydrodynamischen Abbildung des Spannungsverlaufes liegt zwischen beiden ein Stromfaden, durch dessen Querschnitt überall dieselbe Flüssigkeitsmenge fließt. Fassen wir ein Element AB des Stromfadens von der Länge ds und der Breite dn ins Auge, so muß demnach die der dort auftretenden Geschwindigkeit entsprechende Schubspannung τ mit der im Abschnitte dz auf der Z-Achse übertragenen Schubspannung τ_{xy} in dem Zusammenhange

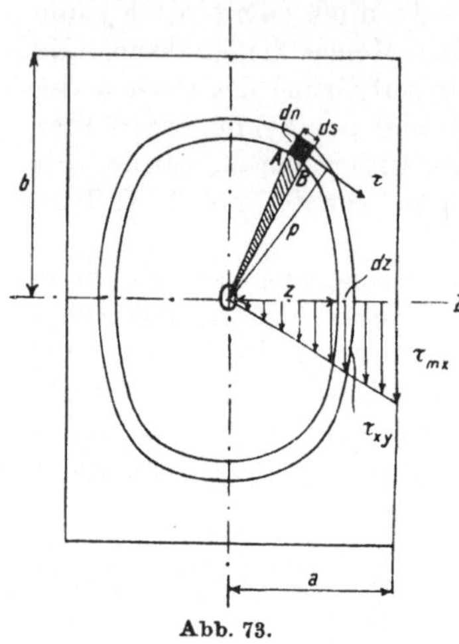

Abb. 73.

$$\tau\,dn = \tau_{xy}\,dz \qquad (32)$$

stehen. In dem Flächenteilchen $dn\,ds$ wird die Kraft $\tau\,dn\,ds$ übertragen, und das Moment dieser Kraft in bezug auf O als Momentenpunkt ist $p\,\tau\,dn\,ds$, wenn der Hebelarm mit p bezeichnet wird. Hierfür kann man nach Gl. (32) auch

$$\tau_{xy}\,dz \cdot p\,ds$$

schreiben. Faßt man alle Flächenteilchen zusammen, die zwischen den beiden Spannungslinien enthalten sind, so liefern sie zur Momentengleichung einen Beitrag dM, für den man

$$dM = \int \tau_{xy}\,dz \cdot p\,ds = \tau_{xy}\,dz \int p\,ds = \frac{\tau_{\max}}{a}\,z\,dz \int p\,ds \qquad (33)$$

erhält. Hierin ist für τ_{xy} ohne Rücksicht auf das Vorzeichen der Wert aus Gl. (30) eingesetzt. Auf das Vorzeichen kommt es nämlich hier nicht an, da alle τ jedenfalls im gleichen Sinne um den Momentenpunkt O drehen, entweder alle so, wie in Abb. 73 angenommen wurde, oder alle im entgegengesetzten Sinne.

Das Produkt $p\,ds$ gibt nach Abb. 73 den doppelten Inhalt des durch Schraffierung hervorgehobenen Dreicks OAB an. Alle diese Dreiecke zusammen genommen bilden den Inhalt F des vom Stromfaden umschlungenen Teiles der Querschnittsfläche und $\int p\,ds$ ist daher gleich $2F$ zu setzen. Für dM ergibt sich daher jetzt

$$dM = \frac{\tau_{max}}{a} \cdot 2F \cdot z\,dz. \tag{34}$$

Jeder andere Stromfaden liefert einen Beitrag von derselben Form und wenn wir die Summe daraus bilden, erhalten wir die Momentengleichung

$$M = 2\,\frac{\tau_{max}}{a}\int\limits_0^a Fz\,dz, \tag{35}$$

in der jetzt unter M das ganze verdrehende Moment zu verstehen ist.

Um die Summe ausrechnen zu können, muß man F als Funktion von z darzustellen vermögen. Für ein Rechteck von beliebigem Seitenverhältnis ist dies eine schwierige Aufgabe, mit deren Lösung wir uns hier nicht zu befassen haben. Für den Grenzfall des unendlich langen Rechtecks, auf den es jetzt allein ankommt, ist sie aber leicht zu beantworten.

Denken wir uns nämlich jetzt die Halbseite b in Abb. 73 immer mehr vergrößert, so zieht sich auch der ins Auge gefaßte Stromfaden immer mehr in die Länge. Dabei folgt aber aus dem Seifenhautgleichnis, daß er sich auch nachher immer erst in der Nähe der Schmalseite des Rechtecks umbiegt. Wenigstens gilt dies für alle Stromfäden, die in nicht allzu kleinen Abständen vom Ursprunge die Z-Achse schneiden. Auf diese kommt es aber in der Momentengleichung (35) hauptsächlich an, weil für sie sowohl z als F größer ausfällt als für die in der Nähe von O vorbeigehenden.

Beim schmalen Recktecke begehen wir daher nur einen kleinen Fehler, der im Grenzfalle des unendlich langen Rechtecks sogar unendlich klein sein wird, wenn wir in der Momentengleichung (35)

$$F = 4bz \tag{36}$$

setzen. Wenn dies geschieht, läßt sich die Summe in Gl. (35) sofort weiter ausrechnen. Man erhält

$$\int\limits_0^a Fz\,dz = 4b\int\limits_0^a z^2\,dz = \frac{4ba^3}{3},$$

worauf man Gl. (35) nach τ_{max} auflösen kann. Nachträglich ergibt sich dann auch noch ϑ auf Grund von Gl. (31), und zwar wird

$$\tau_{max} = \frac{3M}{8a^2b} = \frac{3M}{a_1^2 b_1} \tag{37}$$

$$\vartheta = \frac{3M}{16a^3bG} = \frac{3M}{a_1^3 b_1 G} \tag{38}$$

wenn man zuletzt noch die ganzen Rechteckseiten $a_1 = 2a$ und $b_1 = 2b$ an Stelle der Halbseiten einführt.

Da F in Gl. (36) etwas zu groß angesetzt wurde, findet man bei einem Rechtecke, das zwar ziemlich lang, aber doch nicht unendlich lang ist, τ_{max} und hiermit auch ϑ nach diesen Formeln etwas zu klein. Bei einem Flacheisen, dessen Breite jedenfalls ein Mehrfaches der Dicke beträgt, bleibt aber der Fehler klein genug, um ihn in der Regel unbedenklich vernachlässigen zu können.

Aus dem Vergleiche von Gl. (38) mit Gl. (28) von § 40, die zur Feststellung des Begriffes des Drillungswiderstandes diente, folgt für das Flacheisen

$$J = \frac{a_1^3 b_1}{3},\qquad (39)$$

und aus den vorhergehenden Bemerkungen ergibt sich, daß dieser Näherungswert streng genommen etwas zu groß ist, und zwar um so mehr, je ungenauer die Voraussetzung erfüllt ist, daß der Querschnitt als ein schmales Rechteck angesehen werden kann.

§ 42. **Der Drillungswiderstand der Walzeisenträger.** Als einfachstes Beispiel betrachten wir zuerst *das Winkeleisen.* Wir setzen jedoch sofort den allgemeinsten Fall voraus, daß die beiden Schenkel verschieden lang und auch verschieden stark sein können. In der Querschnittszeichnung Abb. 74 ist der Verlauf der Spannungslinien angedeutet, so wie er etwa schätzungsweise erwartet werden kann. Dabei behalten wir uns vor, daß er mit Hilfe eines Seifenblasenversuchs erst noch etwas genauer festzustellen sein wird, wenn man sich mit dieser vorläufigen Schätzung nicht begnügen will.

Mit a_1 ist jetzt die Dicke des stärkeren Schenkels bezeichnet und mit a_2 die des schwächeren. Wie sich die Schenkellängen zu einander verhalten, ist gleichgültig; jedenfalls sollen aber beide Schenkellängen groß sein im Verhältnisse zu den Schenkelstärken. Unter dieser Voraussetzung kann man den Drillungswiderstand des Winkeleisens mit genügender Annäherung gleich der Summe der Drillungswiderstände der beiden Flacheisen setzen, in die sich das Winkeleisen durch einen geeignet geführten Schnitt zerlegen läßt.

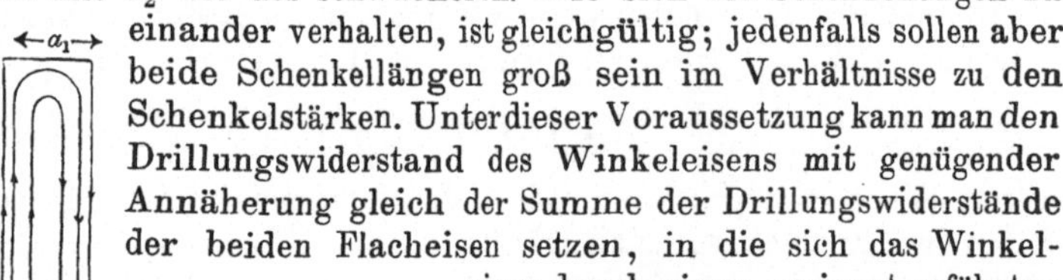

Abb. 74.

Bewiesen wird diese Behauptung durch den Hinweis auf den Seifenblasenversuch, den man entweder wirklich vornimmt oder auch nur auf Grund vorhandener Erinnerungsbilder sich vorgenommen denkt. Man hat dann die Seifenblase über einem Loche von der Gestalt der Abb. 74 mit den beiden Seifenblasen zu vergleichen, die sich über den rechteckigen Löchern a_1, b_1 und a_2, b_2 ausspannen, wenn man etwa einen Draht einschaltet, der die rechteckigen Löcher gegen einander abgrenzt. Die geometrische

Anschauung lehrt dann ohne weiteres, daß unter sonst gleichen Umständen der Spannungshügel über dem ganzen Loche einen etwas größeren Rauminhalt hat als die Summe der Spannungshügel über den beiden Teillöchern. Die beiden Teilhügel werden nämlich durch eine bis zum Hügelfuße hinabreichende Talfurche gegen einander abgegrenzt, deren Rauminhalt beim Gesamthügel auch noch mitzählt. Der Einfluß dieser Talfurche kann sich aber nur auf kleinere Abstände hin stärker bemerklich machen. Da wir nun die Länge des Schenkels als groß ansehen wollten im Verhältnisse zu seiner Dicke, genügt es demnach, wenn wir als ersten Ansatz für den *Drillungswiderstand* des Winkeleisens auf Grund von Gl. (39) den Ausdruck

$$J = \frac{a_1^3 b_1 + a_2^3 b_2}{3} \tag{40}$$

wählen. Mit Rücksicht auf die Ungenauigkeiten, die wir dabei zuließen, und auf die mangelnde Strenge der Beweisführung überhaupt schreiben wir aber besser dafür

$$J = \eta \frac{a_1^3 b_1 + a_2^3 b_2}{3}, \tag{41}$$

wobei unter η eine Berichtigungszahl zu verstehen ist, die aus wirklich ausgeführten Verdrehungsversuchen mit Winkeleisen erhalten werden kann.

Die Zerlegung des Winkeleisens in zwei Flacheisen war übrigens in der Art vorzunehmen, daß zur größeren Schenkeldicke a_1 die ganze Schenkellänge b_1 gerechnet wurde, während dem schwächeren Flacheisen nur der dann noch verbleibende Rest des Querschnitts zuzuteilen ist. Bei dieser Einteilung wird nämlich der Stromlinienverlauf bei der hydrodynamischen Abbildung weniger gestört, oder der Talfurcheninhalt beim Seifenhautgleichnis wird geringer als im umgekehrten Falle. Von der gleichen Erwägung hat man sich bei der Wahl der Einteilung auch in anderen Fällen leiten zu lassen. Wenn in Abb. 74 $a_2 = a_1$ gemacht wird, ist es gleichgültig, wie man die Einteilung in die beiden Rechtecke vornimmt.

Bei der Ableitung von Gl. (39) im vorigen Paragraphen fanden wir, daß der Drillungswiderstand des Flacheisens durch diese Formel etwas zu groß angegeben wird. Andererseits hat sich jetzt bei der Ableitung von Gl. (40) gezeigt, daß der Drillungswiderstand des Winkeleisens tatsächlich etwas größer sein muß als die Summe der Drillungswiderstände der beiden Flacheisen, in die wir es uns zerschnitten dachten. Wir haben demnach bei der Ableitung von Gl. (40), die sich auf Gl. (39) stützte, nach einander zwei Fehler zugelassen, die im entgegengesetzten Sinne auf das Schlußergebnis einwirkten. Von vornherein bleibt zweifelhaft, welcher von beiden Fehlern überwiegt. Die Berichtigungszahl η kann daher je nach den besonderen Umständen sowohl größer als kleiner sein als Eins.

Bei Verdrehungsversuchen mit 11 verschiedenen Winkeleisen, die im Münchener Festigkeitslaboratorium vorgenommen wurden, schwankte die Berichtigungszahl η, die man nötig hatte, um Gl. (41) zur Übereinstimmung mit den gemessenen Verdrehungswinkeln zu bringen, zwischen den Grenzen 0,86 und 1,10. Im Mittel aus allen 11 Versuchsreihen mit teils gleichschenkeligen und teils ungleichschenkeligen Winkeleisen ergab sich

$$\eta = 0,99$$

also fast genau gleich Eins.

Es fragt sich jetzt noch, an welcher Stelle des Winkeleisen-Querschnitts die größte Schubspannung τ_{max} beim Verdrehungsversuche auftritt, und wie groß sie ist. Eine besonders große Spannung wäre in der einspringenden Ecke zwischen beiden Schenkeln zu erwarten, wenn sie sich ohne Ausrundung scharf aneinander schlössen. Nach beiden Gleichnissen geht dies schon aus der unmittelbaren Anschauung hervor. Tatsächlich vermeidet man aber überall, wo es darauf ankommt, scharf einspringende Ecken, weil die mit ihnen verbundene Gefahr allgemein bekannt ist. Wir nehmen daher an, daß die Ecke ausgerundet ist. Nun ist zwar bei den gewöhnlich vorkommenden, immerhin ziemlich kleinen Ausrundungshalbmessern das Gefäll des Spannungshügels und hiermit die Spannung an dieser Stelle immer noch größer als sonstwo. Unter gewöhnlichen Umständen schadet es aber nichts, wenn an dieser ganz eng begrenzten Stelle die Elastizitätsgrenze etwas überschritten wird. Sobald dies geschieht, sinkt nämlich die Spannung an dieser Stelle sofort wieder, ohne daß sich damit im weiterem Umkreise viel änderte.

Wenn freilich ein Stab durch wechselnde Momente sehr oft im entgegengesetzten Sinne hin und her gedreht wird, kann auch eine solche rein örtliche Überanstrengung mit der Zeit zu einem Bruche führen. Unter solchen Umständen bildet sie daher eine ernste Gefahr, der man durch genügend große Halbmesser der Ausrundung begegnen muß. Wenn die Lastrichtung nicht wechselt, wie dies bei den gewöhnlichen Tragkonstruktionen zutrifft, die man aus den Profileisen zusammenbaut, kommt es aber auf eine rein örtliche Überanstrengung dieser Art nicht an, und es soll daher hier nicht weiter davon die Rede sein.

Vorher hatten wir schon auf Grund des Seifenhautgleichnisses geschlossen, daß der Spannungshügel über den Schenkeln in größeren Abständen von der einspringenden Ecke nicht merklich abgeändert wird, wenn man das Winkeleisen in zwei Flacheisen zerlegt. Für die Berechnung von τ_{max} in jedem Schenkel können wir uns daher auf Gl. (31) von § 41 stützen, also auf die Gleichung

$$\tau_{\max,1} = a_1\, G\, \vartheta$$

wenn jetzt die ganze Rechteckschmalseite a_1 an Stelle der damals mit a bezeichneten Halbseite eingeführt wird. Ebenso erhält man für den anderen Schenkel

$$\tau_{\max,2} = a_2\, G\, \vartheta$$

und aus dem Vergleiche ergibt sich, *daß die größte Spannung im stärkeren der beiden Schenkel auftritt.*

Andererseits ist nach den Gleichungen (28) und (41)

$$G\,\vartheta = \frac{M}{J} = \frac{3\,M}{\eta(a_1^3 b_1 + a_2^3 b_2)},$$

und hiermit endlich erhält man

$$\tau_{\max} = \frac{3\,M\,a_1}{\eta(a_1^3 b_1 + a_2^3 b_2)} \tag{42}$$

mit dem Vorbehalte, daß die Bezeichnung a_1 auf die Dicke des stärkeren Schenkels zu beziehen ist.

Sinngemäß läßt sich die ganze hier durchgeführte Betrachtung sofort auch auf *die übrigen aus schmalen Rechtecken zusammengesetzten Walzeisenprofile,* insbesondere also auf die T-Eisen, ⊏-Eisen, ∟-Eisen und I-Eisen übertragen. Für den Drillungswiderstand aller dieser Querschnitte kann man die gemeinschaftliche Formel

$$J = \eta \cdot \tfrac{1}{3} \varSigma\, a^3 b \tag{43}$$

aufstellen, worin sich die Summe über alle Rechtecke zu erstrecken hat, aus denen der Querschnitt zusammengesetzt ist. Unter den a sind darin die Schmalseiten und unter den b die Langseiten der Rechtecke zu verstehen (also nicht etwa die Halbseiten, die im Eingange dieses Paragraphen mit a und b bezeichnet worden waren). Bei der Aufteilung des Querschnitts ist darauf zu achten, daß die Zahl der Rechtecke so klein sein soll als möglich, sowie daß das dickere Rechteck im Zweifelsfalle durchlaufend zu nehmen ist, wie schon im Beispiele von Abb. 74.

Bei den Münchener Versuchen hat sich die Berichtigungszahl η für die verschiedenen Profilarten verschieden ergeben. Am größten wurde sie für die I-Träger gefunden, und zwar im Mittel aus je 5 Versuchsreihen

$$\eta = 1{,}31 \text{ für die I-Normalprofile}$$

$$\eta = 1{,}29 \text{ für die I-Breitflanschprofile.}$$

Im Mittel aus 7 Versuchen mit teils hochstegigen, teils breitflanschigen T-Eisen ergab sich

$$\eta = 1{,}15$$

und für die L-Eisen, von denen ebenfalls 7 Stück geprüft wurden,

$$\eta = 1{,}12.$$

Von L-Eisen wurden nur zwei Stück geprüft und dafür

$$\eta = 1{,}13 \quad \text{und} \quad \eta = 1{,}20$$

gefunden. Man sieht, daß mit Ausnahme des Winkeleisens η in allen Fällen größer als Eins ist.

Die größte Schubspannung τ_{max} ist auch im allgemeineren Falle ebenso wie beim Winkeleisen, wenn man von der Spannungserhöhung in den einspringenden Ecken absieht, im dicksten der Flacheisen zu erwarten, in die wir uns das Profileisen zerlegt dachten. Entsprechend den Entwickelungen, die zu Gl. (42) geführt hatten, ist daher jetzt

$$\tau_{max} = \frac{a_1 M}{J} = \frac{3\,M a_1}{\eta \, \Sigma a^3 b} \tag{44}$$

zu setzen, worin unter a_1 das größte aller a zu verstehen ist.

Zum Schlusse möge hier noch ein Vergleich angestellt werden, aus dem die überaus geringe Verdrehungssteifigkeit der Walzeisenträger im Verhältnisse zu ihrer Biegungssteifigkeit besonders deutlich hervorgeht. Bei den Münchener Versuchen befand sich unter den $\mathbf{I}$-Trägern ein Normalprofilträger von 30 cm Höhe, dessen Querschnittsmaße ziemlich genau mit den dafür in den Profiltabellen vorgeschriebenen übereinstimmten, während sich bei den anderen Versuchskörpern öfters größere Abweichungen der wirklichen Maße von den Soll-Maßen ergeben hatten.

Bei diesem Träger $\mathbf{I}$ N. P. 30 war bei einem Schubmodul G von 830000 atm nach den vorgenommenen Messungen des Verdrehungswinkels der Drillungswiderstand $J = 64$ cm^4 und die Verdrehungssteifigkeit $JG = 53.10^6$ kg cm^2. Andererseits ist das bei der gewöhnlichen Gebrauchsweise dieses Trägers maßgebende Hauptträgheitsmoment nach den Profiltabellen $\theta = 9884$ cm^4, d. h. θ ist 154 mal größer als J (während es nach der ältesten Navierschen Verdrehungstheorie sogar kleiner als J hätte sein sollen). Nimmt man den Elastizitätsmodul E zu 2150000 atm an, so entspricht ihm eine Biegungssteifigkeit $E\theta = 2125.10^7$ kg cm^2, gegenüber der Verdrehungssteifigkeit von 53.10^6 kg cm^2. Die Biegungssteifigkeit ist daher rund 400 mal so groß als die Verdrehungssteifigkeit, oder mit anderen Worten: ein verdrehendes Moment bringt bei gleicher Stablänge einen vierhundertmal größeren Drehungswinkel hervor als ein gleich großes Biegungsmoment, dessen Ebene mit der Mittelebene des Stegs zusammenfällt.

Aus dieser Gegenüberstellung folgt, wie wichtig es unter Umständen werden kann, selbst kleinere Verdrehungsmomente bei der Festigkeitsberechnung sorgfältig zu beachten, anstatt sie, wie es gewöhnlich geschieht, von vornherein zu vernachlässigen.

§ 43. **Die Hohlquerschnitte.** Weit steifer gegen Verdrehen als die soeben besprochenen Walzeisenträger sind alle Stäbe mit dünnwandigen Hohlquerschnitten. Für den kreisförmigen Hohlquerschnitt in Abb. 75 gelten die Formeln der Navierschen Theorie, und nach Gl. (12) von § 37 wird

$$\vartheta = \frac{2M}{\pi(a^4 - b^4)G}, \quad \text{also} \quad J = \frac{\pi(a^4 - b^4)}{2}. \qquad (45)$$

Das für die Biegungssteifigkeit des Stabes maßgebende axiale Trägheitsmoment θ ist nur halb so groß als J oder θ_p, und daraus folgt, daß die Verdrehungssteifigkeit GJ zwar immer noch etwas, aber doch nur wenig kleiner ist als die Biegungssteifigkeit $E\theta$, ganz im Gegensatze zu dem, was wir soeben für die I Träger festgestellt haben.

Um verschiedene Hohlformen bequem mit einander vergleichen zu können, ist es besser, Gl. (45) auf die Form

$$J = Fr^2 \qquad (46)$$

zu bringen, in der F die Querschnittsfläche ist und r den quadratischen Mittelwert von a und b bedeutet, an dessen Stelle man im Falle einer geringeren

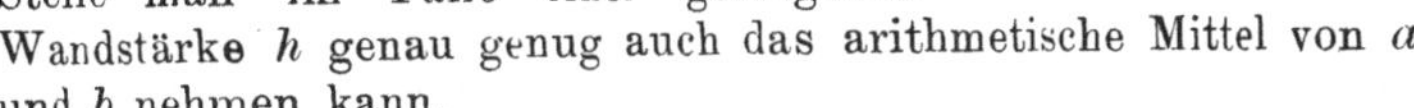

Abb. 75.

Wandstärke h genau genug auch das arithmetische Mittel von a und b nehmen kann.

Für die Beurteilung des Drillungswiderstandes aller übrigen dünnwandigen Hohlquerschnitte ist man in. erster Linie auf das hydrodynamische Gleichnis angewiesen. Ganz reicht man mit ihm allerdings nicht aus, sobald nähere Auskunft über alle Einzelheiten verlangt wird. Um die Aufgabe streng zu lösen, muß man sich auf mathematische Sätze stützen, deren Besprechung hier nicht am Platze wäre. Wer will, kann sie in Band II von „Drang und Zwang" finden. Hier gehen wir über die strengere Beweisführung hinweg und begnügen uns mit der Besprechung der Frage in ihren allgemeinen Zügen, was nicht nur für eine Einführung in den Gegenstand, sondern auch für die meisten praktischen Anwendungen schon vollständig ausreicht.

Bei gegebenem Flächeninhalte F des Querschnitts und gegebener Wandstärke h, also bei gleichem Stoffaufwand und einer durch andere Rücksichten vorgeschriebenen Mindestwandstärke h erzielt man *den größten Drillungswiderstand* mit dem aus Abb. 76 ersichtlichen quadratischen Hohlquerschnitt. Die Wandstärke h ist stets bei allen Hohlquerschnitten in allen Wänden gleich groß, und zwar so klein als tunlich anzunehmen, wenn es sich darum handelt, den Drillungswiderstand möglichst groß bei gegebenem Stoffaufwande zu machen. Von den Ausrundungen in den einspringenden Ecken gilt das schon im vorigen Paragraphen Gesagte.

Unter der Voraussetzung, daß man h als klein gegen a ansehen kann, berechnet sich der Drillungswiderstand für Abb. 76 nach den in „Drang und Zwang" abgeleiteten Formeln zu

$$J = 2Fa^2. \tag{47}$$

Der Vergleich mit Gl. (46) zeigt, daß der quadratische Hohlquerschnitt dem kreisförmigen hiernach noch ziemlich stark überlegen ist, wenn man auch dabei zu berücksichtigen hat, daß der

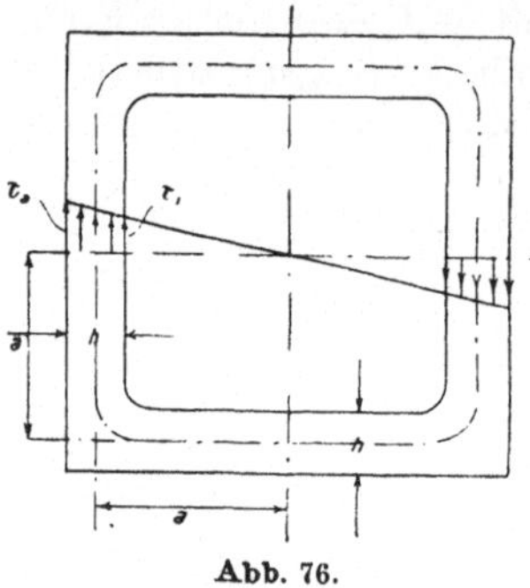

Abb. 76.

zu gleichen Werten von F und h gehörige Halbmesser r des kreisförmigen Querschnitts größer ist als die Halbseite a beim Quadrate. Das Ergebnis ist auffällig genug, um seine Nachprüfung durch einen Versuch sehr wünschenswert erscheinen zu lassen, um so mehr, als die hier nicht wiedergegebene Ableitung von Gl. (47) auf der wesentlichen Voraussetzung sehr kleiner Wandstärken h beruht, die in praktischen Fällen nur mangelhaft zutrifft. Gar zu weit dürfte aber die durch Gl. (47) ausgesprochene Behauptung unter gewöhnlichen Umständen trotzdem kaum von der Wahrheit abweichen.

In Abb. 76 ist auch ein Diagramm der Spannungsverteilung eingetragen. Man darf annehmen, daß sich die Spannungen τ_a und τ_i am Außen- und am Innenrande wie die Abstände von der Querschnittsmitte zu einander verhalten. Bezeichnet man den Mittelwert von τ_a und τ_i mit τ_m, so folgt aus der Momentengleichung für das Gleichgewicht gegen Drehen zwischen den Spannungen und den äußeren Kräften, abermals unter der Voraussetzung, daß h klein genug gegen a ist,

$$8a^2h\tau_m = M,$$

womit die Spannung τ_a am Außenrande

$$\tau_a = \frac{a + \frac{1}{2}h}{a} \cdot \frac{M}{8a^2h} \tag{48}$$

gefunden wird.

Der Grund für die Überlegenheit der Hohlquerschnitte über die Walzeisenprofile in bezug auf den Drillungswiderstand ist aus dem Vergleiche des durch Pfeile hervorgehobenen Verlaufes der Spannungslinien in den Abbildungen 75 und 76 gegenüber Abb. 74 mit einem Blicke zu übersehen. In den Hohlquerschnitten erhalten nach dem hydrodynamischen Gleichnisse alle nebeneinanderliegenden

Stromlinien gleiche Pfeile, während beim Flacheisen, dem Winkeleisen in Abb. 74 und den anderen einfach zusammenhängenden Walzeisenquerschnitten in allen schmalen Rechtecken eine Umkehr der Stromrichtung stattfinden muß, damit sich die Stromlinien schließen können. Den entgegengesetzten Pfeilen entsprechen auch in kleinen Abständen nebeneinanderliegende entgegengesetzt gerichtete Kräfte. Diese Kräfte liefern daher bei gegebener Größe einen viel kleineren Beitrag zur Momentengleichung als bei den weit größeren Abständen, wie er in den Hohlquerschnitten zwischen entgegengesetzt gerichteten Kräften vorkommt. Ein kleines Verdrehungsmoment M vermag daher in den Walzeisenquerschnitten schon große Schubspannungen hervorzubringen, während es dazu bei den Hohlquerschnitten eines viel größeren Momentes bedarf.

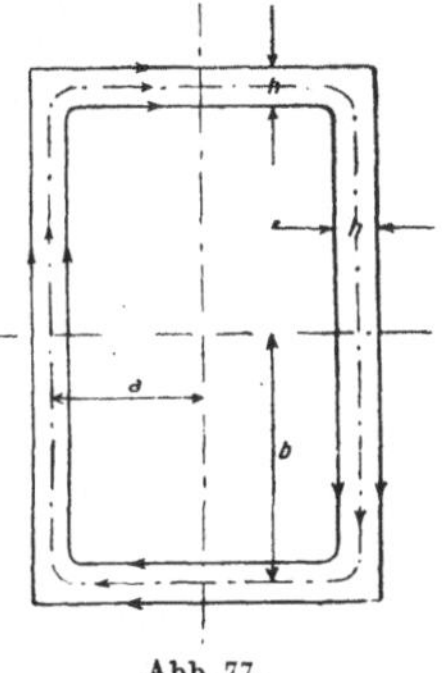
Abb. 77.

Hier mag noch ein Hinweis auf eine der wichtigsten Anwendungen am Platze sein, die sich von diesen theoretischen Darlegungen machen lassen. Dünnwandige Hohlstäbe von quadratischem oder rechteckigem Querschnitte kommen hauptsächlich bei gußeisernen Maschinengestellen vor. Von einem solchen Gestell verlangt man nicht nur, daß es fest genug ist, um unter den beim Maschinenbetriebe an ihm angreifenden Lasten nicht zu zerbrechen, sondern außerdem auch noch, daß die elastischen Formänderungen, die es unter dieser Belastung erfährt, klein genug bleiben, um das Gestell nahezu als einen starren Körper ansehen zu können.

Bei den verschiedenen Maschinenarten sind die Anforderungen, die man in dieser Beziehung macht, verschieden hoch, manchmal aber tatsächlich sehr hoch. Dies gilt von manchen Werkzeugmaschinen, bei denen die Sauberkeit der geleisteten Arbeit zum großen Teile davon abhängt, daß das Maschinengestell nur möglichst wenig federt. Gewöhnlich steht dabei die Anforderung an eine ausreichende Biegungssteifigkeit im Vordergrunde; aber je nach dem Kräftespiele, das beim Betriebe der Maschine vorkommen kann, kommt es auch mehr oder weniger auf die Verdrehungssteifigkeit an. Da ist es nun ein großer Vorzug der Hohlformen, daß sie beiden Forderungen gleichzeitig zu genügen vermögen.

Auch ein rechteckiger Hohlquerschnitt, der vielleicht aus anderem Grunde den Vorzug vor einem quadratischen verdient, hat übrigens immer noch einen verhältnismäßigen großen Drillungswiderstand, solange wenigstens, als die beiden Rechteckseiten nicht allzuviel voneinander verschieden sind. Daß man auch in diesem Falle die Wandstärke h bei allen vier Wänden am besten gleich groß macht, läßt sich schon aus dem hydrodynamischen Gleichnisse schließen (vgl. Abb. 77).

Unter der Voraussetzung, daß h als klein angesehen werden kann, läßt sich für den Drillungswiderstand die Formel

$$J = F \cdot \frac{4\,a^2 b^2}{a^2 + b^2} \qquad (49)$$

ableiten, die für $b = a$ wieder zu Gl. (47) zurückführt. Je mehr sich die Rechteckseiten a und b voneinander unterscheiden, desto kleiner wird bei gegebenem F und h der Drillungswiderstand J.

Auf dem gleichen Wege, der zu Gl. (48) führte, gelangt man auch zu einer Formel für den Mittelwert τ_m der Schubspannungen, nämlich

$$\tau_m = \frac{M}{8\,a\,b\,h}. \qquad (50)$$

Dagegen ist die Frage hier schwieriger zu entscheiden, um wieviel die Spannung τ_a am äußeren Rande größer ist als τ_m. Solange a und b nicht zu viel voneinander abweichen und die Wandstärke h klein gegen beide ist, unterscheiden sich aber auch τ_a, τ_m und τ_i nicht viel voneinander.

§ 44. **Der elliptische und der rechteckige Vollquerschnitt.** Auch hier müssen wir uns mit einer kurzen Zusammenstellung der Ergebnisse der strengen Theorie begnügen, da ein näheres Eingehen darauf einer späteren Stufe der Ausbildung vorbehalten werden muß.

Beim *elliptischen Querschnitt* sind alle Spannungslinien zur Umrißlinie ähnliche und ähnlich liegende Ellipsen. Der Drillungswiderstand ergibt sich zu

$$J = \frac{\pi\,a^3 b^3}{a^2 + b^2} = F \cdot \frac{a^2 b^2}{a^2 + b^2}, \qquad (51)$$

worin die Halbachsen der Umrißellipse mit a und b bezeichnet sind und unter F die Querschnittsfläche verstanden wird. Mit $b = a$ geht die Formel wieder in die für den Kreis über.

Die größte Schubspannung τ_{max} tritt, wie aus dem hydrodynamischen Gleichnisse sofort zu schließen ist, am Ende der kleineren Halbachse auf, also in jenem Punkte des Umfanges, der der Mitte am nächsten liegt. Für τ_{max} gilt die Formel

$$\tau_{\text{max}} = \frac{2\,M}{\pi\,a^2 b}. \qquad (52)$$

wenn unter a die kleinere und unter b die größere Halbachse verstanden wird. Die Punkte, die vor der Formänderung auf einem ebenen Querschnitte enthalten waren, liegen nach der Verwindung auf einer Fläche zweiten Grades, deren Ordinate ξ durch die Formel

$$\xi = \frac{b^2 - a^2}{\pi\,a^3 b^3\,G}\,M\,y\,z \qquad (53)$$

gegeben ist, worin y und z die Querschnittskoordinaten des Punktes bedeuten, der diese Verschiebung ξ ausführt.

Für den *quadratischen Querschnitt* mit der Halbseite a oder der ganzen Seite $a_1 = 2a$ ist der Drillungswiderstand nach der strengen Theorie von de Saint-Venant

$$J = 2{,}281\,a^4 = 0{,}1426\,a_1{}^4 = 0{,}1426\,F\,a_1{}^2. \qquad (54)$$

Ferner liefert die genaue Theorie für die in den Mitten der Umfangseiten auftretende größte Spannung τ_{max} den Wert

$$\tau_{max} = 4{,}73\,\frac{M}{a_1^3}. \qquad (55)$$

Für einen *rechteckigen Querschnitt*, der die Mitte hält zwischen einem Quadrate und dem früher betrachteten schmalen Rechtecke, liefert die strenge Theorie sehr umständliche Formeln, die wir hier nicht wiedergeben wollen. Für praktische Zwecke genau genug kann man sich an ihrer Stelle der folgenden einfachen Näherungsformeln bedienen, nämlich für den Drillungswiderstand

$$J = 0{,}285\,F \cdot \frac{a_1^2\,b_1^2}{a_1^2 + b_1^2}. \qquad (56)$$

In dieser Formel ist der Beiwert $0{,}285$ so gewählt, daß Gl. (56) auf die strenge Formel (54) zurückgeht, wenn man $b_1 = a_1$ setzt. Die größte Spannung τ_{max} tritt in den Mitten der Langseiten des Umfanges auf. Sie kann in Anlehnung an die genaue Formel (55) näherungsweise

$$\tau_{max} = 4{,}73\,\frac{M}{a_1^2\,b_1} \qquad (57)$$

gesetzt werden, worin a_1 die kleinere Rechteckseite bedeutet.

Die Formeln (56) und (57) werden um so ungenauer, je größer b_1 im Verhältnisse zu a_1 wird. Für den Grenzfall, daß b_1 als sehr groß gegen a_1 angesehen werden kann, kommen wir auf den schon in § 41 behandelten Fall des Flacheisens zurück. Der Vergleich mit den damals aufgestellten Gleichungen (39) und (37) zeigt, daß im Grenzfalle der Beiwert $0{,}285$ in Gl. (56) durch $0{,}333$ zu ersetzen ist und der Beiwert $4{,}73$ in Gl. (57) durch $3{,}00$.

§ 45. Die Formänderungsarbeit im verwundenen Stabe. Wir betrachten jetzt nochmals von neuem den durch Abb. 63 in § 35 dargestellten Belastungsfall, um die von den äußeren Kräften bei der Verdrehung des Stabes geleistete Arbeit festzustellen. Den einen Endquerschnitt denken wir uns dabei festgehalten, während sich der andere um den Winkel ϑl dreht, wenn l die Stablänge und ϑ den auf die Längeneinheit bezogenen Verdrehungswinkel bedeutet. Die zum Stabe rechtwinkelig aufgesteckten Stangen, an denen die Kräfte P in Abb. 63 angebracht sind, nehmen wir als starr an. Dann ergibt sich für die von dem Kräftepaare mit dem Momente M geleistete Arbeit

$$A = \tfrac{1}{2} M \vartheta l, \tag{58}$$

wobei der Faktor $\tfrac{1}{2}$ wieder davon herrührt, daß das Moment während des Fortschreitens der Verdrehung von Null bis zu seinem Endwerte M anwächst. Mit dem Werte für ϑ von Gl. (28) in § 40 folgt daraus

$$A = \frac{M^2 l}{2 G J}. \tag{59}$$

Unter der in der Festigkeitslehre überall stillschweigend zugrunde gelegten Voraussetzung einer vollkommen elastischen Formänderung ist die im verwundenen Stabe aufgespeicherte Formänderungsarbeit ebenso groß wie die ihm zugeführte Energie, die wir soeben berechnet haben.

Da alle Längenelemente bei dem durch Abb. 63 angegebenen Belastungsfalle in der gleichen Weise beansprucht sind, können wir Gl. (59) sofort auch auf ein beliebiges Längenelement dx in der Form

$$dA = \frac{M^2 dx}{2 G J} \tag{60}$$

übertragen, und von dieser Gleichung werden wir auszugehen haben, wenn wir später auch die Formänderungsarbeit in einem krummen Stabe berechnen wollen, soweit sie von der Verdrehung herrührt. Freilich ist diese Übertragung, wie wir später sehen werden, nicht so einfach, wie sie auf den ersten Blick scheinen könnte.

Schon in § 35 wurde darauf hingewiesen, daß gewöhnlich zur Verdrehung eines Stabes auch noch eine Biegung hinzukommt. Beim krummen Stabe kann dies überhaupt kaum anders sein, da dasselbe Kräftepaar, das in einem Querschnitte eine reine Verdrehung hervorbringt, in einem später folgenden Querschnitte, der irgendeinen Winkel mit dem ersten einschließt, in ein Biegungs- und ein Verdrehungsmoment zu zerlegen ist.

Wir wollen daher jetzt ein Längenelement betrachten, das gleichzeitig auf Biegen und auf Verdrehen beansprucht ist, wozu auch noch eine Normalkraft N kommen kann. Den Beitrag zur Formänderungsarbeit, der außerdem noch von einer Schubkraft herrührt, wollen wir dagegen von vornherein vernachlässigen. Auch der Beitrag von N ist gewöhnlich so klein, daß er nicht beachtet zu werden braucht; wir wollen ihn aber zunächst mitnehmen.

Dagegen beschränken wir unsere Betrachtung vorläufig auf den Fall, daß das Längenelement einem geraden Stabe angehört, der über seine ganze Länge hin das gleiche Verdrehungsmoment M_v zu übertragen hat. Auch das Biegungsmoment M_b wollen wir zunächst als unveränderlich ansehen, obschon es darauf weniger ankommt.

Wir stellen uns das Stabelement dx als einen selbständigen Körper vor, an dem die in seinen Endquerschnitten übertragenen Spannungen als gegebene Lasten angreifen. Die durch M_b und durch N hervorgebrachte Formänderung denken wir uns zuerst vollzogen. Hierbei wird eine Arbeit $dA_{b,n}$ aufgespeichert, die sich nach Gl. (79) von § 31 zu

$$dA_{b,n} = \frac{M_b^2\,dx}{2\,E\theta} + \frac{N^2\,dx}{2\,EF} \tag{61}$$

ergibt. Man beachte, daß zu M_b und N in den Endquerschnitten des Stabelementes nur Normalspannungen und keine Schubspannungen gehören. Nachdem dieser Zustand erreicht ist, lassen wir nachträglich noch das verdrehende Moment M_v angreifen. Dabei verdrehen sich beide Querschnitte gegeneinander um einen Winkel $\vartheta\,dx$. Die schon vorhandenen Normalspannungen können während dieser Bewegung keine Arbeit leisten, da sie senkrecht zur Verschiebungsrichtung ihrer Angriffspunkte stehen. Das gilt zunächst unter der Voraussetzung, daß die Querschnitte bei der Verdrehung eben bleiben, also für den kreisförmigen Querschnitt.

Bei der Verdrehung eines Stabes von beliebigem Querschnitte kann zwar die in einem Flächenelemente dF vorher schon vorhandene Normalkraft σdF eine Arbeit $\xi\sigma dF$ leisten. Aber die Ordinate ξ der krummen Fläche, in die der Querschnitt übergeht, ist an gleich gelegenen Stellen beider Querschnitte gleich groß und gleich gerichtet, während die Spannungen σdF an beiden Querschnitten bei gleicher Größe mit entgegengesetzten Pfeilen angreifen. Die Summe der Arbeitsleistungen aller schon vorhandenen Normalspannungen während der Verdrehung ist hiernach auch in diesem Falle gleich Null.

Hiernach wird in dem Falle, um den es sich jetzt handelt, während des Anbringens von M_v, womit man das Stabelement in seinen endgültigen Zustand bringt, nur noch von M_v selbst eine Arbeit geleistet, und zwar eine Arbeit, die ebenso groß ist, als wenn M_v am unbelasteten Stabelemente angebracht worden wäre. Die zuletzt aufgespeicherte Formänderungsarbeit ergibt sich daher nach den Gleichungen (60) und (61) zu

$$dA = \left(\frac{M_v^2}{2\,GJ} + \frac{M_b^2}{2\,E\theta} + \frac{N^2}{2\,EF}\right)dx. \tag{62}$$

Ersetzt man dx durch l, so erhält man damit auch die im ganzen Stabe aufgespeicherte Arbeit. In vielen Fällen, *besonders bei den Walzeisenträgern*, ist GJ nach § 42 weit kleiner als $E\theta$, *und dann kann das erste Glied dieses Ausdrucks selbst bei einem im Vergleiche mit M_b ziemlich kleinen Werte von M_v bedeutend größer ausfallen als das zweite*, während das dritte Glied fast stets vernachlässigt werden darf.

Wir wollen uns jetzt noch überlegen, was sich an den vorhergehenden Entwickelungen ändert, wenn M_b längs der Stabachse veränderlich ist. Man hat dann nach Gl. (2) von § 21

$$V = \frac{d M_b}{d x},$$

und der Spannungsunterschied $d\sigma$ zwischen zwei gleich gelegenen Stellen beider Querschnitte ist

$$d\sigma = \frac{V d x}{\theta} y.$$

In diesem Falle leisten auch die vorher schon vorhandenen Biegungsspannungen während der Verdrehung eine weitere Arbeit $d A_{v,b}$, die sich zu

$$d A_{v,b} = \frac{V d x}{\theta} \int \xi y \, d F \tag{63}$$

berechnet. Dieses Glied wäre dann in Gl. (62) noch zu dA hinzuzufügen. In der Regel wird aber das Glied entweder genau zu Null, wie bei den symmetrischen Querschnitten oder wenigstens so klein, daß es unbedenklich vernachlässigt werden kann.

Dagegen zeigt sich hierbei, daß es unter Umständen sehr wichtig werden kann, die von den Biegungsspannungen während der darauf folgenden Verdrehung erneut geleistete Arbeit sorgfältig zu beachten. Und zwar gilt dies immer dann, wenn das Verdrehungsmoment M_v und hiermit auch die davon abhängige Ordinate ξ der verwundenen Querschnittsfläche längs der Stabachse veränderlich ist. Dies trifft bei den krummen Stäben zu. *Nur wenn der Querschnitt kreisförmig ist, hat die Veränderlichkeit von M_v keinen Einfluß auf den Ausdruck für dA* in Gl. (62). Nur in diesem Falle ist man daher berechtigt, Gl. (62) auch auf ein Element eines krummen Stabes anzuwenden.

Unterdrückt man noch, wie es gewöhnlich zulässig ist, das Glied mit N, so gilt daher *bei einem krummen Stab von kreisförmigem Querschnitt* für die aufgespeicherte Formänderungsarbeit die Gleichung

$$A = \tfrac{1}{2} \int \left(\frac{M_v^2}{GJ} + \frac{M_b^2}{E\theta} \right) ds, \tag{64}$$

wenn man jetzt das Bogenelement mit ds bezeichnet.

§ 46. **Die Schraubenfeder.** Eine einfache und wichtige Anwendung finden die vorhergehenden Betrachtungen bei dem durch Abb. 78 angegebenen Beispiele einer schraubenförmig gewundenen Feder, die an ihren Enden durch zwei entgegengesetzt gerichtete Lasten P auseinandergezogen oder auch zusammengedrückt wird. Allerdings bildet hier die Stabmittellinie eine räumliche Kurve, während wir sonst immer stillschweigend vorausgesetzt hatten, daß die Stabachse durch eine ebene Kurve gebildet würde. Aber die Übertragung auf den hier vorliegenden Fall ist ohne weiteres möglich, weil es sich bei den Schraubenfedern nur um Schraubenlinien von sehr geringer Ganghöhe handelt, so daß sich ein einzelner Umlauf nicht viel von einer ebenen Kurve, also von einem Kreise unterscheidet.

Jedes Stabelement der Schraubenfeder wird vorwiegend auf Verdrehen beansprucht, weshalb man diese Federn häufig auch als *Torsionsfedern* bezeichnet. Denkt man sich nämlich die Feder an irgendeiner Stelle A durchschnitten und den unteren Teil entfernt, so müssen die im Querschnitte übertragenen Spannungen mit der am oberen Federende angreifenden Kraft P im Gleichgewicht stehen. Für den Zweck dieser Gleichgewichtsuntersuchung denke man sich P parallel mit sich selbst nach dem Schwerpunkte des Querschnitts verlegt. Dabei tritt ein Kräftepaar auf, dessen Momentenvektor $\mathfrak{M}$ in beide Risse von Abb. 78 eingetragen ist. $\mathfrak{M}$ bildet mit der Querschnittsebene einen Winkel, der um den als klein anzusehenden Steigungswinkel α der Schraube von einem Rechten abweicht. Wir können daher $\mathfrak{M}$ in die beiden Komponenten M_v und M_b zerlegen, für die man

$$M_v = Pr \cos \alpha \quad \text{und} \quad M_b = Pr \sin \alpha$$

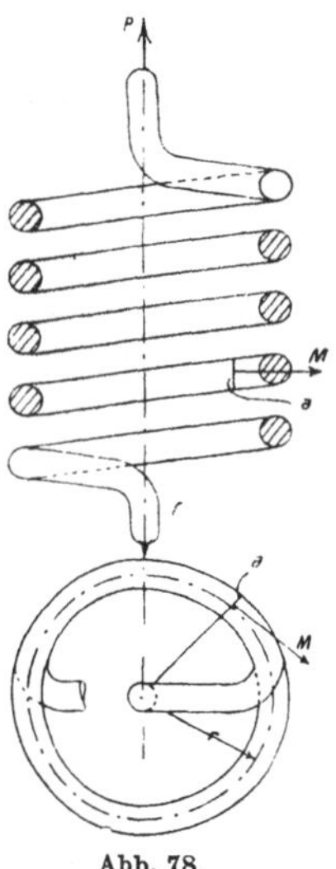

Abb. 78.

setzen kann. Dies gilt für jedes beliebig herausgegriffene Längenelement ds der Schraube.

Hiernach ist M_b klein gegen M_v. Bei der Berechnung der Formänderungsarbeit dürfen wir uns auf Gl. (64) stützen, da der Querschnitt der Feder in der Regel kreisförmig ist. Beim Kreise unterscheiden sich GJ und $E\theta$ nicht viel voneinander, während hier zugleich M_v^2 sehr viel größer ist als M_b^2. Da der Beitrag zur Formänderungsarbeit, der von der nach dem Schwerpunkte des Querschnitts verlegten Einzelkraft P herrührt, wie immer in solchen Fällen als ganz unerheblich vernachlässigt werden darf, genügt es daher, wenn wir die Formänderungsarbeit gleich dem weitaus überwiegenden ersten Gliede in Gl. (64) setzen. Damit ergibt sich

$$A = \frac{P^2 r^2 \cos^2 \alpha}{2\,GJ} \int ds.$$

Nachträglich kann man noch genau genug $\cos^2 \alpha = 1$ und die ganze Länge der Schraubenlinie gleich $2r\pi n$ setzen, wenn man die Zahl der Umläufe mit n bezeichnet. Hiermit folgt

$$A = \frac{P^2 \pi r^3}{GJ}\, n. \tag{65}$$

Hauptsächlich handelt es sich bei der Schraubenfeder um die Berechnung des Federhubes f, worunter man die gesamte Dehnung oder Verkürzung der zwischen den Angriffspunkten der beiden Lasten P liegenden Strecke versteht. Die von den Kräften P bei der Formänderung geleistete Arbeit ist gleich $\frac{1}{2}Pf$, und wenn man sie gleich der aufgespeicherten Arbeit setzt, folgt daraus

$$f = P \cdot \frac{2\pi r^3}{GJ}\,n. \tag{66}$$

Da der Querschnitt der Feder als kreisförmig vorausgesetzt wurde, können wir nachträglich noch

$$J = \theta_p = \frac{\pi a^4}{2}$$

einsetzen, wenn unter a der Kreishalbmesser verstanden wird. Hiermit geht Gl. (66) über in

$$f = P \cdot \frac{4\,r^3}{G\,a^4}\,n. \tag{67}$$

V. Die zusammengesetzte Beanspruchung stabförmiger Körper.

§ 47 Biegung und Schub. Im dritten Abschnitte haben wir nur den Fall der *einfachen Biegung* vollständig erledigt. Zwar wurde in den einleitenden Betrachtungen über die Biegungslehre von § 21 auch schon auf den „*allgemeinen Fall der Biegung*" hingewiesen, nämlich auf den Fall, daß die Spannungen und die Formänderungen nicht nur durch ein Biegungsmoment M, sondern zugleich auch noch durch eine Schubkraft V hervorgerufen werden. Bei der weiteren Ausrechnung wurde aber die Wirkung von V gegenüber der von M überall vernachlässigt. Das ist in der überwiegenden Mehrzahl aller Fälle zulässig, aber doch nicht immer. Es ist daher nötig, daß wir diese Frage jetzt nochmals aufgreifen.

Hauptsächlich sind es die schon in § 21 besprochenen *kurzen und dicken Stäbe*, bei denen es neben den Momenten auch auf die Schubkräfte sehr wesentlich ankommt. Unter Umständen können sogar Drang und Zwang hauptsächlich von den Schubkräften herrühren, wie bei dem in Abb. 79 dargestellten Falle eines Bolzens B, der von drei mit Augen versehenen Stäben umfaßt wird, von denen der mittlere eine Kraft von der Größe $2P$ und jeder von den beiden seitlichen eine entgegengesetzt gerichtete Kraft P auf ihn überträgt. Der Bolzen B ist als ein „kurzer dicker Stab" aufzufassen, der durch diese Lasten auf Biegung beansprucht wird. Aber die Biegungsmomente sind nur klein wegen der kleinen Hebelarme, also in dem Übergangsquerschnitte zwischen der mittleren und einer der äußeren Stangen etwa gleich Pp (Abb. 79). Den kleinen Momenten entsprechen auch kleine Biegungsspannungen, denen gegenüber die von der Schubkraft $V = P$ in diesem Übergangsquerschnitte hervorgerufenen Schubspannungen als die gefährlicheren anzusehen sind. In Fällen dieser Art, insbesondere bei den *Nietbolzen* ist es daher allgemein üblich und auch ganz berechtigt, sie einfach *auf „Abscheren"* zu berechnen, ohne sich um die von den Biegungsspannungen oder von dem Druck an den Lastübertragungsstellen herrührende Bruchgefahr viel zu kümmern.

Die in solchen Fällen geübte *Berechnung auf Abscheren* besteht einfach darin, die Schubkraft V durch die Querschnittsfläche F zu dividieren und den damit erhaltenen Mittelwert der Schubspannung τ mit dem als zulässig angesehenen Werte zu vergleichen. Wenn man so rechnet, legt man stillschweigend die Annahme einer gleichförmigen Spannungsverteilung zugrunde. Da diese Annahme keineswegs zutrifft, hätte

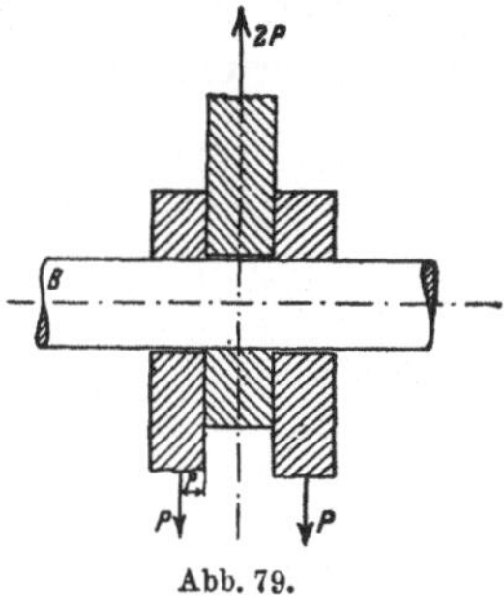

Abb. 79.

man eigentlich für die größte im Querschnitt vorkommende Schubspannung τ_{max}

$$\tau_{\mathrm{max}} = \eta \frac{V}{F} \tag{1}$$

zu setzen, worin η ein Beiwert ist, von dem man zunächst nur weiß, daß er jedenfalls größer als Eins ist. An Stelle von τ_{max} kann man aber auch mit dem Mittelwerte rechnen, da man sich ohnehin vorbehält, den zulässigen Betrag dieses Mittelwertes auf Grund der Ergebnisse von Festigkeitsversuchen anzunehmen, die unter den gleichen Bedingungen, also ebenfalls mit Nietverbindungen der gleichen Art ausgeführt wurden. Wenn man sich auf zuverlässige Versuche stützen kann, wäre es in der Tat ein Umweg, erst τ_{max} zu berechnen oder einzuschätzen, um danach zu beurteilen, welche Schubkraft V von dem Bolzen übertragen werden kann.

In anderen Fällen aber, bei denen man sich nicht auf unmittelbar verwendbare Versuchsergebnisse stützen kann, ist man genötigt, sich Klarheit darüber zu verschaffen, nach welchem Gesetze sich die Schubspannungen über den Querschnitt verteilen Am besten geschieht dies, indem man zunächst einmal den Fall ins Auge faßt, daß in einem bestimmten Stabquerschritte überhaupt nur eine Schubkraft V und kein Biegungsmoment übertragen wird. Das kann freilich immer nur in einzelnen Querschnitten und bei einer bestimmten Art der Belastung zutreffen. Ein Beispiel dafür zeigt Abb. 80, nämlich einen Balken, der an beiden Enden gestützt und durch die beiden gleich großen, aber entgegengesetzt gerichteten Kräfte P_1 und P_2 belastet ist. Die dadurch hervorgerufenen Auflagerkräfte B und C müssen dann ebenfalls ein Kräftepaar miteinander bilden. In dem Beispiele ist angenommen, daß zwischen je zwei aufeinanderfolgenden der Kräfte BP_1P_2C derselbe Abstand a liegt. Dann fordert das Gleichgewicht gegen Drehen, daß B und C ein Drittel von P_1 oder P_2 ausmachen.

Unter diesen Umständen wird in dem durch die Stabmitte gelegten Querschnitte mm, wie man leicht sieht, das Biegungsmoment M zu Null. Es können daher nur Schubspannungen in ihm übertragen werden, die mit der Schubkraft $V = \frac{2}{3} P$ Gleichgewicht

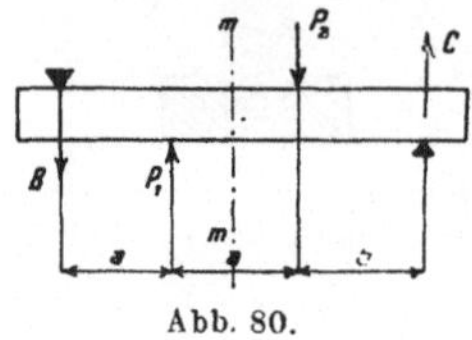

Abb. 80.

halten müssen. Das gilt aber nur für den Querschnitt mm. Sobald man zu einem Nachbarquerschnitt um ein Längenelement dx weitergeht, tritt dort außer der Schubkraft V, die sich nicht geändert hat, auch noch ein Biegungsmoment von der Größe $V\,dx$ auf. Dieser Zusammenhang wurde schon in § 21 besprochen und damals unter Beziehung auf den durch Abb. 30 dargestellten allgemeinen Belastungsfall durch die Gleichung

$$V = \frac{dM}{dx} \tag{2}$$

ausgedrückt.

Das Gesetz, nach dem sich die Schubspannungen über irgendeinen Querschnitt des Balkens in dem der Abb. 30 entsprechenden allgemeinen Belastungsfalle oder auch in dem besonderen Falle des Querschnittes mm in Abb. 80 verteilen, hängt von der Gestalt des Stabquerschnittes ab. Nur für den *Fall des rechteckigen Querschnitts* läßt sich die Frage leicht und zuverlässig beantworten. In allen anderen Fällen ist eine strenge Lösung entweder schwierig zu finden oder überhaupt nicht zu geben. Man ist daher in solchen Fällen praktisch auf Näherungslösungen angewiesen, die sich auf mehr oder weniger willkürliche Annahmen stützen und die im übrigen demselben Gedankengange folgen, der beim rechteckigen Querschnitte ohne weiteres zum Ziele führt.

Man denkt sich den Balken durch eine Anzahl von Schnitten, die parallel zur Lastebene gehen, in gleich dicke Scheiben zerlegt. In Abb. 81 sind diese Scheiben für den Fall des rechteckigen Querschnitts angegeben. Wir dürfen in diesem Falle annehmen, daß sich alle Scheiben in dem gleichen Spannungszustande befinden, da sie auch alle die gleiche Formänderung erfahren. Als selbstverständlich wird dabei vorausgesetzt, daß sich auch die Lasten und die Auflagerkräfte der Breitenrichtung nach gleichförmig über die Querschnittszeichnung verteilen, wie es unter den gewöhnlich vorkommenden Umständen zutrifft. Aus dem in § 22 besprochenen Prinzipe von de St.-Venant folgt jedoch, daß eine etwaige Ab weichung von der gleichförmigen Verteilung der äußeren Kräfte in der Breitenrichtung nur in der Nähe der Lastangriffsstellen von Einfluß sein kann, so daß wir sie als allgemein zutreffende Regel vorbehaltlich etwaiger unbedeutender Abweichungen voraussetzen dürfen.

Ferner erinnern wir an die in § 38 besprochene Randbedingung, die überall am Querschnittsumfange eines Stabes erfüllt sein muß. Damals handelte es sich zwar um einen Stab, der auf Verdrehen beansprucht war. Für die Gültigkeit der Randbedingung kommt es aber auf die besondere Art der Belastung des Stabes nicht weiter an. Sie fordert vielmehr stets, daß an allen Stellen des Stabumfanges, die frei sind von Lasten (oder wenigstens frei von Lasten mit Komponenten, die in die Umfangrichtung fallen), die im Querschnitte übertragenen

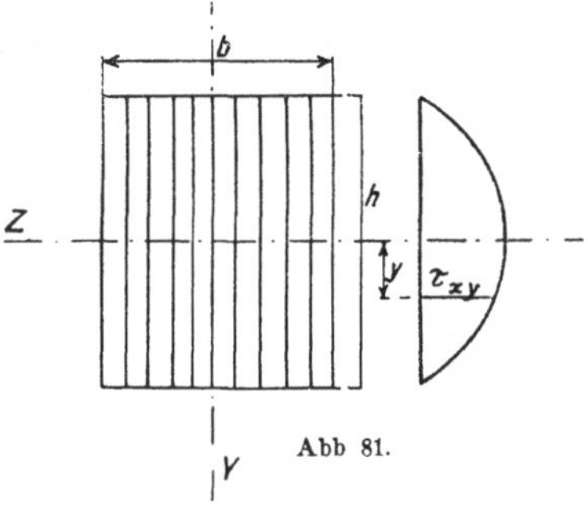

Abb 81.

Schubspannungen tangential zum Umfange gerichtet sein müssen.

Im Falle des rechteckigen Querschnitts muß hiernach an den zu $z = \pm \frac{1}{2} b$ in Abb. 81 gehörigen Rechteckseiten die in der Z-Richtung gehende Schubspannungskomponente τ_{xz} für jeden Wert von y zu Null werden. Wegen der vorher besprochenen Gleichförmigkeit der Spannungsverteilung in der Breitenrichtung gilt dies aber dann auch für alle anderen Stellen im Querschnitte. Es bleiben also überall nur noch Schubspannungen τ_{xy} übrig. Von diesen wissen wir, daß sie sich ebenfalls der Breite nach gleichförmig verteilen, also nur von dem Abstande y der betreffenden Stelle von der Z-Achse abhängen können, und daß sie am oberen und unteren Querschnittrande, also für $y = \pm \frac{h}{2}$, zu Null werden müssen. Hiernach läßt sich die Verteilung der Schubspannungen über den rechteckigen Querschnitt durch ein Diagramm beschreiben, wie es der ungefähren Art nach in Abb. 81 seitlich angegeben ist.

Das genauere Gesetz für diese Verteilung findet man auf Grund der folgenden Überlegung. Den im Querschnitte übertragenen Spannungen τ_{xy} sind überall die ebenso großen Spannungen τ_{yx} zwischen den Fasern zugeordnet, in die man sich den Balken noch weiter zerlegt denken kann. Diese lassen sich aber auf Grund der Gleichgewichtsbedingung gegen Verschieben in der Richtung der Stabachse sofort berechnen. In Abb. 82 ist links vom Stabquerschnitte auch ein kleines Stück der Ansichtszeichnung des Balkens angegeben. Für das in beiden Rissen durch Schraffierung hervorgehobene Körperstück schreiben wir die soeben genannte Gleichgewichtsbedingung an. Dabei kommt es nur auf die parallel zur

Stabachse gehenden Kraftkomponenten an, also auf die Spannungen σ_x und τ_{yx}. Von diesen sind uns die Spannungen σ_x bereits von früher her bekannt, und zwar ist für irgendeine Stelle im Abstande y von der Nullinie

$$\sigma_x = \frac{M}{\theta}\, y\,.$$

In zwei Flächenteilchen dF, die sich in den beiden Querschnitten einander gegenüberliegen, unterscheiden sich die Spannungen σ_x um ein Differential $d\sigma_x$, und zwar ist, da sich θ und y beim Übergange von einem Querschnitte zum andern nicht geändert haben,

$$d\sigma_x = \frac{y}{\theta} \cdot \frac{dM}{dx} \cdot dx\,.$$

Dafür können wir mit Rücksicht auf Gl. (2) auch

$$d\sigma_x = \frac{y}{\theta}\, V\, dx$$

schreiben. Von beiden Flächenteilchen zusammen rührt daher zur Gleichgewichtsbedingung gegen Verschieben der Beitrag

$$\frac{V\,dx}{\theta}\, y\, dF$$

her. Bilden wir die Summe dieser Beiträge für alle zum schraffierten Querschnittsteile gehörigen Flächenteilchen und beachten dabei, daß θ, dx und V überall in derselben Größe wiederkehren, so erhalten wir

$$\frac{V\,dx}{\theta} \int y\, dF\,.$$

Ebenso groß und entgegengesetzt muß die Resultierende aus den Kräften τ_{yx} sein, die außerdem noch in der Richtung der Stab-

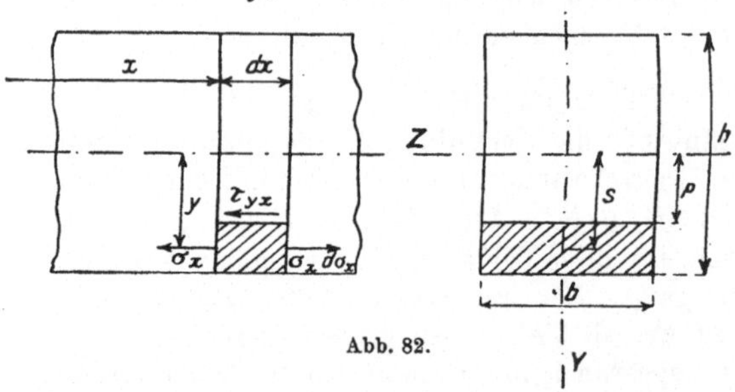

Abb. 82.

achse an dem Körperstück angreifen. Die vorausgehenden Überlegungen lehrten uns schon, daß die Spannungen τ_{yx} der Breite nach gleichförmig über die Fläche verteilt sind, an der sie angreifen. In der Richtung der Stabachse ist diese Fläche unendlich schmal, so daß auch nach dieser Richtung keine merklichen Größenunterschiede in den τ_{yx} vorkommen können, die in der Gleichgewichtsbedingung zu berücksichtigen wären. Wir können daher

$$\tau_{yx} \cdot b\, dx = \frac{V\,dx}{\theta} \int y\, dF$$

setzen und erhalten daraus

$$\tau_{xy} = \tau_{yx} = \frac{V}{b\theta} \int y\, dF \tag{3}$$

Wir haben die Gleichung zunächst in dieser allgemeineren Form abgeleitet, weil offenbar dieselbe Überlegung mit mehr oder weniger guter Annäherung auch auf Balken von anderer Querschnittsgestalt übertragen werden kann. Denn es kommt dabei nur darauf an, inwiefern man bei ihnen ebenfalls — wenn auch nur annäherungsweise — eine gleichförmige Verteilung der τ_{yx} der Breite nach annehmen darf, was nur von Fall zu Fall entschieden werden kann. In aller Strenge trifft Gl. (3) nur im Falle des rechteckigen Querschnitts zu. Hierfür aber läßt sich die Rechnung sofort noch weiter durchführen. Nach der Lehre vom Schwerpunkt ist nämlich beim rechteckigen Querschnitte

$$\int y\, dF = b\left(\frac{h}{2} - p\right)s$$

zu setzen, wenn unter $s = \frac{1}{2}\left(\frac{h}{2} + p\right)$ der Schwerpunktsabstand des in Abb. 82 schraffierten Teiles der Rechteckfläche von der Z-Achse verstanden wird. Hiernach ist

$$\int y\, dF = b\left(\frac{h^2}{8} - \frac{p^2}{2}\right),$$

und Gl. (3) geht damit über in

$$\tau_{xy} = \frac{V}{\theta}\left(\frac{h^2}{8} - \frac{p^2}{2}\right) = \frac{V}{bh^3}\left(\frac{3}{2}h^2 - 6p^2\right), \tag{4}$$

wobei zuletzt noch θ aus Gl. (21) von § 24 eingesetzt wurde.

Damit ist die Aufgabe für den rechteckigen Querschnitt vollständig gelöst. Da τ_{xy} als eine Funktion zweiten Grades von p gefunden wurde und p hier dieselbe Bedeutung hat wie y im Spannungsdiagramm der Abb. 81, so folgt, daß das Diagramm durch einen Parabelabschnitt gebildet wird.

Bisher setzten wir voraus, daß die Lastebene durch eine Querschnittshauptachse gehe. Auf den allgemeineren Fall der *„Biegung bei schiefer Belastung"* läßt sich aber die gefundene Lösung ebenfalls sofort übertragen, indem man sich jede Last durch zwei Komponenten nach den Richtungen der Querschnittshauptachsen ersetzt denkt. Man erhält damit zwei Lastgruppen, deren jede für sich genommen eine „gerade" Biegung hervorbringt, so daß man die vorhergehende Betrachtung auf sie anwenden kann. Daraus folgen nach dem Superpositionsgesetze auch die durch das Zusammenwirken beider Lastgruppen hervorgebrachten Spannungen.

Für den Fall der geraden Biegung ergibt sich die größte Schubspannung τ_{max} in der Querschnittsmitte, also für $p = 0$, zu

$$\tau_{max} = \frac{3}{2}\frac{V}{bh}. \tag{5}$$

Der in Gl. (1) mit η bezeichnete Beiwert ist daher für den rechteckigen Querschnitt gleich 1,5 gefunden, und zwar gilt dies nicht nur für den Fall der geraden, sondern auch für den Fall der schiefen Biegungsbelastung, wie aus den vorhergehenden Überlegungen leicht zu entnehmen ist.

§ 48. **Die elastische Formänderung im allgemeinen Falle der Biegung.** Die Voraussetzung, daß die Querschnitte eines Stabes bei der Biegung eben bleiben sollen, kann im allgemeinen Falle der Biegung nicht mehr genau erfüllt sein. Dies folgt daraus, daß nach dem für die Schubspannungen gültigen Elastizitätsgesetze (vgl. § 12) zu jeder Schubspannung τ_{xy} oder τ_{yx} eine kleine elastische Winkeländerung γ_{xy} gehört, so daß zwischen beiden die Beziehung

$$\gamma_{xy} = \frac{\tau_{xy}}{G}$$

besteht. Wir wollen uns zunächst überlegen, von welcher Art hiernach die elastische Formänderung eines Stabelementes sein muß, bei dem M zu Null wird und nur die Schubkraft V übertragen wird, wie bei dem in Abb. 80 gezeichneten Stabe im Querschnitte mm. Durch diese besondere Wahl wird die Überlegung erheblich vereinfacht, ohne daß sie deshalb für den allgemeineren Fall unbrauchbar gemacht würde.

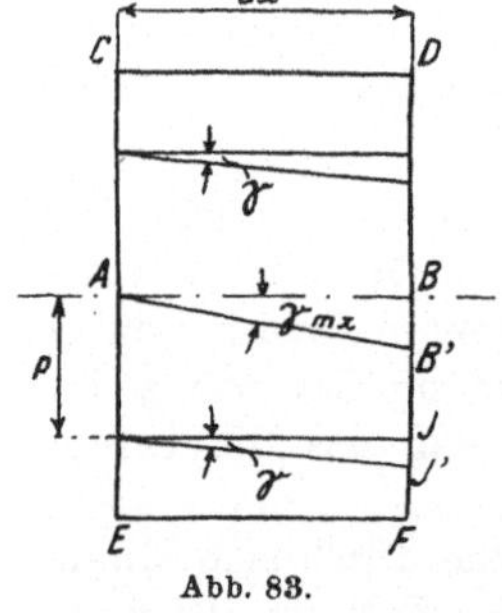

Abb. 83.

Ein kleines Stück der Ansichtszeichnung des Stabes in Abb. 80 ist in Abb. 83 in vergrößertem Maßstabe herausgezeichnet. Der Querschnitt CE möge dem Querschnitte mm in Abb 80 entsprechen, und der Querschnitt DF soll nur um ein unendlich kleines Stück dx von CE entfernt sein. Den aus Abb. 83 nicht ersichtlichen Querschnitt des Stabes setzen wir als rechteckig voraus.

Vor der Formänderung steht das Element AB der Stabachse rechtwinklig zum Querschnitte CE. Die in der Querschnittsmitte herrschende Schubspannung τ_{max} ändert den rechten Winkel um einen Betrag γ_{max}, der mit Rücksicht auf Gl. (5)

$$\gamma_{max} = \frac{3\,V}{2\,bhG}$$

gesetzt werden kann. In sehr starker Übertreibung ist dieser Winkel in Abb. 83 eingetragen. Wenn wir uns den Querschnitt CE festgehalten denken, gelangt B bei der Formänderung nach B', und für die Verschiebung BB' erhält man

$$BB' = \frac{3\,V\,d\,x}{2\,b\,h\,G}.$$

Ebenso verschiebt sich ein Punkt J, der zur Faser HJ im Abstande p von der Stabachse gehört, um ein Stück JJ', für das man

$$JJ' = BB' \cdot \frac{\tau_{xy}}{\tau_{\max}}$$

setzen kann. Die äußersten Punkte D und F des Querschnitts bleiben dagegen bei der Formänderung an ihrer Stelle, weil oben und unten, wie aus dem Diagramme in Abb. 81 zu entnehmen ist, die Schubspannung zu Null wird und daher keine Änderung des ursprünglich rechten Winkels zwischen den Fasern CD und EF und der Querschnittsebene stattfindet.

So wie bis jetzt besprochen, müßte die Formänderung erfolgen, wenn die Querschnitte dabei eben bleiben sollten. Aber man sieht sofort ein, daß dies gar nicht möglich ist, weil sich hierbei die Strecke BF um BB' verkürzen und BD um ebensoviel verlängern müßte, während gar keine Spannungen in dem Stabelemente vorkommen, die elastische Dehnungen oder Verkürzungen in diesen Richtungen hervorbringen könnten. Damit ist die Annahme, daß die Querschnitte eben bleiben könnten, widerlegt. Läßt man diese Annahme fallen und fügt die Bedingung, daß die Strecken BD und BF so lang bleiben müssen, wie sie waren, den vorher schon genannten hinzu, so kann man allen zu-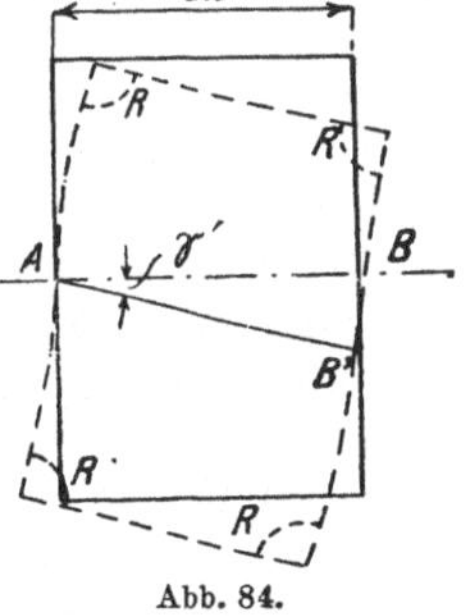
sammen nur durch die Annahme genügen, daß sich die Querschnitte S-förmig krümmen, wie es mit punktierten Linien in Abb. 84 angedeutet ist.

Dieselben Überlegungen lassen sich auch auf den allgemeinen Fall übertragen, daß zur Schubkraft V noch ein Biegungsmoment M hinzukommt. Das Moment bewirkt für sich genommen eine kleine Drehung beider Querschnitte gegeneinander um den Biegungswinkel $d\varphi$, und unabhängig davon kommt

Abb. 84.

die durch V bewirkte Krümmung und gegenseitige Verschiebung der Querschnitte noch hinzu. Wir wollen uns diese beiden Formänderungen nach einander vorgenommen denken. Mit der ersten sind wir von früher her bereits genügend bekannt und können den durch sie hervorgebrachten Biegungspfeil nach den im 3. Abschnitte aufgestellten Formeln ohne weiteres berechnen. Es handelt sich also jetzt nur noch darum, den früher vernachlässigten Einfluß der Schubspannungen auf die Biegungslinie nachträglich auch noch festzustellen.

Wir beziehen uns dabei der Anschaulichkeit wegen auf das in Abb. 85 dargestellte Beispiel eines an beiden Enden unterstützten Balkens, der in der Mitte eine Last P trägt. In allen Querschnitten der linken Stabhälfte wird dieselbe Schubkraft $V = \dfrac{P}{2}$ übertragen, und daher werden auch alle Stabelemente in der gleichen Art durch V umgestaltet. Um zu berechnen, wieviel dadurch zur Vergrößerung des Biegungspfeiles f in der Mitte beigetragen wird, können wir von der für alle Querschnitte gleichen Verkrümmung absehen und brauchen nur auf die Schiebung zu achten, die jeder Querschnitt gegen den vorhergehenden ausführt. Diese Schiebung hängt von dem in Abb. 84 mit γ' bezeichneten Winkel ab, und zwar ist

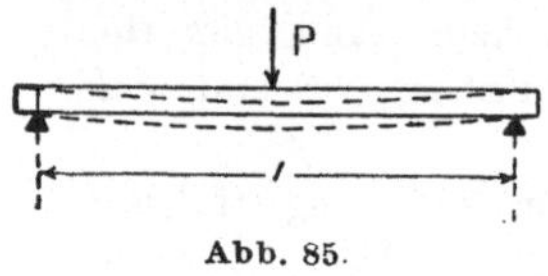

Abb. 85.

sie gleich $\gamma' dx$ zu setzen, wenn beide Querschnitte um dx von einander entfernt sind.

In Abb. 85 ist durch punktierte Linien in sehr starker Übertreibung die durch die Schubkräfte für sich genommen bewirkte Gestaltänderung des Balkens angegeben. Sie hat zur Folge, daß die elastische Linie in der Mitte einen Knick um den Winkel $2\gamma'$ erfährt, während sich alle Äste der elastischen Linie ohne Knick aneinanderschließen, wenn man nur auf die durch Biegungsmomente hervorgebrachte Formänderung zu achten braucht. Der Knick in der Mitte von Abb. 85 oder überhaupt an jeder Lastangriffsstelle bei einem anderen Belastungsfalle ist es allein, der zur Vergrößerung des Biegungspfeiles oder der Ordinaten der elastischen Linie durch den Einfluß der Schubspannungen führt. Im Falle von Abb. 85 beträgt die dadurch herbeigeführte Vergrößerung von f offenbar $\frac{1}{2}l\gamma'$, und es fragt sich nur noch, wie groß γ' ist.

So groß wie es der größten Schubspannung τ_{max} in der Querschnittsmitte entsprechen würde, also gleich γ_{max} in Abb. 83 kann γ' offenbar nicht sein, denn wir sahen vorher schon, daß diese Annahme zu Widersprüchen führen würde. Um γ' zu berechnen, gehen wir von der Formänderungsarbeit aus, die mit der gegenseitigen Schiebung zweier aufeinanderfolgender Querschnitte um den Betrag $\gamma' dx$ verbunden ist. Denken wir uns den einen Querschnitt festgehalten, so leistet die im andern übertragene Schubkraft V hierbei eine Arbeit

$$\tfrac{1}{2}V\gamma' dx,$$

während die Normalspannungen hierbei keine Arbeit leisten, da sie rechtwinklig zur Schiebungsrichtung stehen. Ebenso groß wie die zugeführte Energie muß die potentielle Energie sein, die den durch V hervorgebrachten Schubspannungen entspricht. Hiermit erhält man die Gleichung

$$\frac{1}{2}V\gamma' dx = dx\int \frac{\tau^2}{2G} dF \tag{6}$$

aus der sich γ' berechnen läßt, falls man das Gesetz bereits kennt, nach dem sich die Schubspannungen über den Querschnitt verteilen.

Für den rechteckigen Querschnitt können wir die Rechnung sofort vollständig zu Ende führen. Nach Gl. (4) ist bei ihm, wenn man kürzer τ an Stelle von τ_{xy} schreibt,

$$\tau = \frac{V}{bh^3}\left(\frac{3}{2}h^2 - 6p^2\right).$$

Da τ der Breite nach gleichförmig über den Querschnitt verteilt ist, folgt zunächst

$$\int \tau^2 dF = \frac{V^2}{b^2h^6} \cdot 2b \cdot \int_0^{\frac{h}{2}} \left(\frac{3}{2}h^2 - 6p^2\right)^2 dp,$$

und nach einfacher Ausrechnung geht dies über in

$$\int \tau^2 dF = 1{,}2\,\frac{V^2}{bh}.$$

Setzt man diesen Wert in Gl. (6) ein, so ergibt sich

$$\gamma' = 1{,}2\frac{V}{bhG} = 1{,}2\,\frac{V}{FG}. \tag{7}$$

Hiernach wird der Biegungspfeil eines in der Mitte belasteten Balkens von rechteckigem Querschnitt bei Mitberücksichtigung des durch die Schubspannungen hervorgebrachten Anteils an Stelle der Gl. (47) von § 27, in der nur auf die Wirkung der Biegungsmomente geachtet worden war, im ganzen gefunden zu

$$f = \frac{Pl^3}{48E\theta} + 0{,}3\,\frac{Pl}{FG}.$$

Um beide Glieder der Größe nach bequem mit einander vergleichen zu können, setzen wir $G = 0{,}4\,E$, wie es dem Werte der Poissonschen Konstanten $m = 4$ entspricht, und drücken θ und F in b und h aus. Damit geht die Gleichung über in die Form

$$f = \frac{Pl}{4Ebh}\left(\frac{l^2}{h^2} + 3\right), \tag{8}$$

bei der das erste in der Klammer stehende Glied von den Biegungsmomenten und das zweite von den Schubkräften herrührt.

Schon für $l = 10h$ macht der von den Schubspannungen herrührende Anteil nur rund 3% von der ganzen Durchbiegung aus. In den meisten Fällen ist aber l noch größer, und man erkennt daraus, daß es ganz berechtigt ist, bei einem langen, schlanken Stabe den Einfluß der Schubspannungen ganz zu vernachlässigen, wie dies gewöhnlich geschieht. Dagegen ist bei einem kurzen, dicken Stabe die Vernachlässigung bedenklich oder überhaupt nicht zulässig.

Für den Fall des rechteckigen Querschnitts ist hiermit die Aufgabe, die wir uns gestellt hatten, bereits als gelöst zu betrachten, da es gar keine Schwierigkeiten macht, die zunächst für das Beispiel von Abb. 85 gefundene Lösung sinngemäß auch auf andere Belastungsfälle zu übertragen.

Dagegen muß bei anderen Querschnittsformen die Berechnung von γ auf Grund von Gl. (6) ganz von neuem wiederholt werden. Das ist aber nur möglich, nachdem man sich zuvor auf irgend eine Weise — also etwa auf Grund geeigneter, mehr oder weniger willkürlicher Annahmen — ein Urteil darüber verschafft hat, nach welchem Gesetze sich die Schubkraft V über den Querschnitt verteilt. Bei der weiteren Ausrechnung wird man alsdann an Stelle von Gl. (7) eine Gleichung von der Form

$$\gamma' = \varkappa \frac{V}{FG} \tag{9}$$

erhalten, in der $\varkappa$ nicht mehr gleich 1,2 ist, sondern irgendeinen anderen Wert hat, wie er der betreffenden Querschnittsgestalt entspricht. Jedenfalls muß aber $\varkappa$ größer sein als Eins. Für den Fall der I-Träger hat man z. B. gefunden, daß $\varkappa$ zwischen 2,0 und 2,4 schwankt, wobei $\varkappa$ um so größer ist, je mehr das Profil ausgeschnitten ist, d. h. je mehr es von einem vollen Rechtecke abweicht.

§ 49. **Die genieteten Träger.** Ein nach Abb. 86 aus einem Stehblech, aus Winkeleisen und Gurtplatten zusammengenieteter Träger verhält sich in den meisten Fällen ganz ähnlich wie ein I-Träger von derselben Querschnittsgestalt. Doch gilt dies keineswegs immer und auch niemals genau. Der durch die Nietverbindung vermittelte Zusammenhang zwischen den einzelnen Bestandteilen kann nämlich nicht als ein *für alle Fälle* ausreichender vollwertiger

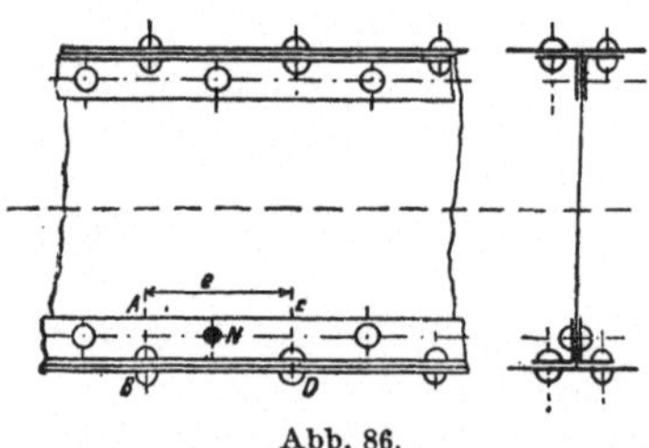

Abb. 86.

Ersatz für den unmittelbaren körperlichen Zusammenhang innerhalb eines aus einem einzigen Stücke bestehenden Trägers angesehen werden. Für die gewöhnliche Verwendungsweise genieteter Blechträger, bei der sie überwiegend auf Biegung und nur mit verhältnismäßig geringen Schubkräften beansprucht werden, reicht aber der Widerstand der Nietbolzen aus, um das Ganze so fest zusammenzuhalten, daß sich der Träger ziemlich genau so verhält, als wenn er ein einziges ungeteiltes Stück bildete.

Um sich genauere Rechenschaft darüber zu geben, ob die Vernietung hierfür stark genug ist, berechnet man die Kraft, die von einem Nietbolzen N in Abb. 86 bei der Biegung des Trägers auf-

genommen werden muß. Man findet sie aus der Gleichgewichtsbedingung gegen Verschieben in der Richtung der Stabachse,
die man für das durch den Bolzen N an das Stehblech ange-
schlossene Gurtstück aufstellen kann. Die Länge dieses Gurtstücks
ist gleich der Nietteilung e anzunehmen. Im Querschnitte AB des
Gurtstücks werden die Biegungsspannungen σ_1 übertragen, für die
man nach Gl. (18) von § 24

$$\sigma_1 = \frac{M_1}{\theta}\, y$$

erhält, wenn unter θ das Trägheitsmoment des ganzen Träger-
querschnitts und unter M_1 das an dieser Stelle vom ganzen Blechträger aufzunehmende Biegungsmoment verstanden wird. In dem
um die Nietteilung e entfernten Querschnitt CD hat das Biegungsmoment einen von dem vorigen etwas verschiedenen Wert
M_2, dem die Biegungsspannungen

$$\sigma_2 = \frac{M_2}{\theta}\, y$$

entsprechen. Der Gesamtüberschuß der im Querschnitte CD
übertragenen Gurtspannungen über die im Querschnitte AB ist
gleich der Kraft P, die vom Nietbolzen aufgenommen werden
muß. Hieraus folgt

$$P = \int (\sigma_2 - \sigma_1)\, dF = \int \frac{M_2 - M_1}{\theta}\, y\, dF = \frac{M_2 - M_1}{\theta} \int y\, dF.$$

Die durch das $\int$-Zeichen vorgeschriebene Summierung hat sich
über alle zum Gurtquerschnitt gehörigen Flächenteilchen dF zu
erstrecken. Für diese Summe kann man nach der Lehre vom
Schwerpunkte auch das Produkt aus der Gurtfläche (bestehend
aus Gurtwinkeln und Gurtplatten) und dem Schwerpunktsabstande
dieser Fläche von der Stabachse setzen. Gebraucht man dafür den
Buchstaben S, so ist

$$P = \frac{M_2 - M_1}{\theta}\, S.$$

Auch dieser Ausdruck kann noch etwas vereinfacht werden.
Im Verhältnisse zur ganzen Trägerlänge kann nämlich die Nietteilung e als klein angesehen werden. Wir können daher in Gl. (2)
von § 47

$$V = \frac{dM}{dx}$$

unter dx näherungsweise auch e verstehen, wenn man darin für
dM den zwar endlichen, aber bei benachbarten Querschnitten auch
nur kleinen Unterschied $M_2 - M_1$ einsetzt. Wenn man dies beachtet, geht die vorhergehende Formel über in

$$P = \frac{V\,e}{\theta}\, S. \tag{10}$$

Gewöhnlich nimmt man an, daß auf 1 qcm Nietquerschnitt eine Schubkraft von ungefähr 700 kg mit ausreichender Sicherheit übertragen werden kann. Hierbei ist noch zu beachten, daß sich bei N in Abb. 86 die Last P auf zwei Querschnitte des Nietbolzens verteilt. Nach Gl. (10) kann man hiernach ausrechnen, wie groß man unter sonst gebenen Umständen die Nietteilung e höchstens machen darf. Unter gewöhnlichen Umständen nimmt V seinen größten Wert in der Nähe des Trägerendes an, und zwar ist es dort gleich dem Auflagerdrucke. Die Trägerquerschnitte und hiermit die Werte von S und von θ hat man schon vorher auf Grund der erforderlichen Biegungsfestigkeit des Trägers festgestellt, ehe man Gl. (10) benutzt, um die Nietverbindungen zu berechnen.

Die Durchbiegung, die ein genieteter Träger unter einer gegebenen Belastung erfährt, wird zwar etwas größer ausfallen als die eines zusammenhängenden Trägers von demselben Querschnitte unter sonst gleichen Umständen. In der Regel dürfte aber der Unterschied nur ganz gering sein. Ob schon Versuche ausgeführt wurden, um den Unterschied zahlenmäßig festzustellen, ist uns nicht bekannt.

Jedenfalls wird sich aber die größere Nachgiebigkeit der genieteten Träger stets bemerklich machen, wenn die vom Träger aufzunehmenden Schubkräfte nicht nur eine nebensächliche Rolle gegenüber den Biegungsmomenten, sondern wenn sie eine gleich wichtige oder gar die Hauptrolle spielen. Das kann bei verhältnismäßig kleiner Stablänge vorkommen. Namentlich aber gilt es bei der Beanspruchung eines genieteten Trägers auf Verdrehen. An sich ist schon ein I-förmiger Querschnitt, wie wir in § 42 fanden, sehr wenig widerstandsfähig gegen Verdrehen. Aber darüber hinaus wird der Drillungswiderstand noch weiter stark vermindert, wenn der Träger aus einzelnen durch Vernietung zusammengehaltenen Teilen besteht. Wir sprechen damit nicht nur eine Vermutung aus, sondern sprechen auf Grund von Erfahrungen, die vor kurzem in der Zeitschrift „Bauingenieur" 1922, S. 427 veröffentlicht wurden. In § 61 werden wir darauf zurückkommen.

Auch für die Berechnung des Knickwiderstandes eines Stabes ist es nicht von vornherein selbstverständlich, daß sich ein zusammengenieteter Stab ziemlich genau ebenso verhalten müßte wie ein Stab, der aus einem Stücke besteht, unter sonst gleichen Umständen. Am Schlusse von § 54 wird darauf ebenfalls zurückgekommen werden.

§ 50. **Biegung mit Zug oder mit Druck.** Abb. 87 gibt den einfachsten Fall an, mit dem wir uns hier zu beschäftigen haben. Gezeichnet ist ein „kurzer dicker" Stab, der im Grundrisse rechteckig ist. Man kann sich den Stab aber auch beliebig lang denken und annehmen, daß wir den Stab nur aus Platzmangel nicht länger gezeichnet haben. Oder man kann sich vorstellen, daß Abb. 87 eine Zeichnung in verzerrtem Maßstabe bildet, bei der die Stablänge l in einem kleineren Maßstabe aufgetragen ist als die Querschnittsabmessungen b und h. Auch die Voraussetzung, daß der Querschnitt rechteckig sein soll, ist für die weiteren Betrachtungen nicht wesentlich; sie wurde nur der Anschaulichkeit wegen gewählt.

Die Belastung des Stabes soll aus den an den Enden angebrachten entgegengesetzt gleichen Kräften P bestehen, deren gemeinschaftliche Richtungslinie man in diesem Zusammenhange auch als die „*Kraftachse*" bezeichnet. Wir nehmen hier an, daß die Kraftachse parallel zur Stabachse ist und daß sie durch seine Querschnittshauptachse hindurchgeht. Den Abstand p zwischen Kraftachse und Stabachse bezeichnet man als die „*Exzentrizität*" des Kraftangriffs oder auch als den „*Fehlhebel*".

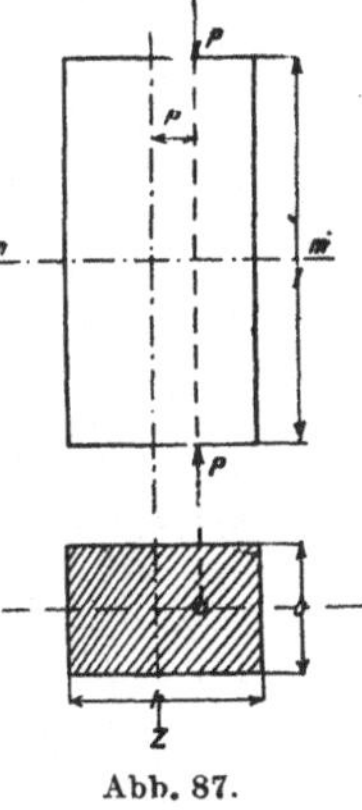
Abb. 87.

In der Zeichnung ist P als Druckbelastung angenommen, und das ist auch der praktisch wichtigere Fall. Man kann sich aber die Pfeile auch umgekehrt denken, so daß der Stab eine exzentrische oder, wie man dafür auch sagen kann, eine *einseitige* Zugbelastung aufzunehmen hat. Damit ändert sich an den folgenden Betrachtungen nichts Wesentliches.

Wir fragen jetzt nur nach Drang und Zwang in den mittleren Teilen des Stabes, die von beiden Endquerschnitten genügend weit entfernt sind. In den Endquerschnitten selbst und auch noch in ihrer Nachbarschaft hängt nämlich die Spannungsverteilung und hiermit die Art der Formänderung offenbar sehr wesentlich davon ab, wie die Last P selbst im einzelnen tatsächlich angebracht wird. Denn unter der Last P in Abb. 87 ist selbstverständlich nicht eine Einzelkraft im strengen Sinne, sondern nur eine Resultierende von dort irgendwie verteilten Lasten zu verstehen, da man eine endliche Kraft niemals in einem einzigen Punkte übertragen kann, sondern mindestens eine kleine, aber endliche Fläche dafür zur Verfügung haben muß. Sobald daher bei einer Aufgabenstellung von Einzelkräften gesprochen wird, verzichtet man damit von vornherein schon auf eine nähere Untersuchung der Verhältnisse in der Nähe der Lastangriffsstelle. Erst für die etwas weiter davon ab gelegenen Teile des Stabes ist es nach dem Prinzip von de St.-Venant gleichgültig, wie sich die Kraft P im einzelnen über den Endquerschnitt verteilt.

Von dem Schnitte mm in Abb. 87 setzen wir voraus, daß er weit genug von den Stabenden entfernt ist, während es sonst gleichgültig ist, wo er gelegt wird. Für den Zweck der Gleichgewichtsbetrachtung können wir uns die am oberen Teile des Stabes angebrachte Last P durch eine im Schwerpunkte angreifende Kraft von derselben Größe und ein Kräftepaar vom Momente Pp ersetzt denken. Die Ebene des Kräftepaars geht im Falle von Abb. 87

durch eine Querschnittshauptachse. In einem Flächenteilchen, das
einen Abstand y von der Z-Achse hat, entsteht durch das Zusammenwirken der achsrecht angreifenden Kraft P und des Biegungsmomentes Pp eine Spannung σ, die sich nach dem Superpositionsgesetze

$$\sigma = \frac{P}{F} + \frac{Pp}{\theta_z} y = \frac{P}{F} \left(1 + \frac{yp}{i_z^2} \right) \tag{11}$$

ergibt. Unter i_z^2 ist das Quadrat des Trägheitshalbmessers zu verstehen, wofür man beim rechteckigen Querschnitte auch $\dfrac{h^2}{12}$ setzen
kann.

Solange der Klammerwert in Gl. (11) positiv ist, haben σ und
P gleiches Vorzeichen, d. h. zu einer Druckbelastung P gehört
auch eine Druckspannung σ in allen durch den Abstand y gekennzeichneten Flächenteilchen. Der Klammerwert kann aber auch
negativ werden, wenn y und p nach entgegengesetzten Richtungen
gehen und der Fehlhebel p groß genug ist. Nimmt man beim
rechteckigen Querschnitt $p = + \dfrac{h}{6}$ an, so wird für $y = - \dfrac{h}{2}$ der
Klammerwert zu Null. Erst wenn p noch größer angenommen
wird als $\dfrac{h}{6}$, kommen im rechteckigen Querschnitt Flächenteilchen
vor, in denen durch die exzentrische Druckbelastung des Stabes
Zugspannungen hervorgerufen werden.

Wir gehen jetzt einen Schritt weiter und betrachten den durch
Abb. 88 erläuterten allgemeineren Fall, bei dem die Kraftachse
nicht mehr durch eine Querschnittshauptachse geht. Die Koordinaten der Spur der Kraftachse in der Querschnittsebene sind
mit p und q bezeichnet. Den Aufriß
des Stabes kann man sich ebenso hinzudenken wie in Abb. 87.

Verlegt man auch jetzt wieder die
Kraft P in die Stabachse, so tritt dabei ein Kräftepaar auf, dessen Ebene
schief steht gegen die Querschnittshauptachse und das daher nach der in
§ 24 gebrauchten Bezeichnung eine
„schiefe Biegungsbelastung" des Stabes

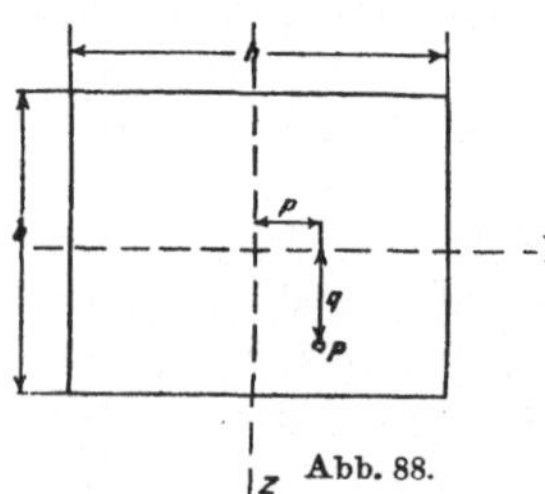
Abb. 88.

bildet. In § 26 fanden wir, daß die einem solchen Falle entsprechende Nullinie mit einem Durchmesser der Trägheitsellipse zusammenfällt, der dem durch den Kraftangriffspunkt gehenden
Durchmesser konjugiert ist.

Wir können uns auch, wie es schon früher geschehen ist, das
biegende Kräftepaar durch zwei Kräftepaare von den Momenten
Pp und Pq ersetzt denken, deren Ebenen durch die Hauptachsen
des Querschnitts gehen. Die in irgendeinem Flächenteilchen mit
den Koordinaten yz hervorgerufene Spannung setzt sich dann im

ganzen aus drei Gliedern zusammen, nämlich

$$\sigma = \frac{P}{F} + \frac{Pp}{\theta_z}\, y + \frac{Pq}{\theta_y}\, z = \frac{P}{F}\left(1 + \frac{py}{i_z^2} + \frac{qz}{i_y^2}\right). \qquad (12)$$

Diese Gleichung gilt noch allgemein für einen beliebigen Querschnitt. Für den rechteckigen Querschnitt geht sie über in

$$\sigma = \frac{P}{F}\left(1 + 12\,\frac{py}{h^2} + 12\,\frac{qz}{b^2}\right). \qquad (13)$$

Auch jetzt wollen wir uns wieder die Frage vorlegen, wie weit der Angriffspunkt der Kraft P vom Schwerpunkte entfernt sein darf, ohne daß Spannungen verschiedenen Vorzeichens im Querschnitte auftreten. Im Grenzfalle hat die Nullinie einen Punkt mit der Umrißlinie des Querschnitts gemeinsam, ohne ins Innere einzudringen. Beim rechteckigen Querschnitte wird also bei einer Grenzlage des Angriffspunktes der Kraft die Spannung σ in einer Ecke zu Null werden. Nehmen wir p und q als positiv an und setzen $y = -\dfrac{h}{2}$ und $z = -\dfrac{b}{2}$, so geht Gl. (13) über in

$$\sigma = \frac{P}{F}\left(1 - 6\,\frac{p}{h} - 6\,\frac{q}{b}\right) \qquad (14)$$

und dieser Ausdruck wird zu Null für alle Lagen des Angriffspunktes der Last P, für die

$$\frac{p}{h} + \frac{q}{b} = \frac{1}{6} \qquad (15)$$

ist, jedoch mit dem Vorbehalte, daß nur positive Werte von p und q zulässig sind. Alle Punkte, bei denen dies zutrifft, liegen auf der Geraden $A\,B$ in Abb. 89, die auf den Hauptachsen die Abschnitte $\dfrac{h}{6}$ und $\dfrac{b}{6}$ bildet. Für alle Punkte des ersten Quadranten, die in dem Dreiecke $O\,A\,B$ liegen, bleibt in Gl. (14) ein positiver Rest in der Klammer, und daher ist auch die Spannung σ in der Ecke C gleichen Vorzeichens mit P. Was

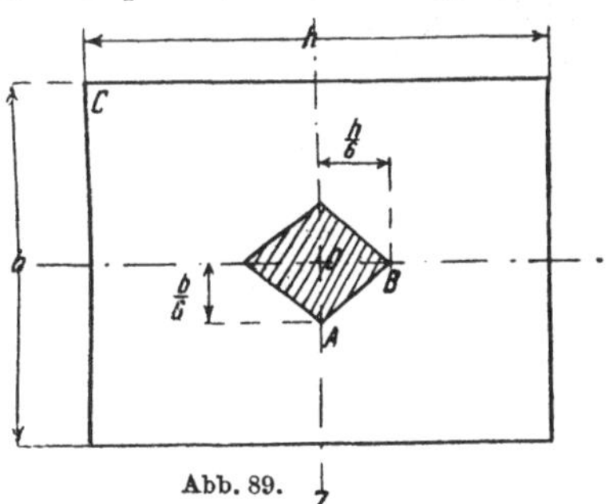

Abb. 89.

für den ersten Quadranten gesagt war, läßt sich sinngemäß auch auf die drei anderen übertragen. Die in Abb. 89 schraffierte Fläche, innerhab deren demnach der Angriffspunkt der Belastung liegen darf, wenn man nur Spannungen gleichen Vorzeichens im Querschnitte zulassen will, wird als der *Querschnittskern* bezeichnet.

In ganz ähnlicher Weise läßt sich der Kern auch für andere Querschnittsformen ermitteln, womit wir uns aber hier nicht länger aufhalten wollen. Die Lehre vom Querschnittskern ist hauptsächlich für die Untersuchung der Standfestigkeit von Mauerpfeilern, Gewölben u. dgl. von Bedeutung, weil man von dem Entwurfe für derartige Bauwerke wegen der geringen Widerstandsfähigkeit des Mörtels gegen Zugspannungen gewöhnlich verlangt, daß in den Fugen des Mauerwerks nirgends Zugspannungen auftreten dürfen.

Denkt man sich die Abstände p und q in Abb. 88 auf das n-fache vergrößert und zugleich P auf $\frac{1}{n}$ verkleinert, so behalten in Gl. (12) die sich auf die Biegung beziehenden Glieder ihre Werte unverändert bei, während das nur von P abhängende erste Glied beim Anwachsen von n immer kleiner wird. Im Grenzfalle $n = \infty$ wird schließlich P zu Null, so jedoch, daß Pn seinen ursprünglichen Wert beibehält. Damit kommt man auf den Fall der reinen Biegung, der hiernach als ein Sonderfall der einseitigen Zug- oder Druckbelastung aufgefaßt werden kann.

Die elastische Formänderung, die ein Stab bei einseitiger Belastung erfährt, läßt sich ebenfalls aus den beiden Anteilen zusammensetzen, nämlich aus der Verlängerung oder Verkürzung durch die nach der Mitte verlegte Kraft P und der durch das Kräftepaar hervorgebrachten Biegung, die sich nach den Formeln des 3. Abschnitts leicht berechnen läßt.

Bisher war vorausgesetzt, daß die Kraftachse parallel zur Stabachse gehen sollte. Wenn sich beide Achsen schneiden oder wenn sie windschief zu einander liegen sollten, kann es sich indessen immer nur um geringe Richtungsunterschiede zwischen ihnen handeln. Das folgt daraus, daß der Körper als Stab gelten soll, also langgestreckt ist, während die Spurpunkte der Kraftachse in beiden Endquerschnitten nur um die verhältnismäßig kleinen Strecken von der Mitte entfernt sein können, die in der Querschnittsfläche möglich sind. Die Spannungen sind in den beiden Fällen in allen Querschnitten verschieden von einander. Für irgendeinen Querschnitt, der nicht zu nahe an den Stabenden liegt, kann man die Spannungen nach Gl. (12) berechnen, indem man die Spur der Kraftachse in der Querschnittsebene als Angriffspunkt einer senkrecht zur Ebene stehenden Last von der Größe P annimmt. Die geringe Schubkraft, die als Komponente der tatsächlich etwas schief zur Querschnittsebene stehenden Kraft P daneben noch auftritt, darf man dabei unbedenklich vernachlässigen.

Unter Umständen kann es dagegen sehr nötig werden, das bei windschiefer Lage zwischen Kraftachse und Stabachse neben dem Biegungsmomente noch auftretende Verdrehungsmoment zu berücksichtigen, obschon es ebenfalls jenem gegenüber nur klein sein wird. Streng genommen überdecken sich bei windschiefer Kraftrichtung in jedem Punkte des Querschnitts vier verschiedene Spannungen, von denen die erste der nach dem Schwerpunkt verlegten Normalkraft, die zweite der geringen Schubkraft, die dritte dem Biegungsmomente und die vierte dem Verdrehungsmomente entspricht. Jede einzelne dieser Spannungen hat man nach den dafür früher aufgestellten Vorschriften zu berechnen. Hierbei wird es stets zulässig sein, den von der Schubkraft herrührenden Betrag zu vernachlässigen, und wenn es sich um einen Mauerpfeiler handelt, auch den des Verdrehungsmomentes. Handelt es sich aber um einen Querschnitt von geringem Drillungswiderstande, also etwa um einen I-Querschnitt, so wäre es, wie aus § 42 hervorgeht, sehr bedenklich, selbst ein kleines Verdrehungsmoment gegenüber dem Biegungsmoment zu vernachlässigen.

Bei allen vorhergehenden Betrachtungen wurde die elastische Formänderung des stabförmigen Körpers, wie es auch sonst fast ausnahmslos in der Festigkeitslehre geschieht, stillschweigend als sehr klein vorausgesetzt, so daß auf die damit verbundene Änderung des ursprünglichen Fehlhebels nicht geachtet zu werden brauchte. *Diese Vernachlässigung ist aber nicht immer zulässig,* und wenn der Fehlhebel ursprünglich sehr klein war, kann es leicht vorkommen, daß er durch eine geringe Ausbiegung des Stabes verhältnismäßig so stark vergrößert wird, daß man sorgfältig darauf achten muß.

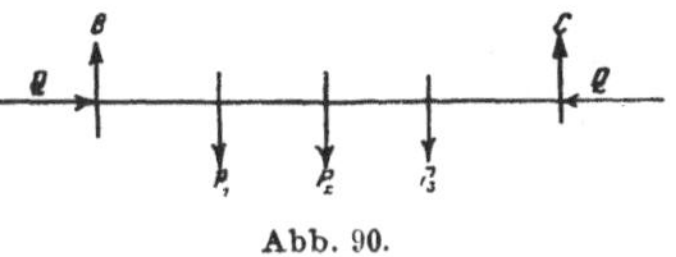

Abb. 90.

Im folgenden Paragraphen werden wir näher darauf eingehen. Vorher aber sei noch auf den durch Abb. 90 dargestellten Belastungsfall verwiesen. Bei ihm kommen zwei Lastgruppen vor, nämlich die Gruppe der Lasten P und der dazugehörigen, etwa als Auflagerkräfte aufzufassenden Kräfte B und C, die alle senkrecht zur Stabachse gerichtet sind, wozu noch als zweite Gruppe die beiden entweder genau oder wenigstens annähernd mit der Stabachse zusammenfallenden Kräfte Q kommen. Solange die Q von gleicher Größenordnung mit den P sind, genügt es, die Spannungen und die Formänderungen einzeln zu berechnen, die von jeder der beiden Lastgruppen für sich hervorgerufen werden, und hierauf nach dem Superpositionsgesetz beide übereinander zu lagern. Die Aufgabe kann dann nach den früher dafür gegebenen Anleitungen ohne weiteres gelöst werden.

Ganz anders aber ist es, wenn die Q sehr viel größer sind als die P. Die von den Lasten Q herrührenden Biegungsmomente können dann nach erfolgter Formänderung, selbst wenn ursprünglich keine Fehlhebel vorgekommen sein sollten, trotz der viel kleineren Hebelarme doch von gleicher Größenordnung mit den von den Lasten P herrührenden werden oder sie gar noch übertreffen. Ein Urteil über das Verhalten des Stabes und über die

Bruchgefahr ist dann nur möglich, indem man berechnet, um wieviel sich die Fehlhebel der Q für die einzelnen Querschnitte des Stabes bei der Ausbiegung ändern.

Hauptsächlich gilt dies für den Fall, daß die Kräfte Q eine Druckbelastung des Stabes bilden, wie in Abb. 90 angenommen wurde. Die Aufgabe ist dann nahe verwandt mit der im nächsten Paragraphen zu besprechenden und ähnlich wie diese zu lösen. Kehrt man dagegen die Pfeile der Q in Abb. 90 um und setzt voraus, daß der Fehlhebel ursprünglich gleich Null war, so sind die den Q entsprechenden Biegungsmomente nach erfolgter Formänderung von entgegengesetztem Vorzeichen als die von den Lasten P herrührenden. Die Ausbiegung der Stabachse wird daher durch die Mitwirkung der Lasten Q verkleinert, und zwar unter Umständen, nämlich wenn die Q sehr viel größer sein sollten als die P, sogar sehr stark verkleinert. Auch dies ist ein Fall, der praktisch vorkommt. Er wurde von M. Tolle in der Z. d. V. D. I., 1897, S. 855, behandelt, worauf hier verwiesen werden möge. Die Gestalt der elastischen Linie wurde dabei von Tolle als eine *„steife Kettenlinie“* bezeichnet.

§ 51. **Die Knickfestigkeit.** Der einfachste Fall der Knickfestigkeit schließt sich dem vorher behandelten Falle der „einseitigen“ oder „exzentrischen“ Druckbelastung eines Stabes unmittelbar an. Er geht aus ihm hervor, wenn die anfänglichen Fehlhebel klein waren, die Drucklast aber groß genug ist, um wegen der großen Länge oder der geringen Biegungssteifigkeit des Stabes eine starke Vergrößerung dieser Fehlhebel und damit einen Biegungsbruch des Stabes befürchten zu müssen.

Ehe die Rechnung durchgeführt wird, muß aber noch ein Einwand besprochen werden, der gegen eine Erklärung des Knickvorganges auf Grund dieser Überlegung öfters erhoben wird. Es wird nämlich gesagt, die Aufgabe bestehe eigentlich darin, das Ausknicken auch für den Fall zu erklären, daß Kraftachse und Stabachse anfänglich genau zusammenfielen. Wenn dies dringend verlangt wird, kann man auch dieser Forderung entsprechen, wie in § 101 von „Drang und Zwang“ ausführlich auseinandergesetzt ist.

Aber die Forderung selbst ist an sich ganz unberechtigt. Geringe Abweichungen zwischen Kraftachse und Stabachse lassen sich überhaupt nicht vermeiden, und es ist daher nicht willkürlich, sondern ganz sachgemäß, von ihnen auszugehen. Das ist auch gar keine besondere Eigentümlichkeit der Knickfestigkeit, sondern man befindet sich überhaupt in allen Fällen des „unsicheren“ oder „instabilen“ Gleichgewichts stets in derselben Lage. An einem einfachen Beispiele möge dies noch etwas näher erläutert werden.

Der in Abb. 91 im Aufriß gezeichnete Körper bestehe aus einem zylindrischen Teile von der Höhe h und dem Halbmesser r und

einer sich unten daran schließenden Kugelhaube vom Halbmesser R.
Dieser Körper sei auf eine Tischplatte gestellt, und es fragt sich,
ob er aufrecht stehen bleibt oder ob er umfällt. Unter sonst
gleichen Umständen hängt dies von der Höhe h ab. Bei geringer
Höhe bleibt er stehen, bei großer fällt er um, wie jedermann aus
Erfahrung weiß.

Wenn eine Erklärung dafür verlangt wird, oder wenn die
„kritische" Höhe h berechnet werden soll, bei der das Gleichgewicht „unempfindlich" oder „indifferent" wird, stellt man sich vor,
daß der Körper anfänglich ein klein wenig schief aufgestellt wurde,
und sieht zu, ob er sich, nachdem er losgelassen wurde, unter dem
Einflusse der an ihm angreifenden Kräfte,
nämlich des im Schwerpunkte S angreifenden Eigengewichtes und des Auflager-
drucks von selbst aufrichtet, oder ob er
vollends umfällt. Hebt sich der Schwerpunkt bei einer kleinen Rollbewegung
aus der aufrechten Lage, so ist das Gleichgewicht stabil, verschiebt es sich in wagrechter Richtung, so ist es indifferent,
und labil ist es, wenn sich der Schwerpunkt dabei senkt.

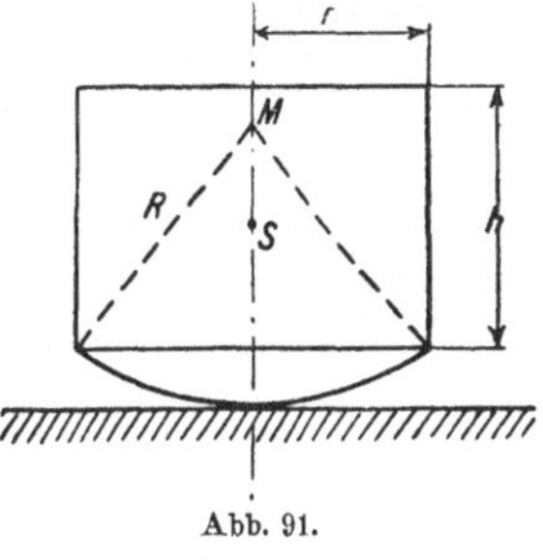

Abb. 91.

Es wird sich nicht leicht jemand finden, der mit der Lösung
der Aufgabe auf diesem Wege nicht zufrieden wäre, sondern darüber
hinaus auch noch eine Erklärung dafür verlangte, warum der
Körper bei zu großem h tatsächlich immer umfällt, obschon an
sich ein dauerndes Verharren in der aufrechten Lage auch in
diesem Falle recht wohl denkbar wäre.

Dieselben Überlegungen, die hier zum Ziele führen, muß man
auch in allen anderen Fällen anstellen, bei denen ein instabiles
Gleichgewicht in Frage kommt. Auch in der Knicktheorie geht
man von einer kleinen Störung aus, indem man einen ganz un-
vermeidlichen kleinen Fehlhebel voraussetzt und nachrechnet, ob
und wie stark er sich unter den gegebenen Umständen bei der
elastischen Formänderung vergrößern wird.

Wer sich aber auch durch den hier angestellten Vergleich noch
nicht davon überzeugen läßt, daß dieses Vorgehen berechtigt ist,
muß die Gelegenheit suchen, selbst einmal einen Knickversuch zu
beobachten. Wer jemals in seinem Leben das Entstehen und Anwachsen des Ausknickens bei einem solchen Versuche messend
verfolgt hat, wird kein Bedürfnis mehr danach empfinden, eine
eigene neue Knicktheorie aufzustellen, sondern sich für den einfachsten Fall, um den es sich bei diesen Betrachtungen allein
handelt, mit den schon vorhandenen Theorien gern zufrieden
geben.

§ 52. Die Knickformel von Navier, Schwarz, Rankine.
Wir gehen jetzt auf die sich an Abb. 87 anlehnenden Eingangsbetrachtungen von § 50 zurück. Daß sich ein anfangs bestehender
kleiner Fehlhebel p bei der elastischen Formänderung je nach der
Größe der von einer Säule oder einem Pfeiler oder einem anderen
auf Druck beanspruchten Baugliede aufzunehmenden Last mehr
oder weniger vergrößern muß, geht daraus unmittelbar hervor,
ebenso daß hiermit zur Druckbeanspruchung auch noch eine Biegungsbeanspruchung des Stabes tritt. Über den anfänglichen Fehlhebel weiß man nichts; man kann ihn höchstens auf Grund von
Erfahrungen für eine gewisse Art der Bauausführung ungefähr
einschätzen. Auf ihn kommt es aber auch gar nicht so sehr an,
sondern vielmehr auf den größten Wert p, den man dafür nach
vollzogener Formänderung endgültig als möglich in Aussicht zu
nehmen hat.

Diese Überlegung hat zu einer Formel geführt, die in den älteren
Schriften über Baumechanik mit geringen Abweichungen überall
wiederkehrte und die auch jetzt noch sehr häufig verwendet wird.
Es lag nämlich nahe, für den Fehlhebel p teils gefühlsmäßig, teils
mit der einen oder anderen nicht ganz ausreichenden Begründung
den Ansatz

$$p = \varkappa \frac{l^2}{a} \tag{16}$$

zu machen, in der l die Stablänge, a eine von den Querschnittsabmessungen abhängige Länge und $\varkappa$ eine Zahl bedeutet, die man
so zu wählen hat, daß die auf den Ansatz gestützte Knickfestigkeitsformel möglichst gut mit der Erfahrung übereinstimmt.

Die Begründungen, die man dem Ansatze (16) zu geben versuchte, kommen im allgemeinen darauf hinaus, daß es bei der
Knickgefahr hauptsächlich auf das Schlankheitsverhältnis $\dfrac{l}{a}$ ankomme. Dabei ist unter a der Abstand der äußersten Faser von
der zum kleinsten Trägheitsmomente gehörigen Querschnittshauptachse zu verstehen, weil eine Ausbiegung nach dieser Richtung
hin offenbar am meisten zu befürchten ist. Ferner ist aber auch
noch von vornherein zu erwarten, daß bei geometrisch ähnlichen
Stäben, also bei gegebenem Schlankheitsverhältnisse, der Fehlhebel
p unter sonst entsprechenden Umständen in demselben Verhältnisse zunimmt wie alle übrigen Maße, also in dem gleichen Verhältnisse wie l. Hiermit erklärt es sich, daß in Gl. (16) l im
Quadrate vorkommt. Als einen Beweis von Gl. (16) kann man
diese Bemerkungen freilich nicht ansehen; aber zur Stützung einer
Vermutung, die man sich vorbehält, durch Vergleich mit der Erfahrung zu prüfen, reichen sie immerhin aus.

Nachdem der Ausdruck für p in Gl. (16) festgestellt ist, hat
man es weiterhin nur noch mit einer exzentrischen Druckbelastung

des Stabes zu tun. Man berechnet die durch die Last P hervorgerufene Druckspannung σ_{max} nach Gl. (11) von § 50, die zwar dort zunächst nur für den rechteckigen Querschnitt abgeleitet, aber nachher als allgemeingültig erkannt wurde. An die Stelle von y haben wir darin den vorher eingeführten Abstand a zu setzen und an Stelle von θ_z das Produkt Fi^2, wenn unter i der kleinere von den beiden Hauptträgheitshalbmessern des Querschnitts verstanden wird. Damit ergibt sich unter Beachtung von Gl. (16)

$$\sigma_{max} = \frac{P}{F}\left(1 + \frac{ap}{i^2}\right) = \frac{P}{F}\left(1 + \varkappa\,\frac{l^2}{i^2}\right). \qquad (17)$$

Man nimmt nun weiterhin an, daß der Stab als knicksicher anzusehen ist, falls das so berechnete σ_{max} den zulässigen Wert σ_{zul} der Druckbeanspruchung des betreffenden Werkstoffes nicht überschreitet. Diese Annahme ist auch ganz unbedenklich, falls nur $\varkappa$ auf Grund von hinreichend zahlreichen Erfahrungen über den Knickwiderstand von Stäben aus demselben Stoffe und unter sonst ganz ähnlichen Verhältnissen gewählt wird. Hiermit kommt man für die zulässige Belastung P_{zul} des Stabes auf die Formel

$$P_{zul} = \frac{F\sigma_{zul}}{1 + \varkappa\,\dfrac{l^2}{i^2}}, \qquad (18)$$

um deren Ableitung es sich handelte.

Die Brauchbarkeit der Formel hängt ganz davon ab, daß man in jedem Falle der Anwendung sowohl für $\varkappa$ als für σ_{zul} einen durch die Erfahrung irgendwie genügend verbürgten Wert einsetzt. Gewöhnlich stützt man sich dabei auf die Vorschriften der in dem betreffenden Verwaltungsbezirke gültigen Bauordnung, womit man dem Haftpflichtgesetze gegenüber gedeckt ist Bei der Wahl von σ_{zul} ist man daran weniger gebunden, sondern kann auch von der dem betreffenden Baustoffe entsprechenden Druckfestigkeit ausgehen. Dagegen vermag man sich kein eigenes Urteil über den angemessenen Wert von $\varkappa$ für einen bestimmten Fall zu bilden, falls man nicht selbst schon über zahlreiche Erfahrungen unter ganz ähnlichen Umständen verfügt. Diese Unsicherheit zeigt sich auch darin, daß man Werte von $\varkappa$ empfohlen findet, die in den weiten Grenzen von 0,0001 bis 0,0006 schwanken.

Es mag nur noch erwähnt werden, daß man unter sonst gleichen Umständen $\varkappa$ um so kleiner wählen darf, je mehr man zu der Annahme berechtigt ist, daß der Stab an den Enden als eingespannt zu betrachten sei. In den meisten Fällen ist aber diese Annahme zu günstig, und dann sind größere Werte für $\varkappa$ am Platze.

§ 53. **Die Knickformel von Euler.** Älter als die vorhergehende Formel und viel besser in Übereinstimmung mit dem bei Knickversuchen beobachteten Verhalten eines schlanken Stabes, der eine Druckbelastung zu übertragen hat, ist die von Euler aufgestellte Knickfestigkeitsformel. Ein Jahrhundert lang war sie nur in einem engen Kreise von Mathematikern und Physikern bekannt, die sich gelegentlich nebenher einmal mit diesem besonderen Falle des instabilen oder indifferenten elastischen Gleichgewichts beschäftigt hatten, ehe sie schließlich auch in den technischen Kreisen beachtet und nach langem Widerstreben anerkannt wurde.

Zur Ableitung der Eulerschen Formel gehen wir wiederum von dem durch Abb. 87 von § 50 dargestellten Falle der einseitigen Druckbelastung aus. Hierbei setzen wir den anfänglichen Fehlhebel p als sehr klein voraus. Das geschieht jedoch nicht, um die Betrachtung dadurch zu vereinfachen (da sie auch für größere Werte von p_0 in ganz ähnlicher Weise durchgeführt werden könnte), sondern nur, um unsere Untersuchung von vornherein den Verhältnissen anzupassen, auf die sie nachher angewendet werden soll.

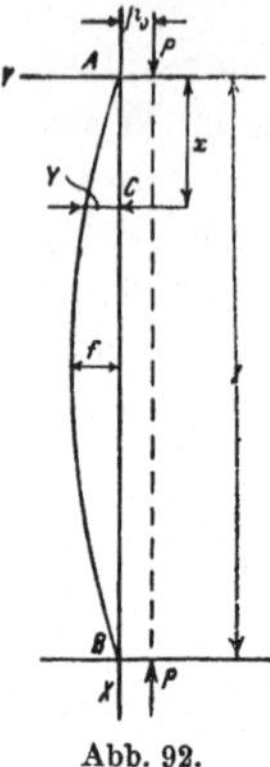

Abb. 92.

Nur insofern weichen wir von Abb. 87 ab, als wir nicht gerade einen rechteckigen, sondern einen beliebigen Querschnitt des Stabes voraussetzen und außerdem die Spur der Kraftachse in der Querschnittsebene auf jener Querschnittshauptachse annehmen, zu der das größte Trägheitsmoment gehört. Auch diese Voraussetzung ist nicht wesentlich für die Durchführung der sich daran schließenden Rechnung, sondern sie wird nur gemacht, weil eine Ausbiegung nach dieser Richtung gefährlicher ist als nach jeder anderen, da die ihr entsprechende Biegungssteifigkeit von dem kleinsten Hauptträgheitsmomente abhängt.

In Abb. 92 sind die Stabachse AB und die durch die Richtungslinie der P bestimmte Kraftachse nebeneinander aufgetragen. Der sehr kleine Abstand p_0 zwischen beiden ist der Deutlichkeit wegen viel größer gezeichnet, als er zu erwarten ist. Wir wollen überhaupt annehmen, daß in der Zeichnung die in der Y-Richtung gehenden Strecken nach einem viel größeren Maßstabe auszumessen sind als die in der X-Richtung gehenden. Die Stabdicke lassen wir in der Zeichnung ganz weg; man kann sie sich nach Belieben hinzudenken, mit dem Vorbehalte jedoch, daß sie klein sein muß gegen die Stablänge.

In dem zur Abszisse x oder zum Punkte C der Stabachse gehörigen Querschnitte besteht vor der Formänderung der Fehlhebel p_0 und das ihm entsprechende Biegungsmoment Pp_0. Während der Formänderung denken wir uns die Stabenden bei A und B festgehalten, und zwar so, daß sie sich widerstandslos um diese Punkte zu drehen vermögen. Durch die Biegungsmomente wird dann eine Krümmung der Stabachse von der aus Abb. 92 ersichtlichen Art herbeigeführt, wobei die Größe der Ausbiegung zunächst dahingestellt bleiben möge. Der Fehlhebel in dem zur Abszisse x gehörigen Querschnitte wächst damit auf $p_0 + y$ an. Jedenfalls wird die Größe der Ordinaten y der elastischen Linie irgendwie von der Größe der Last P abhängen. Wenn der Stab schlank genug oder biegsam genug ist, wird man die Last P so weit steigern können, daß die y durchschnittlich von gleicher Größenordnung mit p_0 werden, ohne daß dabei die Proportionalitätsgrenze des Baustoffes an irgendeiner Stelle überschritten würde. Das ist deshalb möglich, weil wir den anfänglichen Fehlhebel p_0 selbst schon als sehr klein vorausgesetzt hatten.

Abb. 92 ist so gezeichnet, wie es der eben gemachten Annahme über die Größe von P entspricht. Hierbei macht es jedoch nichts aus, ob p_0 oder der mit f bezeichnete Biegungspfeil größer ist, und es darf auch eine dieser beiden Strecken mehrmals so groß sein als die andere. Wesentlich ist dagegen die Voraussetzung, daß der Stab genügend schlank ist, um Ausbiegungen y, die von gleicher Größenordnung mit p_0 sind, ohne Überschreitung der Proportionalitätsgrenze des Baustoffes ertragen zu können, und *diese Voraussetzung darf bei der Anwendung der sich auf sie stützenden Eulerschen Formel niemals außer acht gelassen werden.*
Wir denken uns die elastische Formänderung, die der Stab beim Aufbringen der Last P erfuhr, bereits vollzogen und fragen nach der Gestalt der elastischen Linie, in die die vormals gerade Stabachse dabei übergegangen ist. Die Verkürzung in der X-Richtung ist so unbedeutend, daß wir von ihr ganz absehen können. Um zu einem Urteile über die Gestalt der elastischen Linie zu gelangen, genügt es vielmehr, nur auf die weit größeren Verschiebungen in der Y-Richtung zu achten. Nach Eintritt des Gleichgewichtszustandes ist das Biegungsmoment M im Querschnitte x

$$M = P(p_0 + y) \qquad (19)$$

und von diesem Biegungsmomente hängt die Stabkrümmung an der betrachteten Stelle ab. Dieser Zusammenhang wurde in § 27 durch Gl. (37) ausgesprochen, und mit ihr erhalten wir

$$E\theta \frac{d^2 y}{dx^2} = - P(p_0 + y). \qquad (20)$$

Hierdurch ist y als Funktion von x der Form nach völlig bestimmt; die Lösung der Gleichung lautet nämlich

$$y = C_1 \sin \alpha x + C_2 \cos \alpha x - p_0, \qquad (21)$$

wenn man unter C_1 und C_2 die beiden willkürlichen Integrationskonstanten versteht, die in der allgemeinen Lösung einer Differentialgleichung zweiter Ordnung vorkommen müssen, während α ebenfalls ein unveränderlicher Wert ist, der aber nicht willkürlich bleibt, sondern erst noch so gewählt werden muß, daß Gl. (20) in der Tat durch den in Gl. (21) für y aufgestellten Ausdruck befriedigt wird. Setzt man diesen Ausdruck in die Differentialgleichung ein, so findet man, daß für α, um ihr zu genügen, der Wert

$$\alpha = \sqrt{\frac{P}{E\theta}} \tag{22}$$

angenommen werden muß.

Die Integrationskonstanten C_1 und C_2 bleiben zwar in der allgemeinen Lösung der Differentialgleichung willkürlich; aber auch sie werden bei der Anwendung auf den besonderen Fall durch die Forderung bestimmt, daß die Grenzbedingungen an den beiden Stabenden erfüllt werden müssen. Für $x = 0$ muß auch $y = 0$ werden, da der Punkt A in Abb. 92 festgehalten wird. Damit dies zutreffe, hat man in Gl. (21) nachträglich

$$C_2 = p_0$$

zu setzen. Ferner muß aber auch am Punkte B, also für $x = l$ die Ordinate y der Biegungslinie zu Null werden, und hieraus folgt

$$C_1 = p_0 \, \frac{1 - \cos \alpha l}{\sin \alpha l}.$$

Die auch schon den Grenzbedingungen angepaßte Lösung der Differentialgleichung (20) für die elastische Linie lautet daher jetzt

$$y = p_0 \left\{ \frac{\sin \alpha x}{\sin \alpha l} (1 - \cos \alpha l) + \cos \alpha x - 1 \right\}. \tag{23}$$

Aus ihr läßt sich zunächst entnehmen, daß die elastische Linie des Stabes bei dem durch Abb. 92 beschriebenen Belastungsfalle die Gestalt einer allgemeinen Sinus- oder Kosinus-Linie annimmt. Die Ausbiegung wird am größten in der Stabmitte, und für den Biegungspfeil f erhält man

$$f = p_0 \left\{ \frac{\sin \dfrac{\alpha l}{2}}{\sin \alpha l} (1 - \cos \alpha l) + \cos \frac{\alpha l}{2} - 1 \right\}. \tag{24}$$

Die Größe von f hängt außer von p_0 nur noch von α, das heißt gemäß Gl. (22) von P ab. Wählt man z. B. P so, daß $\alpha l = \dfrac{2\pi}{3}$, der Winkel αl im Gradmaß daher $= 120^0$ wird, so folgt daraus $\sin \dfrac{\alpha l}{2} = \sin \alpha l = \dfrac{1}{2}\sqrt{3}$, ferner $\cos \alpha l = -\dfrac{1}{2}$ und $\cos \dfrac{\alpha l}{2} = +\dfrac{1}{2}$. Setzt man diese Werte in Gl. (24) ein, so ergibt sich $f = p_0$. Damit erkennt man jetzt auch, wie groß man die Last P zu wählen hat, damit, wie wir es bei der Ableitung voraussetzten, die Ausbiegungen von gleicher Größenordnung mit dem ursprünglichen Fehlhebel p_0 werden können. *Bezeichnet man die Last, die in der Stabmitte*

*eine Verdoppelung des ursprünglichen Fehlhebels p_0 herbeiführt,
mit P_1, so folgt sie aus der Gleichung*

$$\frac{2\pi}{3l} = \sqrt{\frac{P_1}{E\theta}} \text{ zu } P_1 = \frac{4}{9}\pi^2\frac{E\theta}{l^2} \qquad (24\,\text{a})$$

Da wir p_0 als klein vorausgesetzt hatten, wird der Stab durch
die soeben berechnete Last P_1 immer noch wenig durchgebogen.
Sobald wir aber von da ab die Last noch weiter vermehren, nimmt
f rasch und immer rascher zu. Man kann auch sofort eine obere
Grenze angeben, die von P nicht ganz erreicht werden kann, weil
sich der Stab vorher schon so stark ausbiegt, daß damit die Proportionalitätsgrenze des Baustoffes überschritten wird, womit seine
Tragfähigkeit erschöpft ist. Man nennt diese obere Grenze die
kritische Belastung oder auch die *Eulersche Knicklast*. Setzt man
nämlich, um dies weiter auszuführen, in Gl. (24) $\alpha l = \pi$, so wird
$\sin \alpha l = 0$ und $\cos \alpha l = -1$ und hiermit das erste Glied in der
Klammer von Gl. (24) unendlich groß. Das heißt aber, daß man
Gl. (24) auf einen so großen Wert von α oder von P überhaupt
nicht mehr anwenden darf, weil schon bei der Annäherung an
diese Grenze infolge der starken Ausbiegung des Stabes die Voraussetzungen nicht mehr zutreffen, auf denen die Differentialgleichung der elastischen Linie beruht.

Setzt man $\alpha l = \pi$ in Gl. (22) ein und löst nach P auf, so erhält
man für die *Eulersche Knicklast*, die wir mit P_E bezeichnen wollen,

$$P_E = \pi^2\frac{E\theta}{l^2} \, . \qquad (25)$$

Das ist also etwas mehr als das Doppelte des vorher in Gl. (24a)
berechneten Wertes von P_1.

Nach Gl. (25) ist P_E unabhängig von der Größe p_0 des anfänglichen Fehlhebels. Damit ist jedoch nicht gesagt, daß der *Knickwiderstand* des Stabes ebenfalls ganz unabhängig von p_0 wäre.
Der Knickwiderstand ist vielmehr stets kleiner als P_E, und er bleibt
um so mehr hinter P_E zurück, je größer der anfängliche Fehlhebel p_0 war. Nur wenn p_0 als sehr klein im Verhältnisse zu den
Querschnittsmaßen des Stabes angenommen wird, macht es für den
Knickwiderstand nichts mehr aus, wenn man p_0 dann noch weiter
verkleinert.

Nachträglich kann man auch noch berechnen, wie groß die
Beanspruchung des Baustoffes, also die Spannung $\sigma_{\max}$ ausfällt,
die im mittleren Querschnitt des Stabes unter der Annahme eines
anfänglichen Fehlhebels p_0 durch eine Last P hervorgebracht
wird. Ganz ähnlich wie bei der Ableitung der Navierschen Knickformel erhält man hier an Stelle der Gl. (17) von § 52

$$\sigma_{\max} = \frac{P}{F}\Big(1 + \frac{a(p_0+f)}{i^2}\Big),$$

da jetzt $(p_0 + f)$ den größten vorkommenden Fehlhebel angibt, der in Gl. (17) mit p bezeichnet war. Setzt man für f seinen Wert aus Gl. (24) ein, so folgt daraus

$$\sigma_{\text{max}} = \frac{P}{F}\left\{1 + \frac{a\,p_0}{i^2}\left[\frac{\sin\dfrac{\alpha l}{2}}{\sin\alpha l}(1 - \cos\alpha l) + \cos\frac{\alpha l}{2}\right]\right\} \qquad (26)$$

worin noch α nach Gl. (22) in P auszudrücken ist. Man kann auch, wie es früher geschehen war, $\sigma_{\text{max}} = \sigma_{\text{zul}}$ setzen und hierauf die Gleichung nach dem als zulässig anzusehenden Werte von P auflösen. Die Gleichung ist zwar transzendent, aber ihre Auflösung durch Probieren oder nach einem der üblichen Näherungsverfahren macht keinerlei Schwierigkeiten, wenn ein bestimmtes Zahlenbeispiel vorliegt. Am besten ist es, wenn man sie zu diesem Zwecke in der Form

$$\sigma_{\text{zul}} = E\alpha^2\left\{i^2 + a\,p_0\left[\frac{\sin\dfrac{\alpha l}{2}}{\sin\alpha l}(1 - \cos\alpha l) + \cos\frac{\alpha l}{2}\right]\right\} \qquad (27)$$

anschreibt, in der α bei gegebenem p_0 die einzige Unbekannte ist. Nachdem diese Gleichung nach α aufgelöst ist, findet man die zulässige Belastung P daraus nach Gl. (22).

Dagegen vermag die Theorie keinen Aufschluß darüber zu geben, wie groß man den anfänglichen Fehlhebel p_0 annehmen soll. Hier muß stets die Erfahrung ergänzend eingreifen; nur sie kann lehren, auf welche Fehler man bei einer bestimmten Art der Bauausführung trotz allen Bestrebens, die Last genau achsrecht aufzubringen. stets gefaßt sein muß.

Anstatt eine bestimmte Annahme über p_0 zu machen und hierauf P_{zul} mit Hilfe von Gl. (27) zu berechnen, ist es aber einfacher und für alle praktischen Zwecke genügend, P_{zul} gleich einem passend gewählten Bruchteile von P_E zu setzen, nämlich

$$P_{\text{zul}} = \frac{1}{n}\,\pi^2\,\frac{E\,\theta}{l^2} \qquad (28)$$

und den darin vorkommenden „Sicherheitsgrad" n so zu wählen, wie es die vorliegenden praktischen Erfahrungen erforderlich erscheinen lassen.

Auf keinen Fall darf man aber bei der Berechnung von P_{zul} nach Gl. (28) unterlassen, sich außerdem noch davon zu überzeugen. daß der hiernach berechnete Wert kleiner bleibt als $F\sigma_{\text{zul}}$: diese Forderung wird erfüllt, wenn der Stab schlank genug ist, d. h. wenn die Stablänge l einen gewissen Mindestwert l_0 überschreitet, der sich nach Gl. (28) zu

$$l_0 = \pi i\sqrt{\frac{E}{n\,\sigma_{\text{zul}}}} \qquad (29)$$

berechnet.

§ 54. **Knicken bei anderen Grenzbedingungen.** Bisher
wurde vorausgesetzt, daß sich die Stabenden um die Punkte A
und B in Abb. 92 frei zu drehen vermöchten und daß die Kraftachse stets denselben kleinen Abstand p_0 von der Verbindungslinie beider Punkte beibehielte wie vor der elastischen Formänderung. Genau wird diese Voraussetzung freilich nur selten
zutreffen; immerhin schließt sie sich aber in den meisten Fällen
den tatsächlich vorliegenden Bedingungen ziemlich gut an. In
anderen Fällen dagegen muß man sie durch andere Annahmen ersetzen.

Ein wichtiges Beispiel dafür bilden die Stützen, etwa die gußeisernen Säulen, die dazu bestimmt sind, eine Decke in einem Ge-
bäude zu tragen, wie durch Abb. 93 in einem Aufrisse angedeutet
ist. Die Stützen AB, CD usf. sind
an den Enden nicht frei drehbar aufgelagert, sondern mit Kopf- und Fuß-
platten, vielleicht auch noch mit Ver-
schraubungen versehen, die eine Drehung nach Möglichkeit verhindern

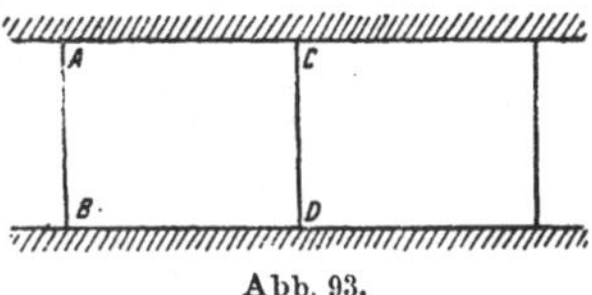

Abb. 93.

oder wenigstens erschweren sollen. Hierbei darf man ferner in
der Regel annehmen, daß eine Verschiebung der Decke oder
auch des Fußbodens in wagrechter Richtung schon durch den
Zusammenhang mit den übrigen Gebäudeteilen ausgeschlossen
ist, so daß nicht etwa die Stützen selbst auch dafür aufkommen
müssen.

Die Stäbe AB, CD usf. haben demnach nur die Aufgabe, die
Drucklast aufzunehmen und sie nach abwärts zu übertragen. Wie
groß die Last ist, die auf jede einzelne Stütze entfällt, ist eine
Frage für sich, die bereits entschieden sein muß, ehe man an die
Berechnung auf Knickfestigkeit herantreten kann. Wir betrachten
daher die Last P als gegeben, genau so wie in dem vorhergehenden Falle von Abb. 92. Dagegen dürfen wir hier nicht annehmen,
daß die „Kraftachse" der P vor der Formänderung mit der Stabachse zusammenfalle und diese Lage gegen die Stabenden A und
B ebenso wie in Abb. 92 auch dauernd beibehalte. Vielmehr müssen
wir als möglich ansehen, daß die Kraftachse vielleicht von Anfang an schon, erst recht aber, sobald merkliche Ausbiegungen
der Stäbe eintreten, in großen Abständen von den Endpunkten A
und B der Stabachse vorübergehen könnte.

Um die Knicksicherheit der Stäbe in einem solchen Falle beurteilen zu können, muß man sich die Art der Verbindung näher
ansehen, die zwischen den Stabenden einerseits und Fußboden und
Decke andererseits tatsächlich besteht. Ist sie hinreichend stark
bemessen, um jede merkliche Drehung der Stabenden verhindern
zu können, so spricht man von einer *Einspannung,* und auf diesen
Fall soll sich die weitere Betrachtung beziehen.

Vorher aber ist es sehr nötig, darauf hinzuweisen, daß diese Voraussetzung nur selten einigermaßen genau zutreffen wird. Man würde zwar die Tragfähigkeit der Säulen unterschätzen, wenn man überhaupt keine Rücksicht auf die wenigstens teilweise Einspannung an den Stabenden nehmen wollte. Dagegen überschätzt man sie, je nach den besonderen Umständen des einzelnen Falles mehr oder weniger, wenn man die Einspannung als voll wirksam ansieht.

In Abb. 94 ist der Stab AB für sich herausgezeichnet. Dabei ist angenommen, daß er sich bereits merklich ausgebogen hat, wenn auch nicht so stark, wie es Abb. 94 übertrieben angibt. Die Ordinaten y der elastischen Linie sollen vielmehr immer noch klein sein gegen die Stablänge l und auch jedenfalls klein genug, um keine Überschreitung der Proportionalitätsgrenze infolge der Stabkrümmung herbeizuführen, da andernfalls ein Zusammenbruch sofort zu erwarten wäre.

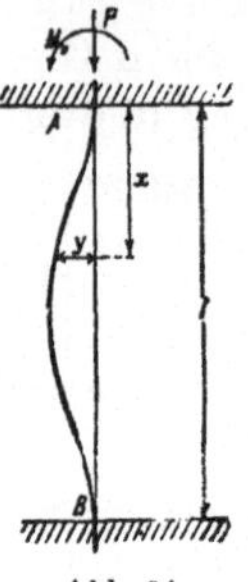

Abb. 94.

Die Einspannung an den Stabenden betrachten wir jetzt als vollkommen. Um sie zu erzwingen, muß außer der Drucklast P, die wir uns parallel mit sich selbst nach dem Schwerpunkte der Endquerschnitte verlegt denken, auch noch ein Kräftepaar auf jedes Stabende übertragen werden, dessen Moment M_0 wir als das *Einspannmoment* bezeichnen können. Gefragt wird, wie weit die Last P gesteigert werden muß, um einen solchen Formänderungszustand des Stabes, wie wir ihn hier vorausgesetzt haben, dauernd aufrechterhalten zu können.

Für das Biegungsmoment M in einem Querschnitte, der den Abstand x vom oberen Stabende hat, ergibt sich hier

$$M = M_0 + Py. \qquad (30)$$

Eigentlich ist, wie schon aus dem in Abb. 94 eingetragenen Drehpfeile hervorgeht, M_0 negativ anzunehmen. Wir schreiben aber das Minuszeichen nicht ausdrücklich hin, sondern behalten uns vor, es später zu berücksichtigen, sofern dies nötig werden sollte. Mit diesem Werte von M geht die Differentialgleichung der elastischen Linie über in

$$E\theta\,\frac{d^2y}{dx^2} = -M_0 - Py \qquad (31)$$

und ihre allgemeine Lösung lautet ganz ähnlich wie im vorigen Paragraphen

$$y = C_1 \sin \alpha x + C_2 \cos \alpha x - \frac{M_0}{P}. \qquad (32)$$

worin für α wieder der schon in Gl. (22) angegebene Wert zu nehmen ist.

Hier sind vier Grenzbedingungen zu erfüllen. An jedem Stabende muß nämlich sowohl y als $\dfrac{dy}{dx}$ zu Null werden. Unbekannt sind auf der rechten Seite von Gl. (32) außer C_1 und C_2 noch M_0 und α, da ja jetzt die Last P nicht gegeben ist, sondern selbst erst berechnet werden soll. Aus Gl. (32) folgt

$$\frac{dy}{dx} = \alpha\,C_1 \cos \alpha x - \alpha\,C_2 \sin \alpha x.$$

Damit für $x = 0$ zugleich y und $\dfrac{dy}{dx}$ verschwinden, haben wir

$$C_1 = 0 \quad \text{und} \quad C_2 = \frac{M_0}{P}$$

zu setzen. Dagegen erfordert die Erfüllung der beiden Grenzbedingungen für $x = l$ nach dem Einsetzen der Werte von C_1 und C_2, daß

$$\cos \alpha l = 1 \quad \text{und} \quad \sin \alpha l = 0$$

wird. Die Unbekannte M_0 ist aus diesen Gleichungen ganz herausgefallen, und sie läßt sich daher aus den Grenzbedingungen überhaupt nicht ermitteln. Die Unbekannte α muß dagegen die beiden letzten Gleichungen zugleich befriedigen, wenn der hier vorausgesetzte Gleichgewichtszustand des ausgebogenen Stabes möglich sein soll. In der Tat widersprechen sich auch die beiden Gleichungen nicht, und man kann beiden genügen, indem man

$$\alpha l = 2\,\pi \tag{33}$$

setzt. Mit $\alpha = 0$ wären sie zwar auch beide zugleich befriedigt, aber das würde dem hier nicht in Frage kommenden Falle entsprechen, daß der Stab unbelastet ist. Auch die sonst noch möglichen Lösungen beider Gleichungen $\alpha l = 4\,\pi$ usf. kommen nicht für uns in Betracht, da es sich jetzt nur darum handelt, wieweit man die Last P und hiermit α anwachsen lassen muß, um den durch Abb. 94 beschriebenen Zustand herbeiführen zu können.

Setzt man α aus Gl. (22) in Gl. (33) ein und löst nach P auf, so findet man die Eulersche Knicklast für den Fall beiderseits eingespannter Enden

$$P_E = 4\,\pi^2\,\frac{E\theta}{l^2}. \tag{34}$$

Daß sich M_0 aus den Grenzbedingungen nicht ermitteln ließ, kommt davon her, daß es sich hier um ein „indifferentes" oder „unempfindliches" elastisches Gleichgewicht handelt. Bringt man etwa den Stab durch äußere Eingriffe in eine Lage, bei der sich alle y verdoppelt haben, und überläßt ihn hierauf wieder sich selbst, so haben sich auch M_0 und alle anderen Momente verdoppelt, und das Gleichgewicht besteht daher auch in der neuen Lage weiter, vorausgesetzt natürlich, daß hierbei die y noch nicht so groß geworden sind, daß die der ganzen Ableitung zugrunde liegenden Voraussetzungen dadurch hinfällig gemacht werden. Das ist aber keine besondere Eigentümlichkeit des Knickvorgangs, sondern ein Umstand, der auch bei allen anderen Fällen des indifferenten Gleichgewichtes wiederkehrt.

Vorher war schon bemerkt, daß man fast stets zu günstig rechnet, wenn man den Knickwiderstand nach Gl. (34) beurteilt. Meistens wird man der Wahrheit näher kommen, wenn man den günstigen Einfluß der Einspannung ganz vernachlässigt, also nach Gl. (25) rechnet. Man kann aber auch beide Fälle und die zwischen ihnen liegenden zusammenfassen, indem man

$$P_E = \eta \cdot \pi^2 \frac{E\theta}{l^2} \qquad (35)$$

setzt und unter η einen Beiwert versteht, der von dem Einspannungsgrade abhängt und zwischen den Grenzen 1 und 4 liegen kann. Wenn man auf eine ziemlich gute Einspannung rechnen kann, mag $\eta = 2$ gewählt werden. Einen noch größeren Wert für η einzusetzen, wird sich nur selten rechtfertigen lassen.

Über die Art, wie der Bruch beim Ausknicken eines Stabes erfolgt, möge noch gesagt werden, daß sich die vorhergehenden Betrachtungen nur auf die dem Bruche vorhergehenden rein elastischen Formänderungen beziehen. Sobald beim Ausknicken an der meist beanspruchten Stelle des Stabes die Proportionalitätsgrenze des Baustoffes überschritten wird, wachsen von da ab die Formänderungen und mit ihnen die Fehlhebel schneller an als nach unseren Formeln. Die weitere Verbiegung kann dann sogar durch eine kleinere Kraft P fortgesetzt werden als jene, die nötig war, um zu dieser Grenze zu gelangen. Behält dagegen die Last ihre ursprüngliche Größe bei, so erfolgt der Zusammenbruch nach dem Erreichen der Grenzbelastung plötzlich.

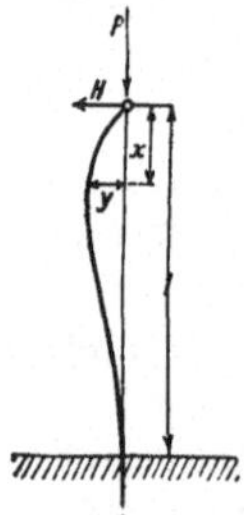

Daß man auch von der nach Gl. (35) berechneten Eulerschen Knicklast, ebenso wie im Falle von Gl. (28) nur einen angemessenen Bruchteil als zulässige Belastung ansehen darf, bedarf kaum noch einer besonderen Begründung.

In einem anderen Falle der Knickfestigkeit, der durch Abb. 95 veranschaulicht ist, wird der Stab am einen Ende frei drehbar festgehalten, während er am anderen Ende eingespannt ist. An dem drehbar gelagerten Stabende muß dann außer der Last P auch noch eine rechtwinklig dazustehende Kraft H auftreten, die eine seitliche Verschiebung verhindert. Der Gang der Berechnung stimmt mit dem in den vorhergehenden Fällen überein, und man kommt dabei zu dem

Abb. 95.

Schlußergebnis, daß bei diesen Grenzbedingungen

$$P_E = 2\,\pi^2\,\frac{E\,\theta}{l^2} \qquad (36)$$

wird. Man kann auch sagen, daß in diesem Falle — oder überhaupt immer, wenn man die Einspannung am einen Ende als voll, am anderen Ende als gar nicht wirksam ansieht — der in Gl. (35) eingeführte Beiwert η gleich 2 ist.

Endlich schließt sich noch der in Abb. 96 angegebene Fall, daß das eine Ende eingespannt, das andere aber gar nicht festgehalten ist, den vorigen ohne wesentliche Änderung an. Anstatt die Betrachtung hierfür von neuem durchzuführen, kann man die Eulersche Knickformel für diesen Fall aber auch durch einen Vergleich mit dem zuerst behandelten Falle sofort finden. In Abb. 96 befindet sich nämlich der Stab in genau derselben Lage wie die obere Hälfte des in Abb. 92 gezeichneten Stabes, wenn man diesem die doppelte Länge gibt. Man erhält daher P_E für Abb. 96, wenn man in Gl. (25) anstatt l hier $2l$ einsetzt, womit die Gleichung in

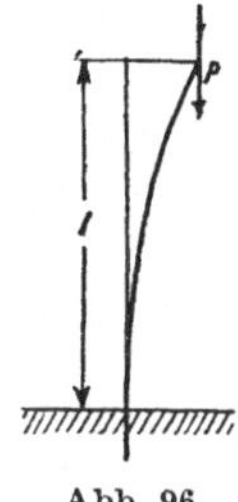

Abb. 96.

$$P_\varepsilon = \frac{1}{4}\,\pi^2\,\frac{E\,\theta}{l^2} \qquad (37)$$

übergeht. Der in Gl. (35) vorkommende Beiwert η nimmt daher in diesem Falle die Größe $\frac{1}{4}$ an.

Die bisher besprochenen vier Fälle, sind als die wichtigsten anzusehen, und sie werden daher in allen Lehrbüchern besprochen. Außerdem kann man aber auch noch eine Reihe von anderen angeben, die sich ebenfalls in ganz ähnlicher Weise erledigen lassen. So kann z. B. in den Abbildungen 94 oder 95 vorausgesetzt werden, daß die Einspannung nicht starr, sondern elastisch ist, so nämlich daß sich das betreffende Stabende etwas drehen kann, wobei das Einspannmoment im gleichen Verhältnisse mit dem Drehungswinkel anwächst. Der Zusammenhang zwischen Moment und Winkel hängt dabei von den elastischen Eigenschaften der die Einspannung bewirkenden Teile ab und ist bei der Berechnung des Stabes auf Knickfestigkeit als bereits gegeben anzusehen.

Ferner kann etwa im Falle von Abb. 96 angenommen werden, daß die horizontale Beweglichkeit des oberen Stabendes nicht völlig frei, sondern an eine widerstehende Kraft geknüpft ist, die als verhältnisgleich mit der Größe der Ausweichung anzusehen ist. Es kann auch vorkommen, daß der Stab nicht überall denselben Querschnitt hat, sondern daß er etwa aus zwei oder noch mehr aufeinanderfolgenden Teilen von verschiedener Biegungssteifigkeit besteht. Oder es kann auch irgendein Punkt der Stabachse zwischen den beiden Enden entweder ganz festgehalten oder auch elastisch an eine Auflagerstelle gefesselt sein usf. Alle hier genannten Fälle und noch eine Reihe von anderen können in ähnlicher Weise wie die früheren behandelt werden. Die Rechnungen werden dabei entsprechend länger, aber ohne daß wesentliche Schwierigkeiten dadurch herbeigeführt würden.

Ehe wir diesen Gegenstand verlassen, muß aber noch eine wichtige Bemerkung gemacht werden, die sich auf die Anwendbarkeit der vorgetragenen Lehren bezieht. *Voraussetzung dafür ist nämlich, daß der Stab aus einem Stücke besteht und daß bei der dem Ausknicken vorausgehenden elastischen Formänderung die Querschnitte eben bleiben und ihre Gestalt nicht wesentlich ändern.*

Diese Voraussetzungen sind nicht immer erfüllt. Es kann z. B. vorkommen, daß ein dünner, weit hinausragender Flansch unabhängig von dem übrigen Stabkörper seitlich ausweicht, bevor noch der Stab im ganzen ausknickt. Besonders nahe liegt die Gefahr eines verschiedenen Verhaltens der einzelnen Stabteile bei genieteten Stäben, also etwa bei den Gurtstäben eines Fachwerkträgers. In solchen Fällen ist es nicht ohne weiteres zulässig, den Knickwiderstand nach den vorher aufgestellten Formeln zu beurteilen. Vielmehr wird man sich zuvor Rechenschaft darüber geben müssen, wie sich bei der Belastung des Stabes die einzelnen Teile verhalten und ob etwa eine gegenseitige Verschiebung zwischen den Teilen zu befürchten ist, die zu einer Änderung der Querschnittsgestalt des ganzen Stabes führen könnte. Näher auf die dabei möglichen Einzelheiten einzugehen, wäre aber hier nicht am Platze.

§ 55. Biegung und Verwindung. Zuerst behandeln wir hier die schon in § 35 als Beispiel angeführte verhältnismäßig einfache Aufgabe, die damals durch Abb. 62 erläutert wurde. Abgesehen von geringen Änderungen stimmt damit die beistehende Abb. 97 überein. Sie stellt einen Ring dar, an dem vier Kräfte von gleicher Größe angreifen, von denen P_1 und P_2 nach oben hin und P_3 und P_4 nach abwärts gerichtet sind. Auf den Querschnitt des Ringes kommt es vorläufig nicht an; man kann ihn sich etwa kreisförmig vorstellen.

Die Lösung der Aufgabe, die Biegungs- und die Verdrehungsbeanspruchung anzugeben, die der Ring an jeder Stelle erfährt, wird durch die Symmetriebeziehungen, die in dem Beispiele vorkommen, bedeutend vereinfacht. Im vorliegenden Falle kommen nämlich, wie wir sagen wollen, zwei *echte Symmetrieebenen* vor, nämlich die Ebenen aa und bb, und außerdem noch zwei *Antisymmetrieebenen,* als die wir die Ebenen cc und dd bezeichnen können. Damit ist gemeint, daß cc und dd zwar Symmetrieebenen sind in bezug auf die Gestalt des Körpers und auf die Richtungslinien der an ihm angreifenden Kräfte, daß aber die Pfeile von je zwei spiegelbildlich zueinander liegenden Kräften einander entgegengesetzt gerichtet sind. Mit solchen Fällen der Antisymmetrie hat man es bei manchen Aufgaben der Festigkeitslehre zu tun, und es ist daher nützlich, sich mit diesem Be-

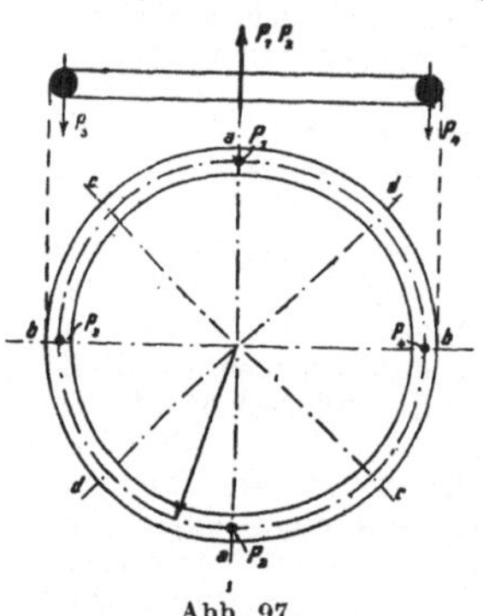

Abb. 97.

griffe an der Hand des Beispieles noch näher vertraut zu machen. Auch in § 35 war davon schon die Rede.

Im Falle der „echten" Symmetrie stimmen auch die Pfeile der zu beiden Seiten einander entsprechenden Kräfte miteinander überein. Bei der durch die Richtungslinien von P_1 und P_2 in Abb. 97 gelegten Ebene aa hat man sich vorzustellen, daß jede der beiden Kräfte durch sie halbiert wird, so daß die eine Hälfte zur linken, die andere Hälfte zur rechten Seite zu rechnen ist. Da eine Kraft ohnehin niemals genau in einem einzigen Angriffspunkte übertragen werden kann, sondern sich tatsächlich zum mindesten über eine, wenn auch nur sehr kleine Fläche verteilen muß, steht dieser Auffassung kein Bedenken im Wege, sondern sie entspricht vielmehr der Wirklichkeit.

Im Falle der echten Symmetrie treten, da zu beiden Seiten die gleichen Bedingungen bestehen, an entsprechenden Stellen auch völlig gleiche Spannungszustände auf, so nämlich, daß die zum einen Spannungszustande gehörigen Pfeile die Spiegelbilder der zum anderen gehörigen Pfeile sind. Dies hat zur unmittelbaren Folge, *daß in der Symmetrieebene selbst nur Normalspannungen und keine Schubspannungen übertragen werden können.* Von dieser Überlegung haben wir übrigens schon in § 34 Gebrauch gemacht, und in § 35 sind wir nochmals darauf zurückgekommen.

Bei den Antisymmetrieebenen dagegen kehren sich mit den Pfeilen der Lasten auch alle Pfeile der Spannungen zu beiden Seiten für alle einander entsprechenden Stellen und Schnittrichtungen gegeneinander um, ohne daß sich dabei an den Größen dieser Spannungen etwas ändert. Hieraus folgt, *daß in einer Antisymmetrieebene selbst nur Schubspannungen und keine Normalspannungen auftreten können.*

Nach diesen Vorbemerkungen betrachten wir das Gleichgewicht der links von der Symmetrieebene aa liegenden Ringhälfte. An ihr greifen drei Lasten an, nämlich P_3 und die Hälften von P_1 und P_2. Für den Zweck, die Gleichgewichtsbedingungen zwischen diesen Lasten und den in beiden Schnittflächen übertragenen Spannungen aufzustellen, können wir uns die drei Kräfte zu einem Kräftepaare zusammengesetzt denken, dessen Ebene mit der Symmetrieebene bb zusammenfällt und dessen Moment gleich Pr ist. Da die beiden durch aa gebildeten Schnittflächen durch den Ring symmetrisch zu der echten Symmetrieebene bb liegen, müssen sich demnach in jeder von ihnen die Spannungen zu einem Kräftepaare vom Momente $\frac{1}{2} Pr$ zusammensetzen lassen, dessen Ebene gleichgestellt mit der Ebene bb ist.

Andererseits aber gehören die Schnittflächen auch selbst der echten Symmetrieebene aa an, so daß in ihnen nur Normalspannungen vorkommen können. Auf jeden Fall müssen sich daher die Spannungen in jeder der beiden Schnittflächen zu einer im

Schwerpunkte angreifenden Normalkraft N und einem Biegungsmomente, das wir mit $M_{b,aa}$ bezeichnen wollen, zusammensetzen
lassen. Eine einfache Überlegung läßt jedoch erkennen, daß N
im hier vorliegenden Falle zu Null werden muß. Die Normalkräfte N in beiden Schnittflächen müssen nämlich zunächst zu beiden Seiten der echten Symmetrieebene bb nicht nur gleich groß
sein, sondern auch beide den gleichen Pfeil haben. Da nun die
Lasten P keine Komponenten in dieser Richtung haben, erfordert
das Gleichgewicht gegen Verschieben, daß beide N gleich Null
sind.

Hiermit ist bewiesen, daß in den zu aa gehörigen Querschnitten
des Ringes ein Zustand der reinen Biegungsbeanspruchung herrscht,
und daß das Biegungsmoment für jeden der beiden Schnitte

$$M_{b,aa} = \tfrac{1}{2} Pr \qquad\qquad (38)$$

ist. Die gleiche Betrachtung läßt sich auch für die in der Symmetrieebene bb liegenden Querschnitte wiederholen. Auch in jedem
von ihnen wird ein Biegungsmoment $\tfrac{1}{2}Pr$ übertragen, jedoch mit
dem Unterschiede, daß die Pfeile der Momentenvektoren entgegengesetzt gerichtet sind, wenn man zwei Querschnitte miteinander
vergleicht, die sich in bezug auf eine der Antisymmetrieebenen
cc oder dd einander entsprechen. Dies hat zur Folge, daß in den
oberen Fasern der beiden Querschnitte aa Zug- und in den unteren
Druckspannungen auftreten, während es bei den in der Symmetrieebene bb liegenden Querschnitten umgekehrt ist.

Wir gehen jetzt weiter zur Betrachtung des Gleichgewichtes
einer der Ringhälften, in die der Ring durch die Antisymmetrieebene cc zerlegt wird, und zwar wollen wir die in Abb. 97 nach
links vorn liegende Hälfte ins Auge fassen. An ihr greifen die
Lasten P_2 und P_3 an, die ein Kräftepaar vom Momente $Pr\sqrt{2}$ miteinander bilden. Der Momentenvektor liegt in der Ebene dd und
hat gemäß unsern Vorzeichenfestsetzungen einen nach dem Ringmittelpunkte hin gerichteten Pfeil.

In den beiden Schnittflächen können, da sie zu einer Antisymmetrieebene gehören, nur Schubspannungen übertragen werden. Diese
kann man sich in jedem der beiden Querschnitte zu einer durch
den Schwerpunkt gehenden Schubkraft V und einem Verdrehungsmomente zusammengesetzt denken, das wir mit $M_{v,cc}$ bezeichnen
wollen. Die Schubkraft V muß lotrecht gerichtet und gleich $\tfrac{1}{2}P$
sein, wie aus dem Gleichgewicht gegen Verschieben an einem
zwischen den Ebenen aa und cc gelegenen Achtelringe sofort geschlossen werden kann. In den beiden durch die Ebene cc gebildeten Querschnitten ist V gleich groß, aber entgegengesetzt gerichtet. Daher greift an dem Halbringe, dessen Gleichgewicht
jetzt zu untersuchen ist, ein Kräftepaar der Schubkräfte V vom
Momente Pr an. Dieses Kräftepaar dreht entgegengesetzt dem

aus den Lasten P_2 und P_3 gebildeten; es hat also einen Momenten-vektor, dessen Pfeil vom Ringmittelpunkte aus nach links vorn gerichtet ist.

Wir kommen jetzt zu den in den Querschnitten cc übertragenen Verdrehungsmomenten M_v, cc. Sie sind in beiden Querschnitten gleich groß und drehen auch beide im gleichen Sinne an der Ringhälfte. Zur Erläuterung dafür ist in Abb. 98 eine Draufsicht auf die durch die Ebene cc abgeschnittene Ringhälfte ge-zeichnet, in der die Querschnitte der Deutlichkeit wegen stark ver-größert wurden. Die Antisymme-trieebene dd steht senkrecht

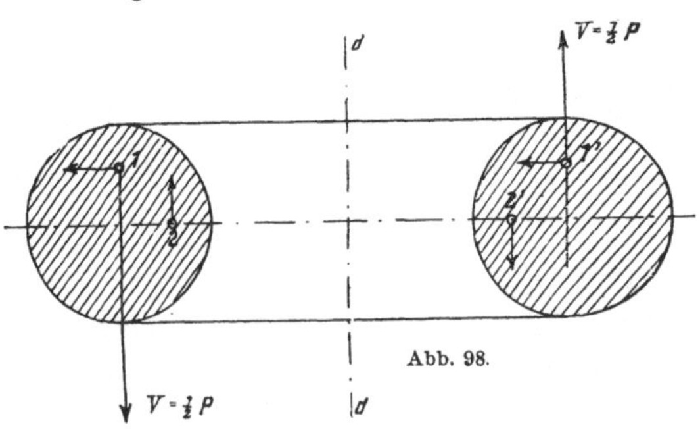

zur Zeichenebene von Abb. 98. Betrachtet man in beiden Quer-schnitten gleich gelegene Punkte wie 1 und 1′ oder 2 und 2′, so treten dem Begriffe der Antisymmetrie entsprechend in ihnen gleich große Schubspannungen auf, deren Pfeile aber sich nicht in der Ebene dd spiegeln, sondern deren jeder dem Spiegelbilde des andern ent-gegengesetzt gerichtet ist. Die von diesen Schubspannungen ge-bildeten Kräftepaare drehen daher, wie ein Blick auf die Zeich-nung lehrt, beide im gleichen Sinne und zwar auch in demselben Sinne wie das Kräftepaar der Schubkräfte V, die ebenfalls in Abb. 98 eingetragen wurden.

Aus der Momentengleichung für die an der Ringhälfte an-greifenden Kräfte folgt daher

$$M_{v,cc} = \tfrac{1}{2}(Pr\sqrt{2} - Pr) = 0{,}207\,Pr. \tag{39}$$

Hierauf betrachten wir noch einen Quer-schnitt, der in beliebiger Richtung durch den Ring gelegt sein kann. In Abb. 99, die im übrigen mit dem in Abb. 97 ge-zeichneten Ringgrundrisse übereinstimmt, wird die neue Schnittrichtung durch den Winkel φ beschrieben, den sie mit der Sym-metrieebene aa einschließt. Wir unter-suchen das Gleichgewicht der Kräfte an dem durch Schraffierung hervorgehobenen Ringsektor, der zum Zentriwinkel φ gehört.

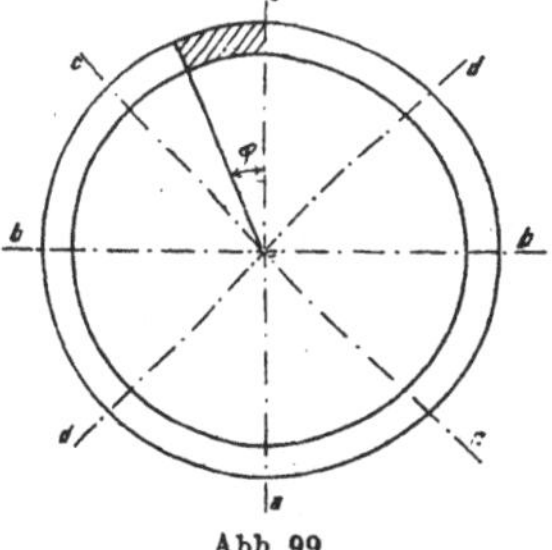

Dicht am Schnitte aa greift an ihm die Last $\tfrac{1}{2}P$ an, und außer-dem wird auf ihn im Schnitte aa das in Gl. (38) berechnete

Biegungsmoment $M_{b,aa}$ von der Größe $\frac{1}{2}Pr$ übertragen, dessen Momentenvektor nach dem Mittelpunkte hin gerichtet ist. Hiermit müssen die im Querschnitte φ übertragenen Spannungen im Gleichgewichte stehen.

Aus der Gleichgewichtsbedingung gegen Verschieben folgt, daß im Querschnitt φ eine lotrecht gerichtete Schubkraft V von der Größe $\frac{1}{2}P$ übertragen werden muß. Für das Biegungsmoment M_b und das Verdrehungsmoment M_v erhält man aus Momentengleichungen für eine Achse, die in der Richtung φ geht, und für eine zweite, die senkrecht dazu steht, die beiden Ausdrücke

$$\left.\begin{aligned}M_b &= \tfrac{1}{2}Pr(\cos\varphi - \sin\varphi)\\ M_v &= \tfrac{1}{2}Pr(\sin\varphi + \cos\varphi - 1)\end{aligned}\right\} \tag{40}$$

Die Momentenvorzeichen sind dabei so gewählt, daß das im Querschnitte $\varphi = 0$ übertragene Biegungsmoment sowie das im Querschnitte $\varphi = \dfrac{\pi}{4}$ (also im Querschnitte cc) übertragene Verdrehungsmoment positiv gerechnet werden. Die Gleichungen (40) gelten nicht nur für den Achtelring zwischen aa und cc, sondern für den ganzen Quadranten von $\varphi = 0$ bis $\varphi = \dfrac{\pi}{2}$. Um die anderen Quadranten brauchen wir uns jetzt nicht zu kümmern, da in ihnen derselbe Drang und Zwang wiederkehrt wie im ersten.

Wir schließen hier sofort noch eine Bemerkung an, die sich nicht auf das besondere Beispiel beschränkt, sondern die auch für einen in anderer Weise belasteten Ring gültig bleibt. In Abb. 100 ist ein Ringelement herausgezeichnet, das zum Zentriwinkel $d\varphi$ gehört, und dessen Gleichgewicht wir untersuchen. Die im ersten Schnitte übertragenen Momente bezeichnen wir wieder mit M_b und M_v, wobei die Pfeile in Abb. 100 so eingezeichnet sind, wie sie dem vorher behandelten Beispiele entsprechen. Es fragt sich, um wieviel sich M_b und M_v ändern, wenn man um $d\varphi$ weitergeht.

Abb. 100. Da $\cos d\varphi = 1$ und $\sin d\varphi = d\varphi$ gesetzt werden kann, folgt zunächst wegen des Winkels. den beide Schnitte miteinander einschließen, eine Änderung

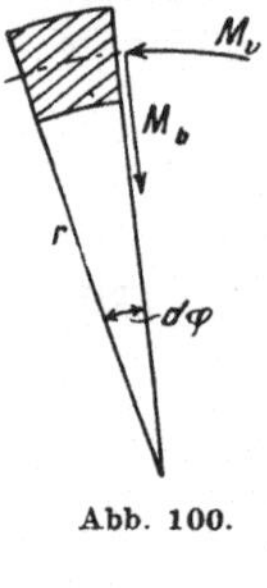

$$dM_b = -M_v\,d\varphi \quad \text{und} \quad dM_v = +M_b\,d\varphi.$$

Dazu kommt noch die Änderung, die in M_b durch die im Querschnitte übertragene Schubkraft V hervorgebracht wird. Diese ist gleich $-Vr\,d\varphi$, wenn man V in der Richtung positiv rechnet, in der es im ersten Quadranten von Abb. 99 vorkommt. Im ganzen erhält man daher als Gleichgewichtsbedingung gegen Drehen an dem Ringelement

$$\frac{d\,M_b}{d\varphi} = -\,M_v - V r \quad \text{und} \quad \frac{d\,M_v}{d\varphi} = M_b, \tag{41}$$

und zwar unabhängig von der besonderen Belastungsweise des Ringes.

Differentiiert man eine dieser Gleichungen nach φ und setzt den Wert aus der anderen ein, so erhält man zwei Differentialgleichungen, in denen M_b und M_v getrennt vorkommen, nämlich

$$\left.\begin{aligned}
\frac{d^2 M_b}{d\varphi^2} &= -\,M_b - r\,\frac{d\,V}{d\varphi} \\[2mm]
\frac{d^2 M_v}{d\varphi^2} &= -\,M_c - V r
\end{aligned}\right\} \tag{42}$$

Wenn V als Funktion von φ gegeben ist, kann man durch Integration dieser Gleichungen auch M_b und M_v als Funktionen von φ darstellen. In dem besonderen Belastungsfalle, den wir vorher behandelt haben, ist V in dem Quadranten von $\varphi = 0$ bis $\frac{\pi}{2}$ konstant und zwar gleich $\frac{1}{2}P$. Setzt man diesen Wert in die Gleichungen (42) ein, so lassen sie sich sofort integrieren, und man findet, daß die in den Gleichungen (40) aufgestellten Ausdrücke für M_b und M_v die den besonderen Grenzbedingungen bereits angepaßten Lösungen der Differentialgleichungen (42) sind.

Nachdem die Momente M_b und M_v überall bekannt sind, kann man nach den im 3. und 4. Abschnitte aufgestellten Formeln auch die durch sie hervorgebrachten Spannungen für jeden Querschnitt ohne weiteres berechnen. Die Aufgabe der Spannungsermittelung kann daher jetzt als gelöst betrachtet werden.

Wichtiger noch als die Spannungsberechnung ist in vielen Fällen dieser Art die Feststellung der damit verbundenen Formänderung. Insbesondere wollen wir es als unsere Aufgabe betrachten, für das vorher behandelte Beispiel den *Federhub f* zu berechnen, nämlich die gegenseitige Verschiebung der Angriffspunkte der Lasten P in lotrechter Richtung. Das geschieht am einfachsten mit Hilfe der Formänderungsarbeit. Denken wir uns die Angriffspunkte von P_1 und P_2 in Abb. 97 festgehalten, so verschieben sich die von P_3 und P_4 um f nach abwärts. Dabei leistet jede dieser beiden Kräfte eine Arbeit $\frac{1}{2}Pf$, beide zusammen also die Arbeit Pf. Diese Arbeit haben wir der im Ringe aufgespeicherten Formänderungsarbeit gleichzusetzen. Den Ausdruck dafür haben wir aber erst noch zu bilden.

§ 56. **Die Formänderungsarbeit im krummen Stabe für Biegung und Verwindung.** Am Schlusse von § 45 wurde bereits darauf hingewiesen, daß bei der Berechnung der Formänderungsarbeit im krummen Stabe genau auf die mit der Verdrehung verbundene Querschnittsverwindung zu achten ist, wenn es sich nicht gerade zufällig um einen Stab von kreisförmigem Querschnitte handelt. Hier haben wir diesen Gedanken weiter zu verfolgen, um den endgültigen Ausdruck für die Formänderungsarbeit bilden zu können.

Die Verwindung, die ein Querschnitt bei der Verdrehung des Stabes erfährt, läßt sich durch einen Ansatz für die Ordinate ξ der Verwindungsfläche nach Art der Gl. (2) von § 36 beschreiben. Hier wollen wir dafür

$$\xi = M_v \cdot \psi\,(yz) \tag{43}$$

setzen, um zugleich darauf hinzuweisen, daß ξ nicht nur eine Funktion der Querschnittskoordinaten, sondern außerdem auch dem Verdrehungsmomente proportional ist. In den beiden Querschnitten, zwischen denen das Stabelement liegt, für das wir die Formänderungsarbeit berechnen wollen, ist M_v und daher auch ξ an gleich gelegenen Stellen, also für gleiche Werte von y und z etwas verschieden. Für die Änderung $d\xi$ kann man zunächst

$$d\xi = \frac{d\,M_v}{d\varphi}\,d\varphi \cdot \psi(yz)$$

setzen. Mit Rücksicht auf die letzte der Gleichungen (41), die auch unabhängig von dem besonderen Beispiele gültig bleibt, auf das wir uns der Anschaulichkeit wegen bei ihrer Ableitung bezogen hatten, kann man dafür

$$d\xi = M_b\,d\varphi \cdot \psi(yz)$$

schreiben oder schließlich auch, wenn man den Krümmungshalbmesser der Stabmittellinie mit r und das zu $d\varphi$ gehörige Bogenelement mit ds bezeichnet,

$$d\xi = \frac{M_b\,ds}{r} \cdot \psi(yz). \tag{44}$$

Bei dieser Ableitung wurde stillschweigend vorausgesetzt, daß die Stabmittellinie vor der Formänderung eine ebene Kurve bildete. Für die Zwecke, die wir hier verfolgen, genügt es, unsere Betrachtungen auf diesen Fall zu beschränken.

Der in Gl. (44) berechnete Unterschied $d\xi$ gibt die Längenänderung an, die eine zu den Querschnittskoordinaten yz gehörige Faser bei der elastischen Formänderung des Stabelements infolge der Verdrehung erfährt. Die ursprüngliche Länge dieser Faser können wir gleich ds annehmen, da wir hier einen krummen Stab im gewöhnlichen Sinne dieses Wortes, also einen schwach gekrümmten Stab voraussetzen.

Nach dem Elastizitätsgesetze entspricht der elastischen Längenänderung $d\xi$ einer Faser von der Länge ds eine Zug- oder Druckspannung, die wir mit σ_v bezeichnen wollen, um durch den Zeiger v

auf die Herkunft von der Wirkung der Verdrehungsmomente hinzuweisen. Aus Gl. (44) folgt für σ_v

$$\sigma_v = E\frac{d\dot{\xi}}{ds} = E\frac{M_b}{r}\cdot\psi(yz).\qquad(45)$$

Zu diesen Normalspannungen σ_v kommen im Querschnitte des
Stabes noch die Biegungsspannungen σ_b, die dadurch hervorgerufen werden, daß sich die beiden benachbarten Querschnitte
infolge des Biegungsmomentes M_b um den Biegungswinkel gegeneinander drehen. Die Biegungsspannungen können ebenso berechnet werden wie beim geraden Stabe, also wenn die Ebene des
Biegungsmomentes durch eine Querschnittshauptachse geht oder
mit anderen Worten, im Falle der „geraden" Biegungsbelastung
nach Gl. (18) von § 24

$$\sigma_b = \frac{M_b}{\theta_z}y.\qquad(46)$$

Im ganzen entsteht daher im Querschnitte eines zugleich auf
Biegen und Verdrehen beanspruchten krummen Stabes eine Normalspannung σ, für die wir in etwas abgekürzter Schreibweise

$$\sigma = \sigma_b + \sigma_v = \frac{M_b}{\theta}y + E\frac{M_b}{r}\psi\qquad(47)$$

setzen können.

Man beachte wohl, daß sich σ nach einem ganz anderen Gesetze
über den Querschnitt verteilt als die Biegungsspannung σ_b, auf
die man sonst allein zu achten gewohnt ist. Das Verteilungsge-
setz hängt ganz von der Funktion ψ, und hiermit von der Gestalt
des Querschnittsumrisses ab. Wenn $\psi = 0$ ist, was aber nur beim
kreisförmigen Querschnitte zutrifft, fällt σ_v fort und σ_b bleibt allein
übrig. Außerdem fällt auch beim geraden Stabe σ_v für jede Querschnittsgestalt fort, weil bei ihm $r = \infty$ wird. In anderen Fällen
wird σ_v bei einem hinreichend großen Werte von r wenigstens
klein genug bleiben, um es ohne erheblichen Fehler gegenüber σ_b
vernachlässigen zu können. Das trifft aber keineswegs immer zu,
und namentlich wird in dem praktisch sehr wichtigen Falle des
I-Trägers σ_v schon unter den gewöhnlich vorliegenden Umständen
so groß, daß es neben σ_b unbedingt berücksichtigt werden muß,
da es durchschnittlich sogar viel größer als σ_b werden kann.

Nach diesen Vorbemerkungen können wir die im Stabelemente ds
aufgespeicherte Formänderungsarbeit dA berechnen. Um zu einem
einfachen Ausdrucke zu gelangen, vernachlässigen wir dabei von
vornherein die Beiträge, die von der Normalkraft N und der
Schubkraft V herrühren, da diese Glieder unter gewöhnlichen
Umständen unbedeutend gegenüber den anderen sind, die wir beibehalten. Wir rechnen also so, als wenn die Formänderung des
Stabelements nur durch M_b und M_v hervorgebracht wäre.

Außerdem machen wir aber noch eine weitere Vernachlässigung, die freilich unter Umständen zu einem nicht unerheblichen Fehler führen könnte, zu der wir uns aber trotzdem einstweilen und mit dem Vorbehalte einer späteren Berücksichtigung entschließen müssen, um zu einer möglichst einfachen Darstellung zu gelangen. Die Spannungen σ_v, die nach Gl. (45) im Querschnitte auftreten, haben nämlich zugleich Schubspannungen zwischen den Fasern zur Folge, die man auf Grund derselben Überlegungen wie in § 47 wenigstens näherungsweise berechnen könnte. Den Schubspannungen zwischen den Fasern sind dann weiter auch solche im Querschnitte zugeordnet, und diese treten zu den durch das Verdrehungsmoment M_v unmittelbar, d. h. nach denselben Gesetzen wie beim geraden Stabe hervorgebrachten hinzu. Unter gewöhnlichen Umständen dürfte aber der Einfluß der durch die σ_v bedingten Schubspannungen auf die Formänderungsarbeit ungefähr mit demselben Recht zu vernachlässigen sein, wie dies beim gebogenen Balken in der Regel geschieht. Immerhin darf man sich nicht verhehlen, daß in dieser Vernachlässigung eine Fehlerquelle liegt, die unter Umständen gefährlich werden könnte.

Die elastische Formänderung des Stabelementes ds denken wir uns, rein geometrisch betrachtet, in zwei Teile zerlegt. Der erste Teil bestehe in der Drehung $\vartheta\,ds$, die beide Querschnitte gegeneinander um die Stabachse herum ausführen, während der andere Teil den ganzen Rest der Formänderung, insbesondere also auch die Querschnittsverwindungen und die dadurch herbeigeführten Längenänderungen $d\xi$ der Fasern umfaßt. Beim ersten Bewegungsanteile leisten nur die im Querschnitte als Belastung des Stabelements angreifenden Schubspannungen, beim zweiten nur die Normalspannungen Arbeit. Nach Gl. (60) von § 45 entspricht dem ersten Bewegungsanteile eine Arbeit

$$dA_\tau = ds \cdot \frac{M_v^2}{2\,G\,J},$$

während sich die von den Normalspannungen geleistete Arbeit zu

$$dA_\sigma = ds \int \frac{\sigma^2}{2\,E}\,dF$$

ergibt. Im ganzen hat man daher für die dem Stabelemente zugeführte und daher auch in ihm aufgespeicherte Formänderungsarbeit den Ausdruck

$$dA = ds\left(\frac{M_v^2}{2\,G\,J} + \frac{1}{2\,E}\int \sigma^2\,dF\right). \qquad (48)$$

Es handelt sich jetzt noch darum, das über die Querschnittsfläche erstreckte Integral von σ^2 zu berechnen. Aus Gl. (47) folgt

$$\int \sigma^2\,dF = \frac{M_b^2}{\theta^2}\int y^2\,dF + \frac{E^2\,M_b^2}{r^2}\int \psi^2\,dF + 2\,\frac{M_b^2\,E}{r\,\theta}\int y\,\psi\,dF,$$

und hiermit erhält man schließlich

$$dA = ds\left(\frac{M_v^2}{2\,GJ} + \frac{M_b^2}{2\,E\theta} + \frac{E\,M_b^2}{2\,r^2}\int \psi^2\,dF + \frac{M_b^2}{r\theta}\int y\psi\,dF\right) \qquad (49)$$

Mit $\psi = 0$, also für den kreisförmigen Querschnitt, kommt man damit wieder auf die schon in § 45 abgeleiteten Formeln zurück.

Eine weitere Verwertung von Gl. (49) ist nur möglich, **wenn** man ψ, also die Form der Querschnittsverwindung, bereits kennt. In Gl. (53) von § 44 ist z. B. für den elliptischen Querschnitt der in der strengen Theorie für ξ abgeleitete Wert, wenn auch ohne Beweis, mitgeteilt. Man braucht in dieser Formel nur den Faktor M zu streichen, um auf ψ zu kommen. Auch in einigen anderen Fällen vermag man ψ aus der strengen Theorie zu entnehmen, und wenn dies geschehen ist, steht nichts mehr im Wege, die in Gl. (49) vorkommenden Integrale zu berechnen. Es mag nur bemerkt werden, daß bei allen symmetrischen Querschnitten (und für andere kennt man überhaupt keine strengen Lösungen.)

$$\int y\psi\,dF = 0$$

wird, so daß das letzte Glied in Gl. (49) für sie wieder wegfällt.

Außerdem gibt es aber auch noch einen anderen und für den Praktiker wichtigeren Weg, ψ wenigstens näherungsweise zu ermitteln, nämlich den Weg des Versuchs. Für den I-Träger, auf den es dabei hauptsächlich ankommt, hat dieser Weg bereits zu einem annehmbaren und gut verwendbaren Ergebnisse geführt, auf das wir sofort näher eingehen werden.

§ 57. **Näherungsformeln für den I-Träger.** Bei den im Münchener Laboratorium im Laufe der letzten Jahre ausgeführten Verdrehungsversuchen wurde auch die Querschnittsverwindung untersucht, die ein Stab bei der Verdrehung erfährt. Dies geschah, indem **man** von einem in geeigneter Weise festgestellten Rahmen aus mit Hilfe von gewöhnlichen Spiegelgeräten die Verschiebungen ξ maß, die einzelne Punkte eines bestimmten Querschnitts in der Richtung der Stabachse ausführten. Für einen Stab von elliptischem Querschnitt, der zu diesem Zwecke angefertigt wurde, stimmten die gemessenen Werte der ξ innerhalb der Fehlergrenze der Versuche mit den durch Gl. (53) von § 44 theoretisch geforderten genügend überein. Außerdem wurden die recht mühsamen Versuche bisher nur noch auf einen I-Träger vom Normalprofile 30 ausgedehnt, weil sie für Träger von dieser Art und auch ungefähr in dieser Größe hauptsächlich von Wichtigkeit sind.

Es genügt, wenn wir uns hier auf die Mitteilung einer Näherungsformel beschränken, die von uns aus den Versuchsergebnissen einerseits und mit Rücksicht auf einige andere Erwägungen andererseits abgeleitet wurde. Mit dem Vorbehalte, daß es sich vielleicht später noch als nötig erweisen könnte, einige kleinere Verbesserungen daran vorzunehmen, glauben wir, daß sie auch in ihrer jetzigen einfachen Gestalt der Wirklichkeit schon recht nahe kommen dürfte. Diese bisher noch nicht veröffentlichte Formel lautet

$$\xi = k \cdot \frac{M_v y z}{E b h d^2},\qquad(50)$$

worin die b, h, d die aus Abb. 101 ersichtliche Bedeutung haben. Die Stegdicke wurde in die Formel nicht aufgenommen, weil sie keinen merklichen Einfluß auf das Ergebnis haben dürfte, wenigstens

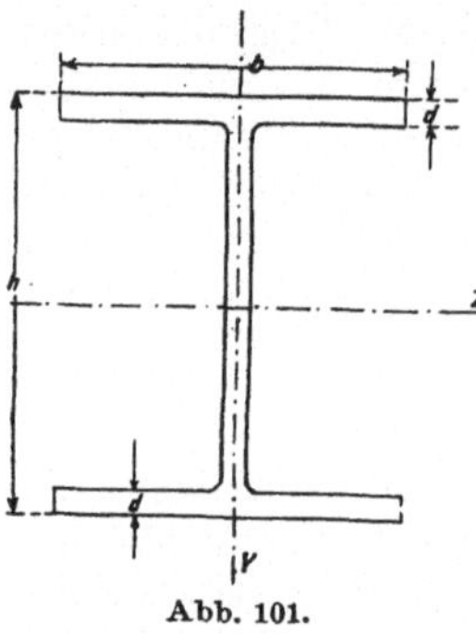

Abb. 101.

nicht innerhalb der Grenzen, in denen sie sich etwa ändern könnte. Unter k ist eine reine Zahl zu verstehen, die aus den Messungsergebnissen abzuleiten ist. Von vornherein ist jedoch zu erwarten, daß k für alle geometrisch ähnlichen Profile gleich groß gefunden werden muß. In dem Ausdrucke für ξ ist nämlich der hinter k stehende Bruch so zusammengesetzt, daß er die Dimension einer Länge hat. Nach der Lehre von der mechanischen Ähnlichkeit muß k unter diesen Umständen von der Wahl der Längeneinheit unabhängig sein, so daß k nicht mehr von der Größe, sondern nur noch von der Gestalt des Querschnitts abhängen kann. Diese Bedingung war eine der wichtigsten, die bei der Aufstellung der Näherungsformel für ξ zu beachten waren.

Wenn auch die Normalprofile der I-Träger nicht geometrisch ähnlich untereinander sind, so sind doch die Abweichungen davon nicht allzu groß und es läßt sich daher annehmen, daß bei den Trägern von anderen Höhen k auch nicht viel anders als bei dem Träger von 30 cm Höhe ausfallen wird. Bei diesem ergab sich

$$k = 43.\qquad(51)$$

Wie groß k bei den Breitflanschträgern gefunden werden wird, steht freilich einstweilen noch ganz dahin. Sollte sich bei ihnen ein stark von 43 abweichender Wert von k ergeben, so wäre daraus zu schließen, daß mit dem Ansatze (50) noch nicht die beste Form gefunden ist. Es mag also sein, daß an diesem Ansatze später noch eine Verbesserung anzubringen ist. Für die Normalprofilträger wird sich aber nichts Wesentliches an Gl. (50) ändern können, so daß wir einstweilen an ihr festhalten dürfen.

Die Querschnittsebene würde bei ihrer Verwindung nach Gl. (50) in ein hyperbolisches Paraboloid übergehen. Genau trifft dies beim

elliptischen Querschnitt nach Gl. (53) von § 44 und mit großer
Annäherung, wie ebenfalls aus der strengen Theorie zu entnehmen
ist, bei einem sehr schmalen Rechtecke zu. Allerdings lehrt die
strenge Theorie zugleich, daß dieses einfache Verwindungsgesetz
nur beim elliptischen Querschnitte genau richtig sein kann. Der
Ansatz (50) kann daher jedenfalls nur näherungsweise gültig
sein. Das hindert jedoch nicht, daß er für die Zwecke, um die es
sich hier handelt, allen berechtigten Ansprüchen genügt.

Für die durch Gl. (43) eingeführte Größe ψ ist nach Gl. (50)

$$\psi = \frac{k}{E b h d^2} y z = C y z \qquad (52)$$

zu setzen, wenn die Bezeichnung C zur Abkürzung vorübergehend
gebraucht wird. Hiermit sind wir in den Stand gesetzt, die in
Gl. (49) vorkommenden Integrale für den Fall des I-Trägers
vollständig auszurechnen. Zunächst ergibt sich

$$\int y \psi \, dF = C \int y^2 z \, dF = 0,$$

da die zu beiden Seiten der Y-Achse in Abb. 101 einander entsprechenden Flächenteile gleich große Beiträge von entgegengesetzten Vorzeichen zur Summe liefern. Ferner erhält man

$$\int \psi^2 dF = C^2 \int y^2 z^2 dF = \text{rund } C^2 \cdot \frac{b^3 h^2 d}{24} \text{ oder } = \frac{k^2}{24} \cdot \frac{b}{E^2 d^3}. \quad (53)$$

Bei der Ausrechnung wurde der vom Stege herrührende geringe
Beitrag vernachlässigt und anderseits der Mittelwert von y für
den Flansch etwas zu groß, nämlich gleich der halben Trägerhöhe
angenommen. Genauer zu rechnen und damit die Formeln zu verlängern, hätte im Rahmen dieser ganzen Betrachtung keinen Zweck.

Mit Gl. (53) geht der in Gl. (49) aufgestellte Ausdruck für die
Formänderungsarbeit im Längenelemente ds über in

$$dA = ds\left(\frac{M_v^2}{2 G J} + \frac{M_b^2}{2 E \theta} + M_b^2 \cdot \frac{k^2 b}{48 \, E r^2 d^3}\right). \qquad (54)$$

Vor allen Dingen handelt es sich nun darum, sich ein Urteil
darüber zu verschaffen, wie sich die drei Glieder dieses Ausdrucks
unter den bei gebogenen I-Trägern gewöhnlich zu erwartenden
Umständen ihrer Größe nach ungefähr zueinander verhalten. Dazu ist es nötig, die Rechnung für bestimmte Annahmen weiter
durchzuführen. Hierfür setzen wir zunächst voraus, daß für das
betrachtete Stabelement die beiden Momente M_v und M_b entweder
gleich groß oder wenigstens nicht viel voneinander verschieden seien.
Dann übertrifft das erste Glied des Ausdrucks weitaus das zweite.
Nach den Bemerkungen am Schlusse von § 42 wird es nämlich
für $M_v = M_b$ ungefähr 400 mal so groß. Es handelt sich also nur
noch darum, die Größe des dritten Gliedes gegenüber den beiden

anderen abzuschätzen. Um diese Schätzung bequem durchführen
zu können, stellen wir auch für J und θ einfache Näherungsformeln
auf, die auf denselben Vernachlässigungen wie Gl. (53) beruhen,
nämlich

$$J = \frac{2}{3}\,b\,d^3 \quad \text{und} \quad \theta = \frac{b\,h^2\,d}{2}\,.$$

Nimmt man außerdem noch $G = 0{,}4\,E$ an, so läßt sich Gl. (54)

$$dA = \frac{ds}{E}\Big(\frac{15}{8}\cdot\frac{M_v^2}{b\,d^3} + \frac{M_b^2}{b\,h^2\,d} + M_b^2\cdot\frac{k^2\,b}{48\,r^2\,d^3}\Big)$$

schreiben oder schließlich auch

$$dA = \frac{ds}{E\,b\,d}\Big(\frac{15}{8}\cdot\frac{M_v^2}{d^2} + \frac{M_b^2}{h^2}\Big(1 + \frac{k^2}{48}\cdot\frac{b^2\,h^2}{r^2\,d^2}\Big)\Big)\,. \qquad (55)$$

Jetzt müssen wir uns außerdem noch für eine bestimmte Annahme über den Krümmungshalbmesser r entscheiden. Beim Normalprofilträger 30 ist $\dfrac{b\,h}{d} = 230$ cm. Nehmen wir nun an, es sei
$r = 324$ cm, was etwa mittleren Verhältnissen entsprechen dürfte,
so wird

$$\frac{b^2\,h^2}{r^2\,d^2} = 0{,}5$$

und wenn man außerdem nach Gl. (51) $k = 43$ annimmt, läßt
sich Gl. (55) für diesen Fall schreiben

$$dA = \frac{ds}{E\,b\,d}\Big(\frac{15}{8}\cdot\frac{M_v^2}{d^2} + \frac{M_b^2}{h^2}\,(1 + 19)\Big)\,.$$

Hiernach wird zwar das dritte Glied in Gl. (54) für diese besondere Wahl des Krümmungshalbmessers 19 mal so groß als das
zweite; trotzdem reichen aber beide Glieder zusammengenommen
immer noch längst nicht an die Größe des ersten Gliedes heran,
sofern nicht etwa M_v erheblich kleiner ist als M_b.

*Unter den gewöhnlich vorliegenden Umständen wird man daher
keinen großen Fehler begehen, wenn man zur Berechnung der in einem
gebogenen* I-*Träger aufgespeicherten Formänderungsarbeit nur das
erste Glied in Gl. (54) berücksichtigt und die anderen beiden vernachlässigt. Bei kleineren Werten des Krümmungshalbmessers* r *ist
aber auch das dritte Glied in Gl. (54) zu beachten, während das
zweite stets ganz geringfügig bleibt.*

Diese Bemerkungen sind namentlich deshalb von Wichtigkeit,
weil das elastische Verhalten des Stabes, also z. B. die Größe des
Federhubes f, von dem schon am Schlusse von § 55 die Rede war,
von der Größe der Formänderungsarbeit unmittelbar abhängt.
Ebenso dienen sie auch zur Vereinfachung der Berechnung statisch
unbestimmter Träger mit gebogener Mittellinie von I-förmigem
Querschnitt, die senkrecht zu ihrer Ebene belastet sind.

§ 58. **Berechnung des Federhubes bei Biegung und Verwindung.** Wir kommen jetzt wieder auf das schon in § 55 behandelte, durch Abb. 97 dargestellte Beispiel zurück, um an ihm zu zeigen, wie man dafür den Federhub f berechnen kann. Damit unsere Darlegungen aber auch allgemein verwendbar bleiben, schreiben wir zunächst Gl. (49) von § 56 mit Benutzung der Abkürzungen K_1 und K_2 in der Form

$$dA = ds\left(K_1 M_v^2 + K_2 M_b^2\right) \tag{56}$$

an. Für den Fall des I-förmigen Querschnitts sind hierin, wie aus dem Vergleiche mit Gl. (54) hervorgeht, unter K_1 und K_2 die folgenden Ausdrücke zu verstehen:

$$\left.\begin{aligned}
K_1 &= \frac{1}{2\,GJ} \\
K_2 &= \frac{1}{2\,E\theta} + \frac{k^2 b}{48\,E r^2 d^3}
\end{aligned}\right\} . \tag{57}$$

Jedenfalls sind aber K_1 und K_2 auch bei anderen Querschnitten außer von den Elastizitätsmaßen G und E nur noch von der Querschnittsgestalt des Stabes und dem Krümmungshalbmesser r abhängig.

Aus § 55 können wir die für das dort behandelte Beispiel bereits in den Gleichungen (40) aufgestellten Werte von M_b und M_v übernehmen, nämlich

$$\left.\begin{aligned}
M_b &= \tfrac{1}{2} Pr(\cos\varphi - \sin\varphi) \\
M_v &= \tfrac{1}{2} Pr(\sin\varphi + \cos\varphi - 1)
\end{aligned}\right\}, \tag{58}$$

die für den ganzen Quadranten von $\varphi = 0$ bis $\varphi = \frac{\pi}{2}$ gültig sind.

Um die in dem Quadranten aufgespeicherte Formänderungsarbeit zu berechnen, bilden wir

$$K_1 r \int_0^{\frac{\pi}{2}} M_v^2\, d\varphi + K_2 r \int_0^{\frac{\pi}{2}} M_b^2\, d\varphi$$

und finden nach Einsetzen der Werte von M_v und M_b nach einfacher Ausrechnung

$$\int_0^{\frac{\pi}{2}} M_v^2\, d\varphi = \frac{P^2 r^2}{4} \int_0^{\frac{\pi}{2}} (\sin\varphi + \cos\varphi - 1)^2\, d\varphi = (\pi - 3)\frac{P^2 r^2}{4}$$

$$\int_0^{\frac{\pi}{2}} M_b^2\, d\varphi = \frac{P^2 r^2}{4} \int_0^{\frac{\pi}{2}} (\cos\varphi - \sin\varphi)^2\, d\varphi = \left(\frac{\pi}{2} - 1\right)\frac{P^2 r^2}{4} .$$

Für die Formänderungsarbeit im ganzen Ringe ergibt sich daher

$$A = \left[K_1(\pi - 3) + K_2\left(\frac{\pi}{2} - 1\right) \right] P^2 r^3. \qquad (59)$$

Dieser Wert muß mit Pf übereinstimmen, wie schon am Schlusse von § 55 gezeigt wurde. Daher hat man für den Federhub f

$$f = Pr^3 \left[K_1(\pi - 3) + K_2\left(\frac{\pi}{2} - 1\right) \right]. \qquad (60)$$

Für den Fall des I*-förmigen Querschnitts genügt es bei nicht zu kleinem Werte von r,* wie wir in § 57 fanden, K_1 als sehr groß gegen K_2 anzusehen und daher das letzte Glied in der Klammer trotz des mehrmals größeren Beiwertes $\left(\frac{\pi}{2} - 1\right)$ gegenüber dem Beiwerte $(\pi - 3)$ des ersten Gliedes zu vernachlässigen. Mit dem Vorbehalte, nötigenfalls die genauere Rechnung nach den Gleichungen (57) durchzuführen, setzen wir daher näherungsweise

$$f = (\pi - 3) K_1 Pr^3 = \frac{\pi - 3}{2 GJ} Pr^3. \qquad (61)$$

Außerdem soll die Rechnung noch etwas weiter für den Fall durchgeführt werden, daß der Querschnitt entweder kreisförmig ist, oder daß bei anderer Querschnittsgestalt der Krümmungshalbmesser r so groß ist, daß in Gl. (49) die letzten beiden Glieder gegenüber den beiden ersten vernachlässigt werden dürfen. Dann geht Gl. (60) über in

$$f = Pr^3 \left(\frac{\pi - 3}{2 GJ} + \frac{\frac{\pi}{2} - 1}{2 E\theta} \right). \qquad (62)$$

Insbesondere erhält man *für den kreisförmigen Querschnitt,* wenn man den Kreishalbmesser mit a bezeichnet und $G = 0{,}4 E$ setzt,

$$f = 0{,}476 \frac{Pr^3}{Ea^4}. \qquad (63)$$

Daß sich die letzte Formel beim Vergleiche mit Versuchsergebnissen bewähren wird, darf man ziemlich zuversichtlich erwarten. Wahrscheinlich wird sich auch Gl. (62) z. B. für einen quadratischen oder rechteckigen Querschnitt und auch selbst noch für ein Flacheisen als ziemlich gut zutreffend erweisen, solange der Krümmungshalbmesser r nicht gar zu klein ist. Hier wäre es aber freilich schon recht erwünscht, die Größe des Fehlers, der durch die vorgenommenen Annäherungen herbeigeführt wird, auf Grund von Versuchen besonders festzustellen.

Viel mehr aber wäre noch zu wünschen, daß die für den I-Träger abgeleitete Formel (61) mit Versuchsergebnissen verglichen werden könnte. Denn man darf nicht vergessen, daß diese Gleichung auf einer Reihe von Näherungsannahmen beruht, deren Zuverlässigkeit erst noch einer Bestätigung durch die Erfahrung bedarf. Hier handelt es sich eben um ein noch sehr wenig durchforschtes Gebiet, auf dem Theorie und Erfahrung zusammenwirken müssen, um zu endgültig gesicherten Ergebnissen zu gelangen. Daß dabei die Theorie vorangehen muß, ist selbstverständlich, da Erfahrungen erst möglich sind, nachdem klar gestellt ist, auf was man bei der Ausführung eines Versuches zu achten hat.

Das Beispiel des Ringes, für das wir die Berechnung hier durchgeführt haben, ist zwar an sich vielleicht nicht gerade besonders wichtig. Aber als Anleitung dafür, wie man auch in anderen Fällen gekrümmter Stäbe, solange sie nicht zu schwierig sind, zu ähnlich einfachen Lösungen gelangen kann, dürfte es ganz geeignet sein.

§ 59. **Statisch unbestimmte Verdrehungsaufgaben.** Auch hier beschränken wir uns auf die Behandlung eines Beispieles, aus dem hervorgeht, wie man statisch unbestimmte Träger zu berechnen hat, bei denen die Beanspruchung auf Ver-
drehen eine wichtige Rolle mit und neben der Biegung spielt. Der in Abb. 102 in Aufriß und Grundriß ge-
zeichnete halbringförmige Träger soll an beiden Enden eingespannt sein. Man kann sich etwa einen an beiden Enden eingemauerten gebogenen I-Träger

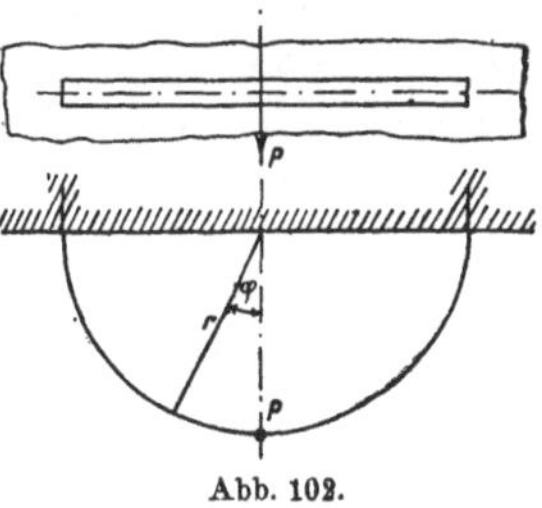

Abb. 102.

darunter vorstellen, der dazu bestimmt ist, einen über die Vorder-
mauer eines Hauses hinauskragenden Bauteil zu tragen.

In dem genannten Falle würde es freilich näher liegen, die Rechnung für eine gleichförmig über den Halbkreisbogen verteilte Be-
lastung durchzuführen. Um einen unmittelbaren Vergleich mit dem vorher behandelten Beispiele zu ermöglichen, ziehen wir es aber vor, den in Abb. 102 angegebenen Belastungsfall vorauszusetzen, bei dem der Träger eine Einzellast P in der Mitte aufzunehmen hat.

Im Falle des Ringes, den wir vorher besprochen haben, wurde die Betrachtung durch die hierbei bestehenden Symmetriebeziehungen bedeutend vereinfacht. Im allgemeinen Falle wird die Aufgabe der Spannungsberechnung auch schon beim Ringe statisch unbestimmt, sobald man nämlich die vorher gewählte regel-
mäßige Anordnung der Belastung durch eine allgemeinere ersetzt. Im allgemeinsten Falle wird die Aufgabe sogar sechsfach statisch unbestimmt.

Auf verwickelte Fälle dieser Art können wir hier nicht ein-
gehen. Dagegen liefert Abb. 102 wenigstens ein Beispiel für einen einfach statisch unbestimmten krummen Träger, der Lasten senkrecht zur Trägerebene aufzunehmen hat.

Daß dieser Träger nur einfach statisch unbestimmt ist, hängt ebenfalls mit den Symmetriebeziehungen zusammen, die für ihn zutreffen, wenn sie auch nicht so weit reichen wie im vorigen Beispiele. Auf den ersten Blick könnte es zwar vielleicht so scheinen, als wenn sich der Träger unter der angegebenen Belastung ebenso verhalten müßte wie die vordere Ringhälfte im Falle von Abb. 97. Das trifft aber nicht zu, weil in Abb. 102 die Trägerenden durch die Einspannung an jeder Drehung verhindert sind, während sich im Falle von Abb 97 die zu den Symmetrieebenen gehörigen Querschnitte um ihre Normalen frei zu drehen vermögen und sich bei der elastischen Formänderung auch tatsächlich um sie drehen. Im Falle von Abb. 102 muß daher vom Mauerwerk, um diese Drehung zu verhindern, außer dem Biegungsmoment auch noch ein Verdrehungsmoment aufgenommen werden.

Dagegen läßt sich in derselben Weise wie bei dem früheren Beispiele schließen, daß in dem Mittelquerschnitte des Halbkreisträgers, da er zu einer echten Symmetrieebene gehört, keine Schubspannungen sondern nur Normalspannungen auftreten können. Denkt man sich diese Spannungen zu einer durch den Schwerpunkt gehenden Normalkraft N und einem Biegungsmomente zusammengefaßt, das wir jetzt mit M_0 bezeichnen wollen, so erkennt man leicht, daß $N = 0$ sein muß. Im Verhalten des Trägers könnte sich nämlich nichts Wesentliches ändern, wenn man die Last P in Abb. 102 in umgekehrter Pfeilrichtung angreifen ließe. Wäre also N im gegebenen Falle eine Zugkraft, so müßte N auch nach der Umkehrung des Pfeiles immer noch eine Zugkraft bleiben. Da aber ein Zusammenwirken beider Lasten dem unbelasteten Träger entspricht, kann auch jede einzelne von ihnen keine von Null abweichende Normalkraft im Mittelquerschnitte des Trägers herbeiführen.

Auf dieselbe Weise kann man auch schließen, daß der Momentenvektor des im Mittelquerschnitte auftretenden Biegungsmomentes M_0 wagrecht gerichtet sein muß. Als selbstverständlich wird dabei angesehen, daß der Fall der „geraden Biegung" im Sinne von § 24 vorliegen soll, d. h. daß auch die Querschnittshauptachsen wagerecht und lotrecht gerichtet sind. Das im Mittelquerschnitte übertragene Biegungsmoment M_0 bildet die einzige statisch unbestimmte Größe, die in unserer Aufgabe vorkommt.

Für einen Querschnitt des Trägers, dessen Ebene den Winkel φ mit der Mittelebene bildet, erhält man aus dem Gleichgewichte des zum Zentriwinkel φ gehörigen Sektors gegen Drehen für das Biegungsmoment $M_{b,\varphi}$ und das Verdrehungsmoment $M_{v,\varphi}$ die Ausdrücke

$$\left.\begin{aligned}
M_{b,\varphi} &= M_0 \cos\varphi - \frac{Pr}{2}\sin\varphi \\[2mm]
M_{v,\varphi} &= M_0 \sin\varphi - \frac{P}{2}(r - r\cos\varphi)
\end{aligned}\right\}. \tag{64}$$

Hiermit können wir die im Träger aufgespeicherte Formänderungsarbeit berechnen. Unter der Annahme, daß es sich um einen

I-Träger handelt, wollen wir gemäß den am Schlusse von § 57 gegebenen Ausführungen die beiden letzten Glieder von Gl. (54) gegenüber den ersten vernachlässigen. Es genügt dann

$$A = \frac{1}{2\,GJ} \cdot 2\,r \int\limits_0^{\frac{\pi}{2}} M_v^2\, d\varphi \qquad (65)$$

zu setzen, obschon es natürlich auch leicht möglich wäre, die Rechnung ohne diese Vernachlässigung durchzuführen.

Da M_v in bekannter Weise von M_0 abhängt, ist hiermit A als Funktion von M_0 dargestellt. Nach dem in § 28 besprochenen Satze von der kleinsten Formänderungsarbeit hat man die statisch unbestimmte Größe M_0 so zu wählen, daß der Differentialquotient von A nach M_0 zu Null wird Hiermit erhält man zunächst

$$\int\limits_0^{\frac{\pi}{2}} M_v \frac{\partial M_v}{\partial M_0}\, d\varphi = \int\limits_0^{\frac{\pi}{2}} \left(M_0 \sin\varphi - \frac{Pr}{2} + \frac{Pr}{2}\cos\varphi \right) \sin\varphi\, d\varphi = 0,$$

woraus sich nach einfacher Ausrechnung

$$M_0 = \frac{Pr}{\pi} \qquad (66)$$

ergibt. Auch die Senkung f des Lastangriffspunktes läßt sich leicht aus der Gleichung

$$\frac{1}{2} Pf = \frac{r}{GJ} \int\limits_0^{\frac{\pi}{2}} M_v^2\, d\varphi$$

berechnen, und man findet dafür nach einfacher Ausrechnung, deren Einzelheiten wir hier übergehen,

$$f = 0{,}0189 \frac{Pr^3}{GJ}. \qquad (67)$$

Das größte Verdrehungsmoment $M_{v,\max}$ tritt im Einspannquerschnitte auf. Man findet dafür, vom Vorzeichen abgesehen,

$$M_{v,\max} = 0{,}182\, Pr. \qquad (68)$$

Außerdem tritt noch ein analytisches Maximum von M_v an der Stelle auf, für die $\operatorname{tg}\varphi = \dfrac{2}{\pi}$ ist. Da es weit kleiner ist als der Wert an der Einspannstelle, kommt es aber darauf nicht an.

Auch das größte Biegungsmoment $M_{b,\max}$ tritt im Einspannquerschnitte auf, und zwar erhält man dafür nach den Gleichungen (64), wiederum ohne Berücksichtigung des Vorzeichens

$$M_{b,\max} = 0{,}5\, Pr. \qquad (69)$$

Man darf aber daraus, daß $M_{b,\max}$ größer ist als $M_{v,\max}$ nicht etwa schließen, daß die größte Beanspruchung durch die Biegung hervorgerufen würde. Vielmehr hängt die Tragfähigkeit des Trägers in erster Linie von $M_{v,\max}$ ab, weil der I-Träger gegen Biegen weit widerstandsfähiger ist als gegen Verdrehen. Da aber die größte Schub- und die größte Biegungsspannung an derselben Stelle des Querschnitts zusammentreffen, hängt die Bruchgefahr von dem Zusammenwirken beider Momente ab. Hierauf werden wir in § 62 zurückkommen.

Wenn an Stelle der Einzellast in Abb. 102 eine gleichförmig über die ganze Bogenlänge verteilte Belastung tritt, kann man die Aufgabe in derselben Weise lösen, wie es soeben besprochen wurde. Das gilt auch noch für eine beliebig verteilte Belastung, sofern nur alle Lasten lotrecht gerichtet und symmetrisch zur Mittelebene angeordnet sind. In allen diesen Fällen bildet nämlich M_0 stets die einzige statisch unbestimmte Größe, die in der Aufgabe vorkommt. Wenn es Schwierigkeiten macht, die an Stelle der Gleichungen (64) tretenden Ausdrücke für $M_{b,\varphi}$ und $M_{v,\varphi}$ aufzustellen oder wenn sich das Integral in Gl. (65) nicht ausführen läßt, kann man sich immer damit helfen, die Integration durch eine Summierung über eine Anzahl endlicher Teilstücke zu ersetzen, in die man den Quadranten zerlegen kann. Mehr als 6 oder höchstens 8 Teilstücke werden in der Regel kaum nötig sein, um eine genügende Genauigkeit zu erreichen. Die Werte von $M_{b,\varphi}$ und $M_{v,\varphi}$ für die Mitte jedes Teilstückes wird man stets mit geringer Mühe angeben können.

Was am Schlusse von § 58 über die in mancher Hinsicht ungenaue und bisher noch nicht genügend praktisch erprobte Grundlage gesagt wurde, auf der alle diese Betrachtungen aufgebaut wurden, trifft natürlich auch hier zu. Eine große Genauigkeit der in den Gleichungen (66) bis (69) ausgesprochenen Schlußergebnisse darf man daher nicht erwarten. Trotz dieses Vorbehaltes betrachten wir sie aber immerhin als weit zuverlässiger als alle Schätzungen auf Grund von Berechnungsverfahren, wie sie bisher gelegentlich versucht wurden.

Über einen Umstand sind wir bisher stillschweigend hinweggegangen, der nachträglich auch noch erwähnt werden muß. Unsere Berechnung beruht nämlich auf der Annahme, daß die Einspannung der beiden Trägerenden im Mauerwerk zwar genügt, um jede Drehung der Einspannquerschnitte zu verhindern, daß sie aber der Ausbildung der Querschnittsverwindung, die zum Momente $M_{v,\max}$ in Gl. (68) gehört, keinen merklichen Widerstand entgegenzusetzen vermag. Unter gewöhnlichen Umständen, insbesondere wenn es sich wirklich nur um eine Einmauerung handelt, dürfte dies wohl auch ganz gut zutreffen. Sollte jedoch mit hinreichend wirksamen Mitteln das Trägerende „vollkommen" eingespannt sein, so daß auch selbst die kleinen elastischen Verschiebungen ξ, die zur Querschnittsverwindung gehören, unmöglich gemacht sind, so wäre der Biegungspfeil f etwas kleiner zu erwarten als nach Gl. (67) und auch sonst würde sich manches ändern. Hierauf gehen wir sofort noch etwas näher ein.

§ 60. Die vollkommene Einspannung bei der Verdrehung. Der Belastungsfall der reinen Verdrehung für einen geraden Stab wurde in § 35 durch Abb. 63 veranschaulicht. Ihr stellen wir hier Abb. 103 gegenüber, bei der ein Stab durch drei Kräftepaare belastet ist. Das im Mittelquerschnitt angreifende Kräftepaar vom Momente $2Pp$ dreht im entgegengesetzten Sinne wie die beiden äußeren, die nur halb so groß sind. Auf den ersten Blick könnte es so scheinen, als wenn jede der beiden Stabhälften genau ebenso beansprucht wäre wie der Stab in Abb. 63, abgesehen davon, daß beide im entgegengesetzten Sinne verdreht werden. Wenn der Stab einen kreisförmigen Querschnitt hat, trifft diese Vermutung auch tatsächlich zu. In jedem anderen Falle aber sind die in der Nähe des

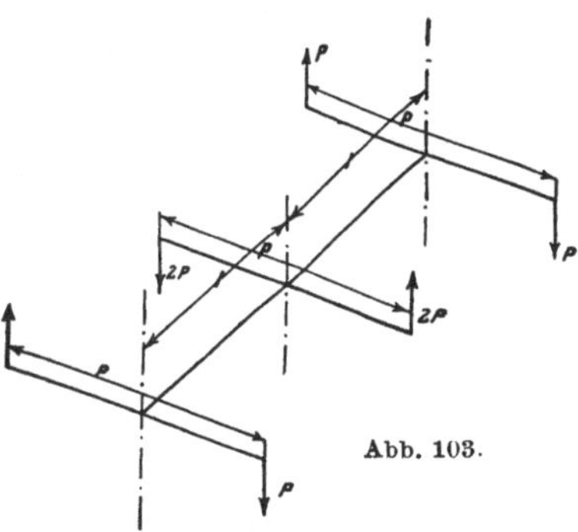

Abb. 103.

Mittelquerschnitts liegenden Teile beider Stabhälften durch den zwischen ihnen bestehenden Zusammenhang verhindert, die zur reinen Verdrehung gehörende Formänderung auszuführen, mit der eine Verwindung des Querschnitts verbunden ist.

Durch die Mittelebene haben wir uns, wie schon in früheren Fällen, nicht nur den Stab, sondern auch das Moment $2Pp$ in zwei gleiche Teile zerlegt zu denken, von denen jeder Teil an der zugehörigen Stabhälfte angreift. In dem ebenfalls früher schon gebrauchten Sinne bildet die Mittelebene eine echte Symmetrieebene für den ganzen Stab. Daraus folgt, daß im Mittelquerschnitt keine Schubspannungen auftreten können, wohl aber Normalspannungen. Solche aber müssen auftreten, wenn der Querschnitt nicht gerade kreisförmig ist.

Das geht nämlich daraus hervor, daß auch die Verschiebungswege von je zwei gleich gelegenen Punkten zu beiden Seiten der Symmetrieebene bei der elastischen Formänderung des Stabes spiegelbildlich zueinander liegen müssen. Daher können sich die in der Symmetrieebene selbst liegenden Punkte nur innerhalb dieser Ebene verschieben. *Der Mittelquerschnitt muß daher eben bleiben.*

Die durch Abb. 103 beschriebene Anordnung bildet das wirksamste und vielleicht sogar das einzig vollkommen wirksame Mittel, um eine *vollkommene Einspannung* eines Stabquerschnitts bei der Verdrehung herbeizuführen. Durch die Koppelung der beiden im entgegengesetzten Sinne verdrehten Stabhälften miteinander werden im Mittelquerschnitte derart große Normalspannungen hervorgerufen, wie sie nötig sind, um jede Querschnittsverwindung zu verhindern. Eine Einmauerung reicht dazu längst nicht aus und auch die meisten anderen Endverbindungen, die man etwa vorschlagen mag, werden die Querschnittsverwindung zwar erschweren, aber nicht völlig verhindern können.

Wird der Stab im Mittelquerschnitt von Abb. 103 durchschnitten, so verschieben sich bei der Verdrehung die Punkte dieses Querschnitts in beiden Stabhälften um die kleinen Strecken ξ, die dem Momente Pp entsprechen, nach entgegengesetzten Richtungen. Der Zusammenhang beider Teile verhindert diese Verschiebungen und bringt daher Normalspannungen im Mittelquerschnitt hervor, die man nach Gl. (45) von § 56

$$\sigma_v = E\frac{d\xi}{dx} \tag{70}$$

sofort berechnen kann. Da es sich jetzt um einen geraden Stab handelt, haben wir dx an Stelle von ds geschrieben.

Alle im Mittelquerschnitt übertragenen Normalspannungen σ_v müssen unter sich an jeder Stabhälfte den allgemeinen Gleichgewichtsbedingungen zwischen Kräften an einem starren Körper genügen. Ihre Summe muß also Null sein und ebenso die Momentensumme für jede Achse. Hier liegen also die Voraussetzungen des in § 32 besprochenen Prinzips von de St.-Venant vor, und wir dürfen daher erwarten, daß sich die durch die vollkommene Einspannung bewirkte Spannungsstörung nur auf die Nachbarschaft der Einspannstelle beschränkt. Schon damals wurde auch bemerkt, daß die Abnahme dieser Störung mit der Entfernung von der Erregungsstelle nach einem Gesetze erfolgt, das sich entweder genau oder näherungsweise durch eine Exponentialfunktion darstellen läßt. Wir setzen daher zugleich in Anlehnung an Gl. (43) von § 56 oder Gl. (52) von § 57

$$\xi = (1 - e^{-\gamma x})M_v\psi(yz) = (1 - e^{-\gamma x})M_v Cyz, \tag{71}$$

worin x die Entfernung des ins Auge gefaßten Querschnitts vom Mittelquerschnitte bedeutet. Unter γ ist eine von der Gestalt und Größe des Querschnitts abhängige Konstante zu verstehen von der Einheit cm^{-1}. Wenn x so groß ist, daß γx gleich 3 oder noch größer wird, unterscheidet sich nach Gl. (71) ξ nicht mehr erheblich von dem ihm bei der reinen Verdrehungsbeanspruchung zukommenden Werte.

Aus den Gleichungen (70) und (71) folgt

$$\sigma_v = E\gamma e^{-\gamma x}M_v\psi(yz), \tag{72}$$

und in größeren Abständen von der Einspannstelle wird dies unmerklich klein.

Eine nach den Verfahren der höheren Festigkeitslehre durchgeführte Untersuchung hat gelehrt, daß man für den Fall des elliptischen Querschnitts mit den Halbachsen a und b z. B. für $a = 10\,b$

$$\gamma = 2{,}65 \cdot \frac{1}{a} = 0{,}265\,\frac{1}{b}$$

anzunehmen hat. Für andere Querschnittsgestalten ist man bis jetzt entweder auf Schätzungen angewiesen oder auch auf die Verwertung der Beobachtungsergebnisse von Feinmessungen an verdrehten Stäben.

Beim elliptischen Querschnitte unterscheidet sich hiernach ξ im Abstande $x = a$ schon nicht mehr wesentlich von dem normalen Werte von ξ bei der reinen Verdrehungsbeanspruchung, also schon in einem Abstande vom Einspannquerschnitte, der nur halb so groß ist als die größte Querschnittsabmessung. Ein ähnliches Verhalten ist auch für den quadratischen oder rechteckigen Querschnitt zu erwarten. Nur beim I-förmigen Querschnitt scheint sich, soweit man dies bisher übersehen kann, die durch eine vollkommene Einspannung bewirkte Spannungsstörung noch auf Entfernungen hin bemerklich zu machen, die größer sind als die Höhe des Trägers, die hier die größte Querschnittsabmessung bildet.

Jedenfalls aber verhält sich unter der durch Abb. 103 angegebenen Belastung ein zu beiden Seiten des Mittelquerschnitts gelegener Teil des Stabes anders als die Hauptteile, die sich von da bis zu den Enden hin erstrecken. Infolge davon fällt der Verdrehungswinkel $\varDelta \varphi$ für eine Stabhälfte kleiner aus, als wenn sich diese Stabhälfte unbehindert durch die Einspannung im Mittelquerschnitte unter demselben Momente frei nach Art von Abb. 63 verdrehen könnte.

Dieser Unterschied läßt sich nun leicht auf dem Versuchswege durch Messung des Verdrehungswinkels feststellen, und das ist das beste Mittel, den Einfluß einer vollkommenen Einspannung auf die elastische Formänderung bei der Verdrehung zu untersuchen. Ohne die Einspannung wäre nach Gl. (28) von § 40

$$\varDelta \varphi = \vartheta l = \frac{M\,l}{G\,J}.$$

Wählt man die Stablänge l so groß, daß sich der Einfluß der Einspannung zweifellos nicht mehr über die ganze Länge hin bemerklich machen kann, so läßt sich der durch den Versuch festgestellte Wert des Verdrehungswinkels in der Form

$$\varDelta \varphi = \frac{M(l - l')}{G\,J} \tag{73}$$

darstellen. Aufgabe des Versuches bleibt es dann, einerseits fest-zustellen, wie lang man l mindestens wählen muß, um die Messungen von da ab in Form der Gl. (73) wiedergeben zu können und andererseits, die Länge l' aus den Versuchswerten abzuleiten.

Bei den Münchener Verdrehungsversuchen ergab sich für einen Stab von quadratischem Querschnitt von der Seitenlänge s

$$l' = 0{,}22\, s. \tag{74}$$

Für den Kreis wird natürlich $l' = 0$, da sich ein kreisförmiger Querschnitt überhaupt nicht verwindet und daher von einer Einspannung gegen Verdrehen bei ihm nicht die Rede sein kann. Dagegen nimmt l' beim I-Träger vom Normalprofil 30 den verhältnismäßig sehr großen Wert

$$l' = 1{,}67\, h \tag{75}$$

an, wenn h die Höhe bedeutet. Wenn auch die Messung nur für den Fall $h = 30$ cm durchgeführt wurde, darf man diese Beziehung aber auch für die anderen NP-Träger als hinlänglich genau zutreffend ansehen.

Alle diese Untersuchungen stammen aus den letzten Jahren, und sie werden später noch weiter zu führen sein. Zu erwähnen ist noch, daß das besondere Verhalten der I-Träger bei dem durch Abb. 103 dargestellten Belastungsfalle zuerst von Prof. Timoschenko und dann von A. Senft richtig erkannt und theoretisch behandelt wurde, wenn auch in anderer Art, als es hier geschehen ist. Die Versuchsergebnisse sind aus dem Münchener Laboratorium hervorgegangen.

Wir werfen jetzt noch einmal einen Blick zurück auf die in § 59 behandelte Aufgabe, bei deren Lösung vorausgesetzt wurde, daß die Einspannung der Trägerenden von der Art sei, daß sie eine Ausbildung der Querschnittsverwindung nicht verhindern könne. Nimmt man jetzt umgekehrt eine vollkommene Einspannung der Trägerenden an, so würde man ihr dadurch ungefähr Rechnung tragen können, daß man bei der Berechnung der Formänderungsarbeit nach Gl. (65) das Integral nicht über die ganze Bogenlänge erstreckt, sondern ein Stück an den Enden davon ausschließt, das man gleich l' oder auch bei teilweiser Einspannung entsprechend niedriger einzuschätzen hätte.

Zum Schlusse möge hier noch eine Bemerkung darüber Platz finden, wie man es sich wohl zu erklären haben wird, daß die Länge l' gerade beim I-Träger so ungewöhnlich hoch gefunden wird. Vermutlich wird der Grund dafür in dem Umstande zu erblicken sein, daß *das zweiachsige Flächenmoment vierten Grades*

$$\Omega = \int y^2 z^2\, dF \tag{76}$$

beim I-förmigen Querschnitte einen bei gegebenem Flächeninhalt besonders großen Wert annimmt. Es scheint nämlich, daß die in § 57 auf Grund von Versuchsergebnissen eingeführte Näherungsannahme, daß die Verwindungsfläche beim I-Querschnitt ungefähr ein hyperbolisches Paraboloid bilde, auch in zahlreichen anderen Fällen nicht viel von der Wahrheit abweicht. Unter dieser Voraussetzung hängt aber, wie aus Gl. (49) von § 56 hervorgeht, der Ausdruck für die Formänderungsarbeit sehr wesentlich von der Größe des Flächenmomentes Ω ab. Das gilt sowohl für die Nähe einer Einspannstelle bei einem geraden Stabe wie bei einem krummen Stabe, der zugleich auf Biegen und Verdrehen beansprucht ist. Da nun die Formänderungsarbeit maßgebend für das elastische Verhalten eines als Träger verwendeten Stabes ist, versteht man leicht, daß eine Querschnittsgestalt mit großem Ω auch entsprechende Abweichungen in der Art der elastischen Formänderung zur Folge hat.

Wir können diese Vermutung freilich nur mit dem Vorbehalte aussprechen, daß sie von der weiteren Forschung erst noch nachzuprüfen sein wird, was ja leicht möglich ist. Wenn sie richtig ist, muß sich das besondere Verhalten der I-Träger bei den breitflanschigen Profilen noch viel stärker bemerklich machen als bei den Normalprofilen, für die bisher allein Messungen von l' vorliegen. Ein großer Wert von Ω, wie er namentlich den Breitflanschprofilen eigen ist, darf für gewisse Zwecke als ein nicht zu unterschätzender Vorzug angesehen werden. Auf diesem Gebiete ist noch viel zu tun, um volle Klarheit zu schaffen.

§ 61. Die Berechnung genieteter Träger auf Verdrehen.

Wir kommen jetzt auf eine Frage zurück, die bereits in § 49 gestreift wurde. Damals zeigten wir, wie die Kraft berechnet werden kann, die von einem Nietbolzen N aufgenommen werden muß, wenn der in Abb. 86 gezeichnete genietete Blechträger zugleich auf Biegen und auf Schub beansprucht wird. Jetzt haben wir die frühere Untersuchung entsprechend zu erweitern, so daß sie auch auf den Fall einer Beanspruchung auf Verdrehen angewendet werden kann.

Die Grundaufgabe, auf die alle anderen Fälle dieser Art zurückzuführen sind, wird durch Abb. 104 erläutert. Sie stellt einen Stab dar, der aus zwei Flacheisen zusammengenietet ist. Dieser Stab soll durch ein Moment M auf Verdrehen beansprucht werden, und gefragt wird, wie groß die Schubkraft S ist, die hierbei von einem Nietbolzen N aufgenommen werden muß. Wie immer in solchen Fällen ist es dabei gleichgültig, welcher Teil von S unmittelbar

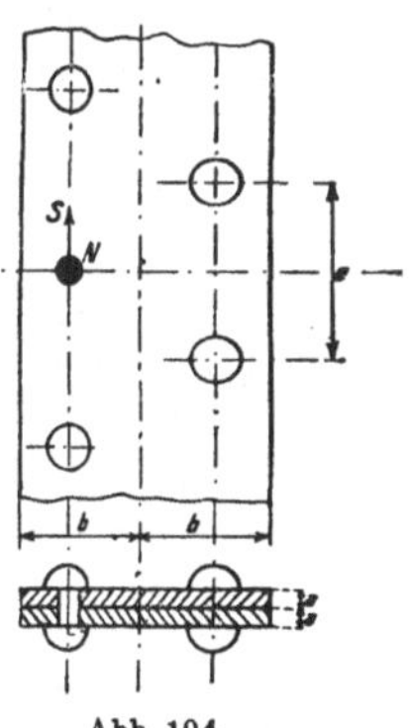

Abb. 104.

an N angreift, und welcher Teil auf die Reibungen zwischen den beiden Flacheisen kommt, die infolge der im Nietbolzen herrschenden Zugspannung stark aufeinander gepreßt sind.

Die Lösung findet man ebenso wie in § 49, indem man das Gleichgewicht eines in geeigneter Weise abgetrennten Stückes des Stabes gegen Verschieben in der Richtung der Stabachse untersucht. Auch hier haben wir ebenso wie früher die Länge des Stückes gleich der Nietteilung e zu wählen, während der Querschnitt von einem Viertel des Gesamtquerschnitts gebildet wird. Abb. 105 zeigt das Stück in axonometrischer Darstellung, wobei jedoch der Deutlichkeit wegen besonders die Dicke a des Flacheisens übertrieben groß angegeben wurde. Auf den drei sichtbaren Seitenflächen des Stücks sind die Spannungslinien eingetragen, entsprechend den dafür in § 40 gegebenen Lehren.

Die obere Seitenfläche entspricht in Abb. 105 einem Viertel des Stabquerschnitts in Abb. 104, und die Spannungslinien sind so angegeben, wie sie *im Querschnitt eines ungeteilten Stabes* gemäß Abb. 71 von § 40 oder Abb. 73 von § 41 in dem Rechteckviertel

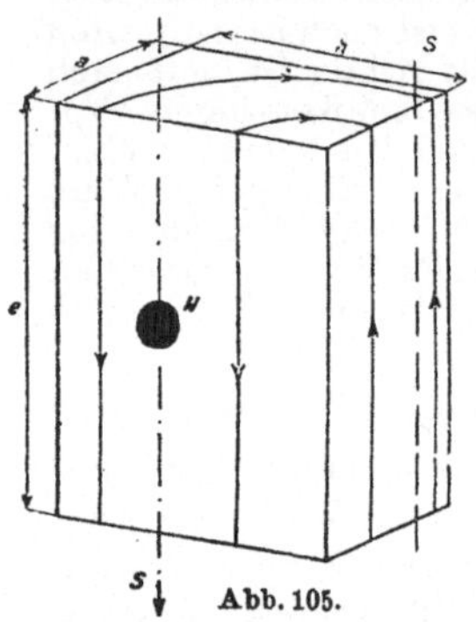

Abb. 105.

zu erwarten sind. Auf den anderen beiden sichtbaren Seitenflächen, die durch die Stabachse gelegt sind, werden nur Schubspannungen „zwischen den Fasern", wie man zu sagen pflegt, übertragen, die im ungeteilten Stabe überall parallel zur Stabachse gerichtet sind. Die Spannungslinien bestehen daher auf diesen Seitenflächen aus geraden Linien. Endlich verlaufen noch die Spannungslinien auf der verdeckt liegenden, nach unten gekehrten Seitenfläche, ebenso wie in der oberen, nur mit entgegengesetzten Pfeilen.

Damit sind alle Kräfte aufgezählt und durch Spannungslinien vor Augen geführt, die sich an dem Körperstück des ungeteilten Stabes im Gleichgewichte miteinander halten müssen. Für den Zweck der Gleichgewichtsbetrachtung kann man sich zunächst die Spannungen auf den durch die Stabachse gehenden Seitenflächen zu je einer Resultierenden S zusammengesetzt denken, die parallel zur Stabachse geht. Die Resultierenden S auf beiden Flächen sind entgegengesetzt gerichtet und von gleicher Größe, wie aus der Gleichgewichtsbedingung gegen Verschieben in Richtung der Stabachse hervorgeht, da andere Kräfte in dieser Richtung an dem Stücke nicht vorkommen.

Die beiden Kräfte S bilden ein Kräftepaar miteinander. Mit ihm steht im Gleichgewicht gegen Drehen das andere Kräftepaar, das aus den beiden Resultierenden gebildet wird, zu denen man die in jedem Querschnittsviertel auf der oberen und unteren Seitenfläche vorkommenden Schubspannungen zusammensetzen kann. Hieraus folgt, nebenbei bemerkt, daß die Resultierende der Schubspannungen auf jeder dieser Seitenflächen parallel zu der durch die beiden S gelegten Ebene gerichtet sein muß.

Dies alles gilt für den ungeteilten Stab. In dem aus zwei Flacheisen zusammengenieteten Stabe fehlen dagegen die Schubspannungen in der Trennungsfläche, soweit sie nicht durch die gleitende Reibung zwischen beiden Teilen ersetzt werden. Sehen wir von den Reibungen ab, so muß die Kraft S vom Nietbolzen aufgenommen werden, damit sich der zusammengesetzte Stab ähnlich wie der ungeteilte erhalten kann. Vor allem handelt es sich also darum, diese Kraft S zu berechnen.

Nach den Lehren von § 41 ist dies aber ohne weiteres möglich, wenn die Schmalseite a in Abb. 105 als klein gegen die Breitseite b angesehen werden kann, wie dies bei einem Flacheisen zutrifft. Wie aus den Abbildungen 72 oder 73 von § 41 zu entnehmen ist, besteht das Diagramm der Spannungsverteilung längs der Schmalseite aus einem Dreiecke und hieraus folgt, daß S auf der Schmalseite den Abstand $\frac{2}{3} a$ von der Stabachse hat. Da der Durchschnittswert der Schubspannung auf der Schmalseite gleich $\frac{1}{2} \tau_{\mathrm{max}}$ ist, erhält man S selbst zu

$$S = \frac{\tau_{\mathrm{max}}}{2} \, a e. \tag{77}$$

Setzt man für τ_{max} den aus Gl. (37) von § 41 bekannten Wert ein, so geht dieser Ausdruck über in

$$S = \frac{3 \, M e}{16 \, a b}. \tag{78}$$

Ebenso groß ist, wie wir vorher schon bemerkten, die Resultierende der Schubspannungen auf der Breitseite und hiermit die Kraft, die im genieteten Stab von dem Nietbolzen aufgenommen werden muß. Dagegen ist die Lage der Resultierenden S auf der Breitseite nicht genauer bekannt, da das Spannungsverteilungsdiagramm längs der Breitseite nicht geradlinig ist. Aus dem Seifenhautgleichnis läßt sich jedoch sofort schließen, daß der Abstand der Resultierenden S von der Stabachse jedenfalls größer als $\frac{2}{3} b$ sein muß.

Könnte man die Nietreihen so anordnen, daß sie mit der voraussichtlichen Lage der Resultierenden S auf der Breitseite zusammenfielen, so würde der vorher berechnete Wert von S ohne weiteres die von einem Nietbolzen aufzunehmende Kraft angeben. Tatsächlich liegen aber die Nietreihen stets näher bei der Stabachse. Wenn keine Reibungen zwischen den beiden Flacheisen hinzukämen, müßten daher die auf die Nieten treffenden Kräfte etwas größer ausfallen, und der Spannungszustand würde überhaupt erheblich verwickelter, als wir ihn jetzt vorausgesetzt haben. Bei Nietverbindungen darf man aber immer auf die sehr wesentliche Mitwirkung der Reibungen bei der Kraftübertragung rechnen, und unter dieser Voraussetzung macht es nicht viel aus, wenn die Kraft S auch etwas seitlich am Nietbolzen vorbeigeht.

Bestätigt wurde diese Auffassung durch die Ergebnisse eines Verdrehungsversuchs mit einem aus zwei Flacheisen zusammengesetzten Stabe mit einer einzigen Nietreihe in der Mitte. In diesem Falle ist innerhalb des Bezirks, der zu einem der Nietbolzen gehört, ein

Drehmoment zu übertragen, das gleich der vorher berechneten Kraft S mal dem doppelten Abstande zwischen S und der Stabachse ist. Teils geschieht dies unmittelbar durch die Reibungen zwischen beiden Platten, teils auch durch die Vermittelung der zwischen je einer Platte und dem darauf sitzenden Nietkopfe übertragenen Reibungen, die den Nietbolzen auf Verdrehen belasten. Versuche mit zwei derart zusammengesetzten Probekörpern, die sich nur durch die verschieden groß gewählte Nietteilung voneinander unterscheiden, haben gelehrt, daß die Reibungen in der Tat imstande sind, bis zu einem gewissen Grade eine solche Leistung zu übernehmen, vorausgesetzt, daß die Nietteilung e nicht allzu groß ist. Einen Bericht über diese Versuche findet man in der Zeitschrift „Bauingenieur“ 1922, S. 427. Da eine zweireihige Vernietung nach Abb. 104 weit geringere Ansprüche an die Mitwirkung der Reibungen bei der Kraftübertragung macht als eine einreihige, darf man aus den Versuchsergebnissen schließen, daß nicht viel darauf ankommt, wenn auch bei der zweireihigen Vernietung die Kraft S etwas seitlich vom Nietbolzen vorbeigeht.

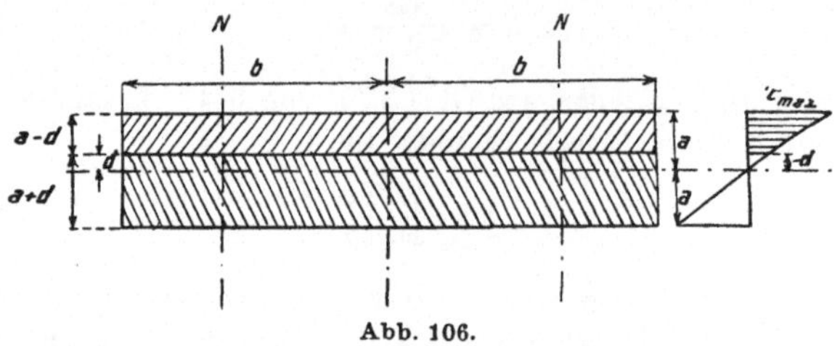

Abb. 106.

Wir erweitern jetzt die Grundaufgabe dahin, daß die beiden *miteinander vernieteten Platten von verschiedener Dicke* sein sollen. Abb. 106 gibt den Querschnitt des daraus zusammengesetzten Stabes an, jedoch so, daß die Dicken $a + d$ und $a - d$ der beiden Platten in einem größeren Maßstabe aufgetragen wurden als die halbe Breite b. Die Achsen beider Nietbolzen sind mit N bezeichnet.

Wir betrachten in diesem Falle, ebenso wie es vorher auf Grund von Abb. 105 geschehen war, das Gleichgewicht einer Hälfte der dünneren Platte auf die Stablänge e hin. Die Kraft S, die im Schmalschnitte übertragen wird, läßt sich wiederum leicht berechnen, wenn man bedenkt, daß das Diagramm der Spannungsverteilung im Schmalschnitte geradlinig ist und daß daher im Abstande d von der Stabmitte die Spannung $\tau_{\max} \dfrac{d}{a}$ auftritt. Hiernach ist

$$S = \frac{1}{2}\left(\tau_{\max} + \tau_{\max}\,\frac{d}{a}\right)(a - d)\,e = \frac{\tau_{\max}}{2}\cdot\frac{a^2 - d^2}{a}\,e, \quad (79)$$

wobei man auch noch $\tau_{\max}$ in M ausdrücken kann, so daß

$$S = \frac{3\,M\,(a^2 - d^2)\,e}{16\,a^3 b} \qquad (80)$$

gefunden wird.

Eine Kraft von derselben Größe S muß auch in der Grenzfläche zwischen der dünnen und der dicken Platte übertragen werden, und zwar wenn beide Platten einen einzigen Körper bilden, durch die im Schnitte auftretenden Schubspannungen und bei der Vernietung teils durch die Reibungen, teils durch den Nietschaft ganz wie im vorigen Falle.

Hiermit ist die Grundaufgabe auch für den allgemeineren Fall der Vernietung von zwei ungleich dicken Platten gelöst. Für einen genieteten Träger von I-förmigem Querschnitt mit Gurtwinkeln und Gurtplatten ist die Aufgabe der Nietberechnung freilich an sich schwieriger. Aber da man sich zu praktischen Zwecken mit einer ungefähren Annäherung zufrieden geben kann, kommt man mit geeigneten Annahmen auch für diesen Fall leicht zum Ziele.

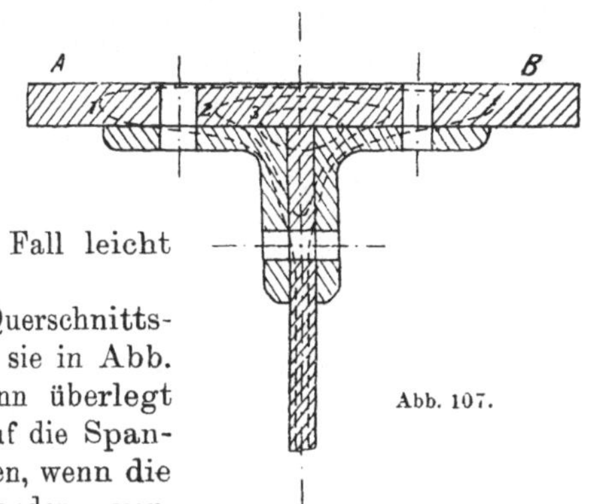

Abb. 107.

Zuerst wird man eine Querschnittszeichnung anfertigen, wie sie in Abb. 107 angedeutet ist. Dann überlegt man sich, welchen Verlauf die Spannungslinien nehmen müßten, wenn die einzelnen Teile miteinander verschweißt wären, so daß sie alle zusammen einen einzigen Körper bildeten. Schätzungsweise lassen sich diese Linien nach den Lehren von § 40 eintragen, nötigenfalls unter Zuhilfenahme eines Seifenblasenversuchs. In den bei A und B überstehenden Teilen der Gurtplatte werden jedenfalls nur geringe Spannungen übertragen werden, so daß man sie von vornherein unberücksichtigt lassen darf. Von den drei punktiert eingetragenen Spannungslinien wird die äußere in den Steg hinein zum andern Gurt verlaufen, dort umkehren und sich oben schließen. Von den andern beiden ist anzunehmen, daß sie sich schon innerhalb des Obergurts selbst schließen.

Besitzt man eine Zeichnung des Kraftflusses, von der man annehmen darf, daß sie durch einen Seifenblasenversuch hinreichend bestätigt würde, wenn sie nicht überhaupt durch einen solchen gewonnen wurde, so läßt sich leicht abschätzen, wie dick man eine zweite Platte zu wählen hätte, die an Stelle des ganzen übrigen Trägerteiles mit der Gurtplatte nach Art von Abb. 106 zu verbinden wäre, um in dieser denselben Kraftfluß aufrecht zu erhalten wie im vorliegenden Falle. Die von den Nieten aufzunehmenden Kräfte S ergeben sich dann ohne weiteres aus Gl. (79), da man τ_{max} zwar nicht mehr aus Gl. (37) von § 41, wohl aber nach Gl. (44) von § 42 berechnen kann.

Hiermit dürfte zum mindesten ein Weg gewiesen sein, der zu praktisch befriedigenden Ergebnissen zu führen vermag, und mehr kann man auf diesem Gebiete von der Theorie zunächst nicht verlangen. Man sieht auch leicht ein, wie dieser Weg weiter zu verfolgen sein wird, um die Theorie noch etwas weiter auszubauen. Insbesondere ist die Kraft, die in jedem Schnitt des zweischnittigen Niets zwischen Gurtwinkeln und Stehblech zu übertragen ist, als ebenso groß anzusehen wie die nach den vorhergehenden Vorschriften berechnete Kraft S.

§ 62. **Die Berechnung einer Welle auf Biegen und Verdrehen und ähnliche Fälle.** Eine Kurbelwelle besteht aus zwei oder mehr stabähnlichen Teilen, die sich mit passenden Übergängen senkrecht aneinander schließen. Es ist dabei ziemlich gleichgültig, ob diese Teile in geeigneter Weise fest miteinander verbunden sind, oder ob der ganze Körper aus einem einzigen Stücke hergestellt ist. Zum Zwecke der Festigkeitsberechnung denkt man sich die Welle in Ruhe, während die Lasten und die Auflagerkräfte im Laufe einer Umdrehung verschiedene Richtungen gegen sie einnehmen und auch der Größe nach wechseln. Jeder Stellung, die während des Umlaufs der Maschine durchlaufen wird, entspricht daher ein anderer Belastungsfall, und für die Festigkeitsberechnung kommt es auf den ungünstigsten unter ihnen an.

Bei den einfacheren Anordnungen wird man ohne besondere Schwierigkeiten entweder genau oder wenigstens näherungsweise das Biegungsmoment M_b und das Verdrehungsmoment M_v angeben können, die in einem beliebig ins Auge gefaßten Querschnitte im ungünstigsten Falle auftreten. Wir wollen jetzt annehmen, daß diese Vorarbeiten, die mehr in das Gebiet der theoretischen Maschinenlehre als in das der Festigkeitslehre fallen, bereits erledigt seien, und fragen nach der durch das Zusammenwirken von M_b und M_v in diesem Querschnitte hervorgerufenen größten Beanspruchung des Werkstoffes. Ausschließlich auf die Beantwortung dieser Frage soll sich also unsere Betrachtung hier beschränken.

Am einfachsten gestaltet sich die Lösung für den kreisförmigen Querschnitt, der bei dem Hauptbestandteil des ganzen Körpers, nämlich bei der Welle selbst die Regel bildet. Dem Verdrehungsmomente M_v entspricht eine Schubspannung τ_{max} am Wellenumfange, die nach Gl. (9) von § 37

$$\tau_{max} = \frac{M_v a}{\theta_p}$$

berechnet werden kann. Andererseits bringt das Biegungsmoment M_b Spannungen σ hervor, die ihren Größtwert σ_{max} ebenfalls am Wellenumfang annehmen, wofür man nach Gl. (19) von § 24

$$\sigma_{max} = \frac{M_b a}{\theta_z}$$

erhält. Das Zusammenwirken von σ_{max} und τ_{max} an derselben Stelle des Querschnittsumfangs bringt eine Anstrengung des Baustoffes hervor, die nach einer der in § 19 besprochenen Annahmen einzuschätzen ist. Nach der wenigstens im deutschen Maschinenbau bis heute noch meist verbreiteten Annahme wird die nach Gl. (28) von § (19) berechnete reduzierte Spannung als Maß für die Bruchgefahr angesehen. Setzt man in dieser Gleichung $\sigma_v = 0$ und σ_u gleich dem vorher berechneten Werte von σ_{max}, ebenso für τ den Wert von τ_{max}, so findet man zunächst

$$\sigma_{red} = \frac{m-1}{2\,m} \cdot \frac{M_b}{\theta_z}\, a + \frac{m+1}{2\,m} \sqrt{4\,\frac{M_v^2}{\theta_p^2}\, a^2 + \frac{M_b^2}{\theta_z^2}\, a^2}.$$

Hierbei ist ferner noch zu beachten, daß beim kreisförmigen Querschnitte

$$\theta_p = 2\,\theta_z$$

ist. Setzt man dies ein, so geht die vorhergehende Gleichung über in

$$\sigma_{red} = \frac{a}{\theta_z} \left\{ \frac{m-1}{2\,m}\, M_b + \frac{m+1}{2\,m} \sqrt{M_v^2 + M_b^2} \right\}.$$

Man erkennt daraus, daß dieselbe Anstrengung des Baustoffes auch durch ein Biegungsmoment M_{red} hervorgebracht würde, das allein im Querschnitte ohne Mitwirkung eines Verdrehungsmomentes zu übertragen wäre. Man nennt dieses Moment, das mit dem in der Klammer enthaltenen Ausdrucke von gleicher Größe sein muß, das reduzierte Biegungsmoment und erhält dafür

$$M_{red} = \frac{m-1}{2\,m}\, M_b + \frac{m+1}{2\,m} \sqrt{M_v^2 + M_b^2} = \frac{3}{8} M_b + \frac{5}{8} \sqrt{M_v^2 + M_b^2}. \quad (81)$$

Der zuletzt angeschriebene Ausdruck gilt für $m = 4$. Das ist eine sehr bekannte und vielfach angewendete Formel.

Ganz anders fällt sie jedoch aus, wenn man sich auf den Boden der Mohrschen Theorie der Bruchgefahr stellt, die mit den Beobachtungstatsachen besser übereinstimmt. Man erhält dann nach Gl. (31) von § 19

$$\sigma_{Mohr} = \sqrt{4\,\frac{M_v^2 a^2}{\theta_p^2} + \frac{M_b^2 a^2}{\theta_z^2}} = \frac{a}{\theta_z} \sqrt{M_v^2 + M_b^2}$$

und hat daher an Stelle von Gl. (81)

$$M_{red} = \sqrt{M_v^2 + M_b^2} \quad\quad (82)$$

zu setzen.

Hiermit ist die Frage der größten Beanspruchung für den kreisförmigen Querschnitt erledigt. Auch bei anderen Querschnitten wird es sich häufig so treffen, daß die größte Biegungsspannung an derselben Stelle mit der größten Verdrehungsspannung zusammenwirkt, oder daß wenigstens dem Größtwerte der einen zugleich ein verhältnismäßig großer Wert der anderen zugeordnet ist. Diese Frage ist von Fall zu Fall je nach der Querschnittsgestalt zu entscheiden.

Die Maschineningenieure waren mit Gl. (81) von jeher bekannt; die Bauingenieure haben sich dagegen mit Fragen von dieser Art bisher noch kaum beschäftigt. Wir wollen daher hier noch ein Beispiel dafür angeben, bei dem sich auch die Bauingenieure genötigt sehen werden, sich für eine bestimmte Annahme über die Bemessung der Bruchgefahr nach einer reduzierten Spannung zu entscheiden.

Bei dem in § 59 behandelten Falle eines halbkreisförmigen I-Trägers, der entweder nach Abb. 102 eine Einzellast P in der Mitte oder auch irgendeine symmetrisch verteilte Belastung aufzunehmen hat, tritt nämlich in der Flanschmitte des Einspannquerschnitts die größte Biegungsspannung σ_{max} mit der größten Verdrehungsspannung τ_{max} an derselben Stelle zugleich auf, und man kommt daher nicht um die Beantwortung der Frage herum, wovon unter diesen Umständen die Anstrengung des Baustoffes oder die Bruchgefahr abhängen.

Für die Biegungsspannung erhält man hier, wenn h die Trägerhöhe bedeutet,

$$\sigma_{max} = \frac{M_b}{\theta_z} \cdot \frac{h}{2}$$

und für die Verdrehungsspannung nach Gl. (44) von § 42

$$\tau_{max} = \frac{M_v}{J} a_1 ,$$

worin a_1 die Flanschdicke bezeichnet. Nun ist zwar a_1 weit kleiner als die halbe Trägerhöhe und auch M_v ist in dem Beispiele, auf das wir hinwiesen, weniger als halb so groß als M_b. Da aber bei einem I-Träger, wie wir früher fanden, J unter gewöhnlichen Umständen weniger als ein Hundertstel von θ_z ausmacht, wird in allen Fällen ähnlicher Art entweder τ_{max} trotzdem größer ausfallen als σ_{max} oder wenigstens nicht viel darunter bleiben.

Unter der Voraussetzung, daß keine der beiden Spannungen σ_{max} und τ_{max} gegen die andere vernachlässigt werden darf, hat man ebenso wie bei der Kurbelwelle eine reduzierte Spannung als Maß für die Bruchgefahr zu berechnen, indem man sich dabei entweder auf die im deutschen Maschinenbau übliche Annahme oder auf die Theorie von Mohr stützt. Im ersten Falle erhält man mit $m = 4$

$$\sigma_{red} = \frac{3}{8} \cdot \frac{M_b h}{2\theta_z} + \frac{5}{8} \sqrt{4 \frac{M_v^2 a_1^2}{J^2} + \frac{M_b^2 h^2}{4\theta_z^2}} . \tag{83}$$

Dagegen wird nach der Theorie von Mohr

$$\sigma_{red} = \sqrt{4 \frac{M_v^2 a_1^2}{J^2} + \frac{M_b^2 h^2}{4\theta_z^2}} . \tag{84}$$

Wir halten, wie schon öfters bemerkt, die letzte Formel für die besser begründete und wollen sie daher bei der weiteren Ausrechnung zugrunde legen.

Gl. (84) ist noch unabhängig von dem besonderen Beispiele. Setzen wir dagegen bei dem in § 59 behandelten Träger für M_v und M_b im Einspannquerschnitt die in Gl. (68) und Gl. (69) aufgestellten Werte ein, so geht die vorige Gleichung über in

$$\sigma_{\text{red}} = \frac{Pr}{4}\sqrt{2,1\,\frac{a_1^2}{J^2} + \frac{h^2}{\theta_z^2}}\,. \tag{85}$$

Da bei den I-Trägern θ_z in der Regel mehr als hundertmal größer ist als J, hängt freilich bei diesem Beispiele die Bruchgefahr, oder genauer gesagt die Gefahr einer Überschreitung der Proportionalitätsgrenze in erster Linie von dem Verdrehungsmomente M_v ab, so daß man hier auch damit auskommt, die Beanspruchung durch das Biegungsmoment M_b ganz zu vernachlässigen. Hiermit entfällt die Notwendigkeit, sich für die Anwendung einer der beiden Gleichungen (83) oder (84) zu entscheiden, wenn man nur beachtet, daß die zulässige Schubspannung jedenfalls kleiner ist als die zulässige Zug- oder Druckspannung.

Jedenfalls wäre es aber durchaus verfehlt, die Beanspruchung gegen Verdrehen gegenüber der auf Biegen zu vernachlässigen, wie es bisher vielfach geschehen ist.

VI. Platten, Rohre und Gefäße.

Wir verstehen unter „Platte" einen Körper, der nach zwei Koordinatenrichtungen wesentlich größere Längenabmessungen hat als nach der dritten Richtung und an dem (im Gegensatz zur Scheibe) Kräfte *senkrecht zur Plattenfläche* auftreten, die eine Verbiegung zur Folge haben. Plattenförmige Körper werden in der Technik sehr viel und in verschiedenartigster Formgebung verwendet. Die einfachste Form der Platte, mit der wir uns im Nachfolgenden allein befassen wollen, ist dadurch gekennzeichnet, daß die Plattendicke δ an allen Stellen gleich und klein gegen die Oberflächenabmessungen ist.

Da die Platten auf Biegung beansprucht werden, schließt sich die Berechnung der Platten eng an die Biegungsberechnung von Balken an; es besteht allerdings der wesentliche Unterschied, daß man bei der Plattenberechnung auf die Ausdehnung in drei Richtungen zu achten hat, während die Betrachtung der Spannungsverteilung im gebogenen Balken als zweidimensionale Aufgabe behandelt wird. Der Durchführung der Plattenberechnung stehen deshalb erheblich größere Schwierigkeiten entgegen als der Biegungsberechnung von Balken. Es ist zur Durchführung der Spannungsberechnung von Platten — selbst bei denen von der einfachsten Form — immer nötig, vereinfachende Annahmen zugrunde zu legen, um überhaupt zu einem zahlenmäßigen Ergebnis über die Spannungsverteilung und die zugehörigen Formänderungen zu gelangen.

Die Vereinfachungen, die man bei den Plattenberechnungen zu machen hat, gehen also nach zwei Richtungen: Man hat erstens die Grenzbedingungen so einfach zu wählen, daß man die Aufgabe überhaupt in Gleichungen fassen kann, und man hat zweitens vereinfachende Annahmen über die Art der Spannungsverteilung zu machen, um die aufgestellten Gleichungen lösen zu können. Die Kunst bei der Lösung der Aufgabe besteht darin, die Vereinfachungen so zu treffen, daß mit ihnen einerseits möglichst geringe Fehler verbunden sind, und daß andrerseits die Durchführung der Aufgabe möglichst erleichtert wird. Die Behandlung der Plattenaufgaben bietet unter diesen Umständen ein reiches Feld für theoretische Betrachtungen.

Zu den vereinfachenden Annahmen der ersten Art (einfache Grenzbedingungen) gehören vor allem: 1. die Form der Platte — man achtet nicht auf Verstärkungen, Rippen oder Anbohrungen, sondern setzt überall gleiche Plattenstärke δ voraus —; 2. die Art der Auflagerung — man setzt gleichmäßige Verteilung der Auflagerung über die gesamte Auflagerkante voraus und vernachlässigt gewöhnlich einspannende Kräfte, die an der Auflagerstelle übertragen werden —; 3. der über die Auflagerkante überstehende Teil der Platte wird, wiewohl er tatsächlich an der Spannungsübertragung teilnimmt, vernachlässigt; 4. bei der Belastung durch Einzellast nimmt man an, daß die Kraft in einem *Punkt* angreift, während sie tatsächlich stets auf eine Fläche wirkt usw.

Bei der großen Tragweite dieser Vernachlässigungen ist es klar, daß eine strenge Durchrechnung der Spannungsverteilung für den durch die vereinfachten Grenzbedingungen gegebenen Fall wenig Wert hätte. Gewöhnlich macht man deshalb auch bei der Durchrechnung stark vereinfachende Annahmen über die Spannungsverteilung und begnügt sich mit einer Näherungstheorie, auf die wir im Nachfolgenden eingehen wollen.

§ 63. **Die Bachsche Näherungstheorie.** a) **Die kreisförmige Platte mit Einzellast in der Mitte.** Wir setzen eine kreisförmige Platte mit Einzellast P in der Mitte voraus. Wir machen dazu die vereinfachende Annahme, daß P in einem Punkte und zwar im Mittelpunkte O der Kreisfläche angreifen möge. Der bezogene Auflagedruck in O würde unter diesen Umständen allerdings unendlich groß, und es würden in nächster Umgebung von O unendlich große Spannungen ausgelöst werden. Tatsächlich verteilt sich aber eine Einzellast über eine nicht allzu kleine Fläche, und die in der Umgebung des Kraftangriffs auftretende Sonderbeanspruchung, die der Biegungsbeanspruchung zuzuzählen ist, ist deshalb in der Regel vernachlässigbar klein gegenüber der Biegungsbeanspruchuug — eine Annahme, die in gleicher Weise schon für die Umgebung des Kraftangriffs beim gebogenen Balken gemacht worden ist.

Es kommen in der Praxis allerdings auch Fälle vor, in denen die Sonderbeanspruchung in der Umgebung des Kraftangriffs nicht vernachlässigt werden darf, und zwar trifft das vor allem dann zu, wenn die Einzellast auf die Platte durch ein Zwischenglied mit großem Elastizitätsmodul und hoher Fließgrenze übertragen wird (z. B. durch eine Stütze aus gehärtetem Stahl). Wenn die Stütze in einem solchen Falle auch mit einer einigermaßen ausgedehnten Fläche auf der Platte ruht, so darf man doch nicht annehmen, daß die Kraft von der Stütze gleichmäßig auf die Platte übertragen werde. Denn tatsächlich liegt die Stütze nicht auf der ganzen Fläche, sondern nur an

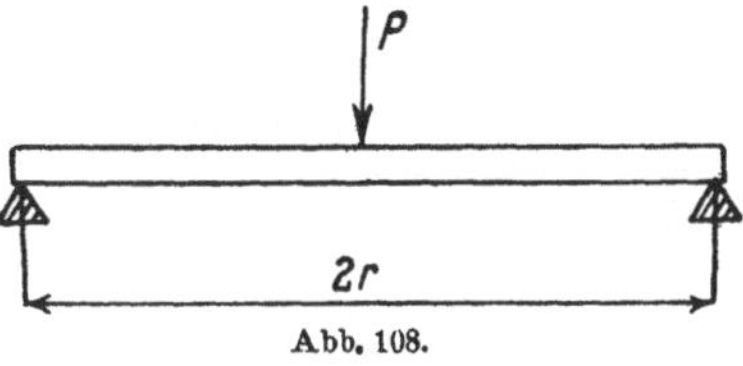

Abb. 108.

einzelnen Stellen von ganz geringer Ausdehnung auf. Die Sonderbeanspruchung an diesen Stellen ist deshalb nicht mehr vernachlässigbar klein gegen die Biegungsbeanspruchung. Auf diese Frage, die in gleicher Weise auch bei der Kraftübertragung auf anders gebildete Körper (Wellen, Balken usw.) auftritt, wird im 8. Kapitel an Hand von Versuchsergebnissen an auf Biegung beanspruchten Wellen zurückgekommen werden, so daß hier ein Hinweis auf jene Ausführungen genügt.

Wir werden uns also im Nachfolgenden nur um die Biegungsbeanspruchungen, die in der Platte durch die Einzellast P in der Mitte hervorgerufen werden, kümmern. Als weitere äußere Kraft greift die Auflagekraft $Q = 2r\pi q = P$ an der Platte an, von der wir ebenfalls annehmen wollen, daß sie gleichmäßig ($q =$ konst.) über die Stützkante $2r\pi$ verteilt ist. Auch hier könnte der Einwand erhoben werden, daß Platte und Unterlage, wenn sie aus Material mit hohem Elastizitätsmodul (z. B. Eisen) bestehen, theoretisch nur in drei Punkten, praktisch in Flächen von geringer Ausdehnung aufliegen werden. Aus der Erfahrung weiß man ja, daß man mitunter eine wenig belastete Platte ähnlich wie einen Tisch auf vier ungleich langen Beinen durch Änderung der Kraftverteilung ins Wackeln und zum Klappern bringen kann. Sobald aber die Belastung der Platte größer wird — und dieser Fall interessiert ja vor allem bei Festigkeitsbetrachtungen —, kann man in der Regel annehmen, daß dann auch die Verbiegungen der Platte bei den verhältnismäßig großen Abmessungen in Richtung der Oberfläche so groß sind, daß kleine Ungenauigkeiten in der Auflagefläche ausgeglichen sind und daß eine wenigstens angenähert gleichmäßige Verteilung der Auflagekraft stattfindet. Bei sehr steifen Platten, also vor allem bei kurzen, dicken Platten, kann aber unter Umständen die Annahme, daß sich die Auflagekraft bei der kreisförmigen Platte gleichmäßig über die Auflagefläche verteilt, zu unvollständigen Ergebnissen führen. Die nachfolgende Betrachtung wird auf den einfachsten Fall der gleichmäßig verteilten Auflagekraft beschränkt.

Weiter müssen wir noch eine Annahme über die besondere Art der Auflagerung machen Beim gebogenen Balken war es von Einfluß, ob die Enden des Balkens frei auflagen oder ob sie eingespannt waren. Es ist selbstverständlich, daß es auch für die in der Platte auftretenden Biegungsbeanspruchungen nicht gleich-

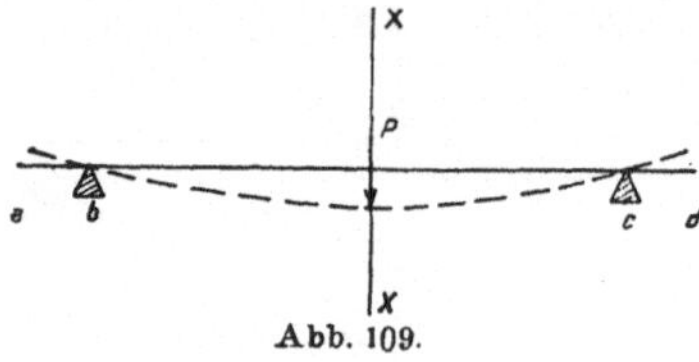

Abb. 109.

gültig sein kann, ob die Enden der Platte eingespannt sind oder nur lose auf der Unterlage aufliegen. Bei der frei aufliegenden Platte kommt es aber (im Gegensatz zum frei aufliegenden Balken) noch darauf an, wieviel der Platte am Umfang über die Auflagerung übersteht. Um das einzusehen, wollen wir zuerst den gebogenen Balken mit überstehenden Enden betrachten. Wir wissen hier, daß die überstehenden Enden ab und cd (Abb. 109) nicht beansprucht sind und deshalb gerade bleiben. Man wird versuchen, das Ergebnis vom gebogenen Balken auf die gebogene Platte zu übertragen und anzunehmen, die elastische Fläche der gebogenen Platte werde als Rotationsfläche aus der elastischen Linie des Balkens durch Drehung um die Mittelachse xx erhalten. Bei der Rotation gehen aber die Strecken ab und cd vor der Beanspruchung durch die Last P in eine Ringfläche und nach der Beanspruchung in eine abgestumpfte Kegelfläche über. Eine Ringfläche kann aber nicht durch einfache Lagenänderung — wie das mit den überstehenden Enden beim Balken der Fall ist — in eine Kegelfläche verwandelt werden, da mit dem Übergang Längenänderungen der einzelnen Teile gegeneinander (Verlängerungen der innenliegenden und Verkürzungen der außenliegenden Teile) verbunden sind. Die Formänderung einer Ringfläche in eine Kegelfläche kann nur durch Spannungen erzwungen werden, die im Plattenquerschnitt an der Auflagerstelle übertragen werden. Das überstehende Ende widersetzt sich also der Schrägstellung des Randes in Richtung der Tangente an die elastische Fläche und wirkt auf diese Weise wie eine teilweise Einspannung, die um so unvollkommener ist, je weniger der Rand der Platte über die Auflagerung übersteht. Bei den nachfolgenden Betrachtungen wollen wir annehmen, der Plattenrand stehe nur so wenig über die Auflagerung über, daß die Beeinflussung des Spannungszustands durch das überstehende Randstück vernachlässigt werden kann.

Wir haben nun einen Schnitt durch die Platte zu legen und das Gleichgewicht der inneren und äußeren Kräfte an dem durch die Schnittlegung abgetrennten Stück zu untersuchen. Den Schnitt legen wir durch den Mittelpunkt O der Platte, da wir hier die größte Beanspruchung des Materials zu erwarten haben.

In Abb. 110 ist die linke Plattenhälfte wiedergegeben. Da auf die gesamte Platte die Belastung P wirkt, kommt auf die Hälfte die von oben wirkende Kraft $\frac{P}{2}$, der die Auflagekraft $\frac{Q}{2} = \frac{P}{2} = r_0 \pi q$ das Gleichgewicht hält. Die beiden äußeren Kräfte $\frac{Q}{2}$ und $\frac{P}{2}$ bilden das Moment $M = \frac{P}{2} a$, dem ein Moment der im Querschnitt übertragenen inneren Kräfte (Spannungen) von gleicher Größe und entgegengesetzter Richtung zugeordnet sein muß. Um die Größe des Momentes anzugeben, müssen wir a bestimmen. $\frac{1}{2} Q \cdot a$ ist das statische Moment der Resultierenden der Auflagekräfte, bezogen auf die Schnittlinie. Auf das Stück vom Zentriwinkel $d\varphi$ wirkt die Auflagekraft $q \cdot r_0 d\varphi$, die den Beitrag

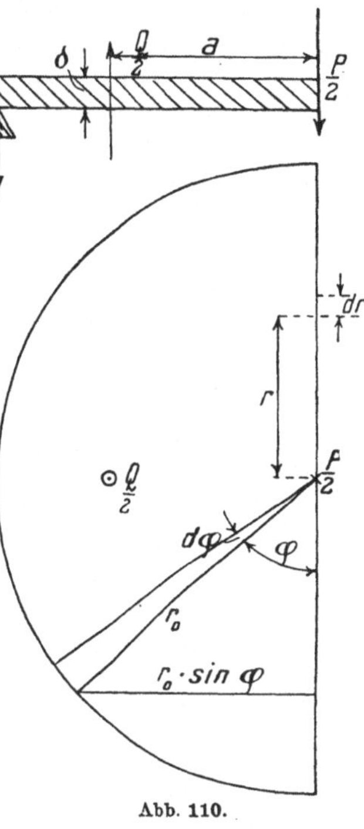

Abb. 110.

$q \cdot r_0 d\varphi \cdot r_0 \sin \varphi$ zum statischen Moment liefert. Es ist also:

$$\tfrac{1}{2} Q a = r_0 \pi q \cdot a = \int_0^\pi q r_0^2 \sin \varphi \, d\varphi = q r_0^2 \left[-\cos \varphi \right]_0^\pi = 2 q r_0^2 \quad (1)$$

und daraus:

$$a = \frac{2}{\pi} r_0; \qquad M = \frac{1}{\pi} r_0 P. \quad (2)$$

Das Biegungsmoment wird eine Beanspruchung ähnlich wie beim gebogenen Balken hervorrufen: die obere Faser wird gedrückt, die untere gespannt sein, und dazwischen muß die neutrale Faser liegen.

Wie sich das Moment M der inneren Kräfte, das als Biegungsmoment im Querschnitt auftritt, über den Querschnitt verteilt, welcher Anteil also z. B. auf das Element $dr \cdot \delta$ (Abb. 110) fällt, ist nicht bekannt. Man wird vermuten, daß der Beitrag zum Moment (auf die Längeneinheit des Querschnitts bezogen) in der Mitte am größten sein und nach dem Rande zu a lmählich abnehmen wird. Über der Unterstützungskante wird überhaupt kein Momentenbeitrag zu berücksichtigen sein, da die Platte hier keine Einsenkung unter der Belastung erfährt. Uns interessiert vor allem die größte Beanspruchung σ_{max}, die an der Oberfläche jener Stelle auftreten wird, wo der Momentenbeitrag den größten Wert hat — also in der Mitte der Platte. Wir stellen σ_{max} einen Wert σ_0 gegenüber, den wir erhalten würden, wenn alle Teile des Querschnitts gleichmäßig zum Moment beitragen würden. Wir fassen also die Platte als einen Balken vom Querschnitt $2r_0\delta$ auf, der durch das Moment M auf Biegung beansprucht wird. Das achsiale Trägheitsmoment der Querschnittsfläche ist $\theta = \dfrac{2r_0\,\delta^3}{12}$. Dann ist:

$$\sigma_0 = \frac{M}{\theta} \cdot \frac{\delta}{2} = \frac{M}{2\,r_0\,\delta^3}\,\frac{12\,\delta}{2} = \frac{3\,M}{r_0\,\delta^2} = \frac{3\,P}{\pi\,\delta^2}. \tag{3}$$

Wir setzen $\sigma_{max} = \mu\,\sigma_0$, wobei nach den vorausgehenden Überlegungen μ größer als 1 sein müßte. Für die tatsächliche Beanspruchung ist aber zu berücksichtigen, daß auch Einflüsse unberücksichtigt geblieben sind, die eine Verminderung der Spannung zur Folge haben; es ist das vor allem die in der Praxis nie ganz erreichbare freie Auflagerung des Endes. Um diese Einflüsse zu berücksichtigen, müßte μ kleiner als 1 gesetzt werden. Über die Größe von μ kann die Theorie keinen Aufschluß geben. Nur soviel ist durch Überlegung anzugeben, daß das Gesetz, nach dem das Moment über die Querschnittsfläche verteilt ist, unabhängig von der Größe der Belastung P und den Längenabmessungen sein wird; d. h. μ wird für ähnlich belastete und aufgelagerte kreisförmige Platten mit Einzellast in der Mitte ein von den Abmessungen und der Belastung unabhängiger Wert sein. Die Größe von μ ist durch Versuche bestimmt worden. Bach fand für gußeiserne Platten, die absichtlich so gelagert waren, daß die in der Berechnung nicht berücksichtigten Randkräfte möglichst gering ausfielen, Werte μ zwischen 0,8 und 1,2, im Mittel also 1,0. Die Gl. (3) gibt deshalb ohne weitere Ergänzung angenähert die maximale Beanspruchung der Platte an.

b) Die kreisförmige Platte mit gleichförmig verteilter Belastung p at. Die Betrachtung wird in gleicher Weise wie für den vorausgehend behandelten Fall durchgeführt. Wir legen wieder einen Schnitt durch den Mittelpunkt und betrachten das Kräftegleichgewicht an der einen Hälfte. Von oben wirkt der resultierende Flüssigkeitsdruck $p \cdot \dfrac{r_0^2\,\pi}{2}$, von unten eine gleich große Auflagekraft. Es ist jetzt nur zu beachten, daß die Resultierende R des

Flüssigkeitsdrucks auf die eine Plattenhälfte nicht wie vorhin in der Mitte, sondern im Abstand b von der Schnittstelle (Abb. 111) angreift. Das Biegungsmoment M ist also jetzt $M = \frac{Q}{2}(a-b)$. Wir müssen zuerst die Größe b bestimmen.

Der Druck p ist gleichmäßig über die Fläche verteilt; auf ein Flächenelement $dF = dr \cdot r \cdot d\varphi$ wirkt der Druck $p \cdot dF$. Die Resultierende geht demnach durch den Schwerpunkt der Fläche. Da der Abstand der Fläche dF von der Querschnittsfläche gleich $r\sin\varphi$ ist, ist:

$$bR = b \cdot p\,\frac{r_0^2\pi}{2} = \int\limits_{r=0}^{r_0}\int\limits_{\varphi=0}^{\pi} p \cdot r\,d\varphi \cdot dr \cdot r\sin\varphi$$

$$= p\,\frac{r_0^3}{3}\left[-\cos\varphi\right]_0^\pi = \frac{2}{3}\,p\,r_0^3 \qquad (4)$$

$$b = \frac{4}{3\pi}\,r_0\,.$$

Unter Berücksichtigung der Gl. (2), die den Abstand a der resultierenden Auflagekraft von der Querschnittsfläche angibt, erhalten wir:

$$M = p\,\frac{r_0^2\pi}{2}(a-b) = \frac{p r_0^3}{3}\,. \qquad (5)$$

Und daraus ebenso wie vorhin:

$$\sigma_0 = \frac{M}{\theta}\cdot\frac{\delta}{2} = \frac{p r_0^3}{r_0\,\delta^2} = p\,\frac{r_0^2}{\delta^2}\,. \qquad (6)$$

Wie groß μ in der Gleichung $\sigma_{max} = \mu\sigma_0$ hier sein wird, muß in jedem Fall besonders ermittelt werden, da bei einer durch Flüssigkeitsdruck belasteten Platte stets eine erhebliche Einspannung durch den Flansch stattfinden wird, die das Ergebnis beeinflußt.

c) Die rechteckige Platte. Es ist von vornherein klar, daß die größte Beanspruchung ebenso wie bei der kreisförmigen Platte in der Mitte auftreten wird. Nach welcher Richtung aber der erste Einriß erfolgt —— ob er parallel zu einer Kante oder parallel zu einer Diago-

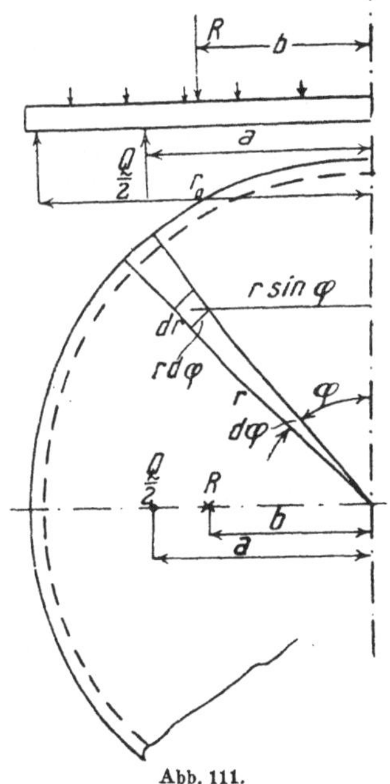

Abb. 111.

nale auftritt —— kann nur der Versuch entscheiden. Versuche in dieser Richtung sind von Bach ausgeführt worden mit dem Ergebnis, daß der erste Einriß nn in Richtung der Diagonale erfolgt (Abb. 112). Wir legen deshalb unseren Schnitt durch die Diagonale und betrachten eine der beiden Plattenhälften von der Form eines rechtwinklig gleichschenkligen Dreiecks. Die resultierende Auflagekraft einer Seite $\frac{Q}{4}$ greift aus Symmetriegründen in der Mitte der Seite an. Die Resultierende $\frac{Q}{2}$ auf die Plattenhälfte hat demnach den Abstand a gleich ein Viertel der Diagonale von der Schnittfläche:

$$a = \frac{c\sqrt{2}}{4}.\tag{7}$$

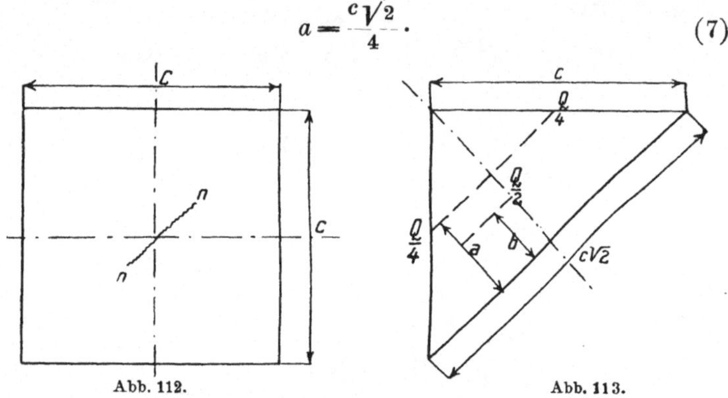

Abb. 112.   Abb. 113.

Nehmen wir Einzellast in der Mitte P an, so ist:

$$M = \frac{P}{2} \cdot a = \frac{\sqrt{2}}{8}\,Pc\tag{8}$$

und:

$$\sigma_0 = \frac{M}{W} = \frac{\sqrt{2}\,P \cdot c \cdot 6}{8 \cdot c\sqrt{2} \cdot \delta^2} = \frac{3}{4}\frac{P}{\delta^2}\tag{9}$$

oder, wie ein Vergleich mit Formel (3) lehrt, ein wenig kleiner als bei der kreisförmigen Platte.

Bei gleichförmig verteilter Belastung ist der Abstand b der Resultierenden des äußeren Druckes (Abb. 113) gleich ein Drittel der Dreieckshöhe, also:

$$b = \frac{c\sqrt{2}}{6}\tag{10}$$

$$M = \frac{c^2}{2}\,p(a - b) = \frac{\sqrt{2}}{24}\,c^3 p\tag{11}$$

$$\sigma_0 = \frac{\sqrt{2}\,c^3 p \cdot 6}{24 \cdot c\sqrt{2}\,\delta^2} = \frac{p}{4}\frac{c^2}{\delta^2}\tag{12}$$

Ein Vergleich mit Formel (6) zeigt, daß die Beanspruchung die gleiche ist wie bei der kreisförmigen Platte, deren Durchmesser gleich der Kantenlänge des Quadrats ist.

§ 64. **Die strenge Theorie für die kreisförmige Platte mit gleichförmiger Belastung** p Wie schon erwähnt, genügen die Ergebnisse der Bachschen Näherungstheorie der im praktischen Fall so unvollständig zu fassenden Grenzbedingungen wegen in der Regel für die Berechnung der größten *Beanspruchung*. Die bisher angestellten Betrachtungen geben aber keinen Aufschluß über den Biegungspfeil f. Ferner ist die Beantwortung von Sonderfragen — z. B. der Einfluß einer vollständigen Einspannung, oder eines um einen bestimmten Betrag überstehenden Plattenendes auf die Spannungsverteilung, oder das Gesetz, nach dem die Spannungen von der Mitte nach dem Rande zu abnehmen — mit Hilfe der Näherungstheorie nicht möglich. Für weitergehende Betrachtungen ist man deshalb auf die strengere Theorie angewiesen, die wir wenigstens für den einfachsten Fall der *kreisförmigen Platte, auf die von einer Seite ein Flüssigkeitsdruck einwirkt,* bringen wollen.

Die Aufgabe, die Durchbiegung einer Platte zu berechnen, schließt sich an die früher schon behandelte Aufgabe der Berechnung eines auf Biegung beanspruchten Balkens an. Damals hatten wir der Betrachtung die Bernoullische Annahme, daß ebene Querschnitte bei der Formänderung eben bleiben, zugrunde gelegt. Eine entsprechende Annahme werden wir bei der kreisförmigen Platte dadurch treffen können, daß wir sagen: Gerade senkrecht zur Platte bleiben bei der Formänderung Gerade; oder aus Symmetriegründen: Zylindrische Querschnitte mit der Mittelsenkrechten auf die Platte als Mittellinie gehen bei der Formänderung in Kegelflächen mit der gleichen Mittellinie über.

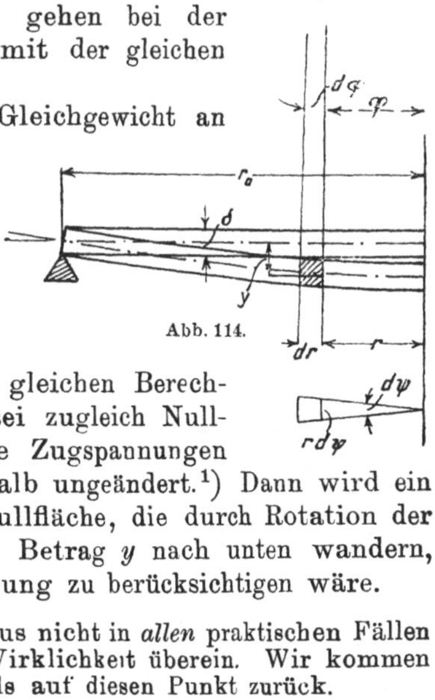

Wir untersuchen nun das Gleichgewicht an einem Element vom Volumen $\delta \cdot dr \cdot r\,d\psi$ (Abb. 114). Die Mittellinie des Elementes ist infolge der Beanspruchung um den Betrag y nach unten verschoben worden. Wir nehmen nun ähnlich wie beim gebogenen Balken — aber nicht mit der gleichen Berechtigung — an, die Mittellinie sei zugleich Nulllinie, d. h. in ihr treten keine Zugspannungen

Abb. 114.

auf und ihre Länge bleibe deshalb ungeändert.[1] Dann wird ein Punkt der Nullinie (richtiger Nullfläche, die durch Rotation der Nullinie entsteht) nur um den Betrag y nach unten wandern, ohne daß eine radiale Verschiebung zu berücksichtigen wäre.

---

[1] Diese Annahme trifft durchaus nicht in *allen* praktischen Fällen auch nur angenähert mit der Wirklichkeit überein. Wir kommen zum Schluß des Absatzes nochmals auf diesen Punkt zurück.

Die Längenänderungen, die an den Kanten des Elements $\delta \cdot dr \cdot r\, d\psi$ auftreten, können nun angegeben werden. Im Abstand z von der Mittellinie ist der Kreis vom Halbmesser r in einen solchen vom Halbmesser $r + z\varphi$ überführt worden, wenn φ den Winkel bezeichnet, um den sich die Senkrechte auf die Plattenfläche an der Stelle r gegen die Mittelsenkrechte an der Stelle $r = 0$ gedreht hat (Abb. 115); die tangentiale Dehnung ε_t beträgt demnach:

$$\varepsilon_t = \frac{(r + z\varphi)\,\psi - r\,\psi}{r\,\psi} = \frac{z\,\varphi}{r}. \tag{14}$$

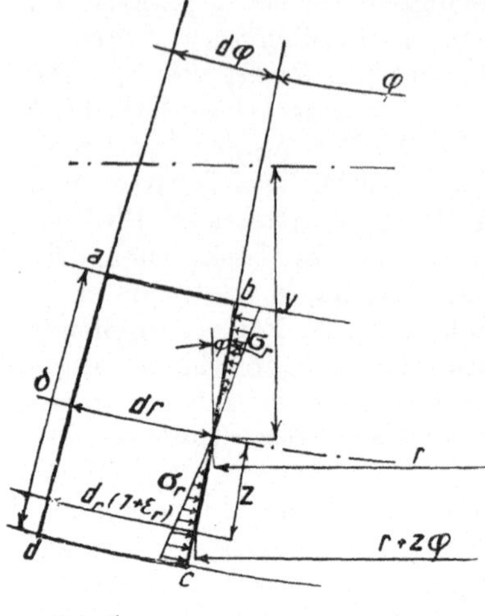

Die radiale Dehnung ε_r im Abstand z ergibt sich aus der Schiefstellung der beiden Seiten $a\,d$ und $b\,c$ zueinander. Die beiden Seiten, die ursprünglich parallel waren, sind nach der Formänderung um den Winkel $d\varphi$ gegeneinander geneigt.

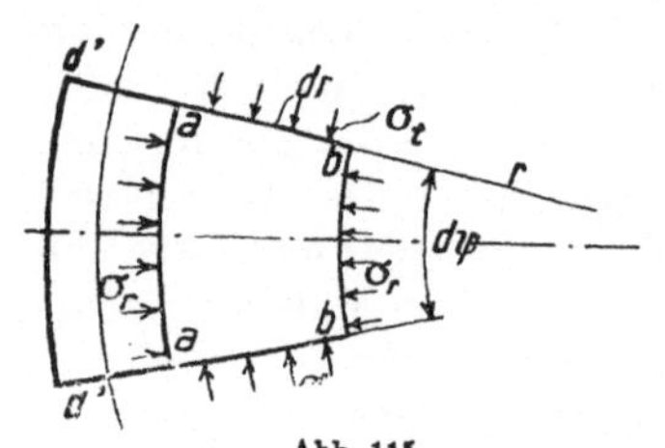

Abb. 115.

$$\varepsilon_r = \frac{\left[dr + z\left(\varphi + \frac{d\varphi}{dr} \cdot dr\right) - z\varphi \right] - dr}{dr} = z \cdot \frac{d\varphi}{dr}. \tag{15}$$

Der Inhalt der eckigen Klammer gibt die Länge der Kante dr nach der Formänderung an, wenn noch die Annahme gemacht ist, daß z nach unten positiv gezählt wird. Die Formeln (14) und (15) sind so gebaut, daß ε_t und ε_r Null werden für die Mittelfläche ($z = 0$).

Die Normalspannungen in Schnitten parallel zur Mittelfläche werden von der Größenordnung des äußeren Druckes p, also klein im Vergleich zu den durch die Biegung hervorgerufenen Spannungen σ_t und σ_r sein. Wir können sie vernachlässigen. Dann ist:

$$\varepsilon_t = \frac{\sigma_t}{E} - \frac{\sigma_r}{m\,E}, \qquad\qquad \varepsilon_r = \frac{\sigma_r}{E} - \frac{\sigma_t}{m\,E}, \tag{16}$$

und daraus je durch Elimination der einen Unbekannten σ_r bzw. σ_t:

$$\sigma_t = \frac{mE}{m^2-1}\,(m\,\varepsilon_t + \varepsilon_r) \qquad \sigma_r = \frac{mE}{m^2-1}\,(m\,\varepsilon_r + \varepsilon_t)$$

$$= \frac{mE}{m^2-1}\,z\left(m\,\frac{\varphi}{r} + \frac{d\varphi}{dr}\right), \qquad = \frac{mE}{m^2-1}\,z\left(m\,\frac{d\varphi}{dr} + \frac{\varphi}{r}\right). \tag{17}$$

Für ε_t und ε_r sind die Werte aus den Gleichungen (14) und (15) eingesetzt worden. Außer den Normalspannungen wirken noch die Schubspannungen τ in den beiden Kegelflächen von der Höhe δ. Da die Resultierende der τ-Kräfte einer ganzen Querschnittskegelfläche $\delta \cdot 2r \cdot \pi$ der äußeren Kraft $pr^2\pi$ auf die eingeschlossene Plattenfläche das Gleichgewicht halten müssen, ist:

$$2r\pi \int\limits_{z=-\frac{\delta}{2}}^{z=+\frac{\delta}{2}} \tau \cdot dz = pr^2\pi; \qquad \int \tau \cdot dz = \frac{pr}{2}. \tag{18}$$

Wir stellen nun die Gleichgewichtsbedingungen für das Element $\delta \cdot dr \cdot rd\psi$ auf. Die Kräfte nach jeder Richtung sind im Gleichgewicht. Es treten z. B. am oberen Teil Druckkräfte σ in radialer Richtung auf, die beim Weitergehen um dr einen Zuwachs $\frac{d\sigma_r}{dr} \cdot dr$ erleiden. Dazu kommt noch der Zuwachs an Fläche, der ein Anwachsen der Kraft um $\sigma_r \cdot r\,d\psi\,dz$ zur Folge hat, so daß an der *oberen* Hälfte des Elements in Abb. 116 die resultierende, nach innen

wirkende Kraft $\displaystyle\int\limits_{z=0}^{\frac{\delta}{2}} \frac{d}{dr}(\sigma_r r\,d\psi\,dz) \cdot dr$

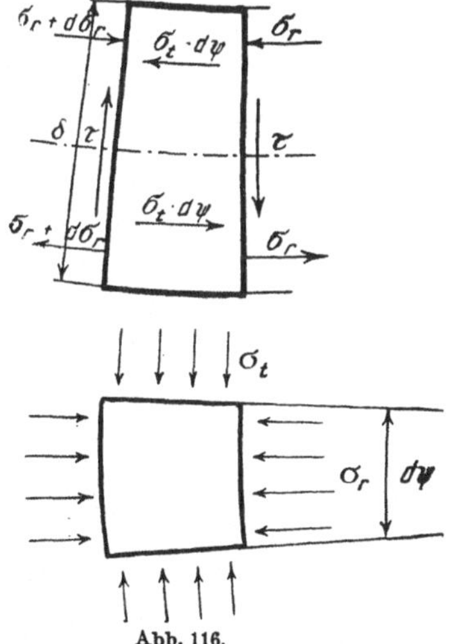

Abb. 116.

ausgeübt wird. An der *unteren* Hälfte treten an entsprechenden Stellen gleich große Spannungen σ_r wie oben nur mit entgegengesetztem Vorzeichen auf, so daß die σ_r insgesamt am Element keine resultierende Kraft, sondern nur ein resultierendes Moment M_{σ_r} hervorrufen, das das Element im Sinne des Uhrzeigers zu drehen sucht. Die Beiträge zum Moment werden erhalten, indem man die Kraft auf ein Flächenelement mit dem Abstand z von der Mittellinie multipliziert. Es ist unter Berücksichtigung der Gl. (17), die den Wert für σ_r liefert:

$$M_{\sigma_r} = \int\limits_{z=-\frac{\delta}{2}}^{z=+\frac{\delta}{2}} \left[\frac{d}{dr}\left(\sigma_r \cdot r \cdot d\psi\, dz\right)\right] \cdot z \cdot dr$$

$$= \frac{mE}{m^2-1}\, dr\, d\psi \int \frac{d}{dr}\left(m\, r\, \frac{d\varphi}{dr} + \varphi\right) z^2 dz \qquad\qquad (19)$$

$$= \frac{mE}{m^2-1}\, dr\, d\psi\, \frac{\delta^3}{3\cdot 4}\left(m\, r\, \frac{d^2\varphi}{dr^2} + m\, \frac{d\varphi}{dr} + \frac{d\varphi}{dr}\right).$$

Die Differentiation unter dem Integralzeichen mußte für jede Faser bei unveränderlichem z und veränderlichem r — also in radialer Richtung — die nachfolgende Integration aber in senkrechter (z-)Richtung bei unveränderlichem r ausgeführt werden. Für z^3 ist durch Einsetzen der beiden Grenzwerte $\frac{\delta^3}{4}$ erhalten worden.

Die gleiche Überlegung haben wir für die tangentiale Richtung (also für die Kräfte σ_t) anzustellen: die resultierende Kraft der σ_t ist an der oberen Hälfte, wo σ_t Druckspannungen sind, nach außen gerichtet — je zwei entsprechend gelegene $\sigma_t \cdot dF$ schneiden sich unter dem Winkel $d\psi$ und liefern die nach außen gerichtete Kraft $\sigma_t \cdot dF \cdot d\psi$. An der unteren Hälfte des Elements liefern die σ_t, die dort als Zugbeanspruchungen auftreten, eine nach innen gerichtete Resultierende von gleicher Größe. Insgesamt rufen also die σ_t ein Moment M_{σ_t} hervor, das in Abb. 116 entgegengesetzt dem Uhrzeigersinn auf das Element einwirkt und das wir deshalb mit einem Minuszeichen versehen:

$$M_{\sigma_t} = -\int\limits_{z=-\frac{\delta}{2}}^{z=+\frac{\delta}{2}} \sigma_t \cdot dr \cdot dz \cdot d\psi \cdot z \qquad\qquad (20)$$

$$= -\frac{mE}{m^2-1}\, dr\, d\psi \left(m\, \frac{\varphi}{r} + \frac{d\varphi}{dr}\right)\frac{\delta^3}{3\cdot 4}.$$

Es bleiben noch die Schubkräfte τ in senkrechter Richtung zu berücksichtigen. Der Zuwachs der $\tau \cdot dF$ bei wachsendem r ist gleich dem Druck auf die Ringfläche, also für den gesamten Ring gleich $p \cdot 2r\pi \cdot dr$, so daß die Resultierende der Schubkräfte der äußeren Kraft das Gleichgewicht hält. Die Schubkräfte geben aber ein Moment M_τ ab, das, wie Abb. 116 zeigt, im Uhrzeigersinn dreht. Der Hebelarm der Kraft ist dr:

$$M_\tau = \int\limits_{z=-\frac{\delta}{2}}^{z=+\frac{\delta}{2}} \tau \cdot dz \cdot r\,d\psi \cdot dr = p\,\frac{r^2}{2}\,dr\,d\psi, \qquad (21)$$

wobei Gl. (18) berücksichtigt ist. Die Verteilung der τ über die Querschnittsfläche ist uns dabei nicht bekannt. Es genügt zu wissen, daß die resultierenden Schubspannungen $\int \tau \cdot dz \cdot r\,d\psi$ auf den beiden Seiten in erster Annäherung gleich groß und entgegengesetzt gerichtet sind und im Abstand dr wirken.

Das Element steht im Gleichgewicht, d. h. die Summe der Momente M_{σ_r}, M_{σ_t} und M_t ist gleich Null. Bei der Summierung lassen wir die jedem Gliede zugehörenden Faktoren $dr\,d\psi$ weg und finden aus Gleichung (19), (20) und (21):

$$\frac{mE}{m^2-1}\frac{\delta^3}{12}\left(m\,r\,\frac{d^2\varphi}{dr^2} + m\,\frac{d\varphi}{dr} + \frac{d\varphi}{dr} - m\,\frac{\varphi}{r} - \frac{d\varphi}{dr}\right) + \frac{pr^2}{2} = 0,$$

$$\frac{m^2E}{m^2-1}\frac{\delta^3}{12}\left(r\,\frac{d^2\varphi}{dr^2} + \frac{d\varphi}{dr} - \frac{\varphi}{r}\right) + \frac{pr^2}{2} = 0; \qquad (22)$$

setzen wir noch

$$\frac{6(m^2-1)}{m^2E\delta^3}\,p = N, \qquad (23)$$

so erhalten wir die Differentialgleichung:

$$r^2\frac{d^2\varphi}{dr^2} + r\,\frac{d\varphi}{dr} - \varphi + Nr^3 = 0 \qquad (24)$$

mit der Lösung (wie man sich durch Differenzieren sofort überzeugen kann):

$$\varphi = -\frac{N}{8}\,r^3 + Br + \frac{C}{r}\cdot \qquad (25)$$

B und C sind die Konstanten, deren Wert aus den Grenzbedingungen zu ermitteln ist.

Die erste Grenzbedingung lautet: In der Mitte — also für $r = 0$ — ist $\varphi = 0$; gibt:

$$C = 0. \qquad (26)$$

Die 2. Grenzbedingung erhalten wir am Rande der Platte, d. h. an der Stelle $r = r_0$; dort muß, wenn der Rand nicht übersteht, σ_r für alle Werte z verschwinden. Oder nach Gl. (17) muß sein:

$$\left[m\frac{d\varphi}{dr} + \frac{\varphi}{r}\right]_{r=r_0} = 0. \qquad (27)$$

Setzen wir hier die Werte aus den Gleichungen (25) und (26) ein, so erhalten wir:

$$- m\,\frac{3N}{8}\,r_0^2 + m\,B - \frac{N}{8}\,r_0^2 + B = 0.$$

$$B = N r_0^2\,\frac{3m+1}{8\,(m+1)}.$$

$$\text{(28)}$$

Und nach Gl. 25:

$$\varphi = \frac{N}{8}\cdot r\cdot\left(r_0^2\,\frac{3m+1}{(m+1)} - r^2\right). \qquad (29)$$

Setzen wir $\qquad\qquad\qquad m = 4 \qquad\qquad\qquad (30)$

so ist $\qquad\qquad \varphi = \frac{N}{8}\,r\left(\frac{13}{5}\,r_0^2 - r^2\right). \qquad (31)$

Die Spannungen erhalten wir aus den Gleichungen (17), (23), (30) und (31):

$$\sigma_t = \frac{4\,E}{15}\,z\cdot\frac{N}{8}\left[4\left(\frac{13}{5}\,r_0^2 - r^2\right) + \frac{13}{5}\,r_0^2 - 3\,r^2\right]$$

$$= \frac{E z}{30}\cdot N\left[13 r_0^2 - 7\,r^2\right] = \frac{3}{16}\,\frac{z p}{\delta^3}\,(13 r_0^2 - 7 r^2). \qquad (32)$$

$$\sigma_r = \frac{4\,E}{15}\,z\cdot\frac{N}{8}\left(\frac{52}{5}\,r_0^2 - 12\,r^2 + \frac{13}{5}\,r_0^2 - r^2\right)$$

$$= \frac{E z}{30}\,N(13 r_0^2 - 13\,r^2) = \frac{3}{16}\,\frac{p z}{\delta^3}\,(13 r_0^2 - 13 r^2). \qquad (33)$$

$(\sigma_r)_{\max}$ und $(\sigma_t)_{\max}$ sind einander gleich und treten beide in der Mitte $(r = 0)$ an der Ober- und Unterfläche $\left(z = \pm\,\frac{\delta}{2}\right)$ auf; dort ist:

$$(\sigma_r)_{\max} = (\sigma_t)_{\max} = \frac{3\cdot 13}{16\cdot 2}\cdot p\,\frac{r_0^2}{\delta^2} = 1{,}22\,p\,\frac{r_0^2}{\delta^2}, \qquad (34)$$

während die Annäherungsformel den Wert $\sigma_{\max} = p\,\dfrac{r_0^2}{\delta^2}$ geliefert hatte.

Da die Normalspannung in der Schnittrichtung parallel zur Oberfläche vernachlässigt werden soll, ist $\sigma_{\max}$ nach der Mohrschen Theorie auch zugleich σ_{red} also ein Wert für die Beanspruchung des Materials.

Die elastische Linie der Platte erhalten wir aus der Überlegung, daß

$$\operatorname{tg}\varphi = \varphi = -\,\frac{d y}{d r}\,(\text{Abb. 114}). \qquad (35)$$

Aus den Gleichungen (23), (30) und (31) folgt demnach:

$$\frac{dy}{dr} = -\frac{45}{64}\frac{p}{E\delta^3}\left(\frac{13}{5}\,r\,r_0^2 - r^3\right)$$

$$y = -\frac{45}{64}\frac{p}{E\delta^3}\left(\frac{13}{10}\,r^2 r_0^2 - \frac{r^4}{4} + D\right)\cdot$$

$$(36)$$

Für $r = r_0$ muß $y = 0$ sein:

$$D = r_0^4\left(-\frac{13}{10} + \frac{1}{4}\right) = -\frac{21}{20}\,r_0^4;$$

daraus:
$$y = -\frac{45}{64}\frac{p}{E\delta^3}(1{,}3\,r^2 r_0^2 - 1{,}05\,r_0^4 - 0{,}25\,r^4), \qquad (37)$$

und die größte Durchbiegung y_0 in der Mitte ($r = 0$):

$$y_0 = \frac{45}{64}\frac{p}{E\delta^3}\cdot 1{,}05\,r_0^4 = 0{,}74\cdot\frac{p\,r_0}{E}\cdot\frac{r_0^3}{\delta^3}. \qquad (38)$$

Es würde noch vor allem eine Betrachtung interessieren, inwieweit eine Einspannung am Ende, die ja gerade bei gleichförmig verteilter Belastung durch die Flanschverbindung erzielt wird, das Ergebnis beeinflußt, zumal die Näherungstheorie über diese Frage keinen Aufschluß geben kann. Die Untersuchung würde uns aber hier zu weit führen; sie ist in A. Föppl „Vorlesungen" Band III zu finden.

Es soll nur noch eine Betrachtung darüber angestellt werden, innerhalb welcher Grenzen die gewonnenen Ergebnisse gültig sind. Wir haben bei der Aufstellung der Gleichungen die Annahme gemacht, daß die Durchbiegung der Platte klein sein soll oder, was das gleiche ist, daß in der Mittelebene keine Spannungen auftreten. Tatsächlich wird ja aber durch den Übergang der *ebenen* Mittelfläche in die *gewölbte* eine Dehnung der Mittelfläche stattfinden, wie eine einfache Überlegung, die von der Theorie des gebogenen Balkens ausgeht, sofort erkennen läßt.

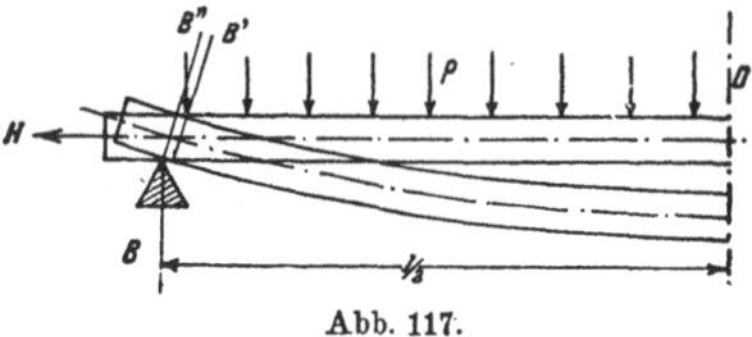

Abb. 117.

Abb. 117 stellt die eine Hälfte eines auf Biegung beanspruchten Balkens dar. Wenn wir hier annehmen wollten, daß der Auflagerungspunkt in der Balkenmittellinie über der Stelle B festgehalten würde, so würde durch den Übergang der geraden Mittellinie in die elastische Linie eine Längung der mittleren Faser eintreten. Es müßte also ein Horizontalzug H auf den Balken ausgeübt werden, um den Punkt B festzuhalten. Oder wenn H nicht auftritt, wird die Mittellinie nicht gereckt, und der Balken rutscht ein wenig über der Auflagerungsstelle. Diese

Erscheinung kann ja bei langen dünnen Brettern, die an beiden Enden frei aufliegen, leicht mit dem bloßen Auge verfolgt werden: Wenn man z. B. ein langes Brett mehrmals hintereinander be- und entlastet hat, so kann man bei geeigneter Ausbildung der Auflagerstelle B nachträglich auf der Unterseite des Brettes eine vom Hin- und Herrutschen blank geriebene Fläche $B'B''$ (Abb. 117) erkennen.

Wir stellen uns jetzt unter Abb. 117 den Querschnitt durch eine Platte vor, deren Halbmesser $\frac{l}{2} = OB'$ beträgt. Wir betrachten die Auflagerfaser vor der Beanspruchung. Ihre Länge ist $2\pi(OB')$. Wenn bei der Beanspruchung wieder ein Rutschen um das Stück $B'B''$[1]) stattfindet, so erfährt dabei der nach der Beanspruchung über der Auflagerung liegende Kreis der Mittelfläche eine Zusammenpressung $\varepsilon_t = \dfrac{B'B''}{OB}$. Diese Zusammenpressung des ringförmigen Randes kann aber nur durch radiale Zugkräfte bewirkt werden, die in Abb. 117 in einiger Entfernung vom Rand als Horizontalzug H auftreten. Die Folge des Horizontalzuges ist aber, daß die Mittellinie in radialer Richtung bei der Beanspruchung eine Längung erfährt, also nicht spannungsfrei bleibt. Und diese gleichmäßige radiale Zugbeanspruchung, die man sich über die Biegungsbeanspruchung gelagert denken kann, ist im Vorausgehenden vernachlässigt worden.

Der Einfluß der gleichmäßigen radialen Zugbeanspruchung wird gegenüber den durch die Verdrehung des Elementes ausgelösten Biegungsbeanspruchungen um so weniger ins Gewicht fallen, je geringer im Vergleich zum Plattendurchmesser der Biegungspfeil ist. Die im Vo ausgehenden entwickelte Theorie, bei der die Längung der Mittelfaser vernachlässigt, also keine gleichmäßig übergelagerte radiale Zugbeanspruchung vorausgesetzt worden ist, können wir deshalb als die Theorie der *dicken* Platte oder die Theorie der *biegungssteifen* Platte bezeichnen. Es kann anderseits auch die Theorie für die besonders dünne Platte (auch Haut genannt) entwickelt werden, bei der die eigentlichen Biegungsspannungen gegenüber den gleichmäßig über die Plattendicke verteilten radialen Zugspannungen (und tangentialen Druckspannungen) vernachlässigt werden. Und schließlich können beide Beanspruchungsarten miteinander verbunden werden. An dieser Stelle wollen wir uns mit dem Hinweis begnügen, daß die weitergehende Behandlung in „Drang und Zwang" Band I zu finden ist.

---

1) Die Betrachtung müßte eigentlich auf der Mittellinie durchgeführt werden. Für dünne Platten, für die die radiale Formänderung der Mittelfläche von besonderer Wichtigkeit ist, kann die Mittelfläche aber durch die untere Begrenzungsfläche ersetzt werden.

§ 65. Spannungsverteilung in dickwandigen Rohren.

Bei den gewöhnlich in der Praxis vorkommenden Rohrberechnungen hat man es mit dünnwandigen Rohren zu tun, d. h. mit Rohren, bei denen die Wandstärke δ klein ist gegen den Rohrhalbmesser r. Man setzt dann gleichmäßige Verteilung der Spannung σ_0 über den Querschnitt $(\delta \cdot l)$ voraus ($l =$ Rohrlänge). Aus der Gleichgewichtsbetrachtung an der oberen Rohrhälfte in Abb. 118 folgt:

$$2\sigma_0 \cdot \delta \cdot l = p \cdot 2r_1 \cdot l;$$

$$\sigma_0 = p\,\frac{r_1}{\delta}\,. \tag{39}$$

Die Annahme gleichmäßiger Spannungsverteilung ist aber nur bei dünnwandigen Rohren zulässig. Wenn die Wandstärke δ im Vergleich zu r beträchtliche Werte annimmt, muß man die Betrachtung der Spannung an einem Element durchführen und auf die gesamte Wandstärke integrieren.

Wir betrachten das Gleichgewicht an einem Elemente der Rohrwand von der Länge senkrecht zum Papier l und von den Kantenlängen $r\,d\varphi$ und dr. An den radialen und tangentialen Schnittflächen können aus Symmetriegründen nur Normalkräfte auftreten. Die tangentialen Kräfte $\sigma_t\,l\,dr$ an den beiden radialen Schnittflächen haben eine nach innen gerichtete Resultierende $\sigma_t \cdot l\,dr \cdot d\varphi$. Die radialen Kräfte, die auf der Innenseite in der Größe $\sigma_r \cdot l\,r\,d\varphi$ und auf der Außenseite entsprechend dem Zuwachs des Halbmessers und der Spannung in der Größe $\left(\sigma_r + \dfrac{d\,\sigma r}{d\,r} \cdot d\,r\right)$ $l \cdot (r +\,dr)\,d\varphi$ wirken, heben sich bis auf die von den beiden Zuwachsen herrührenden Glieder gegeneinander heraus. Es ist also:

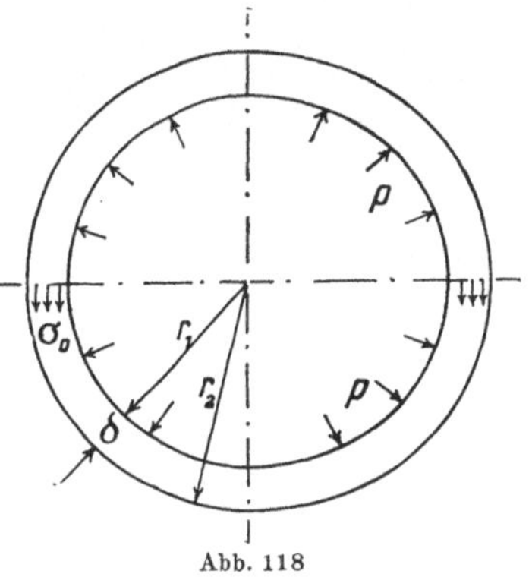

Abb. 118

$$\sigma_t \cdot l\,dr \cdot d\varphi = \left(\sigma_r \cdot dr + \frac{d\sigma_r}{d\,r} \cdot r\,dr + \frac{d\sigma_r}{d\,r} \cdot dr \cdot dr\right) l\,d\varphi. \tag{40}$$

Das letzte Glied in der Klammer ist von der 2. Ordnung klein gegen die beiden vorausgehenden, die nur von der 1. Ordnung klein sind; es kann deshalb weggelassen werden.

$$\sigma_t = \sigma_r + r\,\frac{d\sigma_r}{dr} \tag{41}$$

Wir haben zwei Unbekannte — σ_t und σ_r in Abhängigkeit von r — und *eine* Gleichung. Eine zweite Gleichung liefert die Betrachtung der Formänderung, die ebenfalls aus Symmetriegründen nur in der Weise vor sich gehen kann, daß jeder Punkt eine radiale — keine tangentiale — Verschiebung erleidet. Wir nennen die Verschiebung ξ und die Dehnungen in radialer und tangentialer Richtung ε_r bzw. ε_t; ein Element im Abstand r geht also infolge der Formänderung in $r + \xi$ über, wobei $\xi = f(r)$.

$$\varepsilon_t = \frac{(r + \xi)\,d\varphi - r\,d\varphi}{r\,d\varphi} = \frac{\xi}{r}. \tag{42}$$

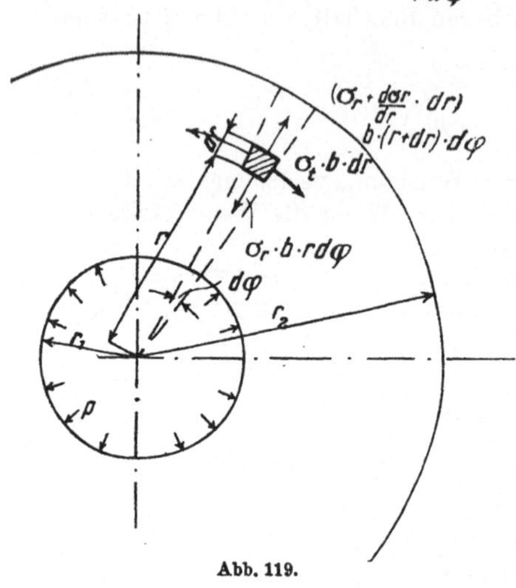

Abb. 119.

ε_t ist der Definition nach als „Länge nach der Formänderung weniger ursprüngliche Länge geteilt durch ursprüngliche Länge" angeschrieben worden. Die radiale Dehnung erhalten wir, wenn wir beachten, daß der Punkt r des Elements in Abb. 119 in $r + \xi$ und der Punkt $r + dr$ in $r + dr + \xi + \frac{d\xi}{dr} \cdot dr$ übergeht. Der Unterschied beider Entfernungen weniger der ursprünglichen Länge dr und geteilt durch dr gibt nach Definition ε_r:

$$\varepsilon_r = \frac{dr + \frac{d\xi}{dr} \cdot dr - dr}{dr} = \frac{d\xi}{dr}. \tag{43}$$

Aus den Gleichungen (42) und (43) können wir ξ eliminieren:

$$\frac{d\xi}{dr} = \varepsilon_r = \varepsilon_t + r\frac{d\varepsilon_t}{dr}. \tag{44}$$

Wir haben einen zweidimensionalen Spannungszustand; für ihn ist:

$$\varepsilon_r = \frac{\sigma_r}{E} - \frac{\sigma_t}{mE}; \tag{45}$$

und

$$\varepsilon_t = \frac{\sigma_t}{E} - \frac{\sigma_r}{mE}. \tag{46}$$

Wir haben jetzt vier Unbekannte σ_r, σ_t, ε_r, ε_t und dazu die vier Gleichungen (41), (44), (45) und (46). Wir lösen nach einer der Unbekannten (z. B. nach σ_r) auf und setzen zuerst die Werte von ε_r und ε_t in Gl. (44) ein:

$$\frac{\sigma_r}{E} - \frac{\sigma_t}{mE} = \frac{\sigma_t}{E} - \frac{\sigma_r}{mE} + \frac{r}{E}\left(\frac{d\sigma_t}{dr} - \frac{1}{m}\frac{d\sigma_r}{dr}\right)$$

$$(\sigma_r - \sigma_t)\frac{m+1}{m} = r\left(\frac{d\sigma_t}{dr} - \frac{1}{m}\frac{d\sigma_r}{dr}\right). \tag{47}$$

Aus Gl. (41) setzen wir die Werte für $(\sigma_r - \sigma_t)$ und für $\dfrac{d\sigma_t}{dr}$, das wir durch Differenzieren erhalten, ein; dann ist:

$$-\frac{m+1}{m}\, r\, \frac{d\sigma_r}{dr} = r\left(\frac{d\sigma_r}{dr} + \frac{d\sigma_r}{dr} + r\,\frac{d^2\sigma_r}{dr^2} - \frac{1}{m}\,\frac{d\sigma_r}{dr}\right)$$

$$r\,\frac{d^2\sigma_r}{dr^2} + 3\,\frac{d\sigma_r}{dr} = 0\,. \tag{48}$$

Zur Durchführung der Integration setzen wir für $\dfrac{d\varrho_r}{dr} = \gamma$:

$$r\,\frac{d\gamma}{dr} + 3\gamma = 0 \tag{49}$$

$$\gamma = C_1 r^{-3},$$

und dies nochmals integriert gibt:

$$\sigma_r = \int C_1 r^{-3}\cdot dr = -\frac{C_1}{2}\, r^{-2} + C_2\,. \tag{50}$$

Die beiden Integrationskonstanten sind aus den Grenzbedingungen zu ermitteln, und zwar ist $\sigma_r = p$ an der Stelle $r = r_1$ und $\sigma_r = 0$ an der Stelle $r = r_2$:

$$-\frac{C_1}{2}\, r_2^{-2} + C_2 = 0 \tag{51}$$

gibt: $\qquad\qquad C_2 = \dfrac{C_1}{2}\, r_2^{-2}$

und $\qquad -p = -\dfrac{C_1}{2}\, r_1^{-2} + \dfrac{C_1}{2}\, r_2^{-2} = \dfrac{C_1}{2}\,(r_2^{-2} - r_1^{-2})$

$$C_1 = \frac{2\,.p}{r_1^{-2} - r_2^{-2}} = \frac{2\,p\,r_1^2\,r_2^2}{r_2^2 - r_1^2} \tag{52}$$

$$C_2 = \frac{r_1^2\,p}{r_2^2 - r_1^2}\,.$$

p hat ein negatives Vorzeichen erhalten, weil $(\sigma_r)_{r_1} = -p$ eine Druckspannung vorstellt. Die Werte aus Gl. (52) werden in Gl. (50) eingesetzt:

$$\sigma_r = -\frac{p\,r_1^2\,r_2^2}{r_2^2 - r_1^2}\, r^{-2} + \frac{p\,r_1^2}{r_2^2 - r_1^2} = -\frac{p\,r_1^2}{r_2^2 - r_1^2}\left(\frac{r_2^2}{r^2} - 1\right) \tag{53}$$

$$(\sigma_r)_{\text{max}} = -p\,. \tag{54}$$

σ_r hat seinen absolut größten Wert an der Stelle $r = r_1$ und verschwindet an der Stelle $r = r_2$. Den Wert von Gl. (53) setzen wir in Gl. (41) ein:

$$\sigma_t = \frac{-p\,r_1^2}{r_2^2 - r_1^2}\left(\frac{r_2^2}{r^2} - 1\right) + \frac{p\,r_1^2\,r_2^2}{r_2^2 - r_1^2}\cdot\frac{2\,r}{r^3}$$

$$= \frac{p\,r_1^2}{r_2^2 - r_1^2}\left(\frac{r_2^2}{r^2} + 1\right)\,. \tag{55}$$

Die größte Spannung $(\sigma_t)_{\text{max}}$, die dem Absolutbetrage nach größer ist als $(\sigma_r)_{\text{max}}$, tritt ebenfalls an der Stelle $r = r_1$ auf. Dort ist:

$$(\sigma_t)_{\text{max}} = p\,\frac{r_2^2 + r_1^2}{r_2^2 - r_1^2} = p\,\frac{\varrho^2 + 1}{\varrho^2 - 1}, \tag{56}$$

wenn für $\dfrac{r_2}{r_1} = \varrho$ gesetzt wird. An der gleichen Stelle $r = r_1$ tritt die größte radiale Druckspannung auf. Unter der Annahme, daß die größte Schubspannung, also die größte Differenz der Hauptspannungen für die Bruchgefahr maßgebend ist, erhalten wir aus den Gleichungen (54) und (56):

$$\sigma_{\text{red}} = (\sigma_t)_{r_1} - (\sigma_r)_{r_1} = p\,\frac{\varrho^2 + 1}{\varrho^2 - 1} + p = p\,\frac{2\varrho^2}{\varrho^2 - 1} = \varkappa p. \tag{57}$$

Wir haben den Wert $\dfrac{2\varrho^2}{\varrho^2 - 1}$, der die Beziehung zwischen p und σ_{red} angibt, mit $\varkappa$ bezeichnet.

Wenn wir das Ergebnis mit dem für dünnwandige Rohre gefundenen Ergebnis in Gl. (39) vergleichen, so finden wir schon bei mittelstarken Rohren $\dfrac{\delta}{r_1} = 0{,}3$ erhebliche Abweichungen (15 bis $20\,^0/_0$). In der Praxis wird deshalb vielfach für die Berechnung mittelstarker Rohre eine verbesserte Annäherungsformel verwendet, in der r_1 in Gl. (39) durch den mittleren Halbmesser $\dfrac{r_2 + r_1}{2}$ ersetzt wird. Die verbesserte Annäherungsformel lautet also:

$$\sigma_0 = p\,\frac{r_2 + r_1}{2\,\delta} = p\,\frac{r_2 + r_1}{2(r_2 - r_1)} = p\,\frac{\varrho + 1}{2(\varrho - 1)} = \lambda p, \tag{58}$$

wobei wir den Beziehungswert $\dfrac{\varrho + 1}{2(\varrho - 1)}$ durch λ ersetzt haben.

Wir wollen nun noch in einer Tabelle an Hand eines Vergleiches mit der strengen Formel (57) die Genauigkeit der verbesserten Annäherungsformel untersuchen. — Wir nennen zu diesem Zweck den verhältnismäßigen Fehler der Annäherungsformel γ:

$$\gamma = \frac{\varkappa - \lambda}{\lambda} \tag{59}$$

und finden folgende Zugehörigkeiten zwischen ϱ, λ, $\varkappa$ und γ:

ϱ	1,1	1,2	1,3	1,5	2,0	3,0	5,0	∞
λ	10,5	5,5	3,8	2,5	1,5	1,0	0,75	0,5
$\varkappa$	10,5	5,55	3,9	2,6	1,7	1,25	1,1	1,0
γ	$0\,\%$	1	3	4	12	25	60	100

Wie man aus der Zusammenstellung sieht, liefert die verbesserte Annäherungsformel genügend genaue Ergebnisse, solange der

Wert ϱ nicht über 2 liegt. Selbst für $\varrho = 2$ ist der Fehler, der mit der Anwendung der Formel (59) begangen wird, erst 12%.

§ 66. Einknicken von Flammrohren. Wir betrachten ein Rohr von kreisförmigem Querschnitt, dessen Länge nicht begrenzt ist und das durch einen äußeren Überdruck belastet ist. Die Gefahr, daß ein solches Rohr durch äußeren Druck eingeknickt wird, tritt nur bei dünnwandigen Rohren auf, also bei Rohren, bei denen die Wandstärke δ klein ist gegen den Halbmesser r. Wir können dann, solange der äußere Druck p unterhalb des kritischen liegt (das Rohr also zusammengedrückt, nicht verbogen wird), gleichmäßige Verteilung der Spannung σ über einen Längsschnitt voraussetzen. Nach Gl. 39 ist:

$$\sigma = - p\,\frac{r}{\delta}\,. \tag{60}$$

Das Minuszeichen weist darauf hin, daß *Druck*spannungen durch den äußeren Überdruck erzeugt werden.

Wir haben hier, ähnlich wie beim auf Druck beanspruchten geraden Stab, Gleichgewicht zwischen inneren und äußeren Kräften bei beliebigem Druck zu erwarten, solange die vollständig gleichmäßige Spannungsverteilung an keiner Stelle gestört ist. Das Gleichgewicht ist aber nur bis zu einem gewissen Druck p_k, dessen Größe von den Rohrabmessungen abhängt, ein stabiles, und es geht, sobald p_k überschritten ist, in ein labiles über, bei dem ein unendlich kleiner Anlaß endliche Formänderungen nach sich zieht. Ein solcher Anlaß ist praktisch immer vorhanden, da die kreisbogenförmige Gestalt des Querschnitts mit überall gleicher Wandstärke nicht mathematisch genau erfüllt ist, sondern stets kleine Abweichungen aufweist.

Bei der nachfolgenden Berechnung gehen wir so vor, daß wir annehmen, ein ideales Flammrohr werde einem äußeren Überdruck p ausgesetzt. Dann erleide die Kreisbogenform eine unendlich kleine Verzerrung (der Halbmesser r_0 also eine Änderung $\pm \varDelta r$, wobei $\varDelta r$ eine Funktion des Zentriwinkels φ ist), die durch äußere Kräfte — also etwa durch eine unendlich kleine örtliche Störung des Flüssigkeitsdrucks — hervorgerufen werden möge. Wir denken uns dann die Zusatzkräfte wieder entfernt und untersuchen, welcher Gleichgewichtslage das Rohr zustrebt: Geht es wieder in die ursprüngliche Lage ($r =$ konst) zurück, so nennen wir diese Lage eine stabile. Kann es nicht zurückgehen, so ist die Kreisbogenform instabil, die geringste Störung genügt, um das Gleichgewicht zwischen Drang und Zwang ins Wanken zu bringen oder das Rohr ist über die Knickgrenze belastet.

Infolge der zusätzlichen äußeren Kraft treten im Rohr Spannungen auf, durch die bei der Formänderung die Formänderungsarbeit $\varDelta A_F$ aufgespeichert wird. Sobald die zusätzliche Kraft wegfällt, steht

ΔA_F für die Rückbiegung des Rohres in die Kreisform zur Verfügung. Infolge der Formänderung, die die äußere Kraft bewirkte, leisteten aber auch die außen am Rohr angreifenden Kräfte (d. h. der äußere Überdruck) eine Arbeit ΔA_p. Der Beitrag zu ΔA_p $= -\int p \cdot \Delta r \cdot dF$ ist an den Stellen, an denen das Rohr nach innen wandert (Δr also negativ ist), positiv und für positives Δr negativ. Da die Wandstärke des Rohres nur klein sein soll gegen die übrigen Abmessungen, wird das Rohr infolge der zusätzlichen Kräfte vor allem auf Biegung beansprucht. Wir vernachlässigen die übrigen Spannungen gegenüber der Biegungsbeanspruchung, die eine lineare Spannungsverteilung über die Dicke des Rohres zur Folge hat und bei der die mittlere Faser spannungs- und formänderungsfrei bleibt. Durch die Zusatzkraft bleibt demnach die Länge der Kreisquerschnittslinie $2r\pi$ ungeändert. Nachdem aber die Kreislinie unter allen Linien gleicher Länge diejenige ist, die die größte Fläche umspannt, wird das Integral $-\int\limits_{\varphi=0}^{2\pi} p \cdot \Delta r \cdot r\, d\varphi \cdot l$,

das die gesamte Arbeit ΔA_p der äußeren Kräfte bei der zusätzlichen Biegungsbeanspruchung angibt, einen positiven Wert haben, da $\int \Delta r \cdot r\, d\varphi$ die Änderung der Querschnittsfläche angibt. Bei der zusätzlichen Verbiegung wird also eine Arbeit ΔA_p von den äußeren Kräften geleistet, die bei der nachfolgenden Rückführung in die ursprüngliche Kreisform vom Flammrohr wieder hergegeben werden muß. Zur Verfügung steht hierfür aber nach Aufhören des äußeren Zwanges nur ΔA_F. Wenn ΔA_p größer ist als ΔA_F, hat das Flammrohr mit seiner Umgebung in der verbogenen Form weniger Energie als in der Ausgangsform, d. h. es kann auch nach Aufhören des äußeren Zwanges nicht aus sich heraus in die Kreisform zurückgehen. Für die Stabilität der Ausgangsform ist deshalb nötig, daß sie mit einem Minimum an innerer Arbeit gegenüber beliebigen Nachbarlagen verbunden ist.

Wir suchen den Grenzwert, d. h. die Größe des äußeren Druckes p, bei dem die Formänderungsarbeit *gleich* der Arbeit der äußeren Kräfte, $\Delta A_F = \Delta A_p$, wird und nennen diesen Druck den kritischen Druck p_k. Die Untersuchung müßte für beliebige Nachbarlagen durchgeführt werden. Die maßgebende für die Knickgefahr ist jene, bei der p_k den kleinsten Wert hat. Wir wählen die Nachbarlage so, daß sich die Rechnung möglichst einfach durchführen, die Ausdrücke für ΔA_p und ΔA_F sich vor allem leicht aufstellen lassen. Zu diesem Zwecke denken wir uns den Querschnittskreis durch die äußere Zusatzkraft in die Kurve K (Abb. 120) übergeführt, die, wie vorstehend gezeigt, gleich der Länge des Kreisumfangs ist. K ist die Evolute, deren Evolvente aus den um den Mittelpunkt O gelagerten Viertelkreisbögen k_1 bis k_4 besteht. Beim

Abrollen auf k_1 nimmt r um $e\,\dfrac{\pi}{2}$ zu, beim Abrollen auf k_2 um den gleichen Betrag ab usw., so daß sich Vermehrungen und Verminderungen von r nach Abrollen auf allen vier Kreisbögen gegenseitig aufheben und die Kurve eine geschlossene Form einnimmt. Wenn e gleich Null wird, geht K in die Kreisform über. Wir setzen im Nachfolgenden e als sehr klein gegen r voraus. Welcher Art und Größe die äußeren Zusatzkräfte sein müßten, die die Veränderung des Querschnittskreises in die Kurve K hervorrufen, interessiert uns nicht, da die Betrachtung erst in dem Augenblick einsetzen soll, in dem die äußeren Kräfte plötzlich entfernt werden.

Wir berechnen zuerst die Formänderungsarbeit ΔA_F, die

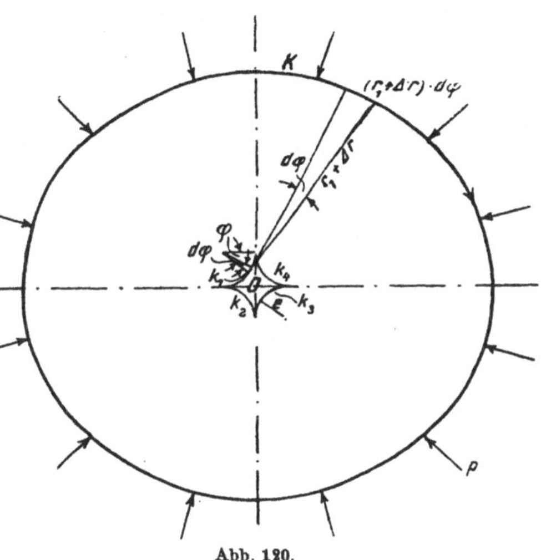

Abb. 120.

in der Rohrwandung bei der Verbiegung aufgespeichert wird. K setzt sich aus vier gleichen, spiegelbildlich gelegenen Stücken zusammen, deren jedes die Länge $\dfrac{K}{4}$ hat. Da die Gesamtlänge $K = 2\,r_0\pi$ des Kreisumfangs bei der Verbiegung nicht geändert wird, ist:

$$\frac{K}{4} = \int_0^{\frac{\pi}{2}} (r_1 + \Delta r)\cdot d\varphi = \frac{r_0\,\pi}{2}; \qquad (61)$$

die Länge von r in der oberen Ausgangslage ist mit r_1 und die von r in einer beliebigen Lage mit $r_1 + \Delta r$ bezeichnet.

Aus der Betrachtung an der Evolvente folgt:

$$\Delta r = \varphi \cdot e \qquad (62)$$

$$\frac{r_0\,\pi}{2} = \int_0^{\frac{\pi}{2}} (r_1 + e\varphi)\cdot d\varphi = r_1\,\frac{\pi}{2} + e\,\frac{\pi^2}{8}$$

$$r_1 = r_0 - \frac{e\pi}{4}$$

$$r = r_1 + \Delta r = r_1 + e\varphi = r_0 - \frac{e\pi}{4} + e\varphi .$$

Wir fassen jetzt ein Rohrviertel von der Länge l senkrecht zur Zeichenebene (Abb. 120) als einen gekrümmten Träger auf, der durch Biegung aus einem Kreisbogen vom Halbmesser r_0 in einen solchen vom Halbmesser r übergeführt wird. Nach Formel (75) und (78) Seite 118 ist:

$$\Delta A_F = \int\limits_0^{2\pi} \frac{M^2}{2\,E\,\theta}\,ds \quad \text{und} \quad M = E\,\theta\left(\frac{1}{r} - \frac{1}{r_0}\right). \tag{63}$$

Folglich
$$\Delta A_F = 4\cdot\frac{1}{2}\,E\,\theta \int\limits_0^{\frac{\pi}{2}}\left(\frac{1}{r} - \frac{1}{r_0}\right)^2 r\,d\varphi. \tag{64}$$

Für $\dfrac{1}{r} - \dfrac{1}{r_0}$ können wir aber nach Gl. (62) schreiben:

$$\frac{1}{r} - \frac{1}{r_0} = \frac{1}{r_0 - \dfrac{e\,\pi}{4} + e\,\varphi} - \frac{1}{r_0} = \frac{1}{r_0}\left(\frac{1}{1 - \dfrac{e}{r_0}\left(\dfrac{\pi}{4} - \varphi\right)} - 1\right). \tag{65}$$

Da $\dfrac{e}{r_0}\left(\dfrac{\pi}{4} - \varphi\right)$ beliebig klein gegen 1 ist, steht unter dem Bruchstrich eine Differenz, die beliebig wenig von 1 verschieden ist. In erster Annäherung können wir dafür schreiben:

$$\frac{1}{r} - \frac{1}{r_0} = \frac{1}{r_0}\left[1 + \frac{e}{r_0}\left(\frac{\pi}{4} - \varphi\right) - 1\right] = \frac{e}{r_0^2}\left(\frac{\pi}{4} - \varphi\right) \tag{66}$$

und nach Gl. (64):
$$\Delta A_F = 2\,E\,\theta\,\frac{e^2}{r_0^4}\int\limits_0^{\frac{\pi}{2}}\left(\frac{\pi}{4} - \varphi\right)^2\cdot r\,d\varphi. \tag{67}$$

Ersetzen wir unter dem Integralzeichen den Faktor r durch den unendlich wenig davon verschiedenen Faktor r_0, so ist:

$$\Delta A_F = 2\,E\,\theta\,\frac{e^2}{r_0^3}\left(\frac{\pi^3}{32} - \frac{\pi}{2}\,\frac{\pi^2}{8} + \frac{\pi^3}{24}\right) = E\,\theta\,\frac{e^2\,\pi^3}{48\,r_0^3}. \tag{68}$$

Für θ können wir den Wert $\dfrac{l\,\delta^3}{12}$ einsetzen:

$$\Delta A_F = E\,\frac{l\,\delta^3\,e^2}{12\cdot 48\,r_0^3}\,\pi^3. \tag{69}$$

Die Arbeit ΔA_p der äußeren Kräfte ist gleich dem äußeren Druck p mal der Volumänderung; also:

$$\Delta A_p = p\cdot l\cdot \Delta F, \tag{70}$$

wobei p ein konstanter Wert und ΔF die Differenz zwischen Kreisfläche $r_0^2\pi$ und Kurvenfläche F_k ist. Für die Berechnung von F_k beachten wir, daß der Fahrstrahl $r = r_1 + \Delta r$ beim Weitergehen um $d\varphi$ die Fläche $\frac{1}{2} r \cdot (r \cdot d\varphi)$ bestreicht. Es ist also:

$$F_k = 4 \int\limits_0^{\frac{\pi}{2}} \frac{1}{2} r (r \, d\varphi) - (4 e^2 - e^2 \pi). \tag{71}$$

Denn bei der Integration wird, wie man aus Abb. 120 ersieht, der mittlere Stern zweimal gezählt. Der mittlere Stern ist aber gleich dem Quadrat von der Seitenlänge $2e$ weniger den vier Viertelkreisflächen vom Halbmesser e. Die Verbindung der Gl. (62) und (71) liefert:

$$F_k = 2 \left(r_0 - \frac{e\pi}{4} \right)^2 \frac{\pi}{2} + 4 \left(r_0 - \frac{e\pi}{4} \right) e \frac{\pi^2}{8} + 2 e^2 \frac{\pi^3}{24} - 4 e^2 + e^2 \pi$$
$$= r_0^2 \pi + e^2 \left(\frac{\pi^3}{16} - \frac{\pi^3}{8} + \frac{\pi^3}{12} - 4 + \pi \right) \tag{72}$$

und: $\quad \Delta F = r_0^2 \pi - F_k = - e^2 \left(\frac{\pi^3}{48} - 4 + \pi \right) = 0{,}212 \, e^2 \tag{73}$

Aus Gl. (70) und (73) folgt:

$$\Delta A_p = 0{,}212 \, e^2 l p. \tag{74}$$

Die Grenze für das Einknicken liegt bei dem Druck p_k, bei dem $\Delta A_F = \Delta A_p$ ist. Also nach Gl. (69) und (74):

$$p_k = \frac{E l \delta^3 e^2 \pi^3}{12 \cdot 48 \, r_0^3} : (0{,}212 \, e^2 l)$$
$$= 0{,}2535 \, E \frac{\delta^3}{r_0^3} = \sim 0{,}25 \, E \frac{\delta^3}{r_0^3}. \tag{75}$$

Wenn p unterhalb p_k liegt, hat das Flammrohr bei der Verbiegung in die Nachbarlage soviel Energie in Formänderungsarbeit aufgespeichert, daß es nach Wegfallen der äußeren Zusatzkräfte in die Kreisform zurückgehen kann. Wenn p über p_k liegt, ist die statische Energie der gesamten Anordnung in der Nachbarlage kleiner als bei der ursprünglichen Kreisform.

Die gleiche Überlegung müßten wir nun für beliebige Kurven durchführen. Für die Ellipse ist die Betrachtung in Drang und Zwang Band I zu finden; sie liefert den Wert $p_k = 0{,}250$. Es läßt sich zeigen, daß die Ellipse diejenige Kurve ist, bei der die Formänderungsarbeit im Vergleich zur aufgewandten Arbeit der äußeren Kraft p den kleinsten Wert hat. $p_k = 0{,}25 \, E \frac{\delta^3}{r_0^3}$ ist deshalb tatsächlich die Knicklast. Da die von uns angenommene Kurve nur wenig von der Ellipse abweicht, ist das Ergebnis für p_k in Gl. (75) auch nur wenig vom genannten Wert verschieden.

Während des Krieges hatte die Berechnung von Rohren auf äußeren Überdruck durch den U-Bootskrieg besondere Bedeutung erlangt. Denn der Druckkörper eines U-Boots ist bei der Unterwasserfahrt ein Raum, der unter äußerem Druck steht. Neben der Knickfestigkeit des Druckkörpers interessierten damals auch der Einfluß von Versteifungen und die Formen, die der Druckkörper unter dem Einfluß äußerer Druckkräfte einnimmt. Die Frage ist besonders eingehend von *Dr. Horn „Festigkeitsverhältnisse eines beliebig belasteten Ringes"* im „Schiffbau", 22. Jahrgang 1920, Heft 13f. behandelt worden. Horn hat unter anderem auf Grund der Marbecschen Knotenkreistheorie die Stabilität der Verbiegungsformen untersucht.

Wenn man die vorstehend entwickelte Theorie auf Flammrohre anwendet, sind zwei wesentliche Abweichungen zwischen Theorie und Praxis zu erwarten: Die Flammrohre sind nicht unendlich lang, sondern an beiden Enden, die verglichen mit dem Durchmesser in nicht allzu großer Entfernung voneinander liegen, eingespannt. Die Einspannung wirkt als Versteifung, durch die die Knicklast heraufgesetzt wird. Eine nähere Untersuchung, in welchem Maße das geschieht, findet man in einem Aufsatz von *R. v. Mises* in der *Z. d. V. d. J. 1914, S. 750.*

Ferner hat man in der Praxis gerade bei Flammrohren mit erheblichen Wärmespannungen zu tun, da der Innenteil des Flammrohres unter der Feuerung durch die Frischluft gekühlt oder weiter hinten durch abgelagerte Flugasche geschützt und der Oberteil durch die Abgase geheizt wird. Besonders groß werden die Wärmespannungen, wenn durch Unachtsamkeit des Heizers der Wasserspiegel im Kessel unter den höchsten Punkt des Flammrohrs heruntergegangen ist. Dann kann, da die kühlende Wirkung des Wassers von außen an der Oberseite wegfällt, das Flammrohr oben so warm werden, daß es zum Glühen kommt. Das Material ist in diesem Zustand wenig widerstandsfähig, und der Druck im Kessel, der wesentlich unter dem kritischen liegt, bringt eine Einbeulung hervor. Wenn in der Praxis Flammrohreinbeulungen festgestellt werden, so sind sie gewöhnlich auf Ursachen dieser Art — nicht auf Überschreiten des kritischen Drucks unter normalen Umständen — zurückzuführen, da die Bemessung des Rohres

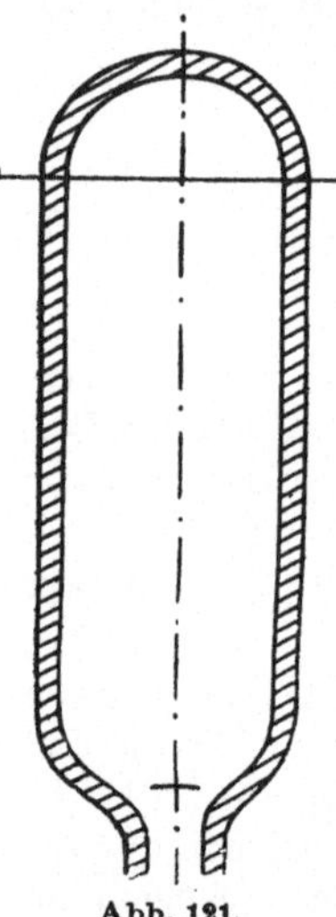

Abb. 121.

stets mit erheblicher Sicherheit gegen Knicken vorgesehen wird.

§ 67. Gefäße. Die Formen der Gefäße können sehr mannigfaltig sein. Eine Reihe von Gefäßen, z. B. die Flaschen für verdichtete Luft und Gase sind aus einem zylindrischen und zwei kugelförmigen Stücken zusammengesetzt. Das zylindrische Stück kann als Rohr berechnet werden. Es bleibt dann noch die Berechnung des kugelförmigen Teiles, oder die Berechnung eines „Kugelkessels" zu erledigen. Wir müssen hier ebenso wie beim Rohr unterscheiden, ob die Wandstärke im Vergleich zum Halbmesser der Kugel gering ist, dann werden wir eine Annäherungsrechnung durchführen können, oder ob die Dicke der Wandstärke gegenüber dem Kugelhalbmesser berücksichtigt werden muß.

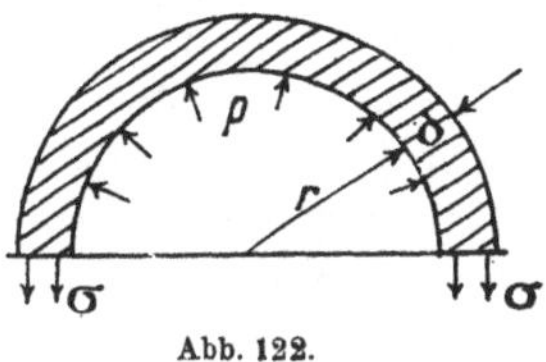

Abb. 122.

Wir wollen im Nachfolgenden nur die Annäherungsrechnung behandeln, bei der vorausgesetzt wird, δ sei klein gegen r
Wir teilen von der Kugel durch einen Schnitt eine Halbkugel ab und betrachten das Kräftegleichgewicht an ihr (Abb. 122). Die Druckkräfte $\sum p \cdot dF$ geben die Resultierende $\pi r^2 p$. Ihr müssen die Zugkräfte in der Schnittfläche oder deren Resultierende $\sigma \cdot \delta \cdot 2 \pi r$ das Gleichgewicht halten. Daraus folgt:

$$\sigma = \frac{\pi r^2 p}{\delta\, 2\, \pi r} = \frac{pr}{2\delta}, \qquad (76)$$

während nach Gl. (39) die Zugspannung im *zylindrischen* Stück $\sigma = \frac{pr}{\delta}$ beträgt. Der erste Einriß bei Überanstrengung ist also im zylindrischen Teil zu erwarten. Beim Gefäß, das aus zylindrischem und kugeligem Teil zusammengesetzt ist, ist noch zu beachten, daß nicht nur die Spannungen, sondern infolge davon auch die Dehnungen im zylindrischen Teil doppelt so groß sind wie im kugeligen. Dort, wo Kugel und Zylinder zusammenstoßen, muß deshalb ein Ausgleich der Formänderungen stattfinden, d. h. das kugelige Ende wirkt auf den zylindrischen Teil wie eine Einspannung, oder das zylindrische Stück wirkt auf die Kugel aufweitend.

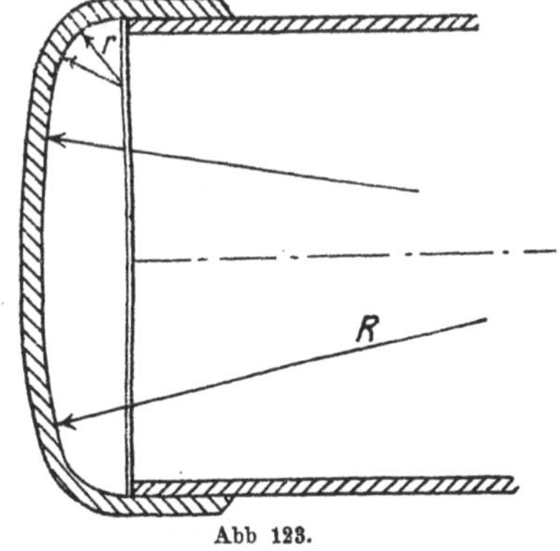

Abb 123.

Wesentlich umständlicher wird die Berechnung, wenn der Gefäßboden geringere Wölbung als oben angenommen hat, wie es z. B. bei Kesselböden der Fall ist. Dann muß neben der reinen Zugbeanspruchung auch noch die Biegungsbeanspruchung berücksichtigt werden. Die letztere fällt um so größer aus, je schroffer die Übergänge sind, je geringer also der Krümmungshalbmesser r ist.

VII. Umlaufende Räder und Scheiben.

Die Berechnung umlaufender Schwungräder und Scheiben interessiert vor allem den Maschineningenieur, und sie wird deshalb im Anschluß an die Lösung konstruktiver Fragen in Werken, die über Berechnung und Konstruktion von Maschinenelementen berichten, eingehend behandelt.

In den nachfolgenden Ausführungen wird der Leser nicht soweit unterrichtet, daß er auf Grund der erhaltenen Unterweisungen Schwungräder oder umlaufende Scheiben konstruieren kann, sondern es wird nur soweit in den Stoff eingedrungen, als bei der Aufgabe Festigkeitsfragen grundsätzlicher Art zu lösen sind.

§ 68. Schwungradberechnung unter vereinfachten Annahmen. Aus der Erfahrung weiß man, daß der Schwungring eines umlaufenden Schwungrades bei Überschreitung einer bestimmten Drehzahl auseinanderfliegt. Wenn man den Ursachen dieser Erscheinung nachgeht, so erkennt man, daß die Zentripetalkräfte, die die kreisförmige Bahn der Massenteilchen erzwingen, bei einer bestimmten Drehzahl so groß werden, daß die im Schwungkranz auftretenden Spannungen die Bruchfestigkeit überschreiten.

Die erste Annäherung an das tatsächlich umlaufende Schwungrad erhält man, wenn man sich die Schwungradarme entfernt denkt und die Beanspruchung im umlaufenden Schwungring ohne Arme ermittelt. Man erhält die gleiche Beanspruchung, die am umlaufenden Schwungrad auftritt, am ruhenden Ring, wenn man an jedem Masseteilchen dm die Zentrifugalkraft $dZ = dm \cdot r \cdot \omega^2$ beifügt, die der bei der Bewegung tatsächlich auftretenden Zentripetalkraft gleich und entgegengesetzt gerichtet ist (Abb. 124). Um die in den einzelnen Querschnitten auftretenden Spannungen zu ermitteln, legt man eine Ebene durch den Ringmittelpunkt O, die den Ring in den beiden Querschnitten A und B aufschneidet. Betrachtet man nun den oberen Teil für sich, so muß die resultierende Zentrifugalkraft Z den in den Schnittflächen übertragenen inneren Kräften das Gleichgewicht halten. Z steht senkrecht zu den beiden Querschnittsflächen A und B; die inneren Kräfte sind deshalb Normalkräfte, die wir uns gleich-

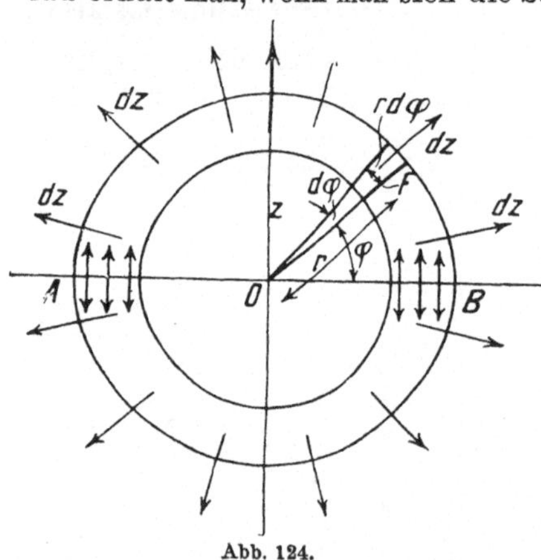

Abb. 124.

mäßig über den Querschnitt verteilt denken. Es ist, wenn wir den mittleren Halbmesser eines Elements des Schwungrings mit r bezeichnen:

$$Z = \int_0^\pi \frac{\gamma}{g}\, r\, d\varphi\, F \cdot \sin\varphi\, r\, \omega^2 = \frac{\gamma}{g}\, r^2 F \omega^2 [-\cos\varphi]_0^\pi = 2\,\frac{\gamma}{g}\, F r^2 \omega^2 \quad (1)$$

und $\qquad\qquad Z = 2S = 2F\sigma_0 = 2\,\dfrac{\gamma}{g}\, F r^2 \omega^2$

$$(2)$$

$$\sigma_0 = \frac{S}{F} = \frac{\gamma}{g}\, r^2 \omega^2 = \frac{\gamma}{g}\, v^2,$$

wobei mit v die Schwerpunktsgeschwindigkeit der Schnittfläche F des umlaufenden Rades, mit S die resultierende Spannung in der Schnittfläche und mit σ_0 die bez. Spannung bezeichnet sind. Die Beanspruchung ist für ein gegebenes Material nur vom Quadrate der Umfangsgeschwindigkeit v abhängig. So ist z. B. für Gußeisen mit $\gamma = 0{,}0073$ kg/cm^3 und $\sigma_{zul} = 80$ kg/cm^2:

$$80 = \frac{0{,}0073}{981}\, v^2; \quad v_{zul} = 3300 \text{ cm/sek} = 33 \text{ m/sek.} \quad (3)$$

§ 69. Die genaue Schwungradberechnung. Bezeichnungen:

$\dot{r}$ Halbmesser des ruhenden Schwungrads.

$r + \varDelta r$ Halbmesser des umlaufenden Schwungrads ohne Berücksichtigung des Einflusses der Arme.

$r + \varDelta r + \varDelta\varrho$ Halbmesser des umlaufenden Schwungrads mit Armen.

P Zugkraft, die von einem Arm auf den Schwungkranz übertragen wird.

M Biegungsmoment im Schwungkranz als Funktion vom Winkel φ.

M_1 Biegungsmoment, das im Schnitt durch die Mitte zwischen 2 Armen übertragen wird.

N_1 Kraft durch den Flächenschwerpunkt an der gleichen Stelle.

n Armzahl.

α $\dfrac{360^0}{2n}$.

Z Zentrifugalkraft eines Schwungkranzstücks von der Größe 2α.

z Zentrifugalkraft eines Armstücks.

l Länge des Arms.

φ Zentriwinkel.

ds $(r + \varDelta r) \cdot d\varphi$.

ds' dieselbe Länge nach der Formänderung durch die Arme.

F Querschnittsfläche des Schwungkranzes.

f ,,   eines Arms.

θ achsiales Trägheitsmoment der Querschnittsfläche F.

i Trägheitshalbmesser der Fläche F.

e Abstand der äußersten Faser des Schwungkranzes von der Nullinie.

Das tatsächliche Schwungrad wird durch die Arme an der freien Ausdehnung gehindert, was bei den Annahmen des vorausgehenden Abschnittes nicht berücksichtigt war. Der ursprünglich kreisförmige

Schwungkranz wird infolgedessen in eine der Abb. 125 ähnliche Form verzerrt werden. Dabei wird der Schwungkranz außer durch Normalkräfte auch durch Biegungsmomente M beansprucht, so daß sich die Gesamtbeanspruchung in Einzelbeanspruchungen zerlegen läßt, die sich nach dem Superpositionsgesetz ohne Störung übereinanderlagern.

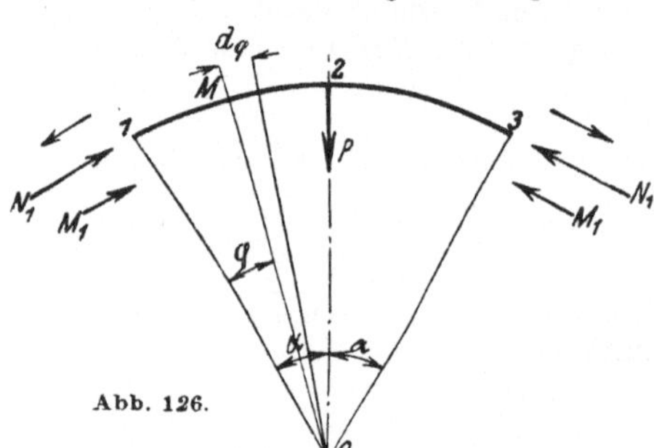

Abb. 125.

Wir denken uns den **umlaufenden Ring** zuerst ohne Arme durch die Zentrifugalkräfte beansprucht, wobei der Halbmesser r in $r + \varDelta r$ übergeht. An diesem Ring vom Halbmesser $r + \varDelta r$ denken wir uns die durch die Arme übertragenen Kräfte P, die aus Symmetriegründen nach dem Mittelpunkt zu gerichtet sein müssen, angreifend und untersuchen die hierdurch hervorgerufenen Formänderungen.

Die Armzahl n mag 4, 6, 8 oder 10 betragen. Wenn man das Schwungrad durch n Schnitte, die in der Mitte zwischen je 2 Armen gelegt sind, unterteilt, so hat man n Teile, die untereinander gleich beansprucht sind, wobei jeder Teil überdies symmetrisch belastet ist. Es genügt deshalb die Beanspruchung *eines* Ringstückes vom Zentriwinkel $2\alpha = \dfrac{360^0}{n}$ (Abb. 126) zu untersuchen. Die Schnitte 1 und 3, die das Ringstück begrenzen, sind je in der Mitte zwischen 2 Armen in radialer Richtung gezogen worden.

An dem Ringstück wirkt die äußere Kraft P, die nach dem Kreismittelpunkt O zu gerichtet ist, und die von dem zwischen den beiden Schnittflächen liegenden Arm übertragen wird. Außerdem wirken an dem Ringstück in den beiden Schnittflächen 1 und 3 innere Kräfte, die wir nach der Schnittlegung ebenfalls als äußere Kräfte anzusehen haben. Diese Kräfte in jeder Schnittfläche lassen sich zu einer resultierenden im Schwerpunkt der Fläche angreifenden Kraft N_1 und zu einem Kräftepaar M_1 zusammensetzen. Solange wir von den Beschleunigungskräften bei Veränderung der Umlaufzahl absehen, hat keine der beiden Schnittflächen vor der anderen etwas voraus. Denn wenn wir den Umlaufsinn des Schwungrades ändern, so wird aus der Schnittfläche 1 die Schnittfläche 3, ohne daß die Beanspruchung des Rades geändert würde. Es müssen demnach die Beanspruchungen in den beiden Flächen gleich und senkrecht zur Fläche gerichtet sein. Die resultierende Normalkraft in jeder Fläche bezeichnen wir mit N_1, das resultierende Moment, das das Ringstück zu verbiegen sucht, mit M_1. An dem Ringstück treten demnach 3 unbekannte äußere Kräfte bzw. Momente N_1, M_1 und P auf, zu deren Bestimmung wir 3 Gleichungen aufzustellen haben. Dabei sei nochmals besonders daran erinnert, daß sich diese so gekennzeichnete Belastung über die Beanspruchung infolge der Zentrifugalkräfte überlagert, die die Spannungen S auslöst und die Formänderung r in $r + \Delta r$ zur Folge hat.

Die 1. Gleichung erhalten wir durch die Überlegung, daß die am Ringstück angreifenden Kräfte gegen Verschiebung in Richtung der Kraft P im Gleichgewicht stehen müssen. Es ist also:

$$P = 2 N_1 \sin \alpha. \tag{4}$$

Um eine 2. Gleichung aufzustellen, beachten wir, daß der gesamte Umfang des Schwungkranzes *vor* und *nach* der Beanspruchung 360^0, der des Ringstückes also $\dfrac{360^0}{n}$ beträgt. Unter diesem Winkel müssen sich auch nach der Formänderung die beiden Schnittflächen 1 und 3 wieder schneiden. Zwei unendlich benachbarte Schnittflächen, die durch die Zentriwinkel φ und $\varphi + d\varphi$ gekennzeichnet sind, werden aber infolge des an den beiden Begrenzungsflächen wirkenden Momentes M eine Änderung ihres Schnittwinkels $d\varphi$ erfahren, die wir mit $\Delta d\varphi$ bezeichnen, $\Delta d\varphi$ ist nach der Entwicklung in § 31 gleich:

$$\Delta d\varphi = \frac{M}{\theta E} ds \tag{4a}$$

und, da der Winkel α bei der Formänderung erhalten bleibt,

$$\int_0^\alpha \Delta d\varphi = 0 = \int_0^\alpha \frac{M}{\theta E} ds = \int_0^\alpha \frac{M}{\theta E} r \cdot d\varphi$$

$$\int_0^\alpha M d\varphi = 0. \tag{5}$$

Für ds konnte $r d\varphi$ geschrieben werden, da die Formänderungen Δr usw. nur klein sind gegen r.

Es ist, wie man sich an Hand der geometrischen Beziehungen in Abb. 127 sofort überzeugt:

$$M = M_1 - N_1 \cos \varphi\, r\left(\frac{1}{\cos \varphi} - 1\right) = M_1 - N_1 r(1 - \cos \varphi). \tag{6}$$

Aus (5) und (6) erhält man

$$M_1 = N_1 r\,\frac{\alpha - \sin\alpha}{\alpha} = N_1 r\left(1 - \frac{\sin\alpha}{\alpha}\right) \tag{7}$$

und folglich
$$M = N_1 r\left(\cos\varphi - \frac{\sin\alpha}{\alpha}\right). \tag{8}$$

Das Moment ist als positiv angeschrieben, wenn es gleichsinnig mit M_1 dreht, also in der äußeren Faser des Schwungkranzes eine Zugbeanspruchung, in der inneren eine Druckbeanspruchung auslöst.

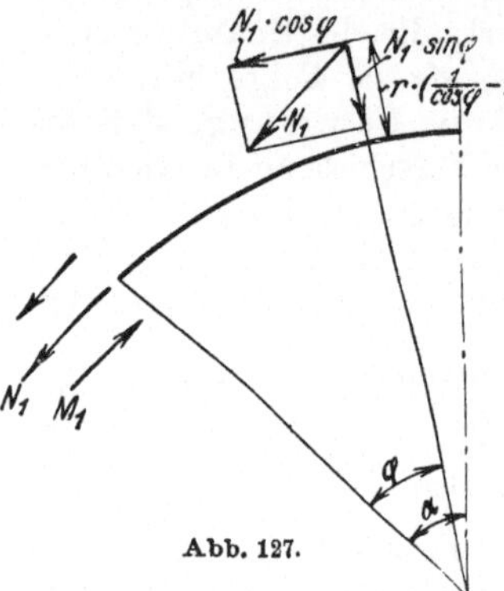

Abb. 127.

Um die 3. Gleichung zwischen M_1, N_1 und P endlich aufzustellen, müssen wir die radialen Formänderungen an der Stelle 2 (Abb. 126) betrachten, was etwas umständlichere Überlegungen nötig macht.

Den Querschnitt des Armes bezeichnen wir mit f und machen die vereinfachende Annahme, daß der Arm auf seine ganze Länge l gleichen Querschnitt haben möge. Der Arm steht unter der Belastung P und Σz, wobei z die Zentrifugalkraft der Armteilchen bedeutet. Er wird infolgedessen eine Längendehnung $\varDelta l$ erfahren, die gleich ist

$$\frac{\varDelta l}{l} = \frac{P + K}{E \cdot f}. \tag{9}$$

Mit K ist das Glied bezeichnet, das von der an den verschiedenen Stellen verschieden starken Zentrifugalkraft der Arme herrührt. Dies Glied liefert für eine bestimmte Umlaufzahl einen von den nachfolgenden Betrachtungen unabhängigen Wert $(\varDelta l)_1$, um den die gesamte Längenänderung des Armes gekürzt werden muß. Die verbleibende Längenänderung ist dann der Kraft P verhältnisgleich. Da die Berücksichtigung von K keine Schwierigkeiten bereitet und andererseits gegenüber P der geringen Armmasse wegen nur eine untergeordnete Rolle spielt, wird K im Nachfolgenden vernachlässigt und Gl. (9) in der vereinfachten Form weiter verwendet:

$$\varDelta l = l\,\frac{P}{Ef} \tag{10}$$

Das $\varDelta l$ ist hier ausgedrückt als Längenänderung des Arms infolge der Kraft P; es kann auch ausgedrückt werden als Verschiebung des Punktes 2 des Schwungrings bei der Beanspruchung, und zwar setzt sich diese zusammen aus der Vergrößerung $\varDelta r$ des Schwungradhalbmessers infolge der durch die Zentrifugalkraft hervorgerufenen Schwungringbeanspruchung S, die eine gleichmäßige

Dehnung $\frac{\sigma_0}{E}$ bewirkt, und aus der Wanderung $\varDelta\varrho_2$ des Punktes 2 infolge der Kraft P. Es ist also:

$$\varDelta l = \varDelta r - \varDelta\varrho_2. \tag{11}$$

Da der Ring unter den Lasten P seine ursprünglich kreisbogenförmige Gestalt verläßt, ist $\varDelta\varrho$ eine Funktion von φ (Abb. 128). Der größte Wert von $\varDelta\varrho$ ist das oben eingeführte $\varDelta\varrho_2$ an der Stelle 2.

Wir berechnen zuerst $\varDelta r$. Die Spannung S bewirkt nach Gl. (2) eine Dehnung des Ringstücks

$$\varepsilon_0 = \frac{\sigma_0}{E} = \frac{\alpha(r + \varDelta r) - \alpha r}{\alpha r} = \frac{\varDelta r}{r}. \tag{12}$$

Es ist also nach Gl. (2):

$$\varDelta r = r\frac{\sigma_0}{E} = \frac{\gamma r^3 \omega^2}{g E}. \tag{13}$$

Dann beachten wir, daß das Ringstück vom Zentriwinkel α infolge der Normalkräfte N, die durch P hervorgerufen werden, in seiner Länge verkürzt und infolge des Momentes M verbogen wird. Um die Verbiegung $\varDelta\varrho_2 - \varDelta\varrho_1$ der Stelle 2 gegen Stelle 1 zu berechnen, greifen wir auf Gl. (8) zurück und verbinden sie mit Gl. (4a)

$$\varDelta d\varphi = \frac{N_1 r}{\theta E}\left(\cos\varphi - \frac{\sin\alpha}{\alpha}\right) r \cdot d\varphi. \tag{14}$$

Für ds konnten wir $r\,d\varphi$ schreiben, da die Abweichungen von r infolge der Formänderung nur klein gegen r sind.

$\varDelta d\varphi$ ist dabei die Drehung, die die beiden Begrenzungsflächen eines Elementes ds gegen einander ausführen. Infolge der Drehung $\varDelta d\varphi$ wandert der Punkt 2 um $\varDelta d\varphi \cdot r \cdot \sin(\alpha - \varphi)$ dem Mittelpunkte zu (Abb. 128). Die gesamte Verbiegung $\varDelta\varrho_2 - \varDelta\varrho_1$ erhalten wir als Integral der Einzelwanderungen

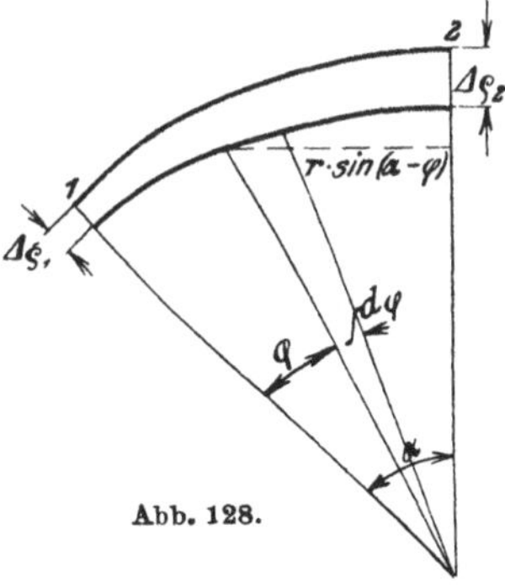

Abb. 128.

$$\varDelta\varrho_2 - \varDelta\varrho_1 = \int_0^\alpha \varDelta d\varphi \cdot r\sin(\alpha - \varphi) \tag{15}$$

$$= \frac{N_1 r^3}{\theta E}\int\left(\cos\varphi - \frac{\sin\alpha}{\alpha}\right)\sin(\alpha - \varphi) \cdot d\varphi.$$

Wir lösen $\sin(\alpha - \varphi)$ in $\sin\alpha \cdot \cos\varphi - \cos\alpha \cdot \sin\varphi$ auf und finden:

$$\varDelta\varrho_2 - \varDelta\varrho_1 = \frac{N_1 r^3}{\theta E}\int_0^\alpha \left(\cos\varphi - \frac{\sin\alpha}{\alpha}\right)(\sin\alpha\cos\varphi - \cos\alpha\sin\varphi)\,d\varphi$$

$$= \frac{-N_1 r^3}{\theta E}\left[\frac{\sin^2\alpha}{\alpha}\sin\varphi + \frac{\sin\alpha\cos\alpha}{\alpha}\cos\varphi - \right. \tag{16}$$

$$\left. \sin\alpha\left(\frac{\sin 2\varphi}{4} + \frac{\varphi}{2}\right) + \cos\alpha\frac{\sin^2\varphi}{2}\right]_0^\alpha$$

und nach Einsetzen der Grenzen $\varphi = 0$ und $\varphi = \alpha$:

$$\varDelta\varrho_2 - \varDelta\varrho_1 = \frac{-N_1 r^3}{\theta E}\left[\frac{\sin^3\alpha}{\alpha} + \left(\frac{\sin\alpha\cos^2\alpha}{\alpha} - \frac{\sin\alpha\cos\alpha}{\alpha}\right) - \right.$$

$$\left. \frac{\sin\alpha\sin 2\alpha}{4} - \frac{\alpha\sin\alpha}{2} + \frac{\sin^2\alpha\cos\alpha}{2}\right]$$

$$= \frac{-N_1 r^3}{\theta E}\left[\frac{\sin\alpha}{\alpha}(\sin^2\alpha + \cos^2\alpha) - \frac{\sin\alpha\cos\alpha}{\alpha} - \right. \tag{17}$$

$$\left. \frac{2\sin^2\alpha\cos\alpha}{4} - \frac{\alpha\sin\alpha}{2} + \frac{\sin^2\alpha\cos\alpha}{2}\right]$$

$$= \frac{N_1 r^3}{\theta E}\left[\frac{\sin\alpha\cos\alpha}{\alpha} + \frac{\alpha\sin\alpha}{2} - \frac{\sin\alpha}{\alpha}\right]$$

$$= \frac{N_1 r^3}{2\theta E\alpha}\sin\alpha(2\cos\alpha + \alpha^2 - 2).$$

Das 4. Glied in der 1. Zeile der eckigen Klammer haben wir umgeformt, indem wir für $\sin 2\alpha = 2\sin\alpha\cos\alpha$ gesetzt haben. Das 4. und 6. Glied der eckigen Klammer heben sich dann gegeneinander heraus.

Bei der Beanspruchung durch die Kraft P tritt nicht nur ein Biegungsmoment in jedem Ringquerschnitt auf, sondern auch eine Normalkraft N, die die Länge jedes Ringelements ds verkürzt. In den Querschnitten 1 und 3 hat N seinen größten Wert N_1, während die Größe der Normalkraft in einem Radialschnitt an der Stelle φ nur $N_1\cos\varphi$ beträgt. Dafür tritt aber an dieser Stelle eine Schubkraft $N_1\sin\varphi$ auf, die ebenfalls eine Senkung des Punktes 2 zur Folge hat. Wir vernachlässigen die Schubkraft und setzen dafür die Normalkraft überall gleich ihrem größten Wert N_1.

$$\frac{N_1}{F} = \sigma_N = \varepsilon_N \cdot E; \quad \varepsilon_N = \frac{N_1}{EF}. \tag{18}$$

Bezeichnen wir mit s die Länge des gesamten Bogens α und mit $\varDelta s$ seine Längenänderung, so ist:

$$\varepsilon_N = \frac{\varDelta s}{s}. \tag{19}$$

Die Längenänderung können wir aber an Hand von Abb. 129 leicht feststellen, in der der Kreisbogen 1, 2 in den Bogen $1'$, $2'$ übergeführt worden ist. 1, 2 ist also der Bogen mit dem Halbmesser $r + \Delta r$ vor der Verzerrung durch die Kraft P und $1'$, $2'$ der Bogen des belasteten Schwungrads, dessen Halbmesser an jeder Stelle $(r + \Delta r - \Delta \varrho)$ ist. Aus dem Bogen greifen wir das Element ds heraus, das in ds' übergeht:

$$ds'^2 = ds^2 \frac{(r - \Delta \varrho)^2}{r^2} + \left(\frac{d \Delta \varrho}{ds} ds\right)^2. \quad (20)$$

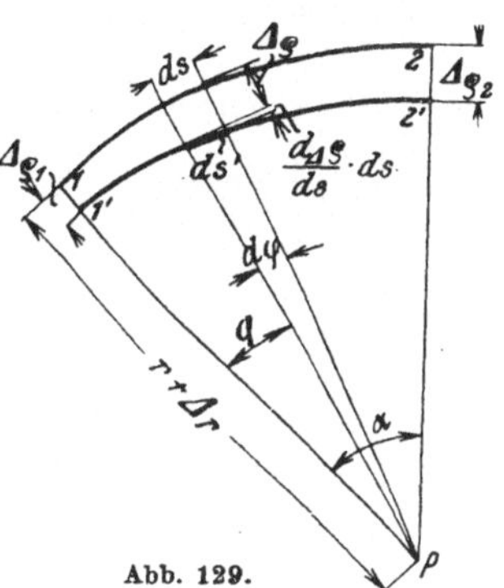

Abb. 129.

Setzen wir noch voraus, daß die Formänderung $\Delta \varrho$, und damit auch $\frac{d \Delta \varrho}{dr}$ klein ist gegen den Schwungradhalbmesser r bzw. gegen 1, so erhalten wir unter Vernachlässigung von Gliedern, die von höherer Ordnung klein sind:

$$ds'^2 = ds^2 - \frac{2 \Delta \varrho}{r} ds^2$$

$$ds' = ds \sqrt{1 - \frac{2 \Delta \varrho}{r}} = ds\left(1 - \frac{\Delta \varrho}{r}\right) = d\varphi(r - \Delta \varrho). \quad (21)$$

Den Ausdruck unter dem Wurzelzeichen haben wir durch Beifügung des von der nächsten Ordnung kleinen Gliedes $\frac{\Delta \varrho^2}{r^2}$ zum vollständigen Quadrat ergänzt.

$$\Delta s = \int_0^\alpha ds - \int_0^\alpha ds' = \alpha r - \alpha r + \int_0^\alpha \Delta \varrho\, d\varphi = \alpha \frac{\Delta \varrho_1 + \Delta \varrho_2}{2}. \quad (22)$$

Die letzte Integration haben wir in der Weise ausgeführt, daß wir für das veränderliche $\Delta \varrho$ den Mittelwert $\frac{\Delta \varrho_1 + \Delta \varrho_2}{2}$ eingesetzt haben.

$$\frac{\Delta s}{s} = \frac{\Delta s}{r\alpha} = \frac{\Delta \varrho_2}{2r} + \frac{\Delta \varrho_1}{2r} = \frac{\Delta \varrho_2}{r} - \frac{1}{2r}(\Delta \varrho_2 - \Delta \varrho_1) = \varepsilon_N = \frac{N_1}{EF}$$

$$\Delta \varrho_2 = \frac{N_1 r}{EF} + \frac{\Delta \varrho_2 - \Delta \varrho_1}{2} = \frac{N_1 r}{E}\left(\frac{1}{F} + \frac{r^2 \sin \alpha (2\cos \alpha + \alpha^2 - 2)}{4\theta \alpha}\right), \quad (23)$$

wobei der Wert von $\Delta \varrho_2 - \Delta \varrho_1$ aus Gl. (17) entnommen wurde.

Durch Verbinden der Gleichungen (10), (11), (13) und (23) erhalten wir:

$$\varDelta l = \frac{Pl}{Ef} = \varDelta r - \varDelta \varrho_2 = \frac{\gamma r^3 \omega^2}{gE} - \frac{N_1 r}{E}\left(\frac{1}{F} + \frac{r^2 \sin\alpha\,(2\cos\alpha + \alpha^2 - 2)}{4\theta\alpha}\right)$$

$$P = \frac{\gamma r^2 \omega^2}{g}f\frac{r}{l} - \frac{r}{l}N_1\left(\frac{f}{F} + \frac{fr^2\sin\alpha\,(2\cos\alpha + \alpha^2 - 2)}{4\theta\alpha}\right), \tag{24}$$

verbunden mit Gl. (4) gibt, wenn man den Trägheitshalbmesser $i = \sqrt{\dfrac{\theta}{F}}$ einführt:

$$2N_1\sin\alpha = \frac{\gamma r^2 \omega^2 f}{g}\frac{r}{l} - N_1\frac{r}{l}\cdot\frac{f}{F}\left(1 + \frac{r^2\sin\alpha\,(2\cos\alpha + \alpha^2 - 2)}{4i^2\alpha}\right)$$

$$N_1 = \frac{\gamma r^2 \omega^2 f}{g\left(2\sin\alpha\cdot\dfrac{l}{r} + \dfrac{f}{F} + \dfrac{fr^2\sin\alpha\,(2\cos\alpha + \alpha^2 - 2)}{F\cdot 4i^2\alpha}\right)} \tag{25}$$

und nach Gl. (8):
$$M = N_1 r\left(\cos\varphi - \frac{\sin\alpha}{\alpha}\right). \tag{26}$$

Der größte Wert von M tritt nach Gl. (26) dort auf, wo $\varphi = 0$ und der kleinste dort, wo $\varphi = \alpha$ ist. Da der negative Wert von M an der Stelle $\varphi = \alpha$ dem Absolutbetrage nach größer ist als der größte Wert von M und da die Beanspruchungen im Schwungring infolge der Kräfte S und N_1, die sich über die Biegungsspannungen lagern, an jedem Querschnitt gleichen Wert liefern, ist an der Stelle $\varphi = \alpha$ die absolut größte Beanspruchung des Schwungkranzes vorhanden. Die an jeder Stelle des Schwungkranzes in gleicher Größe auftretenden Spannungen $\dfrac{S}{F} - \dfrac{N_1}{F}$ sind Zugspannungen, während das Biegungsmoment M Zug- und Druckspannungen liefert. Die absolut größte Spannung im Schwungkranz ist also eine Zugspannung; sie tritt dort auf, wo M die größte Zugspannung liefert, d. h. an der Innenseite des Kranzes, an der Stelle 2, an der der Arm angreift. An dieser Stelle ist unter Berücksichtigung von Gl. (2):

$$\sigma_{\max} = \sigma_{2\,\text{innen}} = \frac{S}{F} - \frac{N_1}{F} + \frac{M}{i^2 F}e$$

$$= \frac{\gamma r^2 \omega^2}{g} + \frac{\dfrac{\gamma}{g}r^2\omega^2\left[\dfrac{er}{i^2}\left(\dfrac{\sin\alpha}{\alpha} - \cos\alpha\right) - 1\right]}{2\sin\alpha\cdot\dfrac{l}{r}\cdot\dfrac{F}{f} + 1 + \dfrac{r^2\sin\alpha\,(2\cos\alpha + \alpha^2 - 2)}{4\alpha i^2}}. \tag{27}$$

Bezeichnen wir wie früher mit σ_0 die Spannung $\dfrac{\gamma r^2 \omega^2}{g}$ im umlaufenden Ring ohne Arme und setzen: $\dfrac{l}{r} = \lambda;\ \dfrac{F}{f} = \nu;\ \dfrac{e}{i} = \xi;$

$\dfrac{r}{i} = \eta;\ \dfrac{\sin\alpha}{\alpha} - \cos\alpha = A;\ 2\sin\alpha = B$ und $\dfrac{\sin\alpha\,(2\cos\alpha + \alpha^2 - 2)}{4\alpha} = C,$

so wird:

$$\sigma_{\max} = \sigma_0 \left(1 + \frac{\xi\eta \cdot A - 1}{B\lambda\nu + 1 + C\eta^2}\right). \qquad (28)$$

Die Werte von A, B und C können für die in der Praxis üblichen Armzahlen aus der Tabelle entnommen werden:

$n =$	4	6	8	10
$A =$	0,194	0,089	0,051	0,032
$B =$	1,414	1,000	0,765	0,618
$C =$	0,0070	0,0015	0,0005	0,0002

Gl. (28) zeigt, daß die Arme sowohl eine Vermehrung als auch eine Minderung der max. Beanspruchung bewirken können. Der Grenzfall (d. h. der Fall, in dem der Schwungring mit und der ohne Arme gleiches $\sigma_{\max}$ haben) tritt ein, wenn $\xi\eta A = 1$ ist. In der Praxis ist η bei gußeisernen Schwungrädern oft von der Größenordnung 10 und ξ von der Größenordnung 2. Für diese Zahlen liegt nach der Tabelle der Grenzfall bei etwa 8 Armen. Sind weniger als 8 Arme vorhanden, so ist die Beanspruchung im umlaufenden Ring mit Armen bei der Zahlenangabe größer als im Ring ohne Arme, und bei mehr als 8 Armen liegt der Fall umgekehrt.

In einem anderen ebenfalls der Praxis entnommenen Beispiel ist $\xi = 2$, $\eta = 25$, $\lambda = 0,7$ und $\nu = 4$. Setzt man diese Werte in Gl. (28) ein, so erhält man für 6 Arme nach der Tabelle $\sigma_{\max} = \sigma_0\left(1 + \frac{4,5 - 1}{2,8 + 1 + 0,95}\right) = 1,7\,\sigma_0$. Die Berücksichtigung der Arme ergibt also in diesem Fall eine Vermehrung der größten Beanspruchung um etwa 70 v. H.

In den vorstehenden Ausführungen ist die Festigkeitsberechnung von Schwungrädern nicht erschöpfend behandelt, sondern es ist nur soweit auf den Stoff eingegangen, als Grundlagen der Festigkeitslehre in Frage kamen. Wer sich über weitergehende Betrachtungen von Schwungrädern (Berücksichtigung der Zentrifugalkraft der Arme, Beanspruchungen, die bei der Beschleunigung auftreten usw.) unterrichten will, sei auf die Ausführungen in dem Buch von *Tolle „Regelung der Kraftmaschinen"* verwiesen.

§ 70. Umlaufende Scheiben. Im Vorausgehenden ist der Schwungkranz der umlaufenden Scheibe durch die Kreislinie, die durch den Schwerpunkt der Querschnittsfläche geht, wiedergegeben worden, ohne Rücksicht darauf, daß einzelne Massenteilchen näher der Drehachse, andere weiter davon entfernt liegen. Diese Annahme ist nicht mehr zulässig, wenn äußerer und innerer Durchmesser des Schwungkranzes sehr stark voneinander abweichen, vor allem also bei umlaufenden Scheiben, bei denen Nabe und Schwungkranz ohne Arme ineinander übergehen.

Mit solchen umlaufenden Scheiben hat der praktische Maschineningenieur z. B. bei Dampfturbinen zu tun; sie sind vielfach aus Festigkeitsrücksichten nach außen zu verjüngt ausgeführt, so also, daß sie an der Nabe die größte Breite in Achsrichtung haben. Im Nachfolgenden soll, um die Betrachtung nicht zu umständlich zu machen, von der Veränderlichkeit der Breite abgesehen und vorausgesetzt werden, die Scheibe (Abb. 130) sei ein Zylinder vom Halbmesser r_1 und von der Höhe b, der in der Mitte eine Bohrung vom Halbmesser r_2 trägt und der um seine Achse O umläuft.

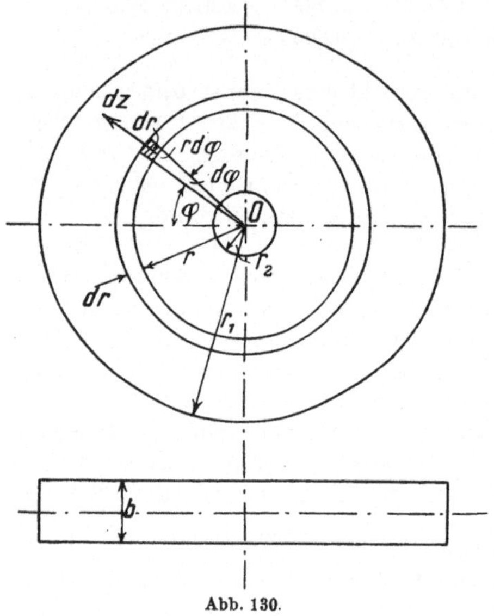

Abb. 130.

Um die Beanspruchung in der Scheibe zu ermitteln, schneiden wir ein Element $b \cdot r d\varphi \cdot dr$ durch die konzentrischen Zylinderflächen vom Halbmesser r und $(r + dr)$ und durch die Meridianebenen φ und $(\varphi + d\varphi)$ heraus. An diesem Element wirkt als äußere Kraft die Zentrifugalkraft dZ. Ihr halten die inneren durch die Schnittfläche übertragenen Kräfte das Gleichgewicht.

Aus Symmetriegründen müssen die Kräfte, die an den beiden Zylinderschnitten und an den beiden Meridianschnitten übertragen werden, normal zur Fläche gerichtet sein. Wir bezeichnen mit σ_r die bezogenen Spannungen, die in radialer Richtung an den Zylinderflächen $b \cdot r \cdot d\varphi$ und $b \cdot (r + dr) \cdot d\varphi$ auftreten, und mit σ_t die tangential gerichteten Spannungen auf den beiden anderen Flächen. σ_r und σ_t sind aus Symmetriegründen nicht von φ abhängig sondern nur von r.

Die am Element $b \cdot r d\varphi \cdot dr$ angreifenden Kräfte sind im Gleichgewicht, d. h. die resultierende Kraft nach jeder Richtung ist Null. In tangentialer Richtung treten nur die beiden Kräfte $\sigma_t b \cdot dr$ auf (Abb. 131), die gleich groß und entgegengesetzt gerichtet sind, so daß ihre Resultierende keinen Beitrag in tangentialer Richtung liefert. (Von der Schwerkraft wird abgesehen, da sie im Vergleich zu den übrigen Kräften nur einen geringen Beitrag liefern würde.) Wir untersuchen nun das Gleichgewicht der Kräfte in radialer Richtung. Wenn mit $\mu = \dfrac{\gamma}{g}$ die bezogene Masse bezeichnet wird, ist die Zentrifugalkraft dZ gleich:

$$dZ = \mu b\, dr\, r\, d\varphi\, r\, \omega^2 = \mu b r^2 \omega^2\, dr\, d\varphi\,. \qquad (29)$$

Auf der inneren Zylinderfläche wirkt die Kraft $b \cdot r\, d\varphi \cdot \sigma_r$ und auf der äußeren $b \cdot (r + dr) \cdot d\varphi \cdot \left(\sigma_r + \dfrac{d\sigma_r}{dr}\, dr\right)$. Da beide entgegengesetzt gerichtet sind, ist nur die Differenz dS_r zu berücksichtigen. Der Differentialquotient $\dfrac{d\sigma_r}{dr}$ ist als totaler angeschrieben, da σ_r nur von r abhängig ist.

$$dS_r = \sigma_r b\, dr\, d\varphi + b r\, d\varphi\, \frac{d\sigma_r}{dr}\, dr\,, \qquad (30)$$

wobei wir das von der nächsten Ordnung kleinere Glied $b \cdot dr \cdot d\varphi \cdot \dfrac{d\sigma_r}{dr} \cdot dr$ vernachlässigt haben.

Endlich liefern noch die Kräfte $\sigma_t \cdot b \cdot dr$, die gleich groß sind und auf zwei unter dem Winkel $d\varphi$ geneigten Flächen senkrecht stehen, eine Resultierende dS_t in radialer Richtung:

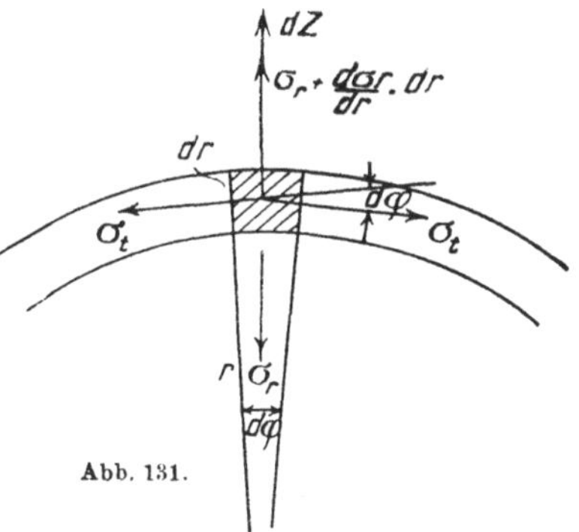

Abb. 131.

$$dS_t = -\,\sigma_t \cdot b \cdot dr \cdot d\varphi\,. \qquad (30\,\mathrm{a})$$

Das negative Vorzeichen im letzten Ausdruck soll darauf hinweisen, daß dS_t im Gegensatz zu dS_r und dZ nach innen zu gerichtet ist. Die Summe der Kräfte dZ, dS_r und dS_t liefert die Resultierende dR an dem Element, die Null ist, weil der Spannungszustand ein Gleichgewichtszustand ist

$$dR = \mu b r^2 \omega^2\, dr\, d\varphi + \sigma_r b\, dr\, d\varphi + b r\, d\varphi\, \frac{d\sigma_r}{dr}\, dr - \sigma_t b\, dr\, d\varphi = 0$$

$$\sigma_t - \sigma_r = \mu r^2 \omega^2 + r\, \frac{d\sigma_r}{dr}\,. \qquad (31)$$

Damit haben wir die erste Gleichung zwischen den beiden Unbekannten σ_r und σ_t aufgestellt. Eine zweite Gleichung finden wir, wenn wir auf die Formänderungen eingehen. Die Formänderung geht so vor sich, daß ein Teilchen von der Stelle r an die Stelle $r + \xi$ rückt, wobei die Hilfsgröße ξ nur eine Funktion von r (also unabhängig von φ) ist. Wir haben nun die Dehnungen ε_r und ε_t in ξ auszudrücken. ε_t, die bezogene Dehnung in tangentialer Richtung kann an einem Ringschnitt von der Stärke dr und von der Länge $2r\pi$ festgestellt werden:

$$\varepsilon_t = \frac{2(r + \xi)\pi - 2r\pi}{2r\pi} = \frac{\xi}{r}\,. \qquad (32)$$

Zur Auffindung von ε_r beachten wir, daß der Abstand r der inneren Begrenzungsfläche in $(r + \xi)$ und der Abstand $(r + dr)$ der äußeren Begrenzungsfläche in $\left(r + dr + \xi + \dfrac{d\xi}{dr}\,dr\right)$ bei der Formänderung übergeht. Die Länge des Elementes in radialer Richtung nach der Formänderung ist demnach:

$$\left[r + \xi + dr + \frac{d\xi}{dr}\,dr - (r + \xi)\right] = \left[dr + \frac{d\xi}{dr}\,dr\right]$$

und die bezogene Dehnung ε_r:

$$\varepsilon_r = \frac{dr + \dfrac{d\xi}{dr}\cdot dr - dr}{dr} = \frac{d\xi}{dr} \tag{33}$$

In Gl. (32) können wir ξ nach r differentiieren und durch Einsetzen in Gl. (33) die Hilfsgröße ξ eliminieren:

$$\frac{d\xi}{dr} = \varepsilon_r = r\frac{d\varepsilon_t}{dr} + \varepsilon_t. \tag{34}$$

Die Dehnungen können wir unter Berücksichtigung des Umstandes, daß der Spannungszustand ein zweidimensionaler ist, wieder in den Spannungen ausdrücken:

$$\begin{aligned}
\varepsilon_r &= \frac{\sigma_r}{E} - \frac{\sigma_t}{m\,E}\\[2mm]
\varepsilon_t &= \frac{\sigma_t}{E} - \frac{\sigma_r}{m\,E}.
\end{aligned} \tag{35}$$

Die Verbindung der Gleichungen (34) und (35) liefert die zweite Gleichung zwischen den Spannungen σ_r und σ_t, aus der wir den gemeinsamen Faktor $\dfrac{1}{E}$ herausheben:

$$\sigma_r - \frac{\sigma_t}{m} = \sigma_t - \frac{\sigma_r}{m} + r\frac{d\sigma_t}{dr} - \frac{r}{m}\frac{d\sigma_r}{dr} \tag{36}$$

und nach Zusammenfassung der einzelnen Glieder unter Berücksichtigung von Gl. (31):

$$(\sigma_t - \sigma_r)\cdot\frac{m+1}{m} = \left(\mu\,r^2\omega^2 + r\frac{d\sigma_r}{dr}\right)\frac{m+1}{m} = \frac{r}{m}\frac{d\sigma_r}{dr} - r\frac{d\sigma_t}{dr}. \tag{37}$$

Aus Gl. (31) ermitteln wir noch $\dfrac{d\sigma_t}{dr}$

$$\frac{d\sigma_t}{dr} = \frac{d\sigma_r}{dr} + 2\,\mu\,r\,w^2 + \frac{d\sigma_r}{dr} + r\frac{d^2\sigma_r}{dr^2} \tag{38}$$

und setzen das Ergebnis in (37) ein, wodurch wir eine Differentialgleichung 2. Ordnung erhalten, in der σ_r als Funktion von r ausgedrückt ist:

$$\frac{r}{m}\frac{d\sigma_r}{dr} - r\left(2\frac{d\sigma_r}{dr} + 2\mu r\omega^2 + r\frac{d^2\sigma_r}{dr^2}\right) = \frac{m+1}{m}\left(\mu r^2\omega^2 + r\frac{d\sigma_r}{dr}\right)$$

$$3\,r\frac{d\sigma_r}{dr} + r^2\frac{d^2\sigma_r}{dr^2} + \frac{3m+1}{m}\mu r^2\omega^2 = 0. \tag{39}$$

Wir schreiben für $\dfrac{3m+1}{m}\mu\omega^2$ den Buchstaben k und für $\dfrac{d\sigma r}{dr}=y$, da σ_r selbst nicht auftritt. Die Ordnung der Differentialgleichung wird dadurch um einen Grad erniedrigt:

$$3y + r\frac{dy}{dr} + kr = 0 \tag{40}$$

mit der Lösung: $\quad y = -\dfrac{k}{4}\,r + D r^{-3} = \dfrac{d\sigma_r}{dr};$ \hfill (41)

wovon man sich durch Differentiieren und Einsetzen in Gl. (40) sofort überzeugen kann. D und das in der nachfolgenden Gleichung auftretende E sind die beiden Integrationskonstanten, deren Wert aus den Grenzbedingungen zu ermitteln ist. Eine nochmalige Integration der Gl. (41) liefert:

$$\sigma_r = -\frac{k}{8}\,r^2 - \frac{D}{2}\,r^{-2} + E. \tag{42}$$

Bis hierher ist die Aufgabe *allgemein* gelöst. Zur Bestimmung der Integrationskonstanten müssen wir nun auf die im einzelnen Fall gültigen Grenzbedingungen eingehen. Wir wollen die weitere Durchbrechung für verschiedene Fälle zu Ende führen.

a) *Die umlaufende Scheibe mit Nabenbohrung vom Halbmesser r_2.* Grenzbedingungen sind hier: Die radialen Spannungen σ_r werden Null an den zylindrischen Begrenzungsstellen $r = r_1$ und $r = r_2$. Nach Gl. (42) erhalten wir also:

$$0 = -\frac{k}{8}\,r_1^2 - \frac{D}{2}\,r_1^{-2} + E = -\frac{k}{8}\,r_2^2 - \frac{D}{2}\,r_2^{-2} + E;$$

$$D = \frac{k}{4}\,\frac{r_1^2 - r_2^2}{r_2^{-2} - r_1^{-2}} = \frac{k}{4}\,r_1^2 r_2^2, \tag{43}$$

und demnach: $\quad 0 = -\dfrac{k}{8}\,r_1^2 - \dfrac{k}{8}\,r_2^2 + E,$

$$E = \frac{k}{8}\,(r_1^2 + r_2^2). \tag{44}$$

Die Gleichungen (42), (43) und (44) liefern:

$$\sigma_r = \frac{k}{8}\left(r_1^2 + r_2^2 - \frac{r_1^2 r_2^2}{r^2} - r^2\right). \tag{45}$$

Um auch σ_t zu erhalten, setzen wir diesen Wert in Gl. (31) ein:

$$\sigma_t = \frac{k}{8}\left(r_1^2 + r_2^2 - \frac{r_1^2 r_2^2}{r^2} - r^2 + 2\frac{r_1^2 r_2^2}{r^2} - 2 r^2\right) + \mu r^2 \omega^2$$

$$= \frac{3m+1}{8m}\mu\omega^2\left(r_1^2 + r_2^2 + \frac{r_1^2 r_2^2}{r^2}\right) - \frac{m+3}{8m}\mu\omega^2 r^2.$$

$$(46)$$

Die Spannungsverteilung nach den Gleichungen (45) und (46) ist in Abb. 132 eingetragen worden. Wenn man die reduzierte Spannung ermitteln will, ist nach den auf Seite 63 gegebenen Anweisungen zu verfahren. Da hier die dritte Hauptspannung Null und die beiden anderen Spannungen von gleichem Vorzeichen sind, ist nach der Mohrschen Theorie die reduzierte Spannung gleich der größten Spannung also σ_red gleich σ_t oder für die Bruchgefahr ist nur σ_t maßgebend.

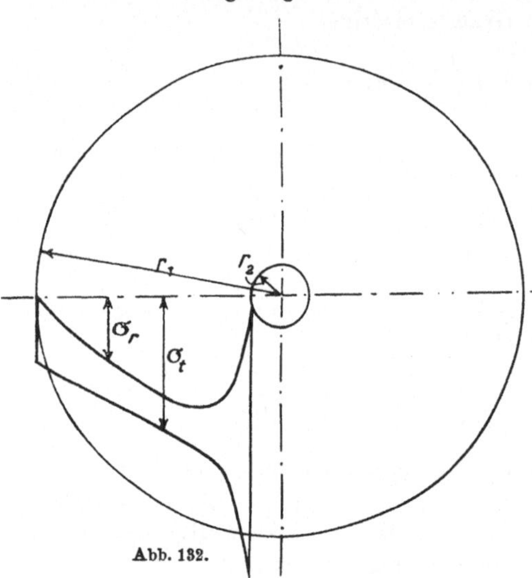

Abb. 132.

Aus der Abb. 132 ersieht man, was auch sofort aus den Gleichungen abgeleitet werden kann, daß σ_t an jeder Stelle größer ist als σ_r, und daß σ_t an der Stelle $r = r_2$ seinen größten Wert hat, an der $\sigma_r = 0$ ist.

$$(\sigma_t)_\mathrm{max} = \frac{3m+1}{8m}\mu\omega^2(2 r_1^2 + r_2^2) - \frac{m+3}{8m}\mu\omega^2 r_2^2. \qquad (47)$$

b) *Die umlaufende Scheibe mit unendlich kleiner Bohrung.* Von besonderem Interesse ist die Größe von $(\sigma_t)_\mathrm{max}$ für den Fall, daß die Scheibe nur ein sehr kleines Loch in der Mitte hat, das etwa auf eine Fehlstelle im Guß zurückzuführen ist. Es ist dann r_2 vernachlässigbar klein gegen r_1, folglich:

$$(\sigma_t)_{\mathrm{max}_b} = \frac{3m+1}{4m}\mu\omega^2 r_1^2. \qquad (48)$$

Der Index b deutet darauf hin, daß sich Gl. (48) auf den Fall b bezieht.

c) *Die umlaufende Scheibe ohne Nabenbohrung.* Das Ergebnis für die Scheibe mit unendlich kleiner Nabenbohrung kann nicht auf den vorliegenden Fall übernommen werden, da ja gerade an der Stelle, wo die Störung durch die Bohrung auftritt, die Spannung den größten Wert hat. Wir müssen deshalb, um für unseren Fall die Gleichungen für σ_t und σ_r aufzustellen, auf Gl. (42) zurückgreifen, und die geänderten Grenzbedingungen beachten: An der Stelle $r = 0$ wird jetzt $\sigma_t = \sigma_r$, während die zweite Grenzbedingung von vorhin, nämlich $\sigma_r = 0$ für $r = r_1$ unverändert übernommen werden kann. Benützen wir zuerst die erstgenannte Bedingung, so ist nach Gl. (31) und (42):

$$[\sigma_t - \sigma_r]_{r=0} = 0 = \left[\mu r^2 \omega^2 + r\left(-\frac{k}{4}r + Dr^{-3}\right)\right]_{r=0} \tag{49}$$
$$= \mu\, 0^2 \omega^2 - \frac{k}{4}0^2 + D0^{-2},$$

das kann aber, da $0^{-2} = \infty^2$, nur dann für $r = 0$ gültig sein, wenn

$$D = 0. \tag{50}$$

Die zweite Grenzbedingung in Gl. (42) und (50) eingesetzt, gibt

$$0 = -\frac{k}{8}r_1^2 + E,$$
$$E = \frac{k}{8}r_1^2, \tag{51}$$

und die Gleichungen für σ_r und σ_t lauten nach Gl. (31), (42), (50) und (51):

$$\sigma_r = \frac{3m+1}{8m}\mu\omega^2(r_1^2 - r^2). \tag{52}$$

$$\sigma_t = \frac{3m+1}{8m}\mu\omega^2(r_1^2 - r^2 - 2r^2) + \mu r^2\omega^2$$
$$= \frac{3m+1}{8m}\mu\omega^2 r_1^2 - \frac{9m+3-8m}{8m}\mu r^2\omega^2, \tag{53}$$
$$= \frac{3m+1}{8m}\mu\omega^2 r_1^2 - \frac{m+3}{8m}\mu r^2\omega^2.$$

Den Größenwert haben σ_r und σ_t an der Stelle $r = 0$. Dort ist:

$$(\sigma_r)_{\max_c} = (\sigma_t)_{\max_c} = \frac{3m+1}{8m}\mu\omega^2 r_1^2. \tag{54}$$

Die reduzierte Spannung ist wieder nach der Mohrschen Theorie gleich $(\sigma_t)_{\max_c}$, da die dritte Hauptspannung Null ist. Die Art der Spannungsverteilung über die Scheibe ist aus Abb. 133 zu entnehmen.

Vergleicht man die Ergebnisse in Gleichung (48) und (54) miteinander, so findet man, daß die unendlich dünne Nabenbohrung ein Anwachsen der größten Spannung auf den doppelten Wert zur Folge hat. Auf dies Ergebnis wird im nächsten Kapitel noch näher eingegangen werden.

d) *Die umlaufende Scheibe gleicher Festigkeit.* Auf die Behandlung dieser Aufgabe wird hier nicht erschöpfend eingegangen, da die Betrachtung von Grund auf neu durchgeführt werden müßte. Nur soviel sei erwähnt, daß man den Ansatz macht $\sigma_t =$ konst., und daß man dann als nächste Folge erhält $\sigma_r =$ konst. Um aber σ_t an jeder Stelle gleich groß zu erhalten, muß man die Breite b veränderlich wählen, und zwar muß dort, wo σ_t bei der Scheibe gleicher Breite den größten Wert annimmt (siehe Abb. 133), die Breite am größten gewählt werden, damit sich die Gesamtkraft auf eine möglichst große Fläche verteilt. Die Scheibe gleicher Festigkeit ist deshalb an der Nabe am stärksten und nach außen zu verjüngt. Die Aufstellung und

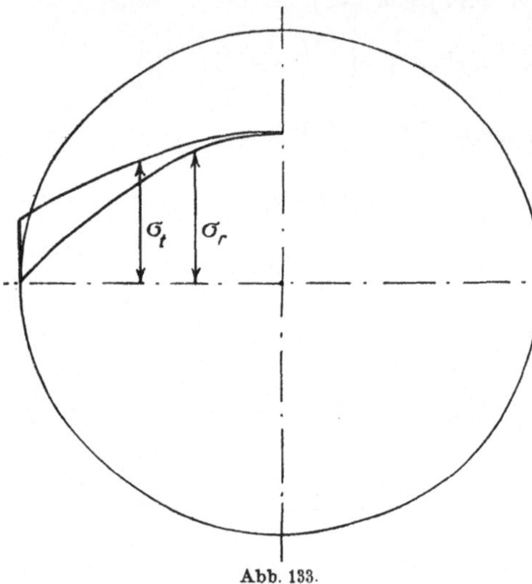

Abb. 133.

Durchrechnung der Gleichungen erfolgt im übrigen in gleicher Weise wie vorhin, nur daß statt $\sigma_r = f(r)$ und $\sigma_t = f(r)$ jetzt $b = f(r)$ gesetzt wird. Diejenigen Leser, die sich näher für die Behandlung der Aufgabe interessieren, seien auf das Buch von *Stodola „Dampfturbinen"* verwiesen.

VIII. Schwingungsfestigkeit und Schwingungsrisse.

§ 71. **Theoretische Betrachtungen.** Wir greifen zurück auf die im letzten Kapitel erhaltenen Formeln (48) und (54), mit denen wir uns etwas eingehender zu befassen haben. Die Formeln sind der Ausdruck für das Ergebnis, daß eine Scheibe mit unendlich kleiner Nabenbohrung — oder richtiger Fehlstelle in der Mitte, da die Stelle bei den nachfolgenden Betrachtungen viel kleinere Abmessungen haben soll als eine übliche Nabenbohrung — bei sonst gleichen Verhältnissen doppelt so große maximale

Beanspruchung hat wie eine Scheibe ohne Bohrung. Wenn man die Spannungsverteilung in der Umgebung der Fehlstelle untersucht (Abb. 132), so findet man, daß der Höchstwert von σ_t nur in der unmittelbaren Umgebung der mittleren Fehlstelle auftritt und sehr rasch abnimmt, wenn man tiefer ins Fleisch der Scheibe von der Fehlstelle nach außen zu vordringt. Sobald man sich von der Fehlstelle ein Stück entfernt, das mehrfach so groß wie ihr Durchmesser ist, findet man angenähert die gleiche Spannungsverteilung wie bei einer vollen Scheibe.

Ähnliche theoretische Betrachtungen über die Spannungsverteilung in der Umgebung einer Störungsstelle sind auch schon für andere Arten der Belastung angestellt worden. Man hat z. B. die größte Spannung in einer auf Verdrehung beanspruchten Welle rechnerisch untersucht und dabei gefunden, daß eine Fehlstelle, selbst wenn sie sehr klein ist, ähnlich wie bei der umlaufenden Scheibe eine ganz beträchtliche Spannungssteigerung zur Folge hat.

Die durch die Rechnung erhaltene Spannungsverteilung wird, da sich die Ableitungen auf streng gültige Überlegungen stützen, solange mit der Wirklichkeit übereinstimmen, wie die gemachten Voraussetzungen tatsächlich erfüllt sind. Bevor aber der Bruch eintritt — und dieser Fall ist es ja gerade, dessenwegen die ganzen Festigkeitsuntersuchungen angestellt werden — wird die Proportionalitätsgrenze des Materials überschritten. Die Dehnungen erfolgen nicht mehr verhältnisgleich den Spannungen, sondern sie schreiten in viel rascherem Tempo voran und die für die Ableitung gemachten Annahmen verlieren ihre Gültigkeit.

Das Ergebnis der Betrachtung, daß die größten Spannungen bei der Scheibe mit Fehlstelle in der Mitte doppelt so groß sind wie bei der vollen Scheibe gilt also nur, solange die Proportionalitätsgrenze des Materials an keiner Stelle überschritten wird. Sobald aber die Umlaufzahl über die Grenze gesteigert wird, an der die Proportionalitätsgrenze des Materials an der gefährdetsten Stelle überschritten wird, tritt durch ein übergroßes Recken der höchstbeanspruchten Stelle ein Spannungsausgleich ein. Der schädliche Einfluß der sehr kleinen Fehlstelle wird also durch die unelastischen Formänderungen beseitigt und, so betrachtet, kann man sagen, die Fehlstelle hat längst nicht die Erniedrigung der Bruchfestigkeit zur Folge, die die theoretische Betrachtung ergeben hat.

Diese Überlegung ist zutreffend, solange man es mit *einmaliger* Überanstrengung des Materials zu tun hat. Wenn aber das Material immer wieder bis zum Höchstwert belastet und dann wieder entlastet wird (Ursprungsfestigkeit) oder, wenn gar die Überlastung zwischen einem positiven und negativen Höchstwert von gleicher absoluter Größe schwankt (Schwingungsfestigkeit), dann tritt jedesmal eine bleibende Formänderung auf, die nach vieltausendfacher Wiederholung das Material an der überanstrengten Stelle zerstört und den Bruch des ganzes Stückes zur Folge hat. Durch eine genügend kleine Fehlstelle in der Mitte wird deshalb die Festigkeit des Materials bei einmaliger Beanspruchung kaum beeinträchtigt, bei genügend oft wiederholten Beanspruchungen aber ganz wesentlich herabgedrückt.

Die Bedeutung der Betrachtung geht weit über den vorliegenden Fall hinaus: Bei den Materialprüfungen, die die Unterlagen für die praktisch zulässigen Beanspruchungen liefern sollen, wird in der Regel nur die Bruchfestigkeit festgestellt. Die ermittelte Bruchbeanspruchung wird dann mit einer Sicherheitszahl $\frac{1}{4}, \frac{1}{6}, \frac{1}{8}$ .. multipliziert und die so erhaltene Größe als höchst zulässige Beanspruchung angesehen. Trotzdem die Sicherheitszahl ganz wesentlich kleiner als 1 ist, treten doch mitunter Brüche an den Konstruktionsteilen auf. Es liegt die Frage nahe: auf was sind diese Brüche zurückzuführen? *Eine* Erklärung für den Unterschied zwischen tatsächlicher und errechneter Beanspruchung haben wir im Vorausgehenden gefunden: kleine Fehlstellen im Material, die auf die Bruchfestigkeit keinen, auf die Schwingungsfestigkeit aber sehr wesentlichen Einfluß haben. Diese *eine* Erklärung genügt aber der Größe nach nicht, um die Abweichungen vollständig aufzuklären. Wir müssen uns nach anderen noch hinzutretenden Gründen umsehen.

§ 72. Versuche zur Feststellung der Schwingungsfestigkeit. Die Angelegenheit soll an Hand von Versuchen erklärt werden, die zur Aufklärung der Beziehungen zwischen Schwingungsfestigkeit und Bruchfestigkeit im Laboratorium des jüngeren Verfassers angestellt worden sind. Im Anschluß an die einzelnen Versuchsergebnisse werden die Beziehungen zu praktischen Fällen mitgeteilt werden. Durch den Versuch sollte die Schwingungsfestigkeit von Konstruktionsstählen festgestellt werden, und es wurden nebenher ganz von selbst die Einflüsse gefunden, die die Festigkeit des Materials bei oft wiederholten Beanspruchungen herabdrücken.[1]

---

1) Die Versuche, die ursprünglich vom Geheimrat Schöttler zusammen mit Prof. A. Hofmann, Generaldirektor von Büssing-Braunschweig aufgenommen worden sind, wurden später vom jüngeren Verfasser mit weitgehendster Unterstützung durch den Generaldirektor der Berg. Stahlindustrie Dr. H. G. Böker sowie den technischen Leiter Direktor Ruppert und unter Beihilfe seines Assistenten, Herrn Dipl.-Ing. Dohms weitergeführt. Ein ausführlicher Bericht über die Versuche soll demnächst in der Dissertation von Herrn Dohms erscheinen.

Die Versuchsanordnung ist aus Abb. 134 ersichtlich. Ein Stab a ist an seinen beiden Enden in Kugellagern[1] b und c drehbar gehalten. In seiner Mitte d trägt er ebenfalls ein Kugellager, an dem ein Gewicht G hängt. Durch G wird der Stab durchgebogen; das größte Moment M tritt in der Mitte auf und es ist, wenn dafür gesorgt ist, daß durch die Kugellager b und c kein Einspannmoment auf den Stab übertragen wird, $M = \dfrac{G}{2}\dfrac{l}{2} \cdot$[2]

Vom linken Ende aus wird der Stab unter Zwischenschaltung einer elastischen Kupplung e durch einen Motor f angetrieben.

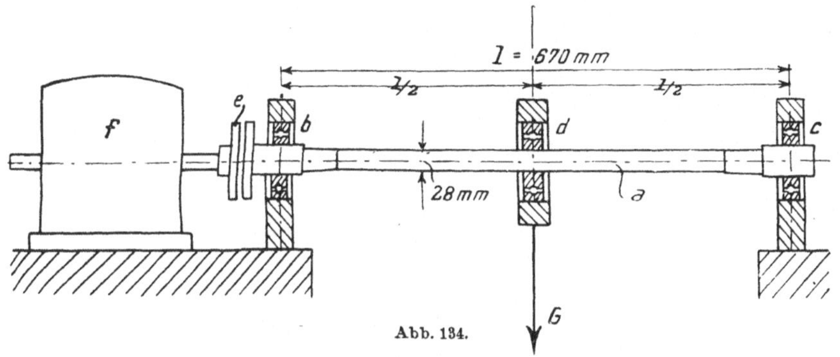

Abb. 134.

Jede an der Oberfläche liegende Faser des Stabes bei d ist deshalb, wenn sie bei der Umdrehung unten liegt, auf Zug, und, wenn sie oben liegt, auf Druck beansprucht. Die Zahl der Schwingungsbeanspruchungen ist demnach gleich der Zahl der Umdrehungen.

Neben gewöhnlichen Stahlsorten und Bronzestäben wurden vor allem Konstruktionsstähle, die von der Berg. Stahlindustrie in Remscheid geliefert wurden, untersucht. Die letzteren hatten eine Bruchfestigkeit von etwa 85 kg/qmm, eine Streckgrenze von 60—70 kg/qmm und eine Bruchdehnung von 12—16 %. Die nachfolgenden Ausführungen beziehen sich vor allem auf die Versuche mit den Konstruktionsedelstählen.

Der Stab wurde mit steigender Last G solange beansprucht, bis er einriß. Sobald der geringste Einriß festgestellt werden konnte, wurde der Stab, um die Einrißstelle möglichst unversehrt zu erhalten, ausgebaut und in der Zerreißmaschine vollständig abgerissen. Die Bruchfläche zeigte das in Abb. 136 (Tafel) gegebene Bild, in dem deutlich die Grenzlinie zwischen Schwingungsbruch (oben) und Zerreißbruch (unten) zu sehen ist.

---

1) Von Kugellagern haben sich am besten die von Fichtel und Sachs in Schweinfurt gelieferten bewährt.

2) Ähnliche Anordnungen zur Ermittelung der Schwingungsfestigkeit sind von Wöhler und anderen benützt worden.

Die ersten mit der Anordnung angestellten Versuche nach Übernahme der Versuchsanordnung durch den jüngeren Verfasser lieferten eine Schwingungsfestigkeit von 18—20 kg/qmm, d. h., wenn das Gewicht G so groß war, daß die maximale Beanspruchung σ_{max} über 18—20 kg/qmm betrug, so brachen die Stäbe nach einiger Zeit (oft erst nach vielen Millionen Umdrehungen) entzwei, und nur, wenn σ_{max} unter 18—20 kg/qmm war, konnten die Stäbe einen dauernden Betrieb, d. h. über 20 Millionen Umdrehungen, aushalten.

Es wurden nun Sonderversuche angestellt, ob der erhaltene Wert von 18—20 kg/qmm wirklich die Schwingungsfestigkeit des Materials ist. Dabei stellte sich heraus, daß störende Einflüsse bei den Versuchen auftraten, durch die die tatsächliche maximale Beanspruchung gegenüber der in der üblichen Weise errechneten, ganz wesentlich erhöht wurde, so daß nicht die Schwingungsfestigkeit des Materials, sondern eine Schwingungsfestigkeit bei ganz bestimmten Versuchsbedingungen ermittelt worden war.

1. *Ungleichmäßige Verteilung der Auflagekraft.* Um zu untersuchen, ob die Auflagekraft G gleichmäßig, wie es die Rechnung vorgesehen hatte, vom mittleren Kugellagerring auf den Stab übertragen wird, wurde eine 0,8—1 mm starke Hartpapierbeilage h eingelegt (Abb. 135). Das Ergebnis war überraschend: Die Schwingungsfestigkeit in der vorhin festgelegten Bedeutung wurde durch die Papierbeilage auf 30 kg/qmm erhöht.

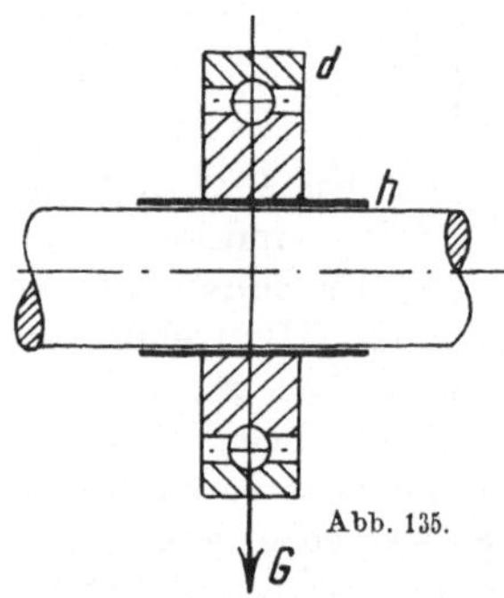

Abb. 135.

Zur Aufklärung sei erwähnt, daß der eine Schubkraft hervorrufende Auflagedruck, wenn man gleichmäßige Verteilung der Auflagekraft über den Ring voraussetzt (wie das bei Berechnungen dieser Art allgemein üblich ist), eine Schubbeanspruchung von etwa 7 kg/qmm ergibt gegen 30 kg/qmm maximale Biegungsbeanspruchung. In Wirklichkeit wird aber der Auflagedruck an der Auflagestelle ohne elastische Zwischenlage so ungleichmäßig über den Querschnitt verteilt, daß die maximale Beanspruchung durch die Auflagekraft vielleicht das fünf- oder zehnfache des Wertes bei gleichmäßiger Verteilung ergibt. Es ist eben zu beachten, daß ohne elastisches Zwischenglied der Stahlring des Kugellagers hart auf dem Stahl des Stabs aufliegt. Er würde in drei unendlich kleinen Punkten aufliegen, wenn beide Flächen vollständig starr wären. Die geringe Nachgiebigkeit des Materials bewirkt, daß die Auflagekraft statt in drei Punkten in einzelnen

Flächenstücken von geringer Ausdehnung aufgenommen wird. Eine so vollständige Bearbeitung des Stabes und des Rings, daß die gesamte Ringfläche allseits anliegt, ist ganz unmöglich, zumal sich der Stab bei der Belastung auch in dem vom Ring umschlossenen Teil durchbiegt. Infolgedessen ist die maximale Beanspruchung des Materials infolge der Auflagerung ohne Papierbeilage weit größer als die maximale Biegungsbeanspruchung. Bei Zwischenschalten eines elastischen Zwischengliedes wird die Last viel gleichmäßiger verteilt und der genannte Einfluß kommt gegenüber der Biegungsbeanspruchung in Übereinstimmung mit den üblichen Berechnungsgrundlagen nicht in Betracht.

Die gleiche Überlegung, auf die uns das Ergebnis des Laboratoriumversuches hingewiesen hat, kommt auch für die im praktischen Betrieb verwendeten Konstruktionsteile in Betracht: wir setzen bei der Berechnung gleichmäßige Kraftverteilung voraus, in Wirklichkeit verteilt sich die Kraft aber ungleichmäßig und die am meisten belastete Stelle hat eine mehrfach so große Beanspruchung auszuhalten, als bei gleichmäßiger Kraftverteilung zu erwarten wäre. Das einfachste Beispiel der Praxis ist eine Schraubenverbindung: wir nehmen bei der Berechnung an, daß die Schraube nur auf Zug beansprucht, d. h. daß die Kraft durch die Schraubenmitte übertragen wird. Damit die Unterlagen der Berechnung erfüllt wären, müßten aber die Auflageflächen an Schraubenkopf und Mutter mit ihren Gegenflächen genau ausgerichtet sein, d. h. senkrecht zur Schraubenmittellinie stehen. Sobald die Abweichungen von der Größenordnung der normalen elastischen Dehnung an der betreffenden Stelle werden, kann durch die ungleichmäßige Kraftverteilung *eine* Stelle überanstrengt werden, was bei einmaliger Beanspruchung ein geringes unelastisches Recken des Gebietes der größten Spannungen zur Folge hat. Bei oftmaliger Kraftwiederholung (z. B. im Kurbelgetriebe einer Kolbenmaschine) aber tritt Bruch ein.

Man kann sich in der Praxis ähnlich wie beim beschriebenen Versuch vielfach durch Zwischenschalten von elastischen Gliedern helfen. Ist dazu keine Möglichkeit vorhanden, so wird man die Sicherheitszahl, die das Verhältnis der der Rechnung zugrunde zu legenden Beanspruchung zur Bruchfestigkeit angibt, entsprechend niedrig wählen, wenn gedrungene Konstruktionen eine besonders ungleichmäßige Kraftverteilung durch geringe elastische Nachgiebigkeit zu begünstigen scheinen.

2. *Stöße und Erschütterungen.* Eine weitere Erhöhung der Schwingungsfestigkeit bei der Versuchsanordnung wurde erzielt durch Vermeidung aller Stöße und Erschütterungen. Zu diesem Zwecke wurde der Schlag, den der Stab bei einer Umdrehung hat, täglich gemessen und der Stab neu ausgerichtet, wenn der Schlag

mehr als 0,08 mm betrug. Der Motor wurde unter Berücksichtigung der Durchbiegung des Stabes in die Richtung der Tangente an das Stabende ausgerichtet (also ein wenig geneigt) und die Kraftübertragung durch Anordnung einer zweibackigen Kupplung mit Weichgummibeilagen so stoßfrei wie möglich gestaltet. Sobald irgendeine Störung in die Anlage kam, sorgte eine elektrische Ausschaltvorrichtung, die auf weniger als 0,1 mm Durchbiegungsvermehrung des Stabes (normale Durchbiegung infolge des Gewichts G etwa 5 mm) ansprach, dafür, daß der Betrieb selbsttätig unterbrochen wurde. Die Schwingungsfestigkeit wurde bei den vorhin erwähnten Stahlsorten durch diese Maßnahmen auf etwa 40 kg/qmm erhöht.

Auch für die Praxis ist die Erkenntnis wichtig, daß durch noch so unscheinbare Stöße und Erschütterungen die Bruchgefahr ganz wesentlich erhöht werden kann. Denn Stöße und Erschütterungen lassen sich ja bei umlaufenden Maschinen nie ganz vermeiden. Wie das Ergebnis des Versuchs zeigt, soll man versuchen, sie möglichst niedrig zu halten. Wenn besonders große Stöße bei einer Anlage zu erwarten sind, muß man die Sicherheitszahl entsprechend niedrig wählen.

3. *Die Oberflächenbeschaffenheit.* Es wurde bei den Brüchen beobachtet, daß sie fast immer an der Oberfläche ansetzten und sich nach dem Innern des Stabes zu kreisbogenförmig ausbreiteten. Dazu ist zu bemerken, daß es nicht möglich war, einen Einriß am Stab mit dem Auge oder an einer Vergrößerung der Durchbiegung zu erkennen, bevor sich nicht der Schwingungsbruch wenigstens über ein Drittel der Querschnittsfläche erstreckte. Das erste Anzeichen für einen erfolgten Einriß konnte gewöhnlich durch die Durchbiegungsvermehrung festgestellt werden: Sobald sich die Durchbiegung um etwa 0,1 mm vermehrte, schaltete ein elektrischer Kontakt den Motor ab. Das selbsttätige Ausschalten war bei der feinen Einstellung des Kontaktes auch vielfach auf andere Ursachen als auf beginnenden Einriß zurückzuführen. Nach dem Ausschalten wurde der Stab ausgebaut und oberflächlich mit dem Auge und der Lupe genauestens auf Einrisse untersucht. Wenn nichts festgestellt werden konnte, wurde er wieder eingebaut und von neuem in Betrieb genommen. Es kam dann mitunter vor, daß der Kontakt wenige tausend Umdrehungen nach der Wiederinbetriebnahme von neuem in Tätigkeit trat. Wenn der Stab jetzt wieder ausgebaut wurde, konnte schon ein sehr erheblicher Schwingungseinriß festgestellt werden. Aus dem Aussehen des Schwingungsbruches konnte später vielfach auch ein Rückschluß auf die Grenze, bis zu der der Schwingungsbruch beim ersten Ausschalten vorgeschritten war, angestellt werden. Das Bruchbild eines derartigen Bruches ist in Abb. 140 (Tafel) dargestellt. Die Grenze zwischen Schwingungsbruch und Zerreißbruch ist mit aa bezeichnet.

Im Schwingungsbruch liegt die scharf abgehobene Linie bb, bis zu der der Schwingungsbruch kurz vorher vorgeschritten war, ohne daß er äußerlich am Stab, trotz peinlichster Prüfung hätte beobachtet werden können. Über die Ausbildung der Schwingungsbrüche und die Geschwindigkeit ihrer Fortbildung wird man nähere Aufschlüsse in der schon genannten Dissertation von Herrn Dohms erhalten.

Durch das nachfolgende Abreißen des schon eingerissenen Stabes wurden aber auch mitunter an anderen Stellen als an der vorher beobachteten Schwingungseinrisse sichtbar, die erst gerade im Entstehen begriffen waren; an ihnen konnten Schlüsse über die Ausbreitung von Rissen gezogen werden (z. B. Abb. 136 ganz unten Stellen x). Bei genauer Untersuchung dieser Einrißstellen konnte man nun feststellen, daß der erste Anriß an einer Stelle der Oberfläche erfolgt war, an der eine geringe Beschädigung (oft von weniger als 0,1 mm Tiefe), wie sie beim Einbauen des Stabes leicht eintritt, zu sehen war. Durch besondere Vorsicht wurden auch diese Oberflächenbeschädigungen nach Möglichkeit vermieden. Der Rißansatz erfolgte aber immer wieder an der Oberfläche, und zwar genügten die weniger als 0,01 mm tiefen Risse, die beim Abschleifen und Polieren des Stabes unvermeidbar auftreten, den Beginn eines Einrisses bei entsprechend hoher Belastung vorzubereiten — bei einer Stahlsorte konnte mit 41—42 kg/qmm Schwingungsbeanspruchung noch dauernder Betrieb über (20 Mill. Belastungswechsel) aufrechterhalten werden.

Das Versuchsergebnis ist sehr wichtig in seiner Nutzanwendung für die Praxis: Denn an allen auf Schwingungsfestigkeit beanspruchten Konstruktionsteilen werden leichte Oberflächenbeschädigungen zu finden sein. Diese Stellen würden einen Zerreißversuch, durch den die Eignung des Materials für den Verwendungszweck in der üblichen Weise untersucht wird, so gut wie gar nicht beeinflussen; sie erhöhen aber die Bruchgefahr, wenn wechselnde Beanspruchung auftritt, ganz erheblich. In der Praxis ist diese Erscheinung bei *groben* Oberflächenbeschädigungen allgemein bekannt: Man weiß z. B., daß der scharfe Schnitt eines Gewindes die Bruchfestigkeit bei wiederholten Belastungen erheblich heruntersetzt. Auf *geringe* Oberflächenbeschädigungen, die, wie wir oben sahen, ebenfalls schon einen erheblichen Einfluß auf die Bruchfestigkeit des Konstruktionsteils haben können, wird dagegen oft nicht genügend Rücksicht genommen.

4. *Doppelte Gleichgewichtslagen.* Vereinzelt ist es bei unlegierten Kohlenstoffstählen vorgekommen, daß ein Stab plötzlich krumm wurde und zwar um einen ganz, beträchtlichen Betrag (z. B. 1 mm). Die Erscheinung ließ auf innere Spannungen schließen, die neben der geraden Richtung des Stabes eine zweite Gleichgewichtslage zuließen. Durch Anwendung entsprechend großer

Kräfte konnte der Stab aus der einen Gleichgewichtslage in die andere übergeführt werden. Beide Gleichgewichtslagen waren also mit einem Minimum an Formänderungsarbeit gegenüber Nachbarlagen verbunden, und es mußte deshalb erst durch Verbiegung des Stabes soviel äußere Arbeit in den Stab hineingesteckt werden, bis der Höchstwert an Formänderungsarbeit auf der Verbindungslinie beider Gleichgewichtszustände erreicht war; dann fiel der Stab ganz von selbst in die 2. Gleichgewichtslage weiter. Wenn nun ein Stab auf diese Weise im Betrieb plötzlich krumm geworden war, so schlug er natürlich beträchtlich, und durch die Stöße wurden zusätzliche Beanspruchungen hervorgerufen, die die Lebensdauer des Stabes sehr beeinträchtigten.

In der Praxis treten ähnliche Erscheinungen (daß ein Konstruktionsteil plötzlich im Betrieb krumm wird) z. B. bei den Einspritznadeln der Dieselmaschinen auf. Ein Geraderichten der Nadeln ist in solchem Falle ausgeschlossen, und man muß eine krumme Nadel auswechseln. Nach den Versuchsergebnissen scheinen nichtlegierte Stahlsorten eher zum Krummwerden zu neigen als Nickelstähle.

5. *Materialfehler.* Bei der Biegung tritt die größte Beanspruchung an der Oberfläche, d. h. in der äußersten Faser auf. Wenn man aber nur wenig von der Oberfläche nach innen zu vordringt, so nimmt die Spannung entsprechend wenig ab. So wäre also z. B. bei unseren 28 mm starken Stäben in 0,5 mm Entfernung vom Rand die Spannung noch etwa 96,5 % vom Höchstwert. Es müßte deshalb, wenn nicht eine besondere Erhöhung der Spannung durch die Oberflächenbeschaffenheit auftreten würde, zu erwarten sein, daß auch einmal ein Rißbeginn an einer schadhaften Stelle im Fleisch in der Nähe der Oberfläche zu beobachten wäre. Tatsächlich sind auch in zwei Fällen Schwingungsbrüche herbeigeführt worden, die nicht an der Oberfläche angesetzt hatten, sondern die an einer im Material gelegenen Stelle — im einen Fall 0,6 mm, im anderen Fall 1,5 mm von der Oberfläche entfernt — ihren Ursprung genommen hatten. Der eine Bruch ist in Abb. 138 (Tafel) und in 30facher Vergrößerung in Abb. 139 (Tafel), der andere Bruch in Abb. 140 (Tafel) und in 20facher Vergrößerung in Abb. 141 (Tafel) wiedergegeben. Die Grenze, bis zu der der Schwingungsbruch beim Ausbauen des Stabes vorgeschritten war, ist mit $a-a$ bezeichnet. Wie man sieht, hatte der Schwingungsbruch beim Ausbauen des Stabs in beiden Fällen noch nicht ganz die Stabmitte erreicht. Am oberen Ende des Schwingungsbruches (Abb. 138 und 139) ist in 0,6 mm Abstand vom Rand eine Fehlstelle y von etwa 0,1 mm Durchmesser zu sehen. Der Rauminhalt der Fehlstelle beträgt weniger als ein Hundertmilliontel des gesamten Stabinhalts, und es hätte wohl kaum ein Mittel gegeben, diese Fehlstelle, wenn ihr Vor-

handensein bekannt gewesen wäre, freizulegen. Durch den Schwingungsbruch aber ist sie freigelegt worden, denn die Bruchgefahr ist durch die Fehlstelle erheblich gesteigert worden, wiewohl allseits um die Fehlstelle gesundes Material zu finden ist, und wiewohl die Spannungen hier schon 4 % geringer sind als am Rand. Zuerst ist der Bruch auf einer Kreisfläche mit der Fehlstelle als Mittelpunkt sehr langsam fortgeschritten (wie aus der Feinkörnigkeit des Bruches vorvorgeht), bis die Bruchkreisfläche auf etwa 1,0 mm Durchmesser angewachsen war und den Oberflächenrand erreicht hatte. Dann ist die Randpartie eingebrochen und der Bruch ist dem gröberen Korn nach zu schließen, rascher vorgedrungen.

Die 2. Fehlstelle (Abb. 140 und 141) hat 0,4 mm Durchmesser und 1,4 mm Abstand vom Rand. Der Bruch in der Umgebung der Fehlstelle ist, wie die feinkörnige Struktur (Abb. 140) erkennen läßt, anfänglich langsam fortgeschritten. Den größeren Spannungen entsprechend ist er rascher nach dem Rande zu als nach innen vorgedrungen. Schließlich ist der Rand eingebrochen, und nach etwa 10 Mill. Umdrehungen hatte der Bruch die Linie bb erreicht. Nach weiteren 5600 Umdrehungen war schon die Linie aa erreicht.

Der Versuch lehrt uns, was die theoretische Betrachtung im Anschluß an die umlaufende Scheibe schon ergeben hatte, daß Fehlstellen, die auf die Bruchfestigkeit nicht den geringsten Einfluß haben — im ersten Fall ist die Verringerung der Querschnittsfläche des Stabes durch die Fehlstelle von der Größenordnung 0,001 % — die Schwingungsfestigkeit des Materials ganz wesentlich herabsetzen. Man sieht daraus, daß die vorher abgeleitete Theorie für die umlaufende Scheibe mit unendlich kleiner Nabenbohrung, wenn auch nicht der Größe nach so doch dem Sinne des Ergebnisses nach, im weitgehendsten Sinne praktischen Hintergrund hat.

Zur Frage, inwieweit Fehlstellen die Festigkeit des Materials herabsetzen, ist noch zu bemerken, daß bei jedem Material Fehlstellen, wenn man die nur mit dem Mikroskop feststellbaren Größen nicht ausschließt, vorhanden sind. Zum mindesten gibt ja schon die kristallinische Struktur, die die Bausteine der üblichen Materialien aufweist, an den Gefügestellen Ungleichheiten, die im Sinne der Theorie als Fehlstellen aufgefaßt werden müssen, da es auf die Größe der Fehlstellen nicht ankommt. Dazu kommen die tatsächlichen Materialfehler und die unvermeidbaren Oberflächenbeschädigungen, die menschlichem Machwerk trotz größter Sorgfalt bei der Herstellung anhaften. Die Schwingungsfestigkeit wird desbalb niedriger liegen als die Elastizitätsgrenze, die bei gleichmäßiger Kraftverteilung festgestellt wird. Wie groß die Verhältniszahl $\gamma = \dfrac{\text{Schwingungsfestigkeit}}{\text{Elastizitätsgrenze}}$ ist, kann nach den bisherigen

Versuchsergebnissen noch nicht genau angegeben werden. Für Konstruktionsedelstahl scheint γ nach den Versuchen des jüngeren Verfassers zwischen 0,6 und 0,7 zu liegen. Auf die Schwingungsfestigkeit scheinen aber außer der Elastizitätsgrenze noch andere Eigenschaften des Materials Einfluß zu haben.

Über Fehlstellen, die so groß sind, daß sie mit dem bloßen Auge gesehen werden können, lehrt die Betrachtung der Bilder 138—141 das Folgende:

Bei 0,1 mm Durchmesser der Fehlstelle (Abb. 138 und 139) ist die Spannungserhöhung infolge der Fehlstelle größer als 4 % gegenüber der Spannung im gesunden Material (mit den nur mikroskopisch wahrnehmbaren Fehlstellen).

Bei 0,4 mm Durchmesser der Fehlstelle (Abb. 140 und 141) ist der Einfluß der Fehlstelle größer als 10 % gegenüber der Spannung im gesunden Material. Denn der Abstand der Fehlstelle vom Mittelpunkt der Querschnittsfläche ist um 10 % geringer als der Halbmesser des Kreisquerschnitts. Wiewohl demnach die Spannung bei einer linearen Spannungsverteilung über den Querschnitt an der Fehlstelle um 10 % niedriger hätte sein müssen als am Rand, ist gleichwohl der Bruch von der Fehlstelle ausgegangen, ein Zeichen dafür, daß die Spannung durch die Fehlstelle in ihrer Umgebung um mehr als 10 % erhöht worden ist.

Die in der Praxis oft vertretene Ansicht, daß eine sichtbare Fehlstelle oder Störung (z. B. eine Bohrung) eine Spannungsstörung auf den doppelten Wert zur Folge haben müßte — eine Ansicht, die durch die im Vorausgehenden entwickelte Ableitung an der umlaufenden Scheibe mit Fehlstelle in der Mitte nahegelegt wird —, ist nach diesen Versuchsergebnissen nicht berechtigt. Diese Ansicht wird auch nicht durch die Theorie gestützt, da bei der vergleichenden Spannungsberechnung mit und ohne Fehlstelle stets von der Voraussetzung ausgegangen wird, daß das Material ohne Fehlstelle homogen bis in die kleinsten Teilchen sei, was tatsächlich nicht zutrifft.

Die Nutzanwendung der vorstehenden Ausführungen für die Praxis ist, was auch ohne Versuch selbstverständlich ist, daß man Fehlstellen im Material möglichst vermeiden soll. Der Versuch zeigt aber, daß nicht nur grobe Fehlstellen, sondern auch sehr kleine einen ungünstigen Einfluß auf die Festigkeitseigenschaften des Baustoffs bei wechselnder Beanspruchung ausüben, und daß man deshalb an einen hochwertigen Konstruktionsstahl in dieser Richtung sehr weitgehende Ansprüche zu stellen hat.

6. *Kristallinische Struktur des Baustoffs.* Die kristallinische Struktur kann, wie im Vorausgehenden schon ausgeführt ist, auch als Materialfehler (gegenüber dem der Betrachtung zugrunde gelegten homogenen Baustoff) angesehen werden. Von wesentlichem Einfluß auf die Schwingungsfestigkeit ist dabei die Grobheit des

Metallkorns (also die Größe des Materialfehlers). Bei hochwertigem Konstruktionsstahl wird ja gerade bei der Herstellung insbesondere bei der Vergütung darauf Rücksicht genommen, daß ein möglichst feinkörniges Gefüge erzielt wird. Infolgedessen ist die Zahl $\gamma = \dfrac{\text{Schwingungsfestigkeit}}{\text{Elastizitätsgrenze}}$ verhältnismäßig hoch. Bei anderen Materialsorten hat man viel grobkörniges Gefüge und infolgedessen niedrigere Werte für γ. So ist z. B. in der vorstehend beschriebenen Weise auch ein Stab aus bester Bronze der Harburger Metallwarenfabrik zur Untersuchung gekommen (Abb. 137) (Tafel). Die Festigkeitszahlen für dieses erstklassige Material sind 51,0 kg/qmm Zerreißfestigkeit, 31,5 % Dehnung bei 10 facher Maßlänge und Streckgrenze unbestimmt, jedenfalls über 17,3 kg/qmm, also Zahlen, die den für gewöhnlichen Stahl erhältlichen Werten nicht nachstehen. Trotzdem hat dies Material, (wie wahrscheinlich Bronze allgemein) nur eine recht niedrige Schwingungsfestigkeit (unter 13 kg/qmm). Der Stab ist nämlich mit 13 kg/qmm Belastung 11,5 Mill. Umdrehungen gelaufen und dabei etwa bis zur Mitte eingebrochen. Die Ursache für die im Vergleich zur Zerreißfestigkeit geringe Schwingungsfestigkeit läßt das Bruchbild Abb 137 erkennen: während der Zerreißbruch (unterhalb Linie cc) auf ein sehr feinkörniges Gefüge möchte schließen lassen, zeigt der Schwingungsbruch, daß grobe Kristallflächen im Material vorhanden sind, längs denen der Schwingungsbruch fortgeschritten ist. Das feinkörnige Aussehen des Zerreißbruches ist demnach darauf zurückzuführen, daß die Kristallkörner durchgerissen worden sind. Gerade an diesem Beispiel sieht man, wie mangelhaft es ist, Maschinenteile, die wechselnder Beanspruchung unterworfen sind, auf Grund der Angaben von Zerreißversuchen zu bemessen. Denn die Zerreißfestigkeitszahlen für hochwertigen Konstruktionsstahl und beste Bronze liegen bei 80—85 bzw. 51 kg/qcm, während die für die Haltbarkeit bei wechselnder Beanspruchung maßgebende Schwingungsfestigkeit mit 40—44 bzw. 12—13 kg/qcm anzusetzen ist.

Die größte bisher bei den Versuchen erreichte Schwingungsfestigkeit ist mit einem Stab der Stahlsorte E 724 der Berg. Stahl-Industrie in Remscheid erhalten worden. Dieser Stab war, ohne Schaden zu erleiden, belastet mit 40,0 kg/qmm 15,6 Mill., mit 42,0 kg/qmm 20,9 Mill., mit 43,0 kg/qmm 28,3 Mill., mit 44,0 kq/qmm 11,0 Mill., und mit 44,2 kg/qmm 20,8 Mill. Umdrehungen. Nach der Erhöhung auf 45,0 kg/qmm ist der Stab nach 700000 Umdrehungen bis auf etwa $\frac{1}{3}$ der Querschnittsfläche eingerissen. Die übrigen $\frac{2}{3}$ der Querschnittsfläche sind in der Zerreißmaschine getrennt worden. Der Schwingungsbruch läßt erkennen, daß er ohne Unterbrechung, also erst nach der Erhöhung auf 45,0 kg/qmm vor sich gegangen ist. Die Schwingungsfestigkeit für dieses ganz vorzügliche Material liegt, wenn man auch noch die Versuchsergebnisse an anderen Stäben aus der gleichen Materialsorte heranzieht, bei 42—44,5 kg/qmm, ein ganz außerordentlich hoher Wert, namentlich wenn man hinzufügt, daß das Material eine Bruchdehnung von 16% aufzuweisen hat.

Die geeignetste Qualifikation eines Materials, das zu Konstruktionszwecken verwendet wird und im Betrieb wechselnder Beanspruchung ausgesetzt ist, wäre nach den vorstehenden Ausführungen die Angabe der Schwingungsfestigkeit Wenn man in der Praxis statt der Schwingungsfestigkeit die Bruchfestigkeit allgemein verwendet, so ist das nur damit zu rechtfertigen, daß die Bestimmung der Schwingungsfestigkeit sehr umständlich ist.

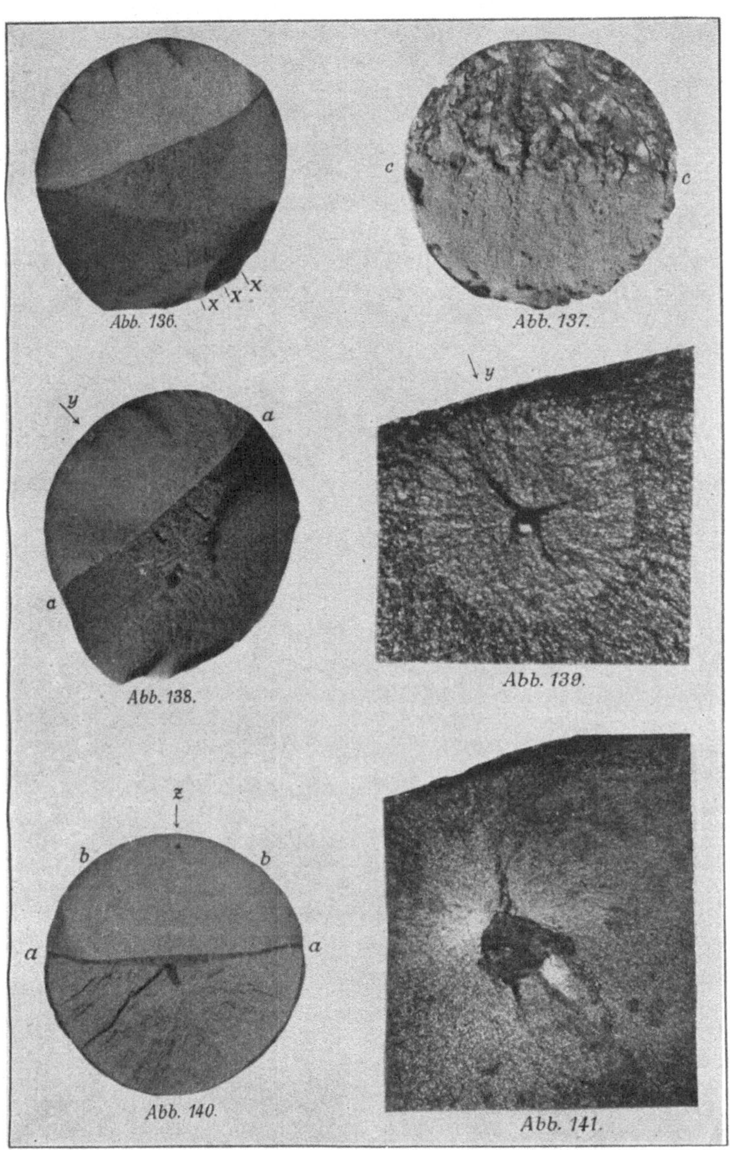

Abb. 136—141. Oben Schwingungsbrüche, unten Zerreißbrüche von hochwertigen Stahl- und Bronzestäben von 28 mm Durchmesser. Abb. 136. Stellen x beginnende Schwingungsbrüche. Abb. 137. Schwingungs- und Zerreißbruch eines Bronzestabes. Abb. 138. Schwingungsbruch ausgehend von Fehlstelle y. Abb. 139. Umgebung der Fehlstelle in 30facher Vergrößerung. Abb. 140. Fehlstelle z, Linie bb nach 10 Mill., aa nach weiteren 5600 Umdrehungen erreicht. Abb. 141. Derselbe Bruch in 20facher Vergrößerung.

Höhere Mathematik für Ingenieure. Von Prof. Dr. *J. Perry*. Autor. dtsche Bearb. v. Geh. Hofrat Dr. *R. Fricke*, Prof. a. d. Tech. Hochschule in Braunschweig, und *F. Süchting*, Prof. an d. Bergakademie in Clausthal. 3. Aufl. Mit 106 in d. Text gedr. Fig. [XVI u. 450 S.] gr. 8. 1919. Geh. M. 11.20, geb. M. 14.60.

Lehrbuch der Differential- und Integralrechnung und ihrer Anwendungen. Von Geh. Hofrat Dr. *R. Fricke*, Prof. an der Techn Hochsch. Braunschweig. gr. 8. I. Bd.: Differentialrechnung. 2. u. 3. Aufl. Mit 129 in d. Text gedr. Fig., 1 Samml. v. 253 Aufg. u. 1 Formeltab. [XII u. 388 S.] 1921. Geh. M. 9.60, geb. M. 12.60. II. Bd.: Integralrechnung. 2. u. 3. Aufl. Mit 100 in d. Text gedr. Fig., 1 Samml. v. 242 Aufg. u 1 Formeltab. [IV u. 406 S.] 1921. Geh. M. 9.60, geb. M. 12.60

Lehrbuch der Differential- und Integralrechnung. Ursprünglich Übersetzung des Lehrbuches von *J. A. Serret*, seit der 3. Aufl. gänzlich neu bearbeitet von Geh. Reg.-Rat Dr. *G. Scheffers*, Prof. an der Techn. Hochschule Berlin. gr. 8. I. Band: Differentialrechnung. 6. u. 7. Aufl. Mit 70 Fig. [XVI u. 670 S.] 1915. Geh. M. 16.—, geb. M. 19.40 II. Band: Integralrechnung. 6. u. 7. Aufl. Mit 108 Fig. [XII u. 612 S.] 1921. Geh. M. 13.80, geb. M. 17.20 III. Band: Differentialgleichungen und Variationsrechnungen. 4. u. 5. Aufl. Mit 64 Fig. [XIV u. 735 S.] 1914. Geh. M. 13.40, geb. M. 16.—

Lehrbuch der darstellenden Geometrie für Technische Hochschulen. Von Hofrat Dr. *E. Müller*, Prof. a. d. Techn. Hochschule Wien. I. Bd. 3. Aufl. Mit 289 Fig. u. 3 Taf. [XIV u. 370 S.] gr. 8. 1920. Geh. M. 8.—, geb. M. 11.— II Bd. 1. Heft. 2. Aufl. Mit 140 Fig. [VII u. 129 S.] 1919. M. 5.—, 2. Heft. 2. Aufl. M. 188 Fig. [VII u. 233 S.] 1920. M. 10.80.

Angewandte Mechanik. Ein Lehrbuch für Studierende, die Versuche anstellen u. numerische u. graphische Beispiele durcharbeiten wollen. Von Prof. *J. Perry*. Berechtigte deutsche Übersetzung von Ing. *R. Schick* in Berlin-Schöneberg. Mit 371 Fig. im Text. [VIII u. 666 S.] gr. 8. 1908. Geb. M. 21.70

Lehrbuch der Physik. Von Prof. *E. Grimsehl*, weil. Dir. an der Oberrealschule a. d. Uhlenhorst in Hamburg. Zum Gebrauch beim Unterr., bei akad. Vorles. u. z. Selbststudium. 2 Bde. Bearb. v. Prof. Dr. *W. Hillers* u. Prof. Dr. *H. Starke*. Mit etwa 1600 Fig. I. Bd.: Mechanik, Wärmelehre, Akustik u. Optik. 6. Aufl. [U. d. Pr. 23]. II. Bd.: Magnetismus u. Elektrizität. Hrsg. v. Prof. Dr. *W. Hillers* in Hamburg u. Prof. Dr. *H. Starke* i. Aachen. 5. Aufl. Mit 580 Abb. im Text. [X u. 780 S.] 1922. Geh. M. 15.—, geb. M. 20.—

Kleiner Leitfaden der praktischen Physik. Von Prof. Dr. *F. Kohlrausch*, weil. Präsident d. physikal.-techn. Reichsanstalt zu Berlin. 4. Aufl. bearb. von Dr. *H. Scholl*, Prof. an der Univ. Leipzig. Mit 165 Abb. im Text. [X u. 320 S.] gr. 8. 1921. Geh. M. 8.40, geb. M. 10.80

Theorie der Elektrizität. Von Prof. Dr. *M. Abraham*. 1. Bd.: Einführung in die Maxwellsche Theorie der Elektrizität. Mit einem einleitenden Abschnitt über das Rechnen mit Vektorgrößen in der Physik von Geh. Hofrat Dr. *A. Föppl*, Prof. a. d. Techn. Hochschule München. 7. Aufl. Mit 14 Fig. [VIII u. 390 S.] 1923. Geh. M. 8.—, geb. M. 10.20. 2. Bd.: Elektromagnetische Theorie der Strahlung. 5. Aufl. Mit Abbildungen im Text. [U. d. Pr. 1923.]

Physikalisches Wörterbuch. Von Prof. Dr. *G. Berndt*, Berlin. Mit 81 Fig. im Text. [IV u. 200 S.] 8. 1920. (Teubn. kl. Fachwörterb. Bd. 5.) Geb. M. 5.—

Verlag von B. G. Teubner in Leipzig und Berlin